全国高职高专生物类课程"十二五"规划教材

动物解剖生理

主　编　杜护华　黑龙江生物科技职业学院
副主编　牛静华　黑龙江农业经济职业学院
　　　　张　磊　黑龙江生物科技职业学院
　　　　张福寿　商丘职业技术学院
　　　　张　曼　杨凌职业技术学院
　　　　沈向华　内蒙古农业大学职业技术学院
　　　　李守杰　渭南职业技术学院
　　　　张学成　黑龙江省引龙河农场
主　审　李　术　东北农业大学

U0362700

华中科技大学出版社
中国·武汉

内 容 提 要

本书主要介绍牛、猪、马等家畜的大体解剖和组织构造及其生理功能等,简要叙述家禽、犬、猫、狐、兔、鹿、水貂、鸵鸟等动物的大体解剖和组织的相关内容。全书共分三个模块。模块一分为十二单元,讲述:动物体的基本结构,如细胞、基本组织等;运动系统,包括牛、猪、马的骨、骨连接和肌肉的基本形态及构造;被皮系统,包括皮肤的结构、皮肤的衍生物;内脏系统,包括牛、猪、马的消化、呼吸、泌尿、生殖等内脏器官系统的形态结构及生理机能;心血管系统、免疫系统,包括犬、猫的心血管及淋巴系统的各器官形态构造和生理机能;体温,包括常见动物的体温变化范围、产热和散热等;神经系统和感觉器官、内分泌,包括牛、猪、马的神经系统、感觉器官及内分泌的基本形态及构造和生理机能。模块二为其他动物的解剖,分为六单元,主要讲述家禽、犬、猫、狐、兔、鹿、水貂和鸵鸟的解剖结构特征。模块三为实验实训。

本书可作为高职高专院校动物医学专业、兽医专业、畜牧兽医专业教材,还可以供兽医临床工作者、科研人员及动物饲养人员作为参考用书。

图书在版编目(CIP)数据

动物解剖生理/杜护华主编.—武汉:华中科技大学出版社,2013.7(2021.7重印)
ISBN 978-7-5609-8914-3

Ⅰ.①动…　Ⅱ.①杜…　Ⅲ.①动物解剖学-高等职业教育-教材　②动物学-生理学-高等职业教育-教材　Ⅳ.①Q954.5　②Q4

中国版本图书馆 CIP 数据核字(2013)第 092648 号

动物解剖生理　　　　　　　　　　　　　　　　　　　　　　杜护华　主编

策划编辑:王新华
责任编辑:王新华
封面设计:刘　卉
责任校对:何　欢
责任监印:周治超
出版发行:华中科技大学出版社(中国·武汉)　　电话:(027)81321913
　　　　　武汉市东湖新技术开发区华工科技园　　邮编:430223
录　　排:华中科技大学惠友文印中心
印　　刷:广东虎彩云印刷有限公司
开　　本:787mm×1092mm　1/16
印　　张:20
字　　数:482千字
版　　次:2021 年 7 月第 1 版第 6 次印刷
定　　价:39.80 元

全国高职高专生物类课程"十二五"规划教材编委会

主 任 闫丽霞

副主任 王德芝 翁鸿珍

编 委（按姓氏拼音排序）

陈 芬　陈红霞　陈丽霞　陈美霞　崔爱萍　杜护华　高荣华　高 爽　公维庶　郝涤非
何 敏　胡斌杰　胡莉娟　黄彦芳　霍志军　金 鹏　黎八保　李 慧　李永文　林向群
刘瑞芳　鲁国荣　马 辉　瞿宏杰　尚文艳　宋冶萍　苏敬红　孙勇民　涂庆华　王锋尖
王 娟　王俊平　王永芬　王玉亭　许立奎　杨 捷　杨清香　杨玉红　杨玉珍　杨月华
俞启平　袁 仲　张虎成　张税丽　张新红　周光姣

全国高职高专生物类课程"十二五"规划教材建设单位名单
（排名不分先后）

天津现代职业技术学院	山东畜牧兽医职业学院	广东新安职业技术学院
信阳农业高等专科学校	山东职业学院	汉中职业技术学院
包头轻工职业技术学院	阜阳职业技术学院	河北化工医药职业技术学院
武汉职业技术学院	抚州职业技术学院	黑龙江农业经济职业学院
泉州医学高等专科学校	郧阳师范高等专科学校	黑龙江生态工程职业学院
济宁职业技术学院	贵州轻工职业技术学院	湖北轻工职业技术学院
潍坊职业学院	沈阳医学院	湖南生物机电职业技术学院
山西林业职业技术学院	郑州牧业工程高等专科学校	江苏农林职业技术学院
黑龙江生物科技职业学院	广东食品药品职业学院	荆州职业技术学院
威海职业学院	温州科技职业学院	辽宁卫生职业技术学院
辽宁经济职业技术学院	黑龙江农垦科技职业学院	聊城职业技术学院
黑龙江林业职业技术学院	新疆轻工职业技术学院	内江职业技术学院
江苏食品职业技术学院	鹤壁职业技术学院	内蒙古农业大学职业技术学院
广东科贸职业学院	郑州师范学院	南充职业技术学院
开封大学	烟台工程职业技术学院	南通职业大学
杨凌职业技术学院	江苏建康职业学院	濮阳职业技术学院
北京农业职业学院	商丘职业技术学院	七台河制药厂
黑龙江农业职业技术学院	北京电子科技职业学院	青岛职业技术学院
襄阳职业技术学院	平顶山工业职业技术学院	三门峡职业技术学院
咸宁职业技术学院	亳州职业技术学院	山西运城农业职业学院
天津开发区职业技术学院	北京科技职业学院	上海农林职业技术学院
云南国防工业职业技术学院	沧州职业技术学院	沈阳药科大学高等职业技术学院
重庆三峡职业学院	长沙环境保护职业技术学院	四川工商职业技术学院
保定职业技术学院	常州工程职业技术学院	渭南职业技术学院
云南林业职业技术学院	成都农业科技职业学院	武汉软件工程职业学院
河南城建学院	大连职业技术学院	江苏联合职业技术学院淮安
许昌职业技术学院	福建生物工程职业技术学院	生物工程分院
宁夏工商职业技术学院	甘肃农业职业技术学院	
河北旅游职业学院	咸阳职业技术学院	

前言

　　本教材是在《教育部关于加强高职高专教育人才培养工作的意见》《关于加强高职高专教育教材建设的若干意见》《关于全面提高高等职业教育教学质量的若干意见》等文件精神的指导下编写的。

　　在编写过程中,力争突破高职高专教材的传统模式,以编写符合国家"十二五"教育规划纲要的要求,适合现代教学规律和教学目标的高职高专教材。理论上以应用技术为主要内容,实训方面注重培养学生的实践动手能力,做到理论结合实际。本教材能够满足动物医学、畜牧兽医、兽医等专业后续课程对动物解剖生理知识的需要。

　　模块一分为十二单元,比较详细地介绍牛、猪、马等家畜的形态、结构特点和生理机能;模块二分为六单元,比较详细地介绍家禽、犬、狐、貉、兔、鹿、水貂、鸵鸟等动物的形态、结构特点和生理机能;模块三介绍实验实训方法及过程。在编写时注重形态结构与生理机能之间、理论与实践之间关系的阐述,为学生更好地学习、掌握后续课程打下坚实的基础;在编写实验实训内容时,围绕岗位技能,突出动手能力,特别注重基本技能的训练,实验实训内容可操作性强,并做到理论联系实际,以满足高职高专技能型、综合型人才培养的需要。

　　本教材的编写分工如下:杜护华编写绪论、模块一的单元十一;李守杰编写模块一的单元一;牛静华编写模块一的单元二、三;张磊编写模块一的单元四、五;张福寿编写模块一的单元六、七、八;张曼编写模块一的单元九、十、十二;沈向华编写模块二;张学成、沈向华编写模块三。全书由杜护华统稿,张磊协助了统稿工作。

　　本教材的编写工作得到华中科技大学出版社的支持;本教材由东北农业大学李术教授主审,他对教材结构体系和内容等提出了宝贵意见;各编者和主审所在学校对编写工作给予了大力支持;相关教师在审稿中也提出了宝贵意见,在此一并表示诚挚的谢意。

　　由于编者水平所限,书中难免有不足之处,恳请专家和读者指正。

编　者
2013 年 6 月

目 录

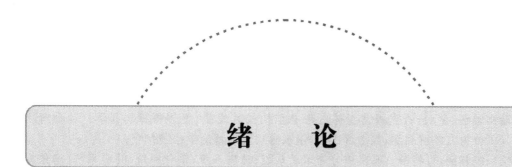

绪　　论

知识目标

熟知动物解剖生理、动物大体解剖、动物显微解剖、动物发生解剖、动物生理的概念；掌握解剖生理的内容、学习方法；了解器官、系统的组成以及畜禽常用方位术语以及部位名称。

素质目标

通过对畜禽解剖的概念、内容、学习方法、组织、器官、系统、有机体的结构，及畜禽体的基本结构和常用方位术语的学习，了解畜禽体基本结构与生理机能的统一性，强化对畜禽体形态结构和生理机能的认识，树立唯物主义世界观并建立唯物主义微观论。

能力目标

能识别畜禽体的方位术语和各部位名称，培养观察能力；通过对解剖学的概念，解剖生理的内容、学习方法，细胞、组织、器官、系统、有机体的结构层次的学习，培养对知识的归纳能力；通过讨论、比较等方法对解剖生理的概念、内容的学习，培养概括、比较、分析等思维能力。

一、动物解剖生理的概念

动物解剖生理包括解剖和生理两部分，是以牛、猪、羊、犬、猫及家禽为主要对象，采用肉眼、显微镜观察的方法，研究畜禽有机体各器官的正常形态、构造、色泽、位置及相互关系和动物体的正常生命活动及其规律的科学。

二、学习动物解剖生理的目的和意义

动物解剖生理是畜牧专业、畜牧兽医专业、兽医专业的基础课之一。本课程与其他畜牧兽医基础课、专业课都有密切的联系，是后续课程学习不可缺少的基础课。

在畜牧业生产实践中，发展畜牧业生产就是要获得优质的、丰富的肉、蛋、奶和其他畜产品，要达到这一目标就必须用科学的方法饲养管理，培育良种和大量繁殖家畜（禽）；在兽医临床工作中，要正确认识家畜（禽）疾病，分析致病因素，提出合理治疗方案和有效预防措施，这样才能保证家畜（禽）正常的生命活动和生产性能。要做好畜牧生产和兽医临床以及疾病的预防工作，就必须掌握家畜（禽）的正常形态结构和生理机能，在实践中运用

这些规律去合理地管理、饲养、繁殖改良和防治家畜（禽）的疾病。学习这门课程，有利于掌握和运用家畜（禽）的生命活动规律，提供适合家畜（禽）生长发育的条件，更有效地预防和治疗家畜（禽）疾病，保障畜牧业的发展。

三、动物解剖生理的内容

（一）动物解剖

动物解剖（学）是研究畜禽身体的形态结构及其发生、发展规律的科学。动物解剖（学）又可分为大体解剖学、显微解剖学（组织学）、发生解剖学（胚胎学）。

按系统解剖，可将畜禽有机体分为运动系统、被皮系统、消化系统、呼吸系统、泌尿系统、生殖系统、心血管系统、淋巴系统、神经系统、感觉器官、内分泌系统。

1. 大体解剖学

大体解剖学是一门用工具刀、剪等解剖器械解剖尸体，用肉眼观察、比较量度各器官的位置、形态、大小、重量和结构的科学，简称解剖学。

大体解剖根据研究目的的不同，可划分为系统解剖、功能解剖、局部解剖、发育解剖、比较解剖、X射线解剖。

2. 显微解剖学

显微解剖是借助于显微镜来研究肉眼看不见的器官微细结构。这方面的系统知识称为显微解剖学或组织学。

3. 发生解剖学

发生解剖学就是研究畜禽个体发生规律的科学，又称为胚胎学。

（二）动物生理

动物生理（学）是研究健康畜禽的机能及其生命活动规律的科学。

它的主要任务是要阐明各个器官机能活动的发生原理、发生条件以及各种环境条件对它们的影响，从而认识有机体及其各部分机能活动的规律。

四、学习动物解剖生理的方法

畜禽体的形态结构、位置关系和机能都比较复杂，要想学好动物解剖生理，就要坚持用辩证的观点来进行学习，正确理解和处理以下三个关系。

1. 局部与整体的关系

畜禽体是由各种类型的细胞、组织、器官和系统组成的。局部是整体的一部分，其生命活动与其整体的情况也可以在局部得到反映。所以在研究局部的现象时，必须有整体的观念。

2. 形态结构和机能的关系

畜禽体的形态结构和机能之间有着不可分割的联系，机能以形态结构为基础，形态结构又必须与机能相适应，形态结构决定其器官的形态构造改变，两者互相依赖，互相影响。

3. 畜禽体与外界环境的关系

畜禽生活在外界环境之中，环境条件会引起畜禽体的机能和构造发生相应的变化，以适应新的环境,如换毛可维持畜禽生命活动的正常进行,这就是畜(禽)体和外界的对立统一。

根据本课程特点,可利用实物、标本、模型等直观手段进行教学,并联系畜牧生产和兽医临床实践,对畜禽形态结构、生命活动规律形成完整、统一的概念,进而正确地指导后续课程的学习和临床、生产实践。

五、畜体的常用方位术语

(一) 轴

动物站立时,从头端至尾部,与地面平行的轴线称为长轴(纵轴)。长轴也可用于四肢和器官,均以纵长的方向为基准,四肢的长轴则是从近端至远端与地面垂直的轴线。

(二) 面

1. 矢状面

矢状面(图 0-0-1)是与畜体长轴平行且与地面垂直的切面。经过动物体长轴的把畜体分为左右对称的两部分的切面称为正中矢状面。与正中矢状面平行的矢状面称为侧矢状面。

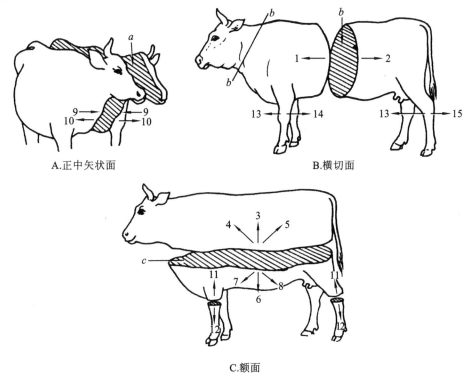

图 0-0-1　三个基本切面和方位用语

1.前;2.后;3.背侧;4.前背侧;5.后背侧;6.腹侧;7.前腹侧;8.后腹侧;9.内侧;10.外侧;11.近端;
12.远端;13.背侧(四肢);14.掌侧;15.跖侧;*a*—正中矢状面;*b*—横切面;*c*—额面

2. 横断面

横断面是与畜体长轴垂直的切面,与器官长轴垂直的切面也称为横断面。

3．额面(水平面)

额面(水平面)是与动物体长轴平行,且与矢状面和横断面垂直的切面。

(三)方位术语

1．前侧和后侧

作一个横断面,靠近头端的为前侧,靠近尾端的为后侧。

2．背侧和腹侧

靠近脊柱的一侧称背侧。作一额面(水平面),上面的称背侧,下面的称腹侧。或者说,远离地面的称背侧,靠近地面的称腹侧。站立时,向着站立地面的方向的称腹侧,相反的一侧称背侧。

3．内侧和外侧

靠近正中矢状面的称内侧,远离正中矢状面的称外侧。确定四肢的方位术语:近端和远端,靠近躯干的一端称近端,远离躯干的一端称远端;前肢和后肢的前面称背侧,前肢的后面称掌侧,后肢的后面称跖侧。

六、畜体的主要部位名称

畜体可分为三部分,即头部、躯干、四肢。

(一)头部

头部是畜体的最前方,以内眼角和颧弓为界分为上方的颅部和下方的面部。

1．颅部

颅部(图 0-0-2)是指颅腔周围,分为枕部(颅部的后方,两耳之间)、顶部(枕部的前方,牛两角之间、马颅腔的项壁)、额部(顶部的前方,两眼眶之间)、颞部。

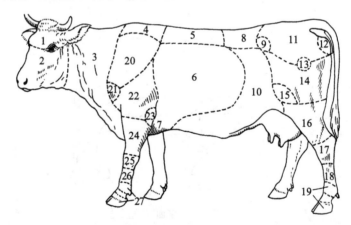

图 0-0-2 牛体各部位名称

1.颅部;2.面部;3.颈部;4.鬐甲部;5.背部;6.胸侧部(肋部);7.胸骨部;8.腰部;9.髋结节;10.腹部;
11.荐臀部;12.坐骨结节;13.髋关节;14.大腿部(股部);15.膝关节;16.小腿部;17.跗部;18.跖部;19.趾部;
20.肩带部;21.肩关节;22.臂部;23.鹰嘴结节;24.前臂部;25.腕部;26.掌部;27.指部

2. 面部

面部是指口腔与鼻腔的周围,分为眶下部(眼眶前下部鼻后部外侧)、鼻部(额部前方,包括鼻背和鼻侧)、鼻孔部(包括鼻孔和鼻孔周围)、唇部(包括上唇和下唇)、咬肌部(颞部的下方)、颊部(咬肌部的前方)、下颌(下唇的下方)、下颌间隙。

(二) 躯干

躯干包括颈部、胸背部、腰腹部、荐臀部和尾部。

1. 颈部

颈部可分为颈背侧部、颈侧部、颈腹侧部。

2. 胸背部

胸背部位于颈部与腰腹部之间,前方较高的部分称为鬐甲部,其后方为背部。两侧称为肋部,前下方为胸前部,下部为胸骨部。

3. 腰腹部

腰腹部位于胸背部与荐臀部之间,上方为腰部,两侧和下方为腹部。

4. 荐臀部

荐臀部位于腰腹部后方,上方为荐部,侧面为臀部,后方与尾部相连。

5. 尾部

尾部以尾椎为基础。

(三) 四肢

1. 前肢

前肢借肩胛和臂部与躯干的胸背部连接。自近及远分为肩胛部、臂部、前臂部、前脚部(包括腕部、掌部、指部)。

2. 后肢

后肢由近及远又可分大腿部(股部)、小腿部和后脚部,后脚部又包括跗部、跖部、趾部。

 总结与复习

绪论重点叙述了动物解剖生理的内涵,它的内容包括动物解剖和动物生理两部分。动物解剖主要讲述畜禽体的形态、结构、位置关系等,动物解剖又分为大体解剖、显微解剖、发生解剖;动物生理主要讲述畜禽体各种生命活动规律和各器官的机能。动物解剖生理是以牛、猪、羊、犬、猫及家禽为主要对象,采用肉眼、显微镜观察的方法,研究畜禽有机体各器官的正常形态、构造、色泽、位置及相互关系和动物体的正常生命活动及其规律的科学。具体介绍了畜禽体的基本结构,畜体各部的划分(头部、躯干、前肢和后肢)及常用的方位术语。

 复习题

1. 动物解剖学的概念及所包含的内容是什么?
2. 动物解剖学常用方位术语有哪些?

模块一

家畜解剖生理

单元一　畜体的基本结构

知识目标

熟知细胞的概念；掌握细胞的结构和基本机能；了解细胞的形态和大小；熟知组织的概念；掌握组织的分类、形态、分布；了解组织的功能、神经元的基本结构；熟知器官、系统的概念；掌握有机体的能动调节；了解器官、系统的组成；熟练掌握显微镜的构造、使用及保养方法。

素质目标

通过学习细胞、组织、器官、系统、有机体的结构层次，了解动物体基本结构的统一性，树立唯物主义世界观并建立唯物主义微观论；结合科学实验及畜体基本结构微观研究，培养动手能力和创新能力。

能力目标

能使用显微镜观察、识别不同细胞、组织切片，培养观察能力；通过对细胞、组织、器官、系统、有机体的结构层次的学习，培养对知识的归纳能力；通过讨论、比较不同细胞、组织的形态结构特点、分布及功能，培养思维（比较分析）能力。

第一节　细胞

一、细胞的概念

动物体是由细胞所组成的。细胞是动物体形态结构、生理机能和生长发育的基本单位。细胞包括真核细胞（遗传物质有膜包裹，形成完整的细胞核）和原核细胞（遗传物质无膜包裹，不形成完整的细胞核）。所有的动物细胞及植物细胞都属于真核细胞。

1665年，英国人胡克用他自己改进的显微镜观察软木的薄片，发现软木的薄片是由许多小室所构成,他把这些小室命名为细胞。随后,经过许多人的观察与研究,对细胞的认识越来越深入。1838年和1839年,德国人施莱登和施旺发表了细胞学说,指出植物体和动物体都是由细胞构成的。细胞学说的建立,使我们能把动、植物界统一起来。研究细胞的构造和机能,对于认识生命和改造生物具有重要的意义。

二、细胞的形态和大小

细胞形状(图1-1-1)与其担负的功能和所处的位置有关,与机能相适应。游离的细胞多为圆形或椭圆形,如血细胞和卵;排列紧密的细胞有扁平状、方形、柱形等;具收缩功能的肌细胞多为纺锤形或纤维形;具传导机能的神经细胞呈星形,有长的突起。

细胞的大小相差很大。多数细胞都很小,要用显微镜才能看到,平均直径在 20 μm。有些细胞比较小,如小脑胶质细胞,直径只有 4～5 μm。有些比较大,如鸵鸟卵细胞,直径为 10～20 cm。

三、细胞的结构

细胞由细胞膜、细胞质和细胞核三部分构成。

细胞
- 细胞膜
- 细胞质
  - 基质
  - 细胞器
  - 内含物
- 细胞核
  - 核膜
  - 核基质
  - 核仁
  - 染色质(染色体)

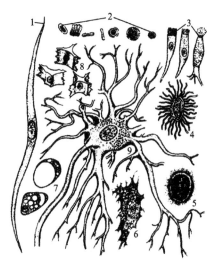

图 1-1-1 细胞的形态与大小

1.平滑肌细胞;2.血细胞;3.上皮细胞;
4.骨细胞;5.软骨细胞;6.成纤维细胞;
7.脂肪细胞;8.腱细胞;9.神经细胞

(一) 细胞膜

1. 细胞膜的化学成分及电镜结构

(1)化学成分:细胞膜主要由蛋白质和脂类构成,此外还有少量糖类。其中类脂分子排列成规则的双层,蛋白质镶嵌于其中,糖类存在于细胞膜的外面。

(2)电镜结构:细胞膜是包在细胞质表面的一层薄膜,又称单位膜(质膜),总厚度为 7～10 nm。

单位膜:电镜下,可见三层结构。内、外两层电子致密度高,深暗;中间一层电子致密度低,明亮。各层厚约 2.5 nm。具有这样三层结构的膜称为单位膜。单位膜不仅存在于细胞膜,而且存在于某些细胞器的细胞内膜,细胞膜和细胞内膜统称为生物膜。细胞内凡具有单位膜的结构统称为膜相结构。

2. 细胞膜的分子结构

关于细胞膜的分子结构,目前公认的是"液态镶嵌模型"(图1-1-2)学说。该学说认

为:膜的基本结构是流体的脂类双分子层,其中镶嵌着具有生物活性的球形蛋白质(又称膜蛋白),有的蛋白质分子贯穿双分子层,有的只穿过部分双分子层。根据膜蛋白的分布形式不同,可将其分为表在蛋白和嵌入蛋白两类;根据膜蛋白的功能不同,可将其分为受体蛋白和载体蛋白。功能强的细胞膜嵌入蛋白的含量就高。细胞膜的类脂分子排列成规则的双层,磷脂分子是类脂分子的主要组成部分,磷脂分子是极性分子,呈长杆状,一端为头部,另一端为尾部,头部为亲水端,尾部为疏水端。亲水端朝向细胞膜的外表面,疏水端朝向细胞膜的内部。在细胞膜的外表面,糖分子可与蛋白质分子或脂质分子相结合,形成糖链,糖链常突出于细胞膜的外表面形成致密丛状的糖衣,称为细胞衣。

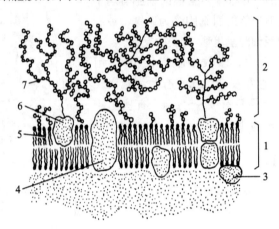

图 1-1-2　细胞膜液态镶嵌模型

1.脂质双层;2.糖衣;3.表在蛋白;4.嵌入蛋白;5.糖脂;6.糖蛋白;7.糖链

3. 细胞膜的功能

细胞膜对细胞而言,除具有保护作用外,还和细胞之间的物质运输、信息传递、细胞识别、细胞运动、免疫作用有着密切的关系。细胞膜的功能具体如下。

(1)构成细胞支架,维持细胞的一定形态,保证细胞内生命活动的正常进行,防止细胞内物质的散失。

(2)完成细胞内外的物质交换,交换的方式主要有被动运输、主动运输、胞吞作用和胞吐作用。

① 被动运输:物质顺着浓度差由高浓度的一侧通过细胞膜向低浓度的一侧运输。它分为单纯扩散和易化扩散两种。单纯扩散是指在不需要消耗能量、不需要载体蛋白(膜蛋白)的情况下,物质顺着浓度差由高浓度向低浓度运输的方式。如水、氧气、乙醇等脂溶性分子和不带电荷的极性小分子,可以直接从浓度高的一侧透过细胞膜向浓度低的一侧移动。易化扩散是指在不需要消耗能量,但需要载体蛋白(膜蛋白)的前提下,物质顺着浓度差由高浓度向低浓度运输的方式。如糖、氨基酸等水溶性物质的运输。

② 主动运输:有些物质的分子或离子从浓度低或电荷低的一侧通过细胞膜向浓度高或电荷高的一侧转运,需要细胞膜上载体蛋白的帮助。这种运输过程需要消耗能量,即 ATP $\longrightarrow$ ADP+能量。目前研究最广泛、深入的是细胞膜上协助离子通过的载体蛋白,又称为离子泵。例如,钠-钾泵、钙泵等。

③ 胞吞作用和胞吐作用：胞吞作用是指细胞摄入大分子或颗粒的方式。内吞物质为固体时称为吞噬作用，内吞物质为液体时称为吞饮作用。细胞膜向外界排放物质的过程称为胞吐作用，常见于细胞内合成激素以及消化酶的分泌过程。胞吞作用和胞吐作用均需消耗能量。

（3）参与细胞之间的信息传递、细胞识别、细胞运动、免疫反应等。

（二）细胞质

细胞质又称细胞浆，是呈均匀的半透明胶状物质。它包括基质及悬浮在基质中的各种细胞器和内含物。

1. 基质

基质呈液态，是透明、无定形的胶状物质，由水、蛋白质、脂类、糖、无机盐等组成。

2. 内含物

内含物是指细胞质中具有一定形态的营养物质或代谢产物。如脂肪细胞的脂滴、肝细胞的糖原。有些细胞有其特殊产物，如黑色素细胞产生的黑色素颗粒。

3. 细胞器

细胞器是细胞质中具有一定形态结构和执行特定生理机能的微小"器官"，光镜下可以看到线粒体、高尔基复合体和中心体。电镜下还能看到溶酶体、内质网、微体、核糖体以及细胞骨架（微丝、微管、中间丝、微梁网）。下面简述主要细胞器的结构和功能。

1）线粒体

线粒体（图 1-1-3）在光镜下呈短杆状或颗粒状，长 $1 \sim 2$ μm，直径 $0.5 \sim 1.0$ μm。电镜下线粒体是由双层单位膜包裹而成的封闭囊状叠套结构。外膜光滑，呈封闭状，内膜向腔内折叠形成板层状或小管状线粒体嵴。内外两膜之间有膜间腔（外室），内膜所围成的腔隙称为内室，内室中充满线粒体基质。

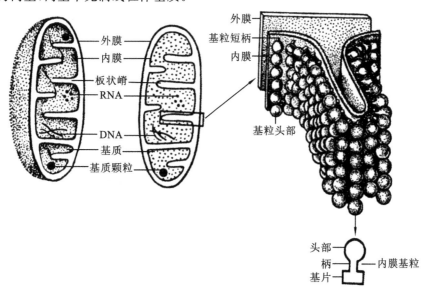

图 1-1-3　线粒体的结构

线粒体含有一套遗传系统,能合成少量蛋白质(占自身蛋白质的 10%)。

功能上,线粒体具有能量转换和供应作用,当细胞需要能量时,ATP ⟶ ADP+能量。线粒体内含有 120 多种酶,可将动物细胞摄取的糖、脂肪等营养物质彻底分解为水和二氧化碳,释放出能量,供细胞利用。因此,线粒体被形象地称为细胞内的"能量站"。

2)核糖体

核糖体又称核蛋白体或核糖核蛋白体,结构上是由核糖核酸(RNA)与蛋白质结合而成的椭圆形致密颗粒,大小约 15 nm×25 nm。每个核糖体由大、小两个亚基组成,多个核糖体可由 mRNA 串联起来形成多聚核糖体(图 1-1-4)。多聚核糖体若游离于细胞质内,则称为游离核糖体,其功能主要为合成膜蛋白、基质蛋白等自身的结构蛋白;若附着于内质网的外表面上,则称为附膜核糖体,其功能主要为合成抗体、消化酶等分泌蛋白。因此,核糖体的功能主要是合成细胞的"内销性"结构蛋白和"外销性"输出蛋白。

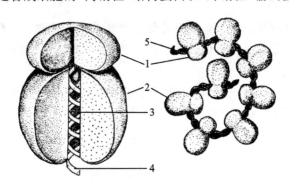

图 1-1-4 核糖体和多聚核糖体
1.小亚基;2.大亚基;3.中央管;
4.新生的肽链;5.mRNA

3)内质网

内质网(图 1-1-5)是由单位膜构成的互相连通的扁平囊及小泡小管,可与核膜、质膜、高尔基复合体相连通。根据其表面是否附有核糖体,可将其分为粗面内质网(呈扁平囊状,有核糖体附着)和滑面内质网(多呈小泡状或分支小管状,无核糖体附着)。

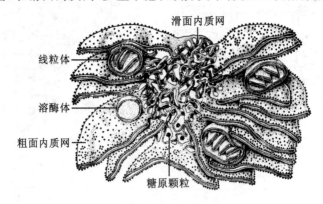

图 1-1-5 内质网

粗面内质网(RER)的主要功能是合成分泌蛋白。滑面内质网的功能较为复杂,因其内含不同的酶而具不同的功能,如合成类固醇激素、解毒、生成胆汁、糖脂代谢等。

4) 高尔基复合体

(1) 结构:光镜下成网状,多位于核附近,因此也有"内网器"之称。电镜下由单位膜包裹构成的扁平囊泡、小泡和大泡三部分组成(图 1-1-6)。扁平囊泡略弯曲呈弓形,凸面朝向核,称为形成面,小泡位于此;凹面朝向膜,称为成熟面,大泡位于此。

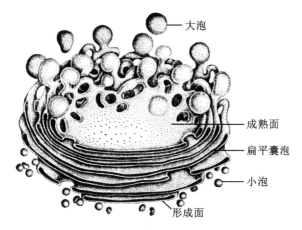

图 1-1-6 高尔基复合体

(2) 功能:通常位于分泌机能比较旺盛的地方,与分泌机能有关,在肝、胰、唾液腺等分泌细胞中比较发达。另外,高尔基复合体还参与细胞内某些合成物质的浓缩、加工、包装等。因此,高尔基复合体被称为细胞的"加工厂"。

5) 溶酶体

研究证明,溶酶体是一些颗粒状结构,是一种含有多种酸性水解酶的圆形小泡,普遍存在于各种细胞中。溶酶体内含磷酸酶、核酸酶、蛋白酶等多种水解酶,这些酶能把一些大分子分解为较小的分子,且溶酶体也可消化细胞自身的物质作为营养。当溶酶体的消化作用完成后,其中含一些不能再被消化的剩余物,如脂褐素等,这种次级溶酶体称为残余体。

功能上,溶酶体主要是清除细胞内的残余物(蜕变、衰老、死亡的细胞器)和进入细胞内的外源性异物。

6) 过氧化物酶体

过氧化物酶体又称微体,为圆形或卵圆形小泡,外包单位膜,含多种酶,标志酶为过氧化氢酶。

7) 中心粒

中心粒在光镜下呈颗粒状,在电镜下为圆柱状,由 9 组三联微管构成。其作用是参与细胞有丝分裂过程,参与鞭毛与纤毛的形成。

在细胞质中除上述细胞器外,还有微丝、微管等,它们的主要机能除对细胞起骨架支持作用外,也参与细胞运动,如有丝分裂纺锤丝,以及纤毛、鞭毛的微管。

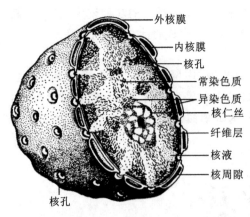

外核膜
内核膜
核孔
常染色质
异染色质
核仁丝
纤维层
核液
核周隙
核孔

图 1-1-7　细胞核的结构

（三）细胞核

细胞核是细胞中最大的细胞器，是细胞的重要组成部分，是细胞遗传和代谢活动的控制中心。除哺乳动物成熟的红细胞外，所有细胞均有核。一个细胞通常有一个核，但也有双核甚至多核（骨骼肌细胞）。其形态多呈圆形、椭圆形，但也有呈杆状、分叶状等。细胞核多位于细胞的中央，也有位于细胞偏基底一侧的，如大部分上皮细胞，有的甚至被挤向细胞的一侧，如脂肪细胞。细胞核均由核膜、核基质、核仁、染色质（染色体）和核内骨架组成（图 1-1-7）。

1. 核膜

电镜下可见核膜由内、外两层单位膜构成，两层膜间有 20～40 nm 的间隙。核膜上有许多核孔，核孔是细胞核和细胞质进行物质交换的通道。

核膜的主要功能是包围染色体及核仁，构成核内微环境，保证遗传物质的稳定性和细胞核的各种生理机能的完成。

2. 核仁

核仁是细胞核内的细胞器，多数细胞核有 1～2 个核仁，在蛋白质合成旺盛的细胞，核仁大而明显。其化学成分是核糖核酸（RNA）和蛋白质。核仁内的染色质又称核仁组织者，是分布在核仁周围的染色质伸入核仁内的部分，属常染色质。核仁是合成核糖体的场所。

3. 染色质（染色体）

染色质是间期核内易被碱性染料着色的结构，其化学组成为 DNA、RNA、组蛋白和非组蛋白。在分裂间期，着色浅，处于伸展状态、有转录活性的染色质，称为常染色质；有的部分呈浓缩状态，着色深，不转录或转录不活跃的染色质称为异染色质。染色质的结构单位是核小体。

当细胞进入分裂期，染色质丝高度螺旋化，变粗变短，在光镜下为短线状或棒状结构，称为染色体。可见染色质和染色体是同一物质在细胞的间期和分裂期的不同形态表现。

染色体的形态结构包括着丝粒、着丝点。染色体可按长短、结构、着丝点位置等特征进行分组编号，组成染色体组型，称为染色体核型。

分裂中期，可见每条染色体均由两条染色单体构成，借着丝粒连接，称为姐妹染色单体。在体细胞中，染色体成对出现（2n），其中一条来自父本，另一条来自母本，称为同源染色体。其中有一对与性别有关，称为性染色体，哺乳类为 XX-XY，禽类为 ZW-ZZ。其他染色体均称为常染色体。

染色体的数目是恒定的：猪 38 条；马 64 条；驴 62 条；牛 60 条；绵羊 54 条；山羊 60 条；鸡 78 条；鸭 80 条。

4. 核基质和核内骨架

核基质也称核液,内含水、各种酶和无机盐等,是核行使各种功能活动的内环境。近年来发现,核基质内还有形态和细胞质骨架相似的蛋白质纤维,即所谓的核内骨架。

四、细胞的生命活动

(一)新陈代谢

新陈代谢是细胞生命活动的基础。细胞不断地自外界摄取营养物质,经过加工,合成细胞本身所需要的物质的过程称为合成代谢。同时,又不断地分解、释放能量供细胞各种功能活动的需要,并把细胞代谢产物排出体外,这一过程称为分解代谢。

(二)感应性

细胞生活在不断变化的环境中,对于周围环境的刺激都能产生相应的反应,借以适应环境的变化。细胞这种对外界刺激发生反应的能力称为感应性。如肌细胞受刺激后会发生收缩,腺细胞受刺激后会分泌。

(三)运动

机体内的一些细胞在不同的环境下,可表现不同的运动形式。常见的运动形式有舒缩运动(骨骼肌)、纤毛运动(气管上皮细胞)、鞭毛运动(精细胞)。

(四)生长与繁殖

细胞生长是指细胞内的合成代谢大于分解代谢,细胞体积增大的过程;细胞繁殖是指在一定条件下,细胞生长到一定阶段以分裂的方式进行增殖,产生新细胞的过程。总之,细胞生长是细胞个体体积的增大,细胞繁殖是细胞数量的增多。

(五)细胞分化、衰老与死亡

细胞分化是指在动物体整个生命过程中,细胞在分裂的基础上,彼此间在形态结构、生理功能等方面产生稳定性差异的过程。在胚胎发育早期,细胞的功能和形态彼此相似,随着细胞的增殖,在数量增多的同时,细胞的形态、细胞的功能和生化特性也逐渐出现差异,最后形成各种不同形态和功能的成熟细胞。动物出生后,体内仍保留一些幼稚型细胞,如红骨髓内的造血干细胞、结缔组织内的间充质细胞、睾丸内的精原细胞等,它们都具有很强的分裂增殖能力,并能转变为某种成熟和稳定的细胞。

细胞衰老是指细胞适应环境变化和维持细胞内环境稳定的能力降低,并以形态结构和生化改变为基础。衰老细胞结构的变化主要是核固缩、染色加深、细胞器减少、色素和脂褐素等沉积于细胞内。衰老的主要表现为代谢活动降低、生理功能减弱,同时出现以上形态结构的改变。细胞衰老的进程依其不同类型而有所不同。

细胞死亡是细胞生命现象不可逆的终止。细胞死亡分为两种:细胞坏死和细胞编程性死亡(细胞凋亡)。细胞坏死是由外界因素(如贫血、损伤、生物侵袭等)造成细胞急速死亡。细胞凋亡是细胞自然死亡,自己结束其生命。如细胞凋亡发生紊乱,则会出现多种疾病(白血病、自身免疫性疾病等)。

第二节 基本组织

细胞是构成畜体结构和功能的基本单位。大量在结构和功能上密切相关的细胞,由细胞间质结合起来形成的细胞群体,称为组织。组织是进化过程的产物,它是在进化过程中产生的。动物的组织种类甚多,机能各异,根据组织的一些共同的结构和功能特点,可将其分为上皮组织、结缔组织、肌组织和神经组织四大类。上皮组织起源于外、中、内三个胚层,结缔组织和肌组织起源于中胚层,神经组织起源于外胚层。

一、上皮组织

上皮组织简称上皮,由紧密排列的细胞和少量的细胞间质构成。上皮组织主要有吸收、保护、分泌等功能,主要分布在动物体表、内脏器官的表面和腔性器官的内表面。上皮组织的一般特点:①细胞多,间质少。②细胞排列有极性,上皮组织的细胞具有极性,即细胞的两端在结构和功能上具有明显的差别。上皮细胞的一端朝向身体表面或有腔器官的腔面,称为游离面;与游离面相对的另一端朝向深部的结缔组织,称为基底面。上皮细胞基底面附着于基膜,基膜是一薄膜,上皮细胞借此膜与结缔组织相连。③上皮组织中没有血管,细胞所需的营养依靠结缔组织内的血管透过基膜供给。④上皮组织内神经末梢丰富。

根据上皮组织的结构、功能及分布不同,将其分为被覆上皮、腺上皮和特殊上皮三大类。特殊上皮又包括感觉上皮、生殖上皮、肌上皮等。被覆上皮覆盖于体表,衬贴于有腔器官的内表面或某些器官的外表面;腺上皮分布于各种腺体内;感觉上皮分布于感觉器官;生殖上皮分布于卵巢表面、曲细精管;肌上皮分布于腺泡基部。

(一) 被覆上皮

根据上皮细胞层数和细胞形状分类,由一层细胞组成的称为单层上皮,由多层细胞组成的称为复层上皮。

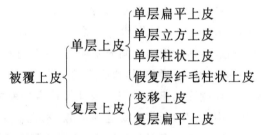

1. 单层上皮的形态结构及功能

(1) 单层扁平上皮:由一层扁平的多边形细胞组成(图 1-1-8),从正面看,细胞呈不规则的多边形,边缘呈锯齿状,彼此间相互嵌合;核呈椭圆形,位于细胞中央,细胞质少,细胞器不发达,侧面观细胞呈梭形,核椭圆并外突。内皮为衬于心、血管、淋巴管腔面的被覆上皮。间皮为胸膜、腹膜、心包膜及器官表面的上皮。内皮薄而光滑,有利于心血管和淋巴管内液体流动和物质交换,间皮表面光滑湿润,坚韧耐磨,有保护作用。

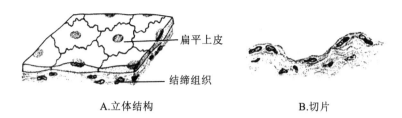

A.立体结构　　　　　　　　　　　B.切片

图 1-1-8　单层扁平上皮（肠系膜）

（2）单层立方上皮：由一层立方形细胞组成（图 1-1-9），表面呈多边形，侧面呈立方形，细胞核呈圆形，位于细胞中央。分布于肾小管、外分泌腺的小导管、甲状腺滤泡。此种上皮具有分泌和吸收等功能。

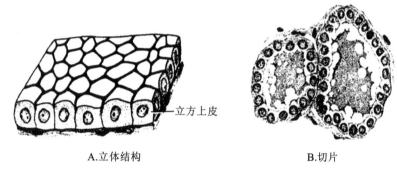

A.立体结构　　　　　　　　　　　B.切片

图 1-1-9　单层立方上皮（甲状腺）

（3）单层柱状上皮：由一层棱柱形细胞紧密排列组成（图 1-1-10）。细胞从侧面看呈长方形，从正面看呈六角形，细胞核位于细胞基部，呈椭圆形。该细胞主要分布在胃、肠黏膜、子宫内膜等处，具有吸收和分泌作用。

（4）假复层纤毛柱状上皮：由形态不同、高低不等的柱状细胞、杯状细胞、梭形细胞和锥体形细胞组成（图 1-1-11），侧面观似复层，但细胞的基底端均附于同一基膜上，实为单层，表面有纤毛皮，故称假复层。此种上皮主要分布在各级呼吸道黏膜，具有保护、分泌和排出分泌物等功能。

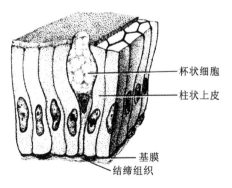

图 1-1-10　单层柱状上皮

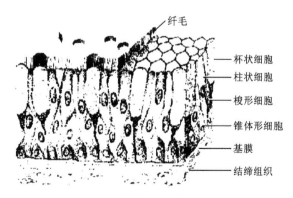

图 1-1-11　假复层纤毛柱状上皮

2. 复层上皮的形态结构及功能

复层上皮是上皮中最厚的一种,由多层细胞紧密排列而成,只有基底层细胞与基膜相连。复层上皮根据表层细胞的形态特点,主要分为复层扁平上皮和变移上皮。

(1)复层扁平上皮:又叫复层鳞状上皮,由多层细胞组成(图 1-1-12)。紧靠基膜的一层为低柱状,中间数层为多边形,近浅层移行为扁平形。分布于皮肤表皮的复层扁平上皮表层细胞含角质蛋白,形成角质层,称为角化复层扁平上皮,具有很强的保护和抗磨损作用。而衬在口腔、食管、肛门、阴道和反刍兽前胃内的上皮含角质蛋白较少,不形成角质层,称为非角质化复层扁平上皮,具有很强的保护作用,并可防止外物侵入。

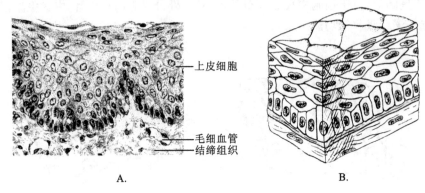

A.

B.

图 1-1-12　复层扁平上皮

(2)变移上皮:细胞的形态和层数可随所在器官的功能状态而改变(图 1-1-13)。器官收缩时,细胞瘦,有 5~6 层;扩张时,细胞矮胖,有 2~3 层。该上皮多分布于肾盂、输尿管和膀胱等处,具有收缩、扩张功能。

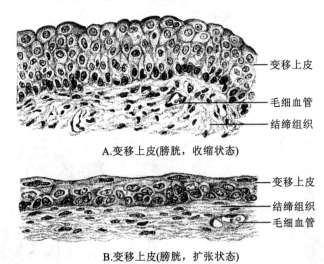

A.变移上皮(膀胱,收缩状态)

B.变移上皮(膀胱,扩张状态)

图 1-1-13　变移上皮

(二) 腺上皮

以分泌功能为主的上皮称为腺上皮。以腺上皮为主要成分组成的器官称为腺体。根据分泌物的排出方式,可将腺体分为内分泌腺和外分泌腺。

内分泌腺无导管,其分泌物通过渗透进入血液或淋巴,而传递到机体各部,也称无管腺。外分泌腺有导管,其分泌物可经过导管排到身体表面或器官的管腔内,也称有管腺。外分泌腺外包结缔组织被膜,被膜结缔组织深入腺实质构成腺的间质,腺实质由分泌部和导管部构成。导管部管壁由上皮围成,与腺泡连通,除具有输送分泌物功能外,有的导管上皮还有分泌和吸收功能;分泌部是由一层腺细胞围成的腺泡,内有腺腔。根据腺泡的形态可将腺体分为管状腺、泡状腺、管泡状腺;根据分泌物性质的不同,腺泡又可分为浆液性腺泡、黏液性腺泡、混合性腺泡。

(三)特殊上皮

特殊上皮是指具有特殊功能的上皮,包括感觉上皮、生殖上皮等。感觉上皮是与味觉、嗅觉、听觉、视觉有关的上皮细胞,生殖上皮如曲细精管上皮。

二、结缔组织

结缔组织是体内分布最为广泛、形式最为多样的一类组织,由细胞和大量的细胞间质构成。细胞间质包括基质、细丝状的纤维和不断循环更新的组织液。结缔组织具有连接、支持、营养、保护、防御、修复等功能。现将结缔组织的组成及分布特点概括列于表 1-1-1。

表 1-1-1 结缔组织的组成及分布特点

类　　型		细　　胞	基质状态	纤　　维	分　　布
固有结缔组织	疏松结缔组织	成纤维细胞、巨噬细胞、肥大细胞、浆细胞、未分化的间充质细胞、脂肪细胞	胶状	胶原纤维、弹性纤维、网状纤维	细胞、组织、器官之间和器官内
	脂肪组织	脂肪细胞	胶状	胶原纤维、弹性纤维、网状纤维	皮下组织、器官之间和器官内
	致密结缔组织	成纤维细胞	胶状	胶原纤维、弹性纤维、网状纤维	皮肤真皮、器官被膜、腱及韧带
	网状组织	网状细胞	胶状	网状纤维	淋巴组织、淋巴器官、骨髓
软骨组织		软骨细胞	固态	胶原纤维、弹性纤维、网状纤维	气管、肋软骨及会厌软骨
骨组织		骨细胞	固态、坚硬	胶原纤维	骨骼
血液		血细胞(如红细胞和白细胞)	液态	纤维蛋白原(相当于纤维)	心及血管

结缔组织与上皮组织相比,具有以下特点:①细胞数量少,种类多,细胞散布于细胞间质内,分布无极性;②细胞间质成分多,由基质和纤维组成;③结缔组织内含有血管和淋巴管;④分布极为广泛;⑤不直接与外界环境接触;⑥各种结缔组织均是由间充质分化而来。间充质是胚胎时期分散存在的中胚层组织。间充质细胞多突起,呈星状,相互连接成网,

可增殖为成纤维细胞、脂肪细胞、血管内皮、平滑肌等。

(一)疏松结缔组织

疏松结缔组织结构疏松,类似蜂窝(图 1-1-14),故又称蜂窝组织,广泛分布于各组织、器官之间乃至细胞之间。其特点是细胞数量少,基质含量多,排列疏散。疏松结缔组织具有连接、支持、营养、防御、保护和创伤修复功能。

疏松结缔组织在结构上包括细胞和细胞间质,细胞间质又由基质和纤维组成。

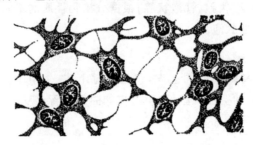

图 1-1-14 疏松结缔组织(间充质)

1. 细胞成分

(1)成纤维细胞:疏松结缔组织的主要细胞成分。胞体长扁平形,多突起,呈星状,细胞核较大,扁卵圆形,染色质稀疏,色浅,核仁明显。细胞质内富含粗面内质网、游离核糖体和高尔基复合体。当成纤维细胞机能处于相对静止时称纤维细胞,胞体变小,呈长梭形,突起少,细胞核小,着色深,核仁不明显。其功能是可以合成纤维和分泌基质,具有较强的再生能力。

(2)巨噬细胞:又称组织细胞,是体内分布广泛的具有强大吞噬功能的细胞。其细胞形态多样,常有短而钝的突起(伪足)。核小色深;细胞质嗜酸性,该细胞由血液内的单核细胞穿出血管后分化而来。巨噬细胞的功能:①趋化性和变形运动,细胞受到某些化学物质的刺激可作定向运动,聚集到产生和释放这些化学物质的部位,这种特性称为趋化性,这类化学物质称为趋化因子;②吞噬作用,具有非特异性,即广泛性;③合成和分泌作用,能合成和分泌溶菌酶、干扰素、补体等生物活性物质;④参与免疫应答,巨噬细胞可将吞噬的病原微生物等抗原物质加工处理,并传递给淋巴细胞,发生免疫应答(特异性)。

(3)浆细胞:胞体呈卵圆形或圆形,核球形,偏于细胞一侧,近核处有一淡染区,细胞质嗜碱性,内有大量平行排列的粗面内质网和游离的核糖体及发达的高尔基复合体。该细胞来源于 B 淋巴细胞。浆细胞具有合成、储存与分泌抗体(免疫球蛋白)的功能,参与机体的体液免疫应答。

(4)肥大细胞:多沿小血管或淋巴管分布,胞体较大,呈圆形或卵圆形,核小而圆,色深。细胞质内充满异染性颗粒,颗粒内含有组胺、白三烯、肝素和嗜酸性粒细胞趋化因子等,具有抗凝血、增加毛细血管通透性和促使血管扩张等作用。

(5)脂肪细胞:多成群分布。胞体较大,呈圆球形,细胞质内含有大量脂滴,使细胞核被挤压至细胞一侧,呈新月形。功能:合成与储存脂肪,参与脂质代谢。

2. 纤维

(1)胶原纤维:数量最多,新鲜时呈白色,有光泽,又名白纤维。HE 染色切片中呈嗜酸性,着浅红色。纤维粗细不等,直径为 $1\sim20\ \mu m$,呈波浪形,并互相交织。胶原原纤维由直径 $20\sim200\ nm$ 的胶原原纤维黏合而成。电镜下,胶原原纤维显明暗交替的周期性横纹,横纹周期约为 $64\ nm$。胶原纤维的韧性大,抗拉力强。胶原纤维的化学成分为 I 型和 II 型胶原蛋白。胶原蛋白(简称胶原)主要由成纤维细胞分泌。分泌到细胞外的胶原再聚合成胶原原纤维,进而集合成胶原纤维。

(2)弹性纤维:新鲜状态下呈黄色,又名黄纤维。在 HE 标本中,着色轻微,不易与胶原纤维区分。但醛复红或地衣红能将弹性纤维染成紫色或棕褐色。弹性纤维较细,直行,分支交织,粗细不等($0.2\sim1.0\ \mu m$),表面光滑,断端常卷曲。电镜下,弹性纤维的核心部分电子密度低,由均质的弹性蛋白组成,核心外周覆盖微原纤维,直径约为 $10\ nm$。弹性蛋白分子能任意卷曲,分子间以共价键交联成网。在外力牵拉下,卷曲的弹性蛋白分子伸展拉长;除去外力后,弹性蛋白分子又回复为卷曲状态。

弹性纤维富于弹性而韧性差,与胶原纤维交织在一起,使疏松结缔组织既有弹性又有韧性,有利于器官和组织保持形态位置的相对恒定,又具有一定的可变性。

(3)网状纤维:较细,分支多,交织成网。网状纤维由 III 型胶原蛋白构成,也具有 $64\ nm$ 周期性横纹。纤维表面被覆蛋白多糖和糖蛋白,故 PAS 反应阳性,并具嗜银性。用银染法染色,网状纤维呈黑色,故又称嗜银纤维。网状纤维多分布在结缔组织与其他组织交界处,如基膜的网板、肾小管周围、毛细血管周围。在造血器官和内分泌腺,有较多的网状纤维,构成它们的支架。

3. 基质

基质是一种由生物大分子构成的胶状物质,具有一定的黏性。构成基质的大分子物质包括蛋白多糖和糖蛋白。蛋白多糖是由蛋白质与大量多糖结合成的大分复合物,是基质的主要成分。其中多糖主要是透明质酸,透明质酸是一种曲折盘绕的长链大分子,拉直后可达 $2.5\ \mu m$,由它构成蛋白多糖复合物的主干,其他糖胺多糖则以蛋白质为核心构成蛋白多糖亚单位,后者再通过连接蛋白结合在透明质酸长链分子上。蛋白多糖复合物的立体构型形成有许多微孔隙的分子筛,小于孔隙的水和溶于水的营养物、代谢产物、激素、气体分子等可以通过,便于血液与细胞之间进行物质交换。大于孔隙的大分子物质(如细菌等)不能通过,使基质成为限制细菌扩散的防御屏障。溶血性链球菌和癌细胞等能产生透明质酸酶,破坏基质的防御屏障,致使感染和肿瘤浸润扩散。

(二)致密结缔组织

致密结缔组织的特点是细胞核基质少,纤维成分多,细胞主要是成纤维细胞;纤维粗大,排列致密,主要是胶原纤维和弹性纤维。以支持和连接为其主要功能。根据纤维的性质和排列方式,可区分为以下几种类型。

(1)规则的致密结缔组织:主要构成肌腱和腱膜。大量密集的胶原纤维顺着受力的方向平行排列成束,基质和细胞很少,位于纤维之间(图 1-1-15)。细胞成分主要是腱细胞,它是一种形态特殊的成纤维细胞,胞体伸出多个薄翼状突起插入纤维束之间,细胞核呈扁椭圆形,着色深。

(2)不规则的致密结缔组织:见于真皮、硬脑膜、巩膜及许多器官的被膜等,其特点是

方向不一的粗大的胶原纤维交织成致密的板层结构,纤维之间含少量基质和成纤维细胞(图 1-1-16)。

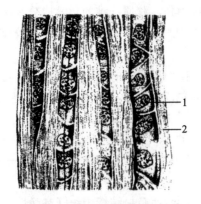

图 1-1-15　规则的致密结缔组织(切片)

1.腱细胞;2.弹性纤维束

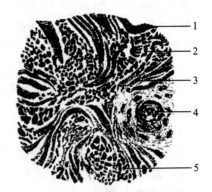

图 1-1-16　不规则的致密结缔组织(真皮)

1.胶原纤维(纵切);2.弹性纤维束;

3.成纤维细胞核;4.血管;5.胶原纤维(横切)

(3)弹性组织:以弹性纤维为主的致密结缔组织。粗大的弹性纤维或平行排列成束,如项韧带和黄韧带,以适应脊柱运动;或编织成膜状,如弹性动脉中膜,以缓冲血流压力。

(三)脂肪组织

脂肪组织是由大量群集的脂肪细胞构成的疏松结缔组织(图 1-1-17)。在富含血管的疏松结缔组织中,将成群的脂肪细胞分隔成许多脂肪小叶。脂肪组织主要起支持、贮脂、保温、缓冲等功能,主要分布在皮下、肠系膜、大网膜等处。

(四)网状组织

网状组织由网状细胞、网状纤维和基质构成(图 1-1-18)。网状细胞呈星状,多突起,突起彼此连接成网,核大色浅,核仁明显,网状细胞产生网状纤维,纤维细,分支多,成为网状细胞的支架。网状组织构成淋巴组织和骨髓组织的基本成分。

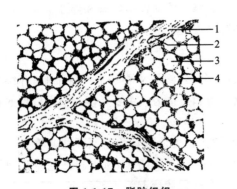

图 1-1-17　脂肪组织

1.小叶间结缔组织;2.毛细血管;

3.脂肪细胞;4.脂肪细胞核

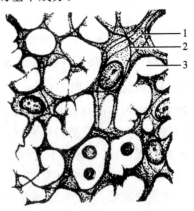

图 1-1-18　网状组织

1.网状细胞;2.网状纤维;3.网眼

(五)软骨组织与软骨

软骨组织由软骨细胞和间质构成。软骨细胞数量少,埋藏在由间质形成的软骨陷窝内;间质数量多,由纤维和基质构成,基质呈凝胶状。

软骨由软骨组织和软骨膜构成。软骨膜是包绕在软骨表面的纤维结缔组织膜,外层是结缔组织,含有少量的血管;内层含有较多的血管和细胞,其中的成骨细胞对软骨的生长和发育有重要作用。根据纤维的性质和数量的不同,可将软骨分三种类型:透明软骨、纤维软骨和弹性软骨。

(1)透明软骨:主要分布于关节软骨、肋软骨、气管、鼻、咽、喉等处。软骨细胞位于软骨陷窝内,其周围有软骨囊(陷窝周围有一层硫酸软骨素较多的基质)(图 1-1-19)。基质主要为嗜碱性的软骨黏蛋白和胶原纤维结合成固态结构,无血管。纤维有少量折光率与基质相近的由Ⅱ型胶原组成的胶原原纤维交织存在。透明软骨坚韧有弹性。

(2)纤维软骨:主要分布于椎间盘、关节盘及耻骨联合等处。含大量平行或交错排列的胶原纤维束,细胞小而少,成行分布于纤维束之间,具有较强的韧性(图 1-1-20)。

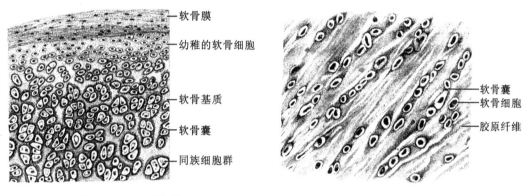

图 1-1-19 透明软骨　　　　　　　图 1-1-20 纤维软骨

(3)弹性软骨:主要分布于耳廓、会厌等处。基质中含有大量交织分布的弹性纤维,具有较强的弹性,不透明(图 1-1-21)。

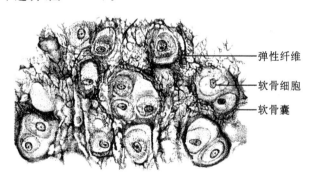

图 1-1-21 弹性软骨

（六）骨组织与骨

1. 骨组织的结构

骨组织是一种坚硬的结缔组织，由骨细胞和坚硬的细胞间质构成。骨间质为钙化的细胞间质，由有机成分和无机成分组成。有机成分包括大量胶原纤维和少量无定形间质，含骨钙蛋白和骨磷蛋白，它决定骨的韧性。无机成分称为骨盐，主要为羟磷灰石结晶，呈细针状，沿胶原原纤维排列并与之结合，它决定骨的硬度。骨间质存在的基本方式为骨板。骨组织内的胶原纤维被基质中的黏蛋白黏合在一起并有钙盐沉积形成的薄板状结构，称为骨板。同一层内的骨胶原纤维束平行排列，相邻骨板内的纤维垂直或成一定角度并有部分纤维贯穿于两层骨板之间。骨组织的这种结构增强了骨的坚韧性。骨细胞位于骨陷窝内，骨陷窝为骨板内或骨板间形成的小腔。骨陷窝向周围呈放射状排列的细小管道，称为骨小管。相邻骨陷窝的骨小管相互连通。骨细胞多突起，突起深入骨小管内。相邻骨细胞的突起彼此相互接触，供骨组织进行物质交换。

2. 骨的构造

以长骨为例，其由骨松质、骨密质、骨膜组成。骨松质多分布于长骨的两端，由许多细片状或杆状的骨小梁交织而成。骨小梁之间有许多空隙，其内含有红骨髓、血管、神经。骨密质由规则排列的骨板及分布于骨板内、骨板间的骨细胞构成。骨膜为致密结缔组织膜，包绕在骨的外表面。骨膜内有血管、神经、成骨细胞等，对骨组织有营养、生长和修复的作用。

（七）血液

血液是一种流动的结缔组织，由有形成分（血细胞和血小板）和无形成分（血浆）组成。当血液流出血管时，血浆中的纤维蛋白原转变成不溶解状态的纤维蛋白，并包络血细胞形成血块，在其周围析出淡黄色、透明状的液体，称为血清。大多数哺乳动物全身血量占体重的 $7\% \sim 8\%$，血浆占血液容积的 $55\% \sim 65\%$，有形成分（血细胞和血小板）占血液容积的 $35\% \sim 45\%$。

1. 血浆

血浆是略带浅黄色、有黏滞性的透明液体。血浆的化学成分中，水分占 $90\% \sim 92\%$，其他约 10% 以溶质血浆蛋白为主，并含有电解质、营养素、酶类、激素类、胆固醇和其他重要组成部分。血浆蛋白是血浆中多种蛋白的总称，主要有纤维蛋白原、清蛋白和球蛋白等。纤维蛋白原主要在血液凝固中起作用，清蛋白主要构成血浆胶体渗透压，球蛋白主要有免疫作用，并与其他物质形成运输载体。血浆的无机盐主要以离子状态存在，正、负离子总量相等，保持电中性。这些离子在维持血浆晶体渗透压、酸碱平衡，以及神经-肌肉的正常兴奋性等方面起着重要作用。因此，血浆具有免疫功能、体液调节、血管扩张调节、参与血凝、体温调节、渗透压调节等功能。

2. 血细胞

血细胞包括红细胞（RBC）、白细胞（WBC）和血小板。

1）红细胞

大多数哺乳动物成熟的红细胞呈双面凹的圆盘状，无核，无细胞器，细胞质内充满血红蛋白（Hb）。骆驼和鹿的红细胞为无核的椭圆形，无核、无细胞器；禽类和鱼类、爬行类动物的红细胞有核和细胞器,禽类的红细胞呈椭圆形,鱼类、爬行类的红细胞为近似球形。红细胞具有一定的弹性和可塑性。血中除了大量成熟红细胞外,还有少量未完全成熟的红细胞,称为网织红细胞,其细胞内有残留的核糖体。红细胞中的血红蛋白有结合与运输 O_2 和 CO_2 的功能。血红蛋白与 CO 的亲和力特别强,当空气中的 CO 含量超过一定量时,易发生 CO 中毒。

2)白细胞

白细胞一般比红细胞大,种类较多,数量较红细胞少,具有防御和免疫功能。光镜下,根据细胞质内有无特殊颗粒,将白细胞分为有粒白细胞和无粒白细胞两类。

(1)有粒白细胞。

共同特征是分化程度高,无分化成其他细胞的能力;细胞质嗜酸性,内含有特殊颗粒;细胞核形状不规则,多呈分叶状。包括中性粒细胞、嗜酸性粒细胞、嗜碱性粒细胞。

① 中性粒细胞:白细胞中数量较多的一种,约占 50%,胞体呈球形,核形态多样,有杆状、分叶状,分叶常为 2～5 叶,叶间有细丝相连。细胞质染成粉红色,内有许多染成淡紫红色的细小颗粒。中性粒细胞对细菌代谢产物等具趋化性。当细菌感染时,大量新生的中性粒细胞首先增多进入血液,是杀灭细菌的主要防御者,此时会出现中性粒细胞核形态的变化。核左移:中性粒细胞的核多为杆状,两叶核特别多,表明是炎症的前期。核右移:中性粒细胞的核多为 4～5 叶,表明是骨髓的造血功能发生障碍。中性粒细胞的功能:趋化性、变形运动、吞噬和杀菌作用。

② 嗜酸性粒细胞:占 3%～5%,直径 8～20 μm,呈球形,核常为 2 叶,细胞质内充满粗大均匀的嗜酸性颗粒,染成橘红色。颗粒内含有酸性磷酸酶、组胺酶、过氧化物酶、芳基硫酸酯酶、阳离子蛋白等,因此是一种溶酶体。嗜酸性粒细胞的功能:有趋化性,能做变形运动,可抗寄生虫感染。

③ 嗜碱性粒细胞:数量最少,少于 1%,呈球形,直径 10～15 μm,细胞核分叶或呈 S 形,细胞质内含有大小不等、分布不均的嗜碱性颗粒,染成蓝紫色,常将核覆盖。嗜碱性粒细胞的功能:具有抗凝血和参与过敏反应。

(2)无粒白细胞。

共同特征:分化程度低,可分化成其他细胞;核不分叶;细胞质嗜碱性,内无特殊颗粒。包括单核细胞和淋巴细胞。

① 单核细胞:数量较少,占 1%～3%,体积最大,直径 10～20 μm,胞体球形,核有椭圆形、肾形、马蹄形或不规则形,常偏位,核内染色质稀疏,色淡,细胞质较多,呈弱嗜碱性,染色灰蓝。功能:具有趋化性、变形运动、吞噬性,参与机体免疫。单核细胞从骨髓进入血液,穿出血管进入组织就分化成为巨噬细胞。

② 淋巴细胞:数量较多,占 30%～50%,呈球形,核呈球形或椭圆形,一侧常有一凹陷,核内染色质致密呈块状,色深,细胞质很少,在核周围成一窄带,嗜碱性,染成天蓝色。形态相似的淋巴细胞并非单一的群体,根据其表面特征、发生部位、寿命长短及免疫功能不同,至少可分为 T 细胞、B 细胞、K 细胞和 NK 细胞四类。

3)血小板

血小板为扁平不规则的球形小体,无细胞核。血小板有参与凝血过程的作用。

三、肌组织

肌组织主要由肌细胞组成,肌细胞之间无特有的细胞间质,但有少量结缔组织及血管和神经分布。肌细胞可以进行舒张和收缩活动。肌细胞呈细长纤维状,也称肌纤维,肌纤维的细胞膜称为肌膜,细胞质称为肌浆(质),肌浆内的滑面内质网称为肌浆(质)网。

根据其结构和功能的特点,将肌组织分为三类,分别是骨骼肌、心肌和平滑肌。骨骼肌的活动受躯体运动神经支配,而平滑肌和心肌的活动受植物性神经支配。

(一) 骨骼肌

骨骼肌的基本成分是骨骼肌纤维,在每条肌纤维的周围有结缔组织包绕,称为肌内膜,由数条或数十条肌纤维集合成束,外包较厚的结缔组织,称为肌束膜。在整块肌肉的周围包着一层较厚的致密结缔组织,称为肌外膜。

1. 骨骼肌纤维的光镜结构

骨骼肌纤维(图 1-1-22)呈长圆柱形,细胞核为椭圆形,异染色质较少,核仁明显,核可多达数百个,位于肌纤维周边,紧贴肌膜内面。肌浆内含有许多与细胞长轴平行排列的肌丝束,称为肌原纤维。肌原纤维呈细丝状,每束肌原纤维上都呈现明暗相间的横纹,所以被称为横纹肌。其活动受意识支配,又称为随意肌。

2. 骨骼肌纤维的电镜结构

(1)肌原纤维:在电镜下,肌原纤维是由许多平行排列的粗肌丝和细肌丝组成。

(2)横小管:它是肌膜向肌纤维内凹陷形成的小管,其走向与肌原纤维长轴相垂直,故称横小管。

(3)肌浆网:位于相邻两横小管之间,纵向包绕在肌原纤维周围的滑面内质网。

(二) 心肌

心肌主要分布于心脏,主要由心肌纤维构成。它不受意识支配,是不随意肌。

1. 心肌纤维的光镜结构特点

心肌纤维呈短柱状,横纹不如骨骼肌明显(图 1-1-23)。心肌细胞收缩具有一定的节

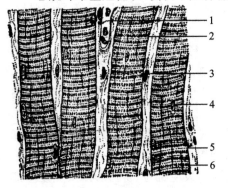

图 1-1-22 骨骼肌纤维(纵切)

1.毛细血管;2.肌纤维膜;3.成纤维细胞;
4.肌细胞核;5.明带;6.暗带

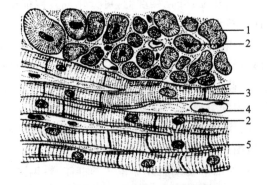

图 1-1-23 心肌纵切面和横断面

1.肌纤维横断面;2.肌细胞核;3.肌纤维纵切面;
4.毛细血管;5.闰盘

律性,属不随意肌。每个心肌纤维一般只有一个细胞核,偶见双核,较大,呈椭圆形,位于细胞中央。心肌纤维的分支相互吻合成网状,在细胞连接处,肌膜分化成特殊结构,称为闰盘。

2.心肌纤维的电镜结构特点

(1)两端相邻接的心肌纤维的细胞膜彼此伸出许多突起,相互嵌合,形成闰盘。

(2)横纹不如骨骼肌明显。

(3)肌质网稀疏,贮钙能力较低。

(三)平滑肌

平滑肌(图1-1-24)主要由平滑肌纤维构成,广泛存在于脊椎动物的各种内脏器官。它不受意识支配,是不随意肌。

1.平滑肌纤维的光镜结构

平滑肌纤维呈细长梭形,每个细胞有一个核,呈椭圆形,位于细胞中央。相邻肌纤维的粗部与细部相嵌合,使其排列紧密。平滑而无横纹结构。

2.平滑肌纤维的电镜结构

电镜下可见平滑肌纤维内有三种肌丝,即粗肌丝、细肌丝和中间丝(直径10 nm)。

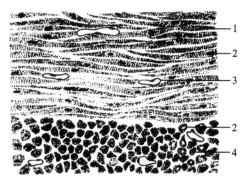

图1-1-24 平滑肌纵切面超微结构
1.肌纤维纵切面;2.肌细胞核;
3.毛细血管;4.肌纤维横断面

四、神经组织

神经组织是构成神经系统的主要组成部分,由神经细胞和神经胶质细胞组成。神经细胞也称神经元,神经胶质细胞是神经组织中的辅助成分,数量多,无传导功能,对神经元有支持、保护、绝缘、营养等作用。

(一)神经元

神经元是一种有突起的细胞,其形态多种多样,但结构都由胞体和突起两部分构成(图1-1-26)。突起分为树突和轴突两种,每个神经元有1至多个树突,而轴突只有1条。

1.神经元的结构

1)胞体

形态多样(图1-1-25),有球形、椎体形、梭形、星形等。大小不等,位于脑、脊髓和神经节内。

(1)细胞膜:为单位膜,能够接受刺激,产生及传导神经冲动。

(2)细胞质:除含有一般细胞器外,还有两种特有的细胞器,即尼氏体(嗜染质,又称尼氏小体)和神经元纤维。

① 尼氏体(嗜染质):光镜下所见细胞质内呈颗粒状或斑块状的嗜碱性物质,电镜下则是由许多平行排列的粗面内质网和分布于其间的游离核糖体组成。光镜下脊髓腹角的运动神经元胞体的尼氏体呈斑块状分布,如虎皮花纹,习惯称虎斑。

② 神经元纤维:光镜下观察银染切片,见核周质内相互交织成网的棕褐色的细丝,并

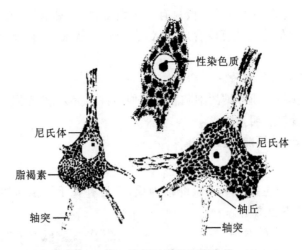

图 1-1-25 神经元胞体光镜结构

深入突起内。神经元纤维除具有支持神经元的作用外,还与营养物质、神经递质以及离子运输有关。

(3)细胞核:只有一个,大而圆,位于胞体中央,常染色质多,着色浅,核仁大而明显。

2)突起

突起包括树突和轴突。树突较短,形如树枝状,有多个。树突的功能是接受信息刺激,并将冲动传向胞体;轴突细而长,除个别神经元外,其余神经元都有一个轴突。自胞体发出部位呈圆锥状,称为轴丘。轴丘和延续的轴突内无尼氏体,有神经元纤维。轴突可将胞体传来的冲动传至另一个神经元或效应器。

2.神经元的分类

(1)按突起数目可分三种:假单极神经元、双极神经元和多极神经元(图 1-1-26)。

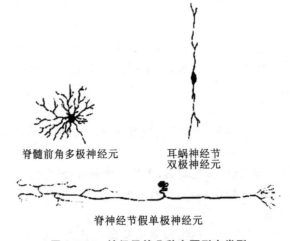

图 1-1-26 神经元的几种主要形态类型

① 假单极神经元:从胞体发出一个突起,在距胞体不远处分为两支,一支进入中枢(中枢突,轴突),另一支伸向周围器官(周围突,树突)。

② 双极神经元：胞体发出一个轴突、一个树突，方向相反。

③ 多极神经元：从胞体发出一个轴突和多个树突。

（2）根据神经元的功能，可分为感觉神经元、运动神经元、联络神经元。

① 感觉神经元（传入神经元）：能感受各种刺激，如脊髓神经节细胞。

② 运动神经元（传出神经元，图 1-1-27）：支配效应器活动，如脊髓腹角的神经元。

③ 联络神经元（中间神经元）：起联络作用，如脑、脊髓内的神经元。

（3）根据神经元释放的神经递质不同，可分为胆碱能神经元、胺能神经元、肽能神经元和氨基酸能神经元。

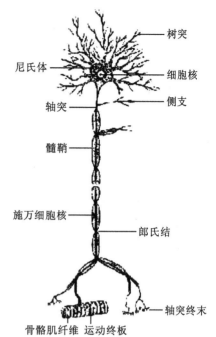

图 1-1-27　运动神经元模式

3. 神经细胞之间的联系结构——突触

突触是神经元与神经元之间，或神经元与效应细胞（肌细胞、腺细胞）之间的一种特化的细胞连接，是神经元信息传递的重要结构。突触根据传递信息的方式不同，可分化学性突触和电突触两大类。

（1）化学性突触：神经元轴突末端以释放神经递质为媒介传导神经冲动的突触。其结构分为三部分：突触前膜、突触间隙、突触后膜（图 1-1-28）。

（2）电突触：两个神经元之间通过缝隙连接直接传递电信息。电突触存在于低等动物。

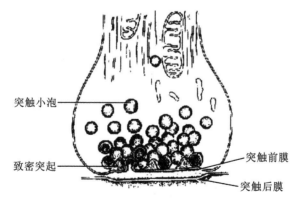

图 1-1-28　化学性突触超微结构模式

4. 神经纤维

神经纤维由神经细胞的长突起和包在其外表面的神经胶质细胞组成。根据其髓鞘的有无，可将其分为有髓神经纤维和无髓神经纤维。根据其功能不同可分为感觉神经纤维和运动神经纤维。

（1）有髓神经纤维：其特点是轴突外包有一层髓鞘，如脊神经内的神经纤维，髓鞘是神经胶质细胞卷绕轴突构成的层板状结构，是绝缘物质，能防止神经冲动从一个轴突扩散到邻近的轴突。

（2）无髓神经纤维：其特点是神经纤维无髓鞘包裹，如植物神经的节后纤维，其传导神经冲动的速度比有髓神经纤维要慢。

5．神经末梢

神经末梢是外周神经纤维的末端部分，在组织器官内形成特殊的结构，分为感觉神经末梢和运动神经末梢两种。感觉神经末梢主要分布在皮肤、肌肉和内脏器官内，又称感受器，能感受痛觉、压觉等感受；运动神经末梢是运动神经轴突末端和骨骼肌、平滑肌等形成的结构，又称效应器。

（二）神经胶质细胞

神经胶质细胞与神经元比较有以下几个特点：①数量多而胞体小，突起不分树突和轴突；②胞质内无尼氏体和神经元纤维；③不与其他细胞构成突触；④无传导冲动作用；⑤终生保持分裂能力。

神经胶质细胞通常分为中枢神经系统内的神经胶质细胞和周围神经系统内的神经胶质细胞。中枢神经系统内的神经胶质细胞又分为星形胶质细胞、少突胶质细胞、小胶质细胞等。周围神经系统内的神经胶质细胞分为神经膜细胞和被囊细胞（又称卫星细胞）。神经胶质细胞通常对神经细胞起支持、营养、隔离、保护和修复的功能。

第三节　器官、系统和有机体

一、器官

器官是由几种不同的组织按着一定规律有机结合在一起，构成具有一定外形，占据一定位置和空间，由实质和间质所构成，并能完成一定生理机能的个体。如小肠是由上皮组织、疏松结缔组织、平滑肌以及神经、血管等构成的，外形呈管状，具有消化食物和吸收营养的机能。器官虽然由几种组织所组成，但不是各组织的机械结合，而是相互关联、相互依存，成为有机体的一部分，不能与有机体的整体相分割。如小肠的上皮组织有消化吸收的作用，结缔组织有支持、联系的作用，其中由血液供给营养、经血管输送营养并输出代谢废物，平滑肌收缩使小肠蠕动，神经纤维能接受刺激、调节各组织的作用。这一切作用的综合才能使小肠完成消化和吸收的机能。

器官可分为两大类：中空性器官和实质性器官。中空性器官是指内部有较大空腔的器官，如食管、胃、肠、气管、膀胱、心脏、血管等，它们的结构特点是管壁分层，分别由不同的组织构成；实质性器官是指内部没有大空腔的器官，如肝、脾、肾肺、肾、肌肉等。

器官的结构由两部分组成：一是实质部分，是指直接代表这个器官主要机能特征的某一种组织；二是间质部分，是指器官的辅助成分，一般由结缔组织构成，是血管、淋巴管和神经通过的地方，对实质部分有支持和营养作用。

二、系统

几个功能上密切相关的器官联合在一起彼此分工合作来完成体内某一方面的生理机能,这些器官构成一个系统。例如,口腔、咽、食管、胃、小肠、大肠、肛门及消化腺(肝、胰、肠腺、唾液腺等)等器官有机地联系起来组成消化系统,共同完成对食物的消化、吸收功能。畜体由一系列不同的系统所组成,每个畜体都由运动系统、被皮系统、消化系统、呼吸系统、泌尿系统、循环系统、内分泌系统、神经系统及感觉器官等组成。其中的消化系统、呼吸系统、泌尿系统和生殖系统又合称为内脏。

三、有机体

有机体是由各种系统综合起来构成的一个整体,在神经、体液的调节下,使其内部协调一致并与外界环境相统一。体内各系统、器官之间有着密切的联系,在机能上相互影响,互相配合,倘若某一部位发生变化,就能影响其他有关部位的机能活动。同时,畜禽与生活的周围环境也是统一的,环境的变化会引起功能的变化,进而影响器官的形态结构。

 总结与复习

本单元主要介绍了细胞和细胞间质,基本组织,器官、系统和有机体三个方面的内容,学习时要对基本概念在理解的基础上记忆,注意比较、归纳等学习方法的运用。重点掌握以下几方面的内容。

1. 细胞的基本结构

细胞的基本结构包括细胞膜、细胞质和细胞核。细胞膜是包围在细胞外表面的一层薄膜。细胞膜很薄,在光学显微镜下一般难以辨认,在电子显微镜下,可以看到两暗一明的内、中、外三层结构。这种三层结构的膜称为单位膜。单位膜除构成细胞膜外,细胞内的许多细胞器(如内质网、高尔基复合体、溶酶体、线粒体等)也是由单位膜构成的。细胞膜可保持细胞形态结构的完整性,并具有保护、物质交换、吸收、分泌等功能。在细胞膜以内和细胞核以外的全部物质,称为细胞质,生活状态下为半透明的胶状物。细胞质由基质、细胞器及内含物所组成。

2. 基本组织

基本组织包括上皮组织、结缔组织、肌组织和神经组织。上皮组织主要由大量密集的细胞组成,在体内分布广泛。上皮组织内没有血管,有丰富的神经末梢。按照其基本功能,可分为被覆性上皮、腺上皮和感觉上皮,根据细胞排列的层数和形态,可分单层扁平上皮、单层立方上皮、单层柱状上皮、假复层纤毛柱状上皮、复层扁平上皮和变移上皮。结缔组织种类多,包括疏松结缔组织、致密结缔组织(如腱)、网状组织、脂肪组织、软骨组织、骨组织、血液和淋巴。肌组织主要由肌细胞组成,细胞间有少量疏松结缔组织。肌组织分为骨骼肌、心肌和平滑肌三类。神经组织由神经细胞和神经胶质细胞构成。

 复习题

1. 简述细胞膜的构造和功能。
2. 简述上皮组织的分类和形态特点、分布及功能。
3. 染色质与染色体有何不同?
4. 说明结缔组织的分类及各类特点。
5. 简述细胞分裂、细胞分化的概念。
6. 简述细胞衰老、细胞凋亡的概念。

单元二 运动系统

知识目标

通过对本单元的学习,掌握骨骼、关节、肌肉的结构;掌握全身骨骼的名称及胸廓、骨盆的结构;掌握腹壁肌、胸部肌;理解黏液囊、腱鞘、腹股沟管、腹白线、腹黄膜等概念;了解肌肉运动的机理。

素质目标

通过对本单元的学习,培养独立思考的学习态度和团结协作的工作意识。

能力目标

通过准确描述运动系统各结构,培养抽象思维及表达能力;通过对不同畜体骨骼组成的学习,培养举一反三的学习能力;通过应用腹壁肌各层结构来解决临床实际应用问题,培养知识应用能力。

运动系统包括骨骼、骨连接和肌肉三部分。全身的骨依靠骨连接连接成为骨骼。肌肉附着于骨骼上,运动时以骨连接为枢纽,以骨骼为杠杆,肌肉作为动力。

运动系统构成畜体的基本体型,它不仅直接关系到使役用家畜的使役能力,还影响到肉用家畜的屠宰率和品质。另外,运动系统中一些骨性的突起和肌肉之间肌沟,还可从畜体表面看到或触摸到,在畜牧生产中经常作为定位及取穴的标志。

第一节 骨骼和骨连接

一、骨和骨连接的概述

骨作为器官是由骨组织构成的,具有一定的形态功能,有新陈代谢和生长发育的特点,并有破坏、改造、再生愈合的能力。骨组织内有大量的钙盐和磷酸盐,又被称为畜体的钙、磷库,参与钙、磷的代谢与调节,骨内含有骨髓,是重要的造血器官。

畜体全身的骨通过骨连接构成支架形的骨骼,有支持体重、产生运动和保护脑、心、肺等器官的作用。

（一）骨的构造

骨作为器官主要由骨膜、骨质、骨髓和血管、神经组成（图1-2-1）。

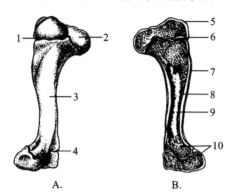

图 1-2-1　骨的形态与构造

1、4.骺软骨；2.骨端；3.骨体；5.关节软骨；6.骺线；7.骨膜；8.骨密质；9.骨髓腔；10.骨松质

1. 骨膜

骨膜分为骨外膜和骨内膜。骨膜由结缔组织构成，因含有血管和神经，而呈粉红色，且有感觉。

（1）骨外膜：骨外膜被覆于骨质的外表面，可分为成骨层（内层）、纤维层（外层）。纤维层有营养和保护作用，成骨层参与骨的生长。在骨受损时，骨膜内的成骨层有修补和再生骨质的作用。在骨生长旺盛时，内层极发达。纤维层各部分的厚薄不等，在无肌肉覆盖的露出部分往往较厚，而有厚的肌肉覆盖的部位相对较薄，且易于被分离。骨膜内血管的多少也会因骨膜活动的情况而不同。

（2）骨内膜：为一层薄的纤维层膜，主要被覆于骨髓腔和较大的哈弗斯管内。

2. 骨质

骨质是构成骨的主要成分，分为骨密质和骨松质。

（1）骨密质：位于骨的外周，坚硬而致密。其厚度因其所受的张力和压力不同而有所变化，在长骨的骨干部位，骨密质较厚，而骨端较薄。在关节的骨端，骨密质更薄但较光滑。

（2）骨松质：位于骨的深部，呈海绵状，由互相交错的骨小梁构成。骨小梁的排列因骨的功能的需要不同而异，主要适应压力、抵抗腱及韧带的拉力而形成不同的排列方式。骨松质除构成短骨和长骨的骨端外，在长骨内还向骨干的内部有所伸展。有些骨的内部存在含空气的间隙，代替了骨松质和骨髓，称为含气骨，其骨内形成的腔洞称为窦，腔内覆有黏膜，可间接或直接地与外界相通，如头骨的额窦等。

骨密质和骨松质的这种配合，使骨既坚固又轻便。

3. 骨髓

骨髓位于长骨的骨髓腔和骨松质的间隙中，富含血管和网状纤维。骨髓分为红骨髓和黄骨髓。幼畜的骨髓全部为红骨髓，有造血机能。成年家畜长骨骨髓腔内的红骨髓逐

渐代之以黄骨髓。红骨髓内富含各种细胞,有造血功能,而黄骨髓则是由红骨髓内发生了退行性变化所形成的类似于脂肪样组织,失去了造血功能,而当机体大量失血或贫血时,这些黄骨髓又能转化为红骨髓恢复造血机能。

4. 血管

骨的血管和神经分布于骨膜和骨质上。一部分血管来自于骨膜内,分为许多小支,通过骨表面的小孔进入骨内的,分布于骨密质部的哈弗斯管。另一些来自长骨两端的血管,分布于骨松质骨髓腔内。在大型的骨特别是长骨表面有大的营养动脉血管,是通过骨表面上的滋养孔穿过骨密质进入骨髓腔内的。最后,也要与来自骨膜内的血管的分支相吻合。

5. 神经

骨内的神经主要是分布于血管,另在骨外膜内,有特殊的神经末梢,属于感觉神经。骨膜对张力或撕扯的刺激很敏感,故骨折时引起剧痛。

(二)骨的类型

根据骨的大小、形状和作用,可将骨分为长骨、短骨、扁骨和不规则骨四种。

(1)长骨:通常呈圆柱状,分布于四肢,起运动杠杆和支持体重的作用。长骨的中部称为骨干或骨体,内有空腔,称为骨髓腔,长骨的两端称为骺或骨端。骨干和骺之间有软骨板,称为骺板,幼龄时明显,成年后骺板骨化,骺与骨干愈合。

(2)短骨:一般呈立方形,多见于结合坚固,并有一定灵活性的部分,如腕骨、跗骨等。

(3)扁骨:由内、外两层骨密质板构成,两层骨密质板之间分布着骨松质。一般呈板状,提供较大的面积供肌肉附着,并有保护其所被覆部位的内部器官,如颅骨、肩胛骨等。

(4)不规则骨:形状不规则,一般位于畜体中轴上,且不成对,如椎骨等。

(三)骨连接

骨连接是指骨与骨之间借骨组织、软骨组织或结缔组织相连接。根据连接后的运动情况,可将骨连接分成直接连接和间接连接。

1. 直接连接

(1)纤维连接:骨与骨之间借助于纤维结缔组织连接在一起,如头骨的骨缝及马的桡骨和尺骨间韧带结合等。这种连接牢固,不活动,故又称不动连接。成年家畜的这类骨连接常骨化成为骨性结合,如头骨之间缝。

(2)软骨连接:骨与骨之间间借助软骨组织相连,如骨盆联合。这种连接类型有小范围活动性,故又称微动连接。如椎骨与椎骨之间靠纤维软骨相连接(称椎间盘),骨盆底壁左右耻骨之间的连接(又称耻骨联合)。

(3)骨性结合:两骨的相对面借骨组织相连接,完全不能活动。这种连接一般是由软骨连接或纤维连接骨化而来。如成年牛的几枚荐椎融合在一起,使荐椎形成一个完整的荐骨;头骨之间的缝成年后也变成骨性结合。

2. 间接连接或滑膜连接

骨与骨之间不直接连接,中间有滑膜包围形成关节腔,能进行灵活的运动,称为间接连接。因此,又称间接连接为滑膜连接,简称关节,如膝关节、肘关节。

1) 关节的结构

关节（图 1-2-2）一般包括关节面和关节软骨、关节囊、关节腔、血管神经及辅助结构。

（1）关节面：形成关节的各骨相对的面。它有很多种形状，大多是较平滑的，一般形状都相互吻合。

（2）关节软骨：覆盖在形成关节的各骨相对面上的一层透明软骨。所覆的软骨的厚度随关节不同而异。在压力大、活动大的部位关节软骨较厚，相反则薄一些，关节软骨表面光滑，缺少血管，有减小摩擦力和缓冲震动的作用。

（3）关节囊：包围在形成关节各骨外的结缔组织囊，附着于关节面周缘。囊壁分内、外两层。外层为纤维层，内层为滑膜层。

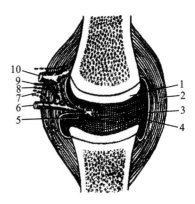

图 1-2-2　关节构造模式图

1.关节软骨；2.关节囊的纤维层；
3.关节囊的滑膜层；4.关节腔；
5.滑膜绒毛；6.动脉；7、8.感觉神经纤维；
9.植物性神经（交感神经节后纤维）；
10.静脉

① 纤维层：由致密结缔组织构成，附着于关节面的边缘或附近的地方，有保护作用。其厚度在各个部位不一致，有的地方厚，有的地方薄至几乎没有，只留有一层滑膜层。当有肌腱经过关节囊时，纤维层被腱所代替。腱的内层与滑膜层相接，有的关节囊还可变厚成为韧带，这种韧带往往贴于关节囊外，不能与关节囊相分离。

② 滑膜层：由疏松结缔组织构成，贴于关节囊内没有关节软骨的部分，止于关节软骨的边缘，薄而且软。滑膜层有丰富的血管和神经分布，又常向关节囊腔内突出形成皱褶和绒毛至腔内，并且常在褶内形成脂肪垫，很多地方的脂肪团块充满了囊外的间隙。滑膜能分泌黏滑液，润滑关节，有的地方的滑膜还向外突出形成关节外囊（即关节囊），垫于关节或骨突与肌腱之间，有助于肌腱运动。

（4）关节腔：由关节软骨与关节囊围成的密闭腔隙，内有滑液。滑液除润滑关节、缓冲震动外，还具有营养关节面软骨和排出代谢产物的作用。

（5）血管和神经：有来自附近血管、神经的分支。

关节的动脉血管在关节周围形成网，分布于关节囊和骨髓内。而来自骨膜内的血管在关节软骨的周围也形成环，但大多不进入软骨内。静脉形成静脉丛。

关节的神经有分布于关节囊和韧带（由结缔组织构成，附于关节囊内或外，有加固关节的作用）的感觉神经，也有分布于血管上的植物性神经。滑膜内有很多神经纤维分布，并有特殊的神经末梢分布，如环层小体等。

2) 关节的辅助结构

关节的辅助结构是指为了适应关节的功能而形成的结构，只见于某些关节，并非各个关节都有，主要包括韧带、关节盘和关节唇。

（1）韧带：由致密结缔组织构成的纤维带，呈白线且没有弹性。只有少数有弹性纤维分布，如项（颈）韧带。根据所在位置分为囊外韧带和囊内韧带。

① 囊外韧带：位于关节囊外，与关节囊的纤维层混合在一起了，或已成为纤维层的一部分。也有明显与关节囊的纤维层分开的，分布于关节的侧面，称为侧副韧带。

② 囊内韧带:位于关节囊壁的纤维层与滑膜层之间,不在关节腔内。它们有增强关节稳定性的作用。有时还有直接连于两个形成关节的骨相对面的韧带,如髋关节的关节腔内有一个囊内韧带(称圆韧带)就在关节腔内。

(2)关节盘:纤维软骨或致密结缔组织形成的组织板,隔在两个关节软骨之间,形状不定,也有与关节软骨相适应的关节面,可以扩大运动范围和减轻震动。如膝关节的各骨之间半月形的纤维软骨板,又称为半月板。

(3)关节唇:附着在关节面周围的纤维软骨环。可增加关节窝的深度,扩大关节面防止边缘破裂。如髋臼(后肢骨中的髂骨、耻骨、坐骨围成的关节)的周围缘处的软骨环。

二、全身骨骼名称

畜体全身的骨骼(图 1-2-3~图 1-2-5)一般分为中轴骨、四肢骨两部分。中轴骨又可分为头骨和躯干骨。四肢骨包括前肢骨和后肢骨。但有些内脏器官和柔软器官内也有骨,这些骨称为脏器骨,如牛心骨、犬阴茎骨等。畜体全身骨骼的划分如下:

全身骨骼
- 中轴骨
  - 头骨:颅骨、面骨
  - 躯干骨:颈椎、胸椎、腰椎、荐椎、尾椎、胸骨、肋
- 四肢骨
  - 前肢骨:肩胛骨、肱骨、前臂骨、腕骨、掌骨、指骨、籽骨
  - 后肢骨:髋骨(髂骨、坐骨、耻骨)、股骨、小腿骨、跗骨、跖骨、趾骨、籽骨
- 脏器骨:犬阴茎骨、牛心骨

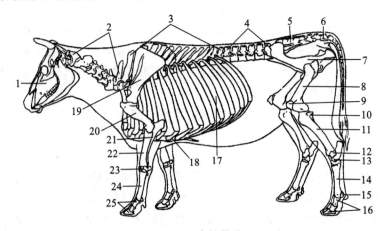

图 1-2-3　牛的骨骼

1.头骨;2.颈椎;3.胸椎;4.腰椎;5.荐骨;6.尾椎;7.髋骨;8.股骨;9.髌骨;10腓骨;
11.胫骨;12.踝骨;13.跗骨;14.跖骨;15.近籽骨;16.趾骨;17.肋骨;18.胸骨;19.肩胛骨;
20.肱骨;21.尺骨;22.桡骨;23.腕骨;24.掌骨;25.指骨

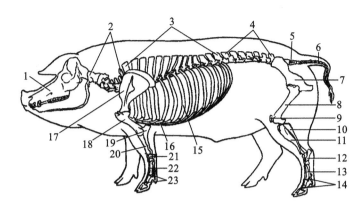

图 1-2-4　猪的骨骼

1.头骨;2.颈椎;3.胸椎;4.腰椎;5.荐骨;6.尾椎;7.髋骨;8.股骨;9.髌骨;10.腓骨;11.胫骨;12.跗骨;
13.跖骨;14.趾骨;15.肋骨;16.胸骨;17.肩胛骨;18.肱骨;19.尺骨;20.桡骨;21.腕骨;22.掌骨;23.指骨

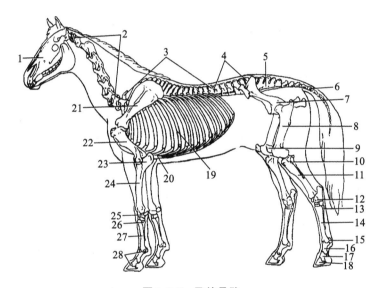

图 1-2-5　马的骨骼

1.头骨;2.颈椎;3.胸椎;4.腰椎;5.荐骨;6.尾椎;7.髋骨;8.股骨;9.髌骨;10.腓骨;11.胫骨;
12.跗骨;13.第4跖骨;14.第3跖骨;15.近籽骨;16.系骨;17.冠骨;18.蹄骨;19.肋骨;20.胸骨;
21.肩胛骨;22.肱骨;23.尺骨;24.桡骨;25.腕骨;26.第4掌骨;27.第3掌骨;28.指骨

(一) 头骨

头骨由扁骨和不规则骨构成,包括颅骨和面骨两部分。

1. 颅骨

颅骨包括枕骨、蝶骨、筛骨、顶间骨、顶骨及颞骨,其中前三块骨为单骨,其余为成对的骨。这些骨共同形成颅腔(图 1-2-6)。颅腔的后壁和底壁后部由枕骨构成;两侧壁是颞骨;底壁前部是蝶骨;顶壁包括顶骨、顶间骨和额骨的后部,额骨前部形成鼻的后上壁;颅腔和鼻腔之间是筛骨。

(1) 枕骨:只有一块,构成颅腔的后壁和下底的一部分。枕骨的后上方有横向的枕

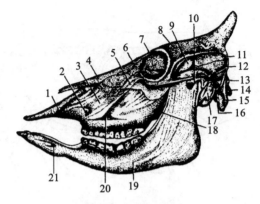

图 1-2-6　牛的头骨侧面

1.切齿骨;2.眶下孔;3.上颌骨;4.鼻骨;5.颧骨;6.泪骨;7.眶窝;8.额骨;9.下颌骨冠状突;
10.下颌髁;11.顶骨;12.颞骨;13.枕骨;14.枕髁;15.颈静脉突;16.外耳;17.颞骨岩部;
18.腭骨;19.下颌支;20.面结节;21.颏孔

峰。猪的枕嵴特别高大。枕骨的后下方有枕骨大孔通于椎管。枕骨大孔的两侧有枕骨髁,与寰椎构成寰枕关节。髁的外侧有颈椎,髁与颈突之间的窝内有舌下神经孔。

（2）顶间骨:为一对小骨,常与相邻骨结合,故外观不明显,但在其脑面有枕内结节。

（3）顶骨:成对骨,构成颅腔的顶壁,其后面与枕骨相连,前面与额骨相接,两侧为颞骨。

（4）额骨:一对,位于顶骨的前方、鼻骨的后方,构成颅腔的前上壁和鼻腔的后上壁。额骨的外部有突出的眶上突。突的基部有眶上孔,突的后方为颞窝,突的前方为眶窝,是容纳眼球的深窝。额骨的内、外板以及与筛骨之间,形成额窦。

（5）筛骨:一块,位于颅腔和鼻腔之间。由一垂直板、一筛板和一对侧块组成。垂直板位于正中,将鼻腔后部分为左、右两部。侧块向前突入鼻腔后部。侧块后方是多孔的筛板,构成颅腔的前壁。侧块内由筛骨迷路组成。

（6）蝶骨:一块,构成颅腔底的前部。由蝶骨体和两对翼以及一对翼突组成,形如蝴蝶。蝶骨的后缘与枕骨及颞骨形成不规则的破裂孔。其前缘与额骨及腭骨相连处有 4 个孔与颅腔相通。4 个孔由上而下为筛孔、视神经孔、眶孔和圆孔,圆孔向后还以翼管通于后翼孔。

（7）颞骨:成对骨,位于颅腔的侧壁,又分为鳞部和岩部。鳞颞骨与顶骨、额骨及蝶骨相连。在外面有颧突伸出,并转而向前与颧骨的突起合成颧弓。颧突根部有关节面,与下颌髁构成关节。颞骨中是中耳和内耳的所在部位。

2. 面骨

面骨主要构成鼻腔、口腔和面部的支架。包括成对的鼻骨、泪骨、颧骨、上颌骨、颌前骨、腭骨和翼骨,不成对的犁骨、下颌骨和舌骨(图 1-2-6)。

（1）上颌骨:成对,是上颌部重要的骨块,长有上臼齿,几乎与面部各骨都有联系,并与额骨和颞骨相连接,分为两个突部。它向内侧伸出水平的腭突,将鼻腔与口腔分隔开。齿槽缘上具有臼齿齿槽,前方无齿槽的部分,称为齿槽间缘。骨内有眶下管通过。骨的外面有面嵴和眶下孔。

（2）颌前骨：成对，位于上颌骨前方，构成鼻腔的侧壁及下底和口腔上壁的前部。骨体上有切齿齿槽。骨体向后伸出腭突和鼻突。腭突向后接上颌骨的腭突。鼻突则与鼻骨之间形成鼻颌切迹。

（3）鼻骨：成对骨，位于额骨的前方，构成鼻腔顶壁的大部。

（4）泪骨：成对骨，位于上颌骨后背侧和眼眶底的内侧。其眶面有泪囊窝和鼻泪管的开口。

（5）颧骨：成对骨，在泪骨腹侧。前接上颌骨的后缘。下部有面嵴，并向后方伸出颧突，与颞骨的颧突结合形成颧弓。

（6）腭骨：成对骨，位于上颌骨内侧的后方，形成鼻后孔的侧壁与硬腭的后部。

（7）翼骨：成对的狭窄薄骨片，位于鼻后孔的两侧。

（8）犁骨：单骨，位于鼻腔底面的正中，背侧呈沟状，接鼻中隔软骨和筛骨垂直板。

（9）鼻甲骨：两对卷曲的薄骨片，附着在鼻腔的两侧壁上，并将每侧鼻腔分为上、中、下三个鼻道。

（10）下颌骨：头骨中最大的骨，有齿槽的部分称为下颌骨体，前部为切齿齿槽，后部为臼齿齿槽。下颌骨体之后没有齿槽的部分，称为下颌支。两侧骨体和下颌支之间，形成下颌间隙。下颌支的上部有下颌髁，与颞骨的髁状关节面构成关节。下颌骨之前有较高的冠状突。下颌支内侧面有下颌孔。下颌骨体外侧前部有颏孔。

（11）舌骨：位于下颌间隙后部，由一个舌骨体和成对的角舌骨、甲状舌骨、上舌骨、茎舌骨及鼓舌骨构成。舌骨体有向前突出的舌突。鼓舌骨与两侧颞骨的岩部相连。舌骨有支持舌根、咽和喉的作用。

3. 鼻旁窦

鼻旁窦是头骨的内、外骨密质板之间的腔洞，内含一定气体，可增加头骨的体积而不增加其重量，并对眼球和脑起保护、隔热的作用，因其直接或间接和鼻腔相通，故称为鼻旁窦。主要有上颌窦、额窦、蝶腭窦和筛窦。

鼻旁窦内的黏膜和鼻腔的黏膜相连，当鼻腔黏膜发炎时，常蔓延到鼻旁窦，引起鼻窦炎。

（二）躯干骨

躯干骨包括椎骨、肋和胸骨。

1. 椎骨

椎骨按其所在的部位可分为颈椎、胸椎、腰椎、荐椎和尾椎。所有的椎骨按从前到后的顺序排列，由软骨、关节和韧带连接在一起形成身体的中轴，称为脊柱。

1）椎骨的一般构造

各部位椎骨的形态构造虽然不同，但都具有共同的基本构造，即椎体、椎弓和突起三部分（图 1-2-7）。

（1）椎体：位于腹侧，圆柱状，前端凸出为椎头，后端凹窝为椎窝。

（2）椎弓：位于椎体背侧，是拱形的骨板，它与椎体共同围成椎孔，所有椎骨的椎孔按

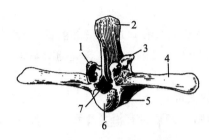

图 1-2-7　椎骨的一般形态
1.前关节突;2.棘突;3.后关节突;
4.横突;5.椎头;6.椎体;7.椎孔

前后序列连接在一起形成一个连续的管道,称为椎管,可容纳脊髓(中枢神经)。椎弓的前缘和后缘两侧各有一个切迹,相邻的切迹合成椎间孔。它是神经和血管出入椎管的通道。

(3) 突起:分为三种。从椎弓背侧向上伸出的突起称为棘突,从两侧横向伸出的突起称为横突,棘突和横突主要供肌肉和韧带附着。椎弓两侧前缘和后缘各有一对前、后关节突,它们是相邻椎骨的关节突,构成关节,即前一椎骨的后关节突要与后一椎骨的前关节突之间形成关节。

2) 各椎骨形态特征

(1) 颈椎:一般有 7 枚。第 1 枚颈椎呈环形,又称寰椎(图 1-2-8)。其两侧的横突特化形成了宽板,称为寰椎翼。第 2 颈椎又称枢椎(图 1-2-9),椎体发达,前端突出部称为齿状突。第 3～6 颈椎形态相似(图 1-2-10)。其椎体发达,椎头和椎窝明显;前、后关节突发达,有两支横突,横突基部有横突孔,连接一起形成横突管。第 7 颈椎短而宽,棘突明显。

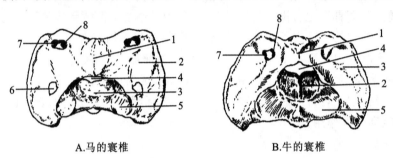

A.马的寰椎　　　　　　　　B.牛的寰椎

图 1-2-8　寰椎
1.背侧弓;2.腹侧弓;3.寰椎翼;4.椎孔;5.后关节面;6.横突孔;7.翼孔;8.椎外侧孔

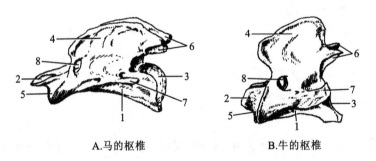

A.马的枢椎　　　　　　　　B.牛的枢椎

图 1-2-9　枢椎
1.椎体;2.齿突;3.椎窝;4.棘突;5.鞍状关节面;6.关节后突;7.横突;8.椎外侧孔

(2) 胸椎:位于背部。各种家畜数目不同,牛和羊 13 枚,猪 14 或 15 枚,马 18 枚。椎体大小较一致,棘突发达,横突短,游离面有关节面与肋骨结节形成关节。椎头和椎窝的两侧都有与肋骨小头成关节的关节面,称为肋窝。以第 3～5 胸椎的棘突为最高(图 1-2-11和图 1-2-12)。

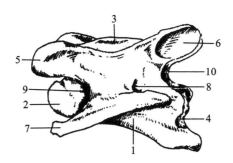

图 1-2-10 马的第 4 颈椎

1.椎体;2.椎头;3.椎窝;4.棘突;5.关节前突;6.关节后突;7.横突;8.横突孔;9.椎前切迹;10.椎后切迹

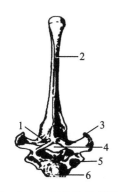

图 1-2-11 马的胸椎前面观

1.前关节突;2.棘突;3.横突;
4.椎孔;5.肋前窝;6.椎头

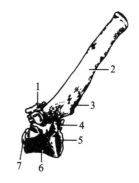

图 1-2-12 马的胸椎侧面观

1.横突;2.棘突;3.后关节突;
4.肋后窝;5.椎

(3)腰椎:它是构成腰部的基础,并构成腹腔的支架。牛和马有 6 枚,猪和羊有 6 枚或 7 枚,驴和骡有 5 枚。腰椎椎体长度与胸椎相近,棘突发达,高度与后位的胸椎相同;横突也较发达,其中牛的腰椎横突最发达,其中第 3~6 枚最长,这些长的横突可以扩大腹腔顶壁的横径,并在体表可以触摸到,是重要的骨性标志点。

(4)荐椎:它是构成盆腔顶壁的骨质基础,牛和马有 5 枚,羊、猪有 4 枚,犬有 3 枚。成年家畜的荐椎愈合在一起,称为荐骨(图 1-2-13)。其前端两侧的突出部称为荐骨翼。

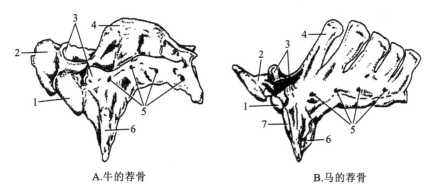

A.牛的荐骨   B.马的荐骨

图 1-2-13 荐骨

1.椎头;2.荐骨翼;3.关节前突;4.棘突;5.荐背侧孔;6.耳状关节面;7.卵圆关节面

翼的外侧有粗糙的耳状关节骨,与髂骨成关节。第1荐椎体腹侧缘前端的突出部称为荐骨岬。牛的荐骨腹侧面凹,腹侧荐孔也大。猪的荐椎愈合较晚。马的荐骨有4对背侧荐孔和4对腹侧荐孔。

(5)尾椎:数目变化大,除前3或4枚尾椎具有椎骨的一般构造外,向后逐渐退化,仅保留椎体。牛的前几枚尾椎的椎体腹侧有成对的腹棘,中间形成一个血管沟,供牛的尾中动脉通过。

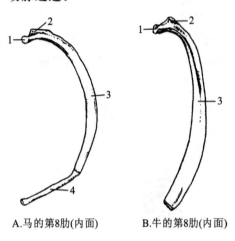

A.马的第8肋(内面)　B.牛的第8肋(内面)

图 1-2-14　肋

1.肋骨小头;2.肋结节;3.肋骨;4.肋软骨

2. 肋

肋包括肋骨和肋软骨(图 1-2-14)。

肋骨是弓形长骨,左右成对,构成胸廓的侧壁。其对数与胸椎数目相同:牛、羊13对,马18对,猪14或15对。

肋骨的近端的前方有肋骨小头,与两侧相邻的椎骨的肋凹形成关节;在肋骨小头的后面有肋骨结节,肋骨结节和胸椎的横突形成关节。肋骨的远端与肋软骨相连。肋骨在畜体内是与躯体长轴垂直向后排列的,相邻肋骨间的空隙称为肋间隙。

肋软骨呈扁棒状,连于每一肋骨下端。有的肋软骨与胸骨直接相接的肋骨称为真肋;有的肋的肋软骨不与胸骨直接相连,而是借结缔组织连于前一肋软骨上,这些肋骨称为假肋。有些动物的后几个肋骨的肋软骨末端游离,称为浮肋。假肋的肋软骨彼此相叠,呈弓形,称为肋弓,是胸廓的后界。

3. 胸骨

胸骨(图 1-2-15 和图 1-2-16)位于畜体的腹侧,是胸腔的底壁,由6~8枚胸骨节片借软骨连接而成。其前端为胸骨柄,中部为胸骨体,在相邻的胸骨片之间形成凹陷部分,与两侧的真肋的肋软骨形成关节;后端为剑状软骨。各种家畜的胸骨形态不尽相同。牛的胸骨较长,呈上下压扁状,无胸骨嵴;猪的胸骨与牛的相似,但胸骨柄明显突起;马的胸骨呈船形,前部左右压扁,后部上下压扁。

4. 胸廓

胸廓由背侧的胸椎、两侧的肋骨和肋软骨以及腹侧的胸骨围成。胸廓的前口由第1胸椎、两侧的第1对肋和胸骨柄围成。胸廓的后口则由最后胸椎、两侧的肋弓和腹侧的剑状软骨所围成。

家畜的胸腔容积和形态不同,但形状均呈截顶的圆锥形。牛的胸廓较马的短,胸廓底壁较宽而长,后部显著增宽。猪的肋骨长短差异小,且弯度大,胸廓呈圆筒状。马的胸廓前部两侧较扁,向后逐渐扩大。

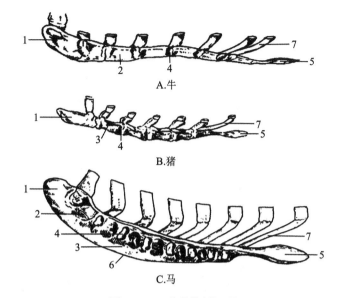

图 1-2-15　胸骨的侧面观

1.胸骨柄;2.胸骨片;3.胸骨体;4.肋窝;5.剑状软骨;6.胸骨嵴;7.肋软骨

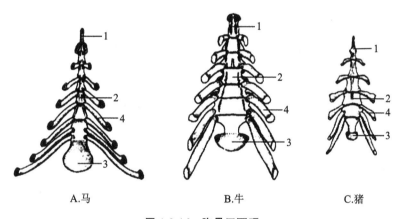

A.马　　　　　　　　B.牛　　　　　　　　C.猪

图 1-2-16　胸骨正面观

1.胸骨柄;2.胸骨体;3.剑状软骨;4.肋软骨

(三) 前肢骨

前肢骨(图 1-2-17)包括肩胛骨、肱骨、前臂骨和前脚骨。其中前臂骨包括桡骨和尺骨,前脚骨包括腕骨、掌骨、指骨(又分为系骨、冠骨和蹄骨)和籽骨。

1. 肩胛骨

肩胛骨为三角形扁骨,成对,位于胸廓前部的外侧面,由后上方斜向前下方。其背侧缘有肩胛软骨覆盖。外侧面有一纵形隆起,称为肩胛冈。马的肩胛冈发达,尤其肩胛冈的中部较粗大,称为冈结节。牛肩胛冈远端突出明显,称为肩峰。猪的冈结节特别发达且弯向后方,肩峰不明显。冈前方称为冈上窝,后方称为冈下窝。肩胛骨的远端粗大,有圆形浅凹,称为肩臼(肩关节窝),与肱骨形成肩关节。肩臼前方突出部为肩胛结节。

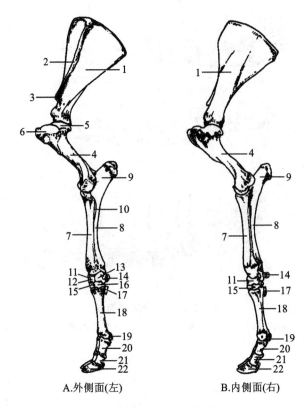

A.外侧面(左)　　　　　　B.内侧面(右)

图 1-2-17　牛的前肢骨

1.肩胛骨；2.肩胛冈；3.肩峰；4.臂骨；5.臂骨头；6.外侧结节；7.桡骨；8.尺骨；9.肘突；
10.前臂骨间隙；11.桡腕骨；12.中间腕骨；13.尺腕骨；14.副腕骨；15.第 2、3 腕骨；
16.第 4 腕骨；17.第 5 掌骨；18.大掌骨；19.近籽骨；20.系骨；21.冠骨；22.蹄骨

2. 肱骨

肱骨又称臂骨，为管状长骨，由前上方斜向后下方。近端后部球状关节面是肱骨头，与肩胛骨的肩臼形成肩关节。两侧的内外有结节，前部内侧是小结节，外侧是大结节。骨干呈不规则的圆柱状，形成一螺旋状沟，称为臂肌沟，外侧上部有三角肌粗隆。肱骨远端有内、外侧髁状关节面，桡骨形成肘关节。两髁间里面形成深窝，称为肘窝(或鹰嘴窝)。马的三角肌粗隆发达，而牛、羊、猪的则不太发达，但大结节粗大。

3. 前臂骨

前臂骨由桡骨和尺骨组成，为长骨，位置几乎与地面垂直。

(1) 桡骨：位于前内侧，发达，起主要的支撑作用。其远端与近列的腕骨形成腕关节。

(2) 尺骨：位于后外侧，近端发达，后上方突出形成鹰嘴，在动物体表可明显地看到。鹰嘴的前端有一个钩状的肘突，会伸入肱骨的肘窝中。肘突的下方有凹的半月形关节面，与肱骨的远端形成关节。尺骨和桡骨是结合的，但有一定的间隙。

牛、羊、马等动物，桡骨发达，尺骨显著退化，仅近端发达，骨体向下逐渐变细，与桡骨愈合，近侧有间隙，称为前臂骨间隙。猪、犬等动物，尺骨比桡骨长。

4．腕骨

腕骨(图 1-2-18)是小的短骨,位于前臂骨与掌骨之间,排成上、下两列。近列有 4 枚腕骨,自内向外为桡腕骨、中间腕骨、尺腕骨和副腕骨。远列也有 4 枚,自内向外依次为第 1、第 2、第 3 和第 4 腕骨。

腕骨的数目因动物种类不同而有所不同,牛腕骨有 6 枚,即近列 4 枚、远列 2 枚,内侧 1 枚较大,由第 2 和第 3 腕骨愈合,外侧为第 4 腕骨。猪的腕骨为 8 枚,近列 4 枚,远列也是 4 枚,而马的腕骨为 7 枚,即近列 4 枚、远列 3 枚,马的第 1 和第 2 腕骨愈合为一枚。(即牛 6、马 7、猪 8。)

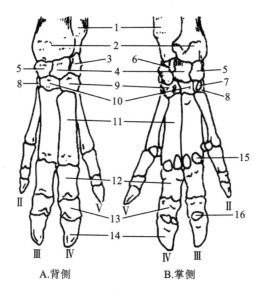

A.背侧   B.掌侧

图 1-2-18 猪的前脚骨(左)

1.尺骨;2.桡骨;3.尺腕骨;4.中间碗骨;5.桡腕骨;6.副腕骨;7.第 1 腕骨;8.第 2 腕骨;9.第 4 腕骨;10.第 3 腕骨;11.掌骨;12.系骨;13.冠骨;14.蹄骨;15.近籽骨;16.远籽骨;Ⅱ.第 2 指;Ⅲ.第 3 指;Ⅳ.第 4 指;Ⅴ.第 5 指

5．掌骨

掌骨为长骨,近端接腕骨,远端接指骨。由内向外分别称为第 1、第 2、第 3、第 4 和第 5 掌骨。有蹄动物掌骨有不同程度的退化。

牛和羊有发达的第 3、第 4 掌骨,相互愈合,其他掌骨退化。猪有 4 个掌骨,第 3、第 4 掌骨大,第 2、第 5 掌骨小,缺第 1 掌骨。马有 3 个掌骨,中间是大掌骨,即第 3 掌骨,内侧和外侧是小掌骨,即第 2 和第 4 掌骨,缺第 1 和第 5 掌骨。

6．指骨

完整的指骨有 5 枚,分别是第 1、2、3、4、5 指骨,每一枚发育完全的指骨都包括近指节骨、中指节骨、远指节骨和三枚籽骨(近籽骨两枚,位于近指节骨与掌骨之间;远籽骨一枚,位于中指节骨和远指节骨之间)。籽骨为小骨,呈三角形或锥形。

牛、羊的第 3、第 4 指发育完全,称为主指,与地面接触。第 2、第 5 指仅留痕迹,称为悬指。每个主指各有 2 枚近籽骨,共 4 枚,远籽骨每主指有 1 枚,共 2 枚。猪有 4 指,第 3 和第 4 指发达,为主指,第 2、第 5 指小,为悬指。第 3、第 4 指各有 1 对近籽骨和 1 枚远籽

骨,第2、第5指仅有1对近籽骨。马只有第3指,近籽骨2枚,远籽骨1枚。

(四) 后肢骨

后肢骨(图1-2-19)包括髋骨、股骨、膑骨(膝盖骨)、小腿骨和后脚骨。髋骨是髂骨、坐骨和耻骨的合称。小腿骨由胫骨和腓骨组成。后脚骨包括跗骨、跖骨、趾骨和籽骨。

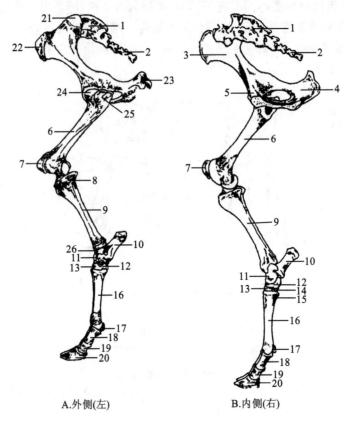

A.外侧(左)　　　　B.内侧(右)

图 1-2-19　牛后肢骨

1.荐骨;2.尾椎;3.髂骨;4.坐骨;5.耻骨;6.股骨;7.膑骨;8.腓骨;9.胫骨;10.腓跗骨;11.距骨;
12.中央第4跗骨;13.第2、3跗骨;14.第1跗骨;15.第2跖骨;16.大跖骨;17.近籽骨;18.系骨;19.冠骨;
20.蹄骨;21.荐结节;22.髋结节;23.坐骨结节;24.股骨头;25.大转子;26.踝骨

1. 髋骨

髋骨(图1-2-20)为不规则骨,由背侧的髂骨、腹侧的坐骨和耻骨愈合而成。三块骨在外侧中部结合处形成一个深的关节窝,称为髋臼,与股骨近端的股骨头形成关节。

(1)髂骨:位于外上方,三角形的扁骨,外侧角称为髋结节,内侧角称为荐结节。

(2)坐骨:为不正的四边形,位于后下方,构成骨盆底的后部。左、右坐骨的后缘连成坐骨弓。弓的两端突出是坐骨结节。两侧坐骨的内侧缘由软骨结合在一起,称为坐骨联合。

(3)耻骨:较小,位于前下方,构成骨盆底的前部。两侧耻骨的内侧缘由软骨结合形成耻骨联合。坐骨和耻骨共同围成闭孔。

(4)骨盆:由两侧髋骨、背侧的荐骨和前4枚尾椎以及两侧的荐结节阔韧带共同围成,它是一个前宽后窄的圆锥形的腔(图1-2-21)。前口以荐骨岬、髂骨及耻骨为界;后口的背侧为尾椎,腹侧为坐骨;两侧为荐结节阔韧带的后缘。雌性动物骨盆的底壁平而宽,雄性动物则较窄。耻骨联合和坐骨联合统称为骨盆联合。

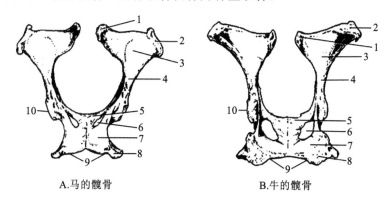

A.马的髋骨　　　　　　　B.牛的髋骨

图1-2-20　髋骨的背侧面

1.荐结节;2.髂结节;3.髂骨翼;4.髂骨体;5.耻骨;6.闭孔;7.坐骨;8.坐骨结节;9.坐骨弓;10.髋骨

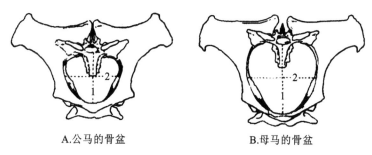

A.公马的骨盆　　　　　　B.母马的骨盆

图1-2-21　公、母马骨盆的比较(前面观)

1.骨盆前口的纵径;2.骨盆前口的横径

2.股骨

股骨为长骨,由后上方斜向前下方,近端内侧是球状的股骨头,与髋骨的髋臼形成髋关节。头的外侧粗大的突起是大转子。骨干呈圆柱状,内侧近上1/3处的嵴称为小转子。外侧缘在与小转子相对处有一较大的突,称为第3转子。股骨远端前部有滑车状关节面,与髌骨形成膝关节。后部由股骨内、外侧髁构成,与胫骨形成关节。

3.髌骨

髌骨又称膝盖骨,位于股骨的远端,呈顶端向下的楔形,后面与股骨滑车状关节面形成关节膝关节。

4.小腿骨

小腿骨包括胫骨和腓骨。

(1)胫骨:位于内侧,较发达,为三面棱形柱状长骨。其近端有胫骨内、外侧髁。与股骨的髁状关节面与髌骨共同形成膝关节,远端有螺旋状滑车关节面,与胫跗骨形成跗关节。

(2)腓骨:位于外侧,较细小。腓骨近端较大,称为腓骨头,远端细小。腓骨的发达程

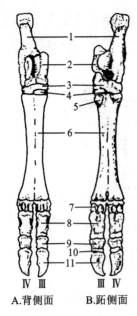

A.背侧面　B.跖侧面

图 1-2-22　牛的后脚骨

1.跟骨；2.距骨；3.中央第 4 跗骨；
4.第 2、3 跗骨；5.第 2 跖骨；
6.第 3、4 跖骨；7.近籽骨；8.系骨；
9.冠骨；10.远籽骨；11.蹄骨；
Ⅲ.第 3 趾；Ⅳ.第 4 趾

度因家畜的种类而不同。牛、羊腓骨退化,仅有两端,无骨体,其远端腓骨也称踝骨。猪的腓骨发达。

5. 跗骨

跗骨与前肢腕骨相似,由多排的小短骨组成,位于小腿骨与跖骨之间。一般由上、中、下三列组成。上列内侧是距骨,外侧是跟骨。跟骨近端粗大,称为跟结节,可在动物体表摸到。中列仅有中央跗骨。下列由内向外依次是第 1、第 2、第 3 和第 4 跗骨。牛、羊的跗骨共 5 枚,第 2、第 3 跗骨愈合(图 1-2-22),第 4 跗骨与中央跗骨愈合;马的跗骨共6 枚,第 1、第 2 跗骨愈合;猪共有 7 枚跗骨。

6. 跖骨

跖骨与前肢掌骨相似,也有 5 枚。各动物跖骨的具体枚数与前肢相同。

7. 趾骨

与前肢相同,发育完整的趾骨有 5 枚,发育完全的趾骨也有三个趾节骨和三个籽骨。三个趾节骨分别称为系骨、冠骨和蹄骨。各家畜趾骨的具体枚数与前肢指骨相同。

8. 籽骨

近籽骨 2 枚,远籽骨 1 枚。位置、形态与前肢籽骨相似。

三、畜体全身主要的骨连接

(一) 躯干骨的连接

躯干骨的连接包括脊柱连接和胸廓连接。

1. 脊柱连接

脊柱连接包括椎体间连接和椎弓间连接。

(1) 椎体间连接:相邻两个椎骨的椎体间借助韧带和纤维软骨盘相连(图 1-2-23)。主要韧带除相邻椎体间短韧带外,还有长的位于椎管的底壁,起始于枢椎,止于荐骨的背侧纵韧带和位于椎体和椎间盘腹侧,起始于第 7 胸椎,止于荐骨的腹侧纵韧带。

(2) 椎弓间连接:包括相邻的椎骨之间关节突和棘突间连接,相邻的关节突或棘突借助短的韧带和关节囊相连。此外,还有长的棘上韧带。棘上韧带自枕骨伸延到荐骨,连于多数棘突顶端。在颈部,棘上韧带强大而富有弹性,称为项韧带(图 1-2-24),它由索状部和板状部组成。

由于适应头部的多方面的运动,脊柱前端与枕骨之间形成两个活动关节。

(3) 寰枕关节:由寰椎与枕骨构成的关节,可做伸、屈和侧转运动。

(4) 寰枢关节:由寰椎与枢椎构成的关节,可左右转动头部。

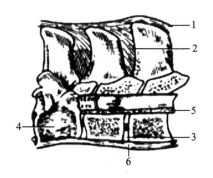 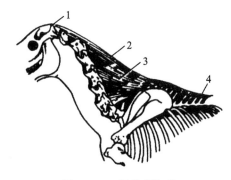

图 1-2-23　胸腰椎的椎体间连接
1.棘上韧带;2.棘间韧带;3.椎间盘;
4.椎体;5.背侧纵韧带;6.腹侧纵韧带

图 1-2-24　马的项韧带
1.枕嵴;2.项韧带索状部;
3.项韧带板状部;4.棘上韧带

2.胸廓连接

胸廓连接包括肋椎关节和肋胸关节。

（1）肋椎关节:每一肋骨与相应胸椎构成的关节。包括两个:一个是肋骨小头与胸椎椎体上肋窝之间的关节,另一个是肋骨结节与胸椎横突形成的关节。

（2）肋胸关节:由真肋的肋软骨与胸骨两侧肋凹形成的关节。具有关节囊和韧带。

（二）头骨的连接

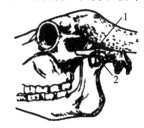

头骨大部分为不动的连接,主要形成缝;有的形成软骨性的连接,如枕骨和蝶骨的连接。只有一个颞下颌关节具有活动性。

颞下颌关节(图 1-2-25)由下颌骨的关节突与颞骨颧突腹侧关节面构成。中间有软骨板(关节盘),并有关节囊主外侧韧带。

图 1-2-25　颞下颌关节
1.颞骨颧突;2.侧韧带

此外,舌骨也具有一定的活动性。

（三）前肢关节

前肢关节(图 1-2-26)从上到下依次为肩关节、肘关节、腕关节和指关节。指关节由系关节、冠关节和蹄关节组成。

1.肩关节

肩关节为多轴单关节,由肩胛骨的肩臼和肱骨头构成。没有侧韧带,具有松大的关节囊。关节角在后方,站立时关节角为 120°～130°。主要做伸屈运动。

2.肘关节

肘关节是由肱骨远端和前臂骨近端构成的单轴复关节。关节囊后壁松宽,也有关节侧韧带。肘关节角在前方,站立时关节角为 150°,可做伸屈运动。

3.腕关节

腕关节(图 1-2-27)是单轴复关节,由桡骨远端、近列和远列腕骨以及掌骨近端构成。根据运动来看,关节角顶端向前,关节角几乎为 180°。其关节囊的纤维层包住整

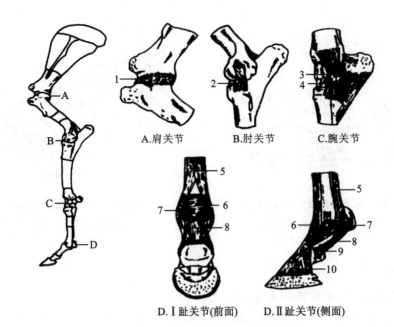

图 1-2-26 马的前肢关节

A.肩关节　B.肘关节　C.腕关节

D.Ⅰ趾关节(前面)　D.Ⅱ趾关节(侧面)

1.关节囊;2、3、外侧韧带;4.骨间韧带;5.悬韧带;6.籽骨间韧带;7.籽骨侧韧带;
8.籽骨下韧带;9.冠关节侧韧带;10.蹄关节侧韧带

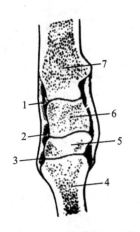

图 1-2-27 马腕关节的矢状切面

1.桡腕关节腔;2.腕间关节腔;
3.腕掌关节腔;4.掌骨;
5.远列腕骨;6.近列腕骨;7.桡骨

个腕关节,而其滑膜层分别构成桡腕囊、腕间囊和腕掌囊。关节囊后壁厚而紧,使之只能向掌侧屈。腕关节有长的侧韧带和短的腕骨间韧带。

4．指关节

家畜的指关节在正常站立时呈伸张状态,包括系关节、冠关节和蹄关节。

(1)系关节:又称球节,是单轴单关节,由掌骨远端、系骨近端和一对近籽骨组成。其侧韧带与关节囊紧密相连。系关节掌侧除有强大的屈肌腱外,还有悬韧带和籽骨下韧带固定籽骨,防止关节过度背屈。

悬韧带由骨间中肌腱质化而形成。它位于掌骨的掌侧,起于大掌骨近端,下端分为两支,止于近籽骨。

籽骨下韧带是系骨掌侧的厚韧带,起于近骨,止于系骨的远端和冠骨的近端。

(2)冠关节:由系骨远端和冠骨近端构成。有侧韧带紧连于关节囊。仅可做小范围的屈伸运动。

(3)蹄关节:由冠骨与蹄骨及远籽骨构成。关节囊的背侧和两侧有强厚的侧韧带,掌侧的薄,侧副韧带强而短。蹄关节只能进行屈伸运动。

牛为偶蹄,两指关节成对,其结构与上述各指关节结构相似。两主指系关节的关节囊在掌侧相互交通。

(四) 后肢关节

后肢关节(图1-2-28)包括盆带连接和游离部关节。盆带连接包括荐髂关节和骨盆部的韧带,游离部关节包括髋关节、膝关节、跗关节和趾关节。

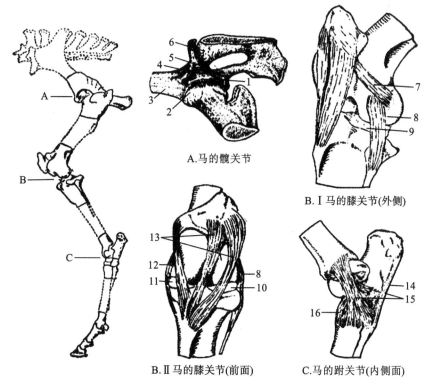

A.马的髋关节

B.Ⅰ马的膝关节(外侧)

B.Ⅱ马的膝关节(前面)

C.马的跗关节(内侧面)

图1-2-28 马的后肢关节

1.髋臼横韧带;2.股骨头;3.髂骨断头;4.股骨头韧带;5.副韧带;6.耻骨;7.股膝关节外侧侧副韧带;
8.股胫关节外侧侧副韧带;9.半月板;10.外侧半月板;11.内侧半月板;
12.股胫关节内侧侧副韧带;13.膝直韧带;14.跗侧韧带;15.内侧侧副韧带;16.背侧韧带

1. 盆带连接

(1) 荐髂关节:由荐骨翼和髂骨翼构成。囊壁短,其周围有短纤维束固定。因此,荐髂关节运动范围很小。在荐骨与髂骨之间还有荐结节阔韧带(又称荐坐韧带),起自荐骨侧缘和第1、第2尾椎横突,止于坐骨。其前缘与髂骨形成坐骨大孔,下缘与坐骨形成坐骨小孔。

(2) 骨盆部的韧带:连接荐骨和髂骨的有关韧带,包括荐髂背侧韧带和荐结节阔韧带(图1-2-29)。

① 荐髂背侧韧带:一部分,从髂骨的荐结节起到荐骨的棘突顶端为止;另一部分,由髂骨的内侧缘至荐骨的外侧缘。

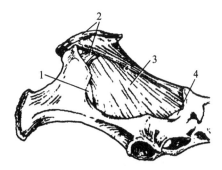

图1-2-29 荐髂关节韧带

1.坐骨大孔;2.荐髂背侧韧带;
3.荐结节阔韧带;4.坐骨小孔

・动物解剖生理・

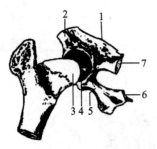

图 1-2-30　髋关节(髋臼拉开)
1.坐骨棘;2.髂骨;3.股骨头;
4.肌骨头韧带;5.耻骨体;
6.耻骨断面;7.坐骨断面

② 荐结节阔韧带:又称荐坐韧带,由荐骨的侧缘和第1~2枚尾椎的横突开始,伸向坐骨棘手和坐骨结节处。此韧带参与形成盆腔的侧壁。

2. 髋关节

髋关节(图 1-2-30)是多轴关节,由髋臼和股骨头构成的。关节角在前方。关节囊宽松。在髋臼与股骨头之间有一短而强的圆韧带。马属动物还有一条副韧带,来自耻前腱。

3. 膝关节

膝关节是单轴复关节,包括股胫关节和股膝关节。膝关节角在后方,可做屈伸动作。

(1)股膝关节:由膝盖骨和股骨远端前部滑车关节面组成。关节囊宽松,有侧韧带。在前方有 3 条强大的直韧带(膝外直韧带、膝中直韧带和膝内直韧带)将膝盖骨连于胫骨近端。

(2)股胫关节:它是单轴复关节,由股骨远端后部的内、外侧髁与胫骨近端构成。其间有两个半月状软骨板(关节盘)。除有侧韧带外,关节中央还有一对十字交叉的韧带。另有半月板韧带连于股骨和胫骨。

4. 跗关节

跗关节又称飞节,是由小腿骨远端、跗骨和跖骨近端构成的单轴复关节。关节角在前方。其滑膜形成胫跗囊、近侧跗间囊、远侧跗间囊和跗跖囊。有内、外侧韧带和背、跖侧韧带。

5. 趾关节

趾关节构造与前肢指关节相同。

 # 第二节　肌肉

一、肌肉概述

运动系统的肌肉为横纹肌,因其附着于骨骼上,因此称为骨骼肌。骨骼肌在神经的支配下,受到刺激后能进行有规律的收缩,完成动物的前进、后退、咀嚼、呼吸等运动过程。

(一)肌肉的构造

每一块肌肉就是一个肌器官,可分为肌腹和肌腱两部分。肌腹位于肌肉的中间,肌腱位于肌肉的两端,附着于不同的骨上。

1. 肌腹

肌肉是有收缩能力的部分,主要由肌纤维构成,其间分布有结缔组织、血管和神经、淋巴管等结构,这些结构随结缔组织分布于肌纤维之间。骨骼肌按一定的方向排列构成肌腹。结缔组织包在整块肌肉外面,称为肌外膜,肌外膜伸入肌腹内将肌纤维分成小束,成为肌束膜。在每个肌纤维的外面都包有一层结缔组织膜,称为肌内膜。肌纤维的主要功能是收缩,产生动力。肌膜是肌肉的支持组织,营养好的家畜肌肉结缔组织间还有脂肪。

2. 肌腱

肌腱由平行排列的腱纤维组成,坚固有韧性,有强的抗拉性,但没有收缩能力。腱纤维借肌内膜直接连接在肌纤维的端部或穿于肌腹中,并伸到骨膜和骨质中,使肌肉牢固地附着于骨上,还有传导肌肉收缩力,减缓肌肉收缩的震动的作用。

纺锤肌或长肌末端的腱呈圆索状,就是通常所说的肌腱,而扁平肌肉的腱薄而宽,则称为腱膜(如腹壁肌的腱膜);如果腱束或腱带存在于肌肉的表面,就称为腱划。

(二)肌肉的形态

肌肉主要可分为纺锤形肌、多裂肌、板状肌和环形肌等(图 1-2-31)。这主要与其功能有关。

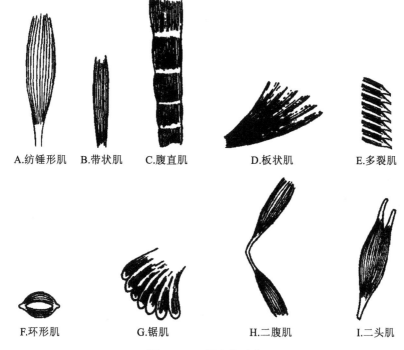

图 1-2-31　肌肉的形态

1. 纺锤形肌

纺锤形肌多分布于四肢。在肌肉内部,肌纤维束的排列多与肌的长轴平行,收缩时使肌肉显著缩短,从而引起大幅度的运动。纺锤形的肌肉,两端多为腱质,中部主要由肌质(肌纤维)构成。其外形常被分为上端的肌头、下端的肌尾和中部膨大的肌腹。

2. 多裂肌

多裂肌主要分布于脊柱的椎骨之间,由许多短肌束组成,收缩的幅度不大,但收缩力较大而持久。如背最长肌(俗称里脊)、髂肋肌等。

3. 板状肌

板状肌主要位于腹壁和肩带部,多呈薄板状,形状不一。有的呈扇形,如背阔肌;有的

起点呈锯齿状,如腹侧锯肌等。板状肌的腱质形成腱膜。

4. 环形肌

环形肌分布于畜体的自然孔周围,肌纤维呈环形,形成括约肌,如口轮匝肌(构成唇的主要肌肉)、肛门括约肌等,收缩时可以关闭自然孔。

(三)肌肉起止点

肌肉一般附着于两块或两块以上能活动的骨上,有的附着于软骨、筋膜、韧带或皮肤上。肌肉收缩时肌腹变粗变短,使其两端的附着点互相靠近,牵引骨发生移位而产生运动。肌肉一般是以其两端附着于骨,中间可能越过一个或几个关节。当其收缩时,位置不动的一端称为起点,引起骨移动的一端称为止点。但有时随着情况的变化,两点可互换。

(四)肌肉的作用

肌肉通过其肌腹的收缩改变长度,从而牵动骨产生运动。但在家畜运动时,每个动作往往是几块肌肉或几组肌群相互配合的结果。在一个动作中,起主要作用的肌肉称为主动肌,起协助作用的肌肉称为协同肌,产生相反作用的称为对抗肌,参与固定某一部位的肌肉称为固定肌。

(五)肌肉的命名

肌肉的名称一般是根据肌肉的功能、形态、位置以及肌纤维的方向等来命名的。如:按作用命名的,屈肌、伸肌;按形状命名的,三角肌、圆肌;还有按纤维走向命名的,腹直肌、斜肌等。大多数肌肉是综合几个特点命名,少数只根据其一个最明显的特征命名。学习时可多分析和理解,减少机械性记忆。

(六)肌肉的辅助器官

肌肉的辅助器官包括筋膜、黏液囊、腱鞘滑车和籽骨等结构,它们的作用是保护和辅助肌肉的工作。

1. 筋膜

(1)浅筋膜:位于皮下,由疏松结缔组织构成,覆盖在全身肌的外表面。有些部位的浅筋膜中有皮肌。营养良好的家畜在浅筋膜内蓄积有脂肪。

(2)深筋膜:由致密结缔组织构成,位于浅筋膜下。在某些部位深筋膜形成包围肌群的筋膜鞘;或伸入肌间,附着于骨上,形成肌间隔;或提供肌肉的附着面。深筋膜主要起保护、固定肌肉位置的作用。

2. 黏液囊

黏液囊(图1-2-32、图1-2-33)是封闭的结缔组织囊。壁内分为两层,内层衬有滑膜,腔内有滑液。外层为纤维层。黏液囊多位于肌肉、腱和皮肤与骨的突起之间,起到减少摩擦的作用。位于关节附近的黏液囊多与关节腔相通,是由关节囊的突出部分形成的。

3. 腱鞘

腱鞘呈长的筒形,是包裹于腱外的黏液囊。腱鞘也分为两层:外层是纤维层,由深筋膜增厚形成;内层为滑膜层,分为壁层和脏层,贴在纤维层内面的为壁层,脏层紧贴在腱上,壁层折转变成脏层处形成的滑膜褶称为腱系膜。腱鞘可以减少肌腱活动时的摩擦。

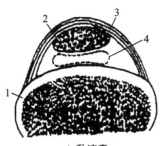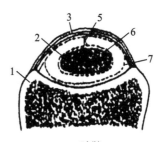

A.黏液囊　　　　　　　　　B.腱鞘

图 1-2-32　黏液囊和腱鞘的结构

1.骨；2.肌腱；3.纤维膜；4.滑膜；5.腱系膜；6.滑膜脏层；7.滑膜壁层

4.滑车

滑车是被有软骨的骨沟，可供肌腱通过，在腱与滑车之间常垫有黏液囊，可减小腱和骨面之间的摩擦力，还可以防止肌腱移位。

5.籽骨

籽骨一般位于关节角顶部，骨的表面覆盖软骨，籽骨有关节面与相邻近的骨形成关节，腱附于籽骨上，可改变肌肉作用力的方向和减小摩擦力。

二、全身肌肉的名称

根据畜体全身的肌肉所覆盖的位置不同，人为地将其分为头部肌、前肢肌、躯干肌和后肢肌。有些肌肉的表面还被覆有皮肌。

(一) 皮肌

皮肌是分布于浅筋膜内的薄板状骨骼肌。皮肌收缩时，可使皮肤震颤，以驱赶蚊蝇和抖掉皮肤上的灰尘。根据其所在部位不同，可将其分为颈皮肌、面皮肌、肩臂皮肌和躯干皮肌等（图 1-2-34）。

图 1-2-33　黏液囊和腱鞘 构造的模式图

1.骨；2.膜；3.纤维膜；4.滑膜；

5.腱系膜；6.滑膜脏层；7.滑膜壁层

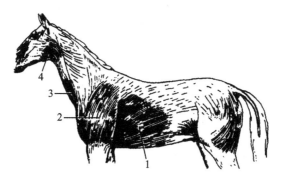

图 1-2-34　马的皮肌

1.躯干皮肌；2.肩臂皮肌；3.颈皮肌；4.面皮肌

(二)头部肌

头部肌分为面部肌和咀嚼肌,作用于口裂、鼻孔和眼裂等天然孔,分为浅层的张肌和深层的环形肌。参见图1-2-35到图1-2-38。

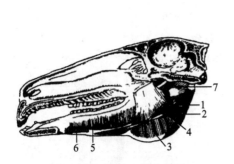

图1-2-35 马的下颌内侧肌

1.二腹肌;2.枕颌肌;3.颈舌肌;4.茎舌骨肌;
5.颌舌骨肌;6.颌舌肌;7.翼外肌

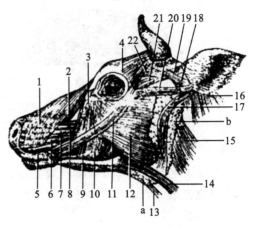

图1-2-36 牛头部浅层肌

1、2.鼻唇提肌;3.下眼睑降肌;4.额皮肌;5.口轮匝肌;
6.上唇降肌;7.犬齿肌;8.上唇固有提肌;9.下唇降肌;
10.颊肌;11.颧肌;12.咬肌;13.胸骨舌骨肌;14.胸头肌;
15、16.臂头肌;17~22.耳肌;a.下颌腺;b.腮腺

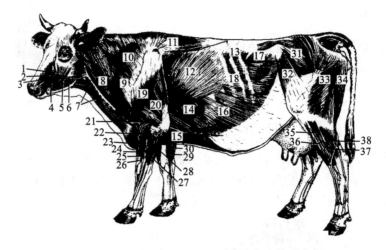

图1-2-37 牛的全身浅层肌

1.鼻唇提肌;2.上唇固有提肌;3.鼻外侧开肌;4.上唇降肌;5.颧肌;6.下唇降肌;7.胸头肌;8.臂头肌;
9.肩胛横突肌;10.颈斜方肌;11.胸斜方肌;12.背阔肌;13.后下锯肌;14.胸下锯肌;
15.胸深后肌;16.腹外斜肌;17.腹内斜肌;18.肋间外肌;19.三角肌;20.臂三头肌;21.臀肌;
22.腕桡侧肌伸肌;23.胸浅肌;24.指总伸肌;25.内伸肌;26.腕斜伸肌;27.指外侧伸肌;
28.腕外侧屈肌;29.腕桡侧屈肌;30.腕尺侧屈肌;31.臀中肌;32.阔筋膜张肌;33.股二头肌;
34.半腱肌腓肠肌;36.第3腓骨肌;37.趾外侧伸肌;38.趾深屈肌

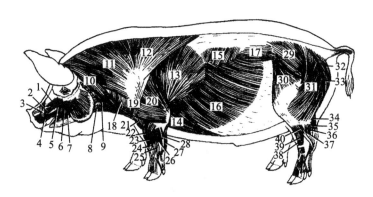

图 1-2-38　猪的全身浅层肌

1.上唇固有提肌；2.鼻孔外侧开肌；3.鼻唇提肌；4.口轮匝肌；5.吻降肌；6.颧肌；7.下唇降肌；

8.胸骨舌骨肌；9.胸头肌；10.臂头肌；11.颈斜方肌；12.胸斜方肌；13.背阔肌；14.胸深后肌；

15.后上锯肌；16.腹外斜肌；17.腰髂肋肌；18.冈上肌；19.三角肌；20.臂三头肌；21.臂肌；

22、23.腕桡侧伸肌；24.腕斜伸肌；25.指总伸肌；26.第 5 指伸肌；27.指浅屈肌；28.腕外侧屈肌；

29.臂中肌；30.阔肌膜张肌；31.股二头肌；32.半膜肌；33.半腱肌；34.腓肠肌；35.指深屈肌；

36.第 5 趾伸肌；37.第 4 趾伸肌；38.趾长伸肌；39.第 3 腓骨肌；40.腓骨长肌

1. 面部肌

面部肌位于口、鼻腔、眼等周围。

1）张肌

（1）**鼻唇提肌**：起于额骨和鼻骨，肌腹向下分两层，止于鼻侧部和口角，可开张鼻孔提举上唇。

（2）**上唇固有提肌**：起于泪骨颧骨和上颌骨交界处，止于上唇中央，可提上唇，并可向上翻转上唇。

（3）**鼻翼开肌**：位于内侧鼻翼内的鼻孔的侧开肌和外侧内的鼻孔腹侧开肌，可开张鼻孔。

（4）**下唇降肌**：由下颌支的后部至下唇，可下掣下唇。

2）环形肌

（1）**口轮匝肌**：环绕口裂的括约肌，收缩时可关闭口裂。

（2）**颊肌**：位于口腔的侧壁，收缩时可使口腔贴紧脸颊齿，将口腔前庭内的食物挤至上下颊齿进行咀嚼。

（3）**眼轮匝肌**：位于上、下眼睑之间，收缩时可闭合眼裂。

2. 咀嚼肌

咀嚼肌分为闭口肌群和开口肌群。

（1）**闭口肌群**：家畜磨碎食物的动力来源，很发达且有腱质。

① **咬肌**：位于下颌支的外侧面，可上提下颌，闭口。

② **颞肌**：位于颞窝内，作用同咬肌。

③ **翼肌**：位于下颌支的内侧面，作用同咬肌。

（2）**开口肌群**：不发达，开口肌的作用主要是向下牵接下颌骨使口张开。主要有二腹

肌和枕颌肌。

(三)前肢肌

前肢肌按部位分为肩带肌、肩部肌、臂部肌、前臂部肌和前脚部肌(图 1-2-39～图 1-2-41)。

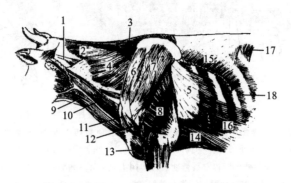

图 1-2-39 牛的肩带肌及部分躯干深层肌

1.头最长肌;2.夹肌;3.菱形肌;4.颈腹侧锯肌;5.胸腹侧锯肌;6.冈上肌;7.冈下肌;8.臂三头肌;9.胸头肌;

10.臂头肌;11.胸深肌;12.臂二头肌;13.胸浅肌;14.胸深肌;15.背阔肌;16.腹外斜肌;17.后背侧锯肌;18.肋间外肌

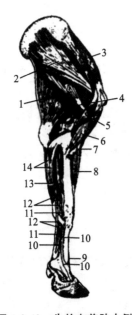

图 1-2-40 牛的左前肢内侧肌

1.大圆肌;2.肩胛下肌;3.冈上肌;4.臂肌;

5.喙臂肌;6.臂二头肌;7.臂二头肌纤维素;

8.腕桡侧伸肌;9.指内侧伸肌腱;10.悬韧带及其分支;

11.指深屈肌腱;12.指浅屈肌腱;13.腕桡侧屈肌;

14.腕尺侧屈肌;15.臂三头肌

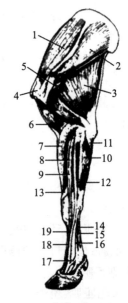

图 1-2-41 牛的左前肢外侧肌

1.冈上肌;2.冈下肌;3.臂三头肌;

4.臂二头肌;5.小圆肌;6.伸肌;

7.腕桡侧伸肌;8.指总伸肌;9.指内侧伸肌;

10.腕外侧伸肌;11.指深屈肌尺骨头;

12.指外侧伸肌;13.腕斜伸肌;14.指浅屈肌;

15.指深屈肌;16.悬韧带;17.悬韧带的分支;

18.指总伸肌;19.指内侧伸肌

1. 肩带肌

肩带肌是连接前肢与躯干的肌肉,多数为板状肌,起于躯干,止于肩部和臂部。主要包括斜方肌、菱形肌、背阔肌、臂头肌、胸肌和腹侧锯肌。牛还有肩胛横突肌。

1)背侧肌群

(1)斜方肌:为三角形薄板状肌,位于肩颈上部浅层,分颈、胸两部。起于项韧带索状部和前10个胸椎棘突,止于肩胛冈。有提举、摆动和固定肩胛骨的作用。

(2)菱形肌:位于斜方肌深面,也分颈、胸两部。颈菱形肌狭长,起于项韧带索状部,止于肩胛骨前上角内侧。胸菱形肌呈四边形,起于前数个胸椎棘突,止于肩胛骨后上角内侧。具有提举肩胛骨的作用。

(3)背阔肌:为板状肌,呈扇形,位于胸侧壁,自腰背筋膜起始,在牛还起于第9～11肋骨、肋间外肌和腹外斜肌的筋膜,肌纤维向前止于肱骨。其作用为向后上方牵引肱骨,屈肩关节,在牛还可协助吸气。

(4)臂头肌:位于颈侧部皮下,长带状。起始于枕嵴、寰椎和第2～4颈椎横突,止于肱骨外侧三角肌结节。它构成颈静脉沟(颈部的颈静脉血管由此通过)的上界。牛的臂头肌前宽后窄,可明显分为上部的锁枕肌和下部的锁乳突肌。其作用为牵引前肢向前,提举和侧偏头颈。

(5)肩胛横突肌:前部位于臂头肌深面,后部位于颈斜方肌与臂头肌之间。起始于寰椎翼,止于肩峰部筋膜。有牵引前肢向前,侧偏头颈的作用。马无此肌。

2)腹侧肌群

(1)胸肌:位于胸底壁与臂部之间,分为胸前浅肌、胸后浅肌、胸前深肌和胸后深肌。有内收前肢的作用。当前肢向前踏地时,可牵引躯干向前,内收和摆动前肢。

(2)腹侧锯肌:位于颈胸部的外侧面,为一宽大的扇形肌。下缘呈锯齿状,位于颈胸部的外侧面,可分为颈、胸两部分。颈腹侧锯肌全是肌质,胸部锯肌较薄,表面和内部混有腱层。腹侧锯肌的主要作用为举颈、提举和悬吊躯干,并能协助呼吸。

2. 肩部肌

肩部肌分布于肩胛骨的内侧及外侧面,起自肩胛骨,止于肱骨,跨越肩关节。可分为外侧组和内侧组。参见图1-2-40、图1-2-41。

1)外侧组

(1)冈上肌:位于肩胛骨冈上窝内。起自冈上窝,止腱分两支,分别止于肱骨大结节和小结节。作用为伸展或固定肩关节。

(2)冈下肌:位于肩胛骨冈下窝内。起于冈下窝,止于肱骨近端外侧结节。可外展臂部和固定肩关节。

(3)三角肌:位于冈下肌的外面,呈三角形。起于肩胛冈及冈下肌的肌腱膜,牛还起于肩峰,止于肱骨外侧三角肌结节。可屈肩关节。

2)内侧组

(1)肩胛下肌:位于肩胛骨内侧面,起于肩胛下窝,止于肱骨近端内侧小结节。明显分成三个肌束,其作用是内收肱骨或固定肩关节。

(2)大圆肌:位于肩胛下肌后方,呈带状,起于肩胛骨后角,止于肱骨内侧圆肌结节。

其作用是屈肩关节。

3. 臂部肌

臂部肌分布于肱骨周围,起于肩胛骨和肱骨,跨越肩关节及肘关节止于前臂骨,主要作用于肘关节,可分为伸、屈两组。伸肌组位于肱骨后方,屈肌组在前方。

1) 伸肌组

(1)臂三头肌:位于肩胛骨和臂骨后方的夹角内。主要作用为伸肘关节。

(2)前臂筋膜张肌:位于臂三头肌的后缘及内侧面。以一薄的腱膜起于背阔肌的止端腱及肩胛骨的后缘,止于肘突及前臂筋膜。其作用为伸肘关节。

2) 屈肌组

(1)臂二头肌:位于肱骨前面,呈圆柱状(牛)或纺锤形(马)。起自肩胛结节,越过肩关节前面和肘关节,止于桡骨近端前面的桡骨结节。主要作用是屈肘关节,也有伸肩关节的作用。

(2)臂肌:位于肱骨臂肌沟内。起自肱骨后面上部,止于桡骨近端内侧缘。其作用为屈肘关节。

4. 前臂及前脚部肌

前臂及前脚部肌是作用于腕关节和指关节的肌群,均起自肱骨远端和前臂骨近端。在腕关节上部变为腱质。作用于腕关节的肌肉的腱短,止于腕骨及掌骨。作用于指关节的肌肉的腱较长,跨过腕关节和指关节,止于指骨。除腕尺侧屈肌外,其他各肌的肌腱在经过腕关节时,均包有腱鞘。前臂及前脚肌可分为背外侧肌群和掌内侧肌群。

1) 背外侧肌群

背外侧肌群分布于前臂骨的背侧和外侧面。它们是作用于腕、指关节的伸肌。

(1)腕桡侧伸肌:位于桡骨的背侧面,作用是伸腕关节。

(2)腕斜伸肌:起自桡骨外侧下半部,斜伸向腕关节内侧。有伸和旋外腕关节的作用。

(3)指总伸肌:主要起于肱骨远端前面,至前臂下部延续为腱,经腕关节背外侧面、掌骨和系骨背侧面向下伸延,止于蹄骨的伸腱突。主要作用是伸指和腕关节,也可屈肘。

(4)指外侧伸肌:在指总伸肌后方,起自桡骨近端外侧,其腱经腕关节外侧面下延,至掌部,则沿指总伸肌腱外侧缘下行。有伸指和腕关节的作用。

(5)指内侧伸肌:又称第3指伸肌,马无此肌。它位于腕桡侧伸肌和指总伸肌之间,起于肱骨远端背侧,以长腱止于第3指冠骨近端和蹄骨内侧缘。有伸第3指作用。

2) 掌内侧肌群

掌内侧肌群分布于前臂骨的掌侧面,为腕和指关节的屈肌。

(1)腕外侧屈肌:又称尺外侧肌,位于指外侧伸肌的后方,起自肱骨远端,止于副腕骨和第4掌骨近端。作用为屈腕、伸肘。

(2)腕尺侧屈肌:位于前臂部内侧后部,起于肱骨远端内侧和肘突,止于副腕骨。有屈腕、伸肘作用。

(3)腕桡侧屈肌:位于腕尺侧屈肌前方,桡骨之后。起于肱骨远端内侧,马的止于第2掌骨近端,牛的止于第3掌骨近端。作用为屈腕、伸肘。

(四) 后肢肌

后肢肌较前肢肌发达,是推动身体前进的主要动力。后肢肌可分为臀部肌、股部肌、小腿和后脚部肌(图 1-2-42)。

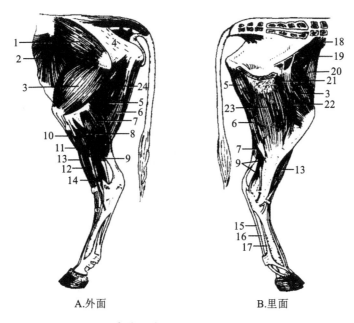

A.外面   B.里面

图 1-2-42 牛的后肢肌(外侧臀股二头肌已切除)

1.臀中肌;2.腹内斜肌;3.股四头肌;4.荐结节阔韧带;5.半膜肌;6.半腱肌;7.腓肠肌;8.比目鱼肌;9.趾深屈肌;10.胫骨前肌;11.腓骨长肌;12.趾长伸肌及趾内侧伸肌;13.腓骨肌;14.趾外侧肌;15.趾浅屈肌;16.胫骨屈肌腱;17.悬韧带;18.腰小肌;19.髂腰肌;20.阔肌膜张肌;21.耻骨肌;22.缝匠肌;23.股薄肌;24.内收肌

1. 臀部肌

臀部肌分布于臀部,跨越髋关节,止于股骨。可伸、屈髋关节及外旋大腿。

(1)臀浅肌:牛、羊无此肌。马的臀浅肌位于臀部浅层,呈三角形。有外展后肢和屈髋关节的作用。

(2)臀中肌:大而厚,是臀部的主要肌肉。起自髂骨翼和荐结节阔韧带,止于股骨大转子。主要作用是伸髋关节,外展后肢,由于其与背最长肌结合,还参与竖立、蹴踢和推动躯干前进等动作。

(3)臀深肌:位于臀中肌的下面,被臀中肌覆盖。起自坐骨骨棘,在牛还起于荐结节阔韧带,止于大转子前部。有外展髋关节和内旋后肢的作用。

(4)髂肌:起自髂骨腹侧面,止于小转子。因其与腰大肌的止部紧密结合一起,故常合称为髂腰肌。其作用为屈髂关节及外旋后肢。

2. 股部肌

股部肌分布于股骨周围,根据部位可分为股前肌群、股后肌群和股内侧肌群。

1)股前肌群

股前肌群位于股骨前面。

（1）阔筋膜张肌：位于股前浅层，起自髋结节，向下呈扇形连于阔筋膜，并借阔筋膜止于膝盖骨和胫骨前缘。可紧张阔筋膜和屈髋关节。

（2）股四头肌：大而厚，富于肌质，位于股骨前面及两侧。作用为伸膝关节。

2）股后肌群

股后肌群位于股后部。

（1）股二头肌：位于股后外侧，是一块长而宽的肌肉，有两个头。椎骨头起于荐骨，坐骨头起于坐骨结节。股二头肌有伸髋关节、膝关节、跗关节的作用。提举后肢时又可屈膝关节。

（2）半腱肌：一块大长肌，起始于股二头肌后方，向下构成股部后缘，止端转到内侧。其作用同股二头肌。

（3）半膜肌：呈大的三棱形，位于半腱肌后内侧。起于坐骨结节（马、牛）和荐结节阔韧带后缘（马），止于股骨远端内侧。有伸髋关节并内收后肢的作用。

3）股内侧肌群

股内侧肌群位于股部内侧。

（1）股薄肌：薄而宽，呈四边形，位于股内侧皮下。有内收后肢的作用。

（2）耻骨肌：位于耻骨前下方，起于耻骨前缘和耻前腱，止于股骨中部的内侧缘。可内收后肢和屈髋关节。

（3）内收肌：呈三棱形，位于耻骨肌后面，起于耻骨和坐骨的腹侧面，止于股骨。可内收后肢，也可伸髋关节。

（4）缝匠肌：呈狭长带状，位于股内侧前部，半膜肌的前方。起于骨盆盆面髋筋膜和腰小肌腱，止于胫骨近端内面。有内收后肢的作用。

3. 小腿和后脚部肌

小腿和后脚部肌的肌腹多位于小腿部的周围，在跗关节均变为腱质，其腱在通过跗部时大部分包有腱鞘。此处肌肉多为纺锤形肌，作用于跗关节和趾关节，可分为小腿背外侧肌群和小腿跖侧肌群。

1）小腿背外侧肌群

（1）趾长伸肌：位于小腿背外侧部，有伸趾关节、屈跗关节的作用。

（2）趾外侧伸肌：位于小腿的外侧部，起于胫骨近端外侧及腓骨，于跖中部并入趾长伸肌腱（马），或沿趾长伸肌腱的外侧缘下行，止于第4趾冠骨（牛、猪）。作用同趾长伸肌。

（3）第3腓骨肌：为发达的纺锤肌，位于小腿背侧的浅层。作用是屈跗关节。

（4）胫骨前肌：紧贴于胫骨前外侧，被趾长伸肌覆盖。有屈跗关节的作用。

（5）腓骨长肌：马无此肌，在小腿背外侧部，位于趾长伸肌和趾外侧伸肌之间。起于胫骨外侧髁和腓骨，止于跖骨近端和第1跗骨。有屈跗关节和旋内后脚的作用。

2）小腿跖侧肌群

（1）腓肠肌：位于小腿后部，分内、外两头，起自股骨远部跖侧，于小腿中部变为腱，与趾浅屈肌腱扭结一起，止于跟结节。其作用为伸跗关节。腓肠肌腱以及附着于跟结节的趾浅屈肌腱、股二头肌腱和半腱肌腱合成一粗而坚硬的腱索，称为跟总腱。

（2）趾浅屈肌：肌腹夹于腓肠肌二头之间，肌腹不发达，几乎全为腱质。其主要作用是屈趾关节。

（3）趾深屈肌：肌腹位于胫骨后面，以三个肌头起于胫骨后面。其作用为屈趾关节。

（4）腘肌：位于膝关节后面，呈厚的三角形，止于胫骨近端后面。有屈股胫关节的作用。

（五）躯干肌

躯干肌包括脊柱肌、颈腹侧肌、胸廓肌和腹壁肌。

1. 脊柱肌

脊柱肌是指支配脊柱活动的肌肉。它分为背侧肌群和腹侧肌群。

1）背侧肌群

（1）背最长肌：位于胸、腰椎两侧，自髂骨、荐骨向前，伸延至颈部。两侧同时收缩时可伸腰背，还有伸颈、侧偏脊柱和助呼吸的作用。

（2）髂肋肌：位于背最长肌的腹外侧，由一束束斜向的肌束组成。其作用是向后牵引肋骨，协助呼吸。它与背最长肌间形成髂肋肌沟，是重要的肌性标志。

（3）夹肌：位于颈侧部，呈三角形。其后部被斜方肌及颈下锯肌覆盖。两侧夹肌同时收缩可抬头颈，单侧收缩可偏头颈。

2）腹侧肌群

腹侧肌群不发达，仅存在于颈、腰部。颈部有斜角肌、头长肌；腰部主要有腰大肌和腰小肌，它们位于椎体的腹侧。

2. 颈腹侧肌

（1）胸头肌：位于颈下部的外侧，构成颈静脉沟的下缘，起自胸骨柄，止于下颌骨后缘，呈长带状。与臂头肌一起构成颈静脉沟（临床上常用的肌性标志）。

（2）胸骨甲状舌骨肌：位于气管的腹侧，扁平带状肌，起自胸骨柄，起始部被胸头肌覆盖。其作用为向后牵引舌和喉，以助吞咽。

（3）肩胛舌骨肌：薄长带状。自肩胛内侧走向前，止于舌骨体。它位于颈侧，臂头肌的深面，在颈前部，经颈总动脉和颈静脉之间穿过。作用同胸骨甲状舌骨肌。

3. 胸廓肌

胸廓肌位于胸侧壁和胸腔后壁，其收缩舒张能改变胸腔的容积，参与呼吸，又称为呼吸肌。主要有肋间内肌、膈肌、肋间上肌等。

1）吸气肌

除膈肌外，吸气肌均分布于胸侧壁上，肌纤维斜向后下方。

（1）肋间外肌：位于相邻两肋骨间隙内，起自前一肋骨后缘，斜向后下方止于后一肋骨的前缘。肌纤维走向后下方。其作用是向前外方牵引肋骨，扩大胸腔，引起吸气。

（2）前背侧锯肌：薄而宽，呈四边形，位于胸壁前上部，背最长肌的表面，由几片薄肌组成。起于胸腰筋膜，止于第5～11（马）或6～9（牛）肋骨近端的外侧面。其作用为向前牵引肋骨以助吸气。

（3）膈肌：它是一圆拱形凸向胸腔的板状肌，构成胸腹腔间的分界。其周围由肌纤维（肌肉）构成，称为肉质缘；中央是强韧的腱质，称为中心腱。肉质缘分别附着于前4个腰

椎腹侧面、肋弓内侧面和剑状软骨的背侧面。

膈的上面有三个孔,自上而下分别为:主动脉裂孔,在腰椎附着部,膈的肉质缘部分称为左、右膈脚。两脚间有一个裂孔供主动脉通过;食管裂孔,位于右膈脚肌束中,接近中心腱;后腔静脉裂孔,位于中心腱偏中线的右侧。膈的收缩和舒张改变了胸腔前后径,从而导致呼吸,故膈是重要的呼吸肌。

2) 呼气肌

(1) 后背侧锯肌:为薄肌,位于胸壁后下部,背最长肌的表面。肌纤维走向前下方,起自腰背筋膜,肌纤维方向为后上至前下,止于后七八个(马)或后三个(牛)肋骨的后缘。作用是向后牵引肋骨,协助呼气。

(2) 肋间内肌:位于肋间外肌深肌,肌纤维方向为自后上向前下,相邻的两肋间,起于后一肋肋骨和肋软骨的前缘,止于前一个肋骨的后缘。作用为牵引肋骨向后并拢,协助呼气。

4. 腹壁肌

腹壁肌位于腹腔侧壁和底壁,由四层纤维走向不同的板状肌构成。其表面覆有腹壁筋膜。在牛、马特称为腹黄膜,是因其腹壁深筋膜含有大量的弹性纤维,呈黄色,而得名。它可加强腹壁的强韧性。

在动物的腹腔底壁正中,有一条由两侧的腹壁肌的腱膜形成的白线,称为腹白线。它起自剑状软骨,止于耻骨前腱,是位于腹底壁正中上的一条白色的纤维索,由腹壁两侧四层肌肉的腱膜交织而成的。白线的中部有脐。

腹壁肌由腹白线分开,腹壁两侧自浅至深分别有腹外斜肌、腹内斜肌、腹直肌和腹横肌(图 1-2-43)。

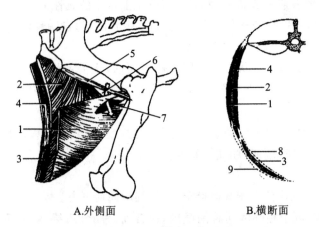

A.外侧面　　B.横断面

图 1-2-43　马腹壁肌模式图

1.腹外斜肌;2.腹内斜肌;3.腹直肌;4.腹横肌;5.腹股沟韧带;6.腹股沟管腹环;
7.腹股沟管皮下环;8.腹直肌内鞘;9.腹直肌外鞘

(1) 腹外斜肌:为腹壁肌的最外层,以锯齿状起自最后 9～10 肋的外侧面及肋间外肌的腱膜上,肌纤维由前上方斜向后下方,在肋弓下约一掌处变为腱膜,以腱膜止于腹白线、耻骨前腱和髋结节。腹外斜肌的肌腱部分(腱膜)在耻骨前腱到髋结节的部分称为腹股沟韧带,是构成腹股沟管的后外侧壁。

(2)腹内斜肌:腹壁的第二层肌肉,位于腹外斜肌深面,其肌质部较厚,起自髋结节,牛还起自第4~5腰椎横突,呈扇形向前下方扩展,逐渐变为腱膜,止于耻骨前腱、腹白线及最后肋后缘内侧面。腹内斜肌约在腹壁中部就变成腱膜,腱膜在此处分成了深、浅两层。浅层与腹外斜肌的腱膜交织,一起覆盖在腹直肌外,形成腹直肌的外鞘。深层与腹横肌的腱膜交织,覆盖在腹直肌上,形成腹直肌的内鞘。

(3)腹直肌:为一宽带状肌,左、右两肌并列于腹腔底的白线两侧,肌纤维纵行,有数条横向的腱划将肌纤维分成数段。腹直肌:牛起自胸骨和后10肋骨肋软骨的外侧面,马则起于胸骨和第4以后肋骨的肋软骨的腹外侧面,最后以强厚的耻前腱止于耻骨前缘。腹直肌表面,牛有3~6条(马有9~11条)腱划。

(4)腹横肌:为腹壁的最内层肌,以肉质起自腰椎横突及最后肋下的内侧面,肌纤维上下行,以腱膜止于腹白线两侧。

(5)腹股沟管:位于耻骨前腱的外侧,是腹内斜肌(形成管的前内侧壁)与腹股沟韧带(形成管的后外侧壁)之间的斜行裂隙。它是通过腹底壁后部的扁管,有两个口:一个是与腹腔相通的腹股沟腹环,由腹内斜肌和腹股沟韧带围成,长约15 cm;另一个是通腹部的皮肤下,称为皮下环,是腹外斜肌的肌腱膜上的一个卵圆形裂孔,长约10 cm。母畜的腹股沟管仅供血管和神经通过,而公畜的腹股沟管内有精索等结构。

(6)耻骨前腱:指左、右两侧腹直肌止于耻骨前时,形成的强而厚的腱质。它是腹股沟管皮下环的内界。

腹壁肌各层肌纤维走向不同,彼此重叠,再加上腹黄膜,形成了柔韧的腹壁,对腹脏内器官起着重要的支持和保护作用。腹肌收缩时,可增大腹压,有助于呼气、排便和分娩等活动。

三、肌肉生理

(一)骨骼肌的结构特点

1. 骨骼肌的蛋白

骨骼肌由骨骼肌纤维构成,骨骼肌纤维内部都有大量的肌浆,相当于其他细胞的细胞质。肌浆中除了含有其他细胞中所含有的线粒体等细胞器外,还含有大量平行排列成束的肌原纤维。

在电镜下观察骨骼肌纤维,会看到有规则的明暗相间的横纹(图1-2-44),主要是肌原纤维内部组成物质的结构和光学性质的不同造成的。暗的部分称为A带,明的部分称为I带。暗带(A带)较宽,其宽度比较固定;明带(I带)较窄,其宽度在肌纤维收缩时产生变化,舒张时较宽,收缩时变窄。在暗带中间有一条亮纹,称为H带。H带正中有一条深色线,称为M线(中膜)。在明带正中间有一条暗纹,称为Z线(间膜)。肌原纤维每两条Z线之间的部分称为肌小节,它包括两个半段的I带和一个完整的A带。肌肉的收缩是交错穿插的两组肌微丝彼此滑动而引起的。

在电镜下,胶原纤维由许多的微丝组成。这种微丝分为两种:一种为粗微丝,一种为

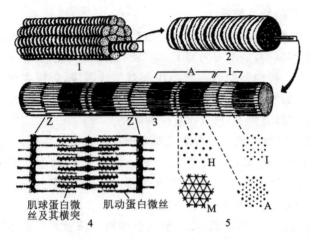

图 1-2-44　骨骼肌纤维结构模式图

1.肌纤维束;2.一条肌纤维;3.一根肌原纤维;4.一节肌节(模式图);5.肌原纤维横切示不同部位肌微丝排列

细微丝。粗微丝又称为肌球蛋白微丝,全部由肌球蛋白构成;细微丝又称为肌动蛋白微丝,主要由肌动蛋白构成。除此之外,肌原纤维内还含有肌原蛋白和肌钙蛋白。粗微丝和细微丝要直接参与骨骼肌的收缩,而肌原蛋白和肌钙蛋白则不直接参与骨骼肌的收缩,但能调节骨骼肌的收缩活动,故称为调节蛋白。

骨骼肌内的肌球蛋白和肌动蛋白在肌原纤维中是平行排列的,并有各自固定的部位,使得彼此保持一定的距离。在肌节中,肌球蛋白微丝排在 A 带中,肌动蛋白贯穿于 I 带和 A 带之间,它的一端附着于 Z 线上,另一端插入 A 带的肌球蛋白微丝之间,就是由于它们排列整齐、有规律,使得在镜下骨骼肌呈现出明暗相间的条纹状,在肌肉收缩时,肌动蛋白就像刀入鞘一样,产生滑动,进入肌球蛋白微丝之间的空隙内。

2.骨骼肌中的小管系统

除肌原纤维外,肌浆中还有肌红蛋白、糖原颗粒和丰富的线粒体。此外,还有一种特别的结构,称为肌浆网。它在其他普通细胞内称为滑面内质网,在肌细胞中其呈管状称为肌小管(终末池或纵管)。在肌小管内有钙离子,它对肌原纤维的收缩和舒张具有重要的意义。另外,发现肌浆中有一种 T 系统,由横管构成,是肌纤维膜内陷构成的。它与肌原纤维相垂直,不与肌浆网的管道相通。横管与肌浆管(纵管)构成三联管结构。

当肌细胞兴奋时,出现在肌细胞膜上的动作电位可沿着横管系统迅速传入细胞内部。纵管是肌细胞内的钙库,其膜上有钙泵,能通过对钙的储存、释放与回收,触发或终止肌原纤维的收缩。三联管结构是将肌细胞膜的电位变化和细胞内的收缩过程衔接或偶联起来的关键部位。

(二)骨骼肌收缩过程

1.运动终板特殊的结构

骨骼肌的运动受到神经控制,而神经对骨骼肌的调控,是依靠分布于骨骼肌上神经末梢来实现的。神经末梢分布于骨骼肌上形成的卵圆形结构就是运动终板,是运动神经末梢和肌细胞(肌纤维)相接触的部位。一条运动神经末梢,经反复分支可达几十至几百条,每一分支都支配一条肌纤维。当运动神经末梢分支的末端接近肌纤维时,失去髓鞘,并再分成更细的分支,即神经末梢,裸露的神经末梢贴附于肌膜上。

在电镜下,形成运动终板的肌细胞膜发生了内陷形成突触槽,而神经末梢的轴突膨大部正好嵌入槽内,神经末梢轴突膜形成了突触前膜,骨骼肌细胞的槽内膜之间有 20 nm 的间隙,称为突触间隙。后膜就是肌细胞内陷的细胞膜。在前、后膜之间神经末梢内存在大量突触小泡和线粒体,突触小泡内含有乙酰胆碱。后膜上有较多的蛋白质分子,它们最初被称为 N 型乙酰胆碱受体,现已证明它们是一些化学门控通道,具有能与乙酰胆碱特异性结合的亚单位和附着于其上的胆碱酯酶。

2. 神经-肌肉兴奋传递过程

当神经冲动传到运动神经末梢时,立即引起接头轴突膜去极化,其突触小泡释放出乙酰胆碱,乙酰胆碱作用于后膜上的受体上,使后膜对钠改变轴膜对钠离子的通透性,使钠离子内流,突触后膜即发生去极化,接着后膜对钾离子的通透性瞬间增高,于是 Na^+ 跨膜内流和 K^+ 跨膜外流,终板后膜去极化引起运动终板内产生局部的运动终板电位。

终板电位以电紧张的形式影响终板膜周围的一般肌细胞膜,引起了周围肌细胞膜的去极化。当终板电位使一般肌纤维膜的静息电位达到阈强度时,即激发一次动作电位。这个电位向整个肌细胞传递,这样完成一次神经肌肉之间的兴奋传递。需要说明的是,动作电位并不产生在运动终板,即神经与肌肉的接头处,而产生于与之相邻接的肌细胞膜上。

(三)骨骼肌收缩的机理

1. 肌纤维中收缩蛋白

骨骼肌细胞内存在的粗肌丝和细肌丝分别由肌球蛋白、肌动蛋白、肌原蛋白和肌钙蛋白组成。在骨骼肌的肌浆中,肌球蛋白分子是呈手杖样的,许多手杖样肌球蛋白分子平行排列形成肌球蛋白微丝,即粗肌丝。肌球蛋白分子的头端具有一个侧突,构成横桥。侧突内含有丰富的三磷酸腺苷酶,在肌肉收缩时能与肌动蛋白结合。肌动蛋白在肌浆内呈球形的大分子的物质,许多球状的肌动蛋白连接在一起呈串珠样,并且扭转成绳,即称为纤维型肌动蛋白。这些绳索样的纤维蛋白在肌原纤维中平行排列,构成细肌丝,细肌丝从 Z 线伸出,构成明带(I 带)的一部分,还会伸入暗带(A 带)内。每条粗肌丝周围会有 6 个绳索状的细肌丝围绕。在静息状态下,两侧的肌动蛋白肌丝(细肌丝)插入暗带(A 带)之间并有一定的距离,这个距离就是 H 带的宽度。在舒张状态下距离较远;相反,在收缩状态下则较近或 H 带消失。

肌肉收缩时,肌球蛋白的横桥和肌动蛋白相结合,而肌动蛋白存在着两种调节蛋白影响肌肉的收缩过程。一个是肌动蛋白分子所形成的相互扭转的串珠样结构中,还扭绕着螺旋样的肌原蛋白分子,在肌肉静息状态时,它的位置正好能阻挡肌动蛋白与横桥之间的结合。而在螺旋形的肌原蛋白的分子链中,每隔一定的距离,夹着一个球形的肌钙蛋白分子。肌钙蛋白有三个亚单位:亚单位 C 与 Ca^{2+} 有特别强的亲和力,两者能结合,参与肌原纤维的收缩启动;亚单位 T 的作用是使肌钙蛋白分子与原肌球蛋白结合;亚单位 I 的作用是在亚单位 C 与 Ca^{2+} 结合时,将信息传递给原肌球蛋白,引起后者的分子构型改变,从而解除对横桥与肌动蛋白的结合阻挡作用,使肌肉产生收缩。

2. 骨骼肌收缩过程中,神经-肌肉的兴奋偶联作用

在运动终板上形成的电,在肌纤维上以动作电位的形式通过肌膜和肌纤维中的小管系统传入纤维内部,引起骨骼肌纤维的去极化和兴奋并导致收缩,肌纤维的兴奋和收缩的这种因果关系称为兴奋-收缩偶联(图 1-2-45)。

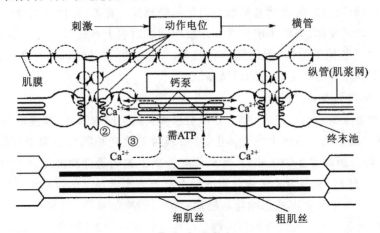

图 1-2-45　兴奋-收缩偶联示意图

当动作电位经过神经-肌肉接头引起肌膜兴奋后,所产生的动作电位可通过横管系统一直传播到细胞深部,从而引起肌浆网(纵管)膜对 Ca^{2+} 的通透性突然升高,储存在终末池中的 Ca^{2+} 顺着浓度梯度外流,肌浆 Ca^{2+} 浓度迅速升高,肌动蛋白中的肌钙蛋白会与 Ca^{2+} 结合,引发肌动蛋白构型的转变,解除它对肌球蛋白的横桥与肌动蛋白结合的阻止作用,同时也解除了肌浆内肌动球蛋白 ATP 酶的抑制作用。

这时肌球蛋白的横桥与肌动蛋白的有活性部分结合,形成肌动球蛋白复合物。同时,被解除抑制的肌动球蛋白 ATP 酶,在 Mg^{2+} 激活下,分解了 ATP,释放能量,引起肌肉收缩。

肌纤维的动作电位消失后,肌浆网膜恢复极化状态。终末池对 Ca^{2+} 的通透性降低,肌浆网膜上的钙泵(Ca^{2+}-Mg^{2+}-ATP 酶)的主动转运,使肌浆内的 Ca^{2+} 浓度重新下降。这时与肌钙蛋白亚单位 C 结合的 Ca^{2+} 重新离解,使肌钙蛋白-原肌球蛋白复合物对 Mg^{2+} 和 ATP 酶的抑制作用恢复,肌纤维转入舒张状态。钙在整个兴奋偶联作用中起着重要的作用。

总体上说,骨骼肌的收缩过程是在肌动蛋白与肌球蛋白的相互作用下将分解 ATP 释放的化学能转变为机械能的过程,能量转换发生在肌球蛋白头部与肌动蛋白之间。

(四) 骨骼肌收缩的几个特点

1. 等张收缩和等长收缩

骨骼肌兴奋后可发生长度和张力两种机械性变化:肌肉在收缩时长度发生变化而张力不变,称为等张收缩;张力发生变化而长度不变,称为等长收缩。动物机体内肌肉收缩都包括两种程度不同的混合收缩。肌肉长度的变化可以完成各种运动,张力的变化可以负荷一定的重量。

2. 单收缩

骨骼肌接受单个刺激产生一次收缩,收缩完毕后又迅速恢复原状的收缩,称为单收缩。它是肌肉收缩的最为简单的形式。

单收缩的过程中自肌肉接受到刺激开始至肌肉产生收缩,这个阶段内冲动在肌肉内传递,肌细胞产生的动作电位也在肌肉间传播,而且细胞内发生着复杂的生理生化反应过程;然后肌肉开始缩短,缩到最短,随后发生舒张。缩短与舒张主要与肌细胞内的生理生化反应相关。

3. 强直收缩

骨骼肌接受运动神经发来的神经冲动而兴奋,这种冲动是不间断地在骨骼肌上传递的。骨骼肌总是在没有完成前一个单收缩之前就产生另一个单收缩,它总是把许多单收缩综合在一起,形成了所谓的强直收缩。因此,畜体内的骨骼肌在一系列的神经冲动刺激下一直保持收缩状态,时间也较长。一块肌肉收缩力量的大小,取决于参与收缩的肌纤维的数量和运动神经传出冲动的频率,以及强直收缩的持续时间的长短。

动物体的运步、驻立等活动都是靠骨骼肌的强直收缩来完成的。肌紧张是维持动物体正常姿势的基本的反射活动,姿势改变则是肌紧张重新分配的结果。

 总结与复习

运动系统包括骨和肌肉。骨又依靠结构组织、软骨及骨等结构连接在一起形成骨骼,构成畜体的支架,能支持体重、保护内脏器官及产生运动等。

骨骼包括骨和骨连接两部分。全身的骨通过骨连接连起来形成畜体的支架和基本轮廓,有着支持体重、保护内脏器官、产生运动等功能。牛的全身骨骼包括头部骨骼、躯干骨骼和四肢骨骼。躯干骨包括脊柱、肋、胸骨,构成了脊柱和胸廓;前肢骨骼包括肩胛骨、臂骨、前臂骨、腕骨、掌骨、指骨、籽骨;前肢关节自上而下依次为肩关节、肘关节、腕关节、指关节;后肢骨骼包括髋骨、股骨、膝盖骨、小腿骨、后脚骨;后肢关节包括荐髂关节、髋关节、膝关节、跗关节和趾关节。

骨骼肌是运动系统的动力部分。头部肌分为面部肌和咀嚼肌;前肢肌按部位分为肩带肌、肩部肌、臂部肌、前臂部肌和前脚部肌;后肢肌分为臀部肌、股部肌、小腿和后脚部肌;躯干肌包括脊柱肌、颈腹侧肌、胸廓肌和腹壁肌。

 复习题

一、名词解释

骨骼　骨连接　鼻旁窦　腹黄膜　腹白线　腹股沟管　耻骨前腱　关节盘

二、填空题

1. 运动系统包括（　　）（　　）（　　）三部分。

2. 椎骨的突起包括（　　）（　　）（　　）三种。

3. 关节的基本结构包括（　　）（　　）（　　）（　　），辅助结构有（　　）（　　）（　　）（　　）（　　）。

4. 牛的前肢从上到下的主要关节有（　　）（　　）（　　）（　　）。

5. 颈静脉沟是（　　）和（　　）两块肌肉之间的肌沟。

6. 腹壁的肌肉从内到外依次为（　　）（　　）（　　）（　　）四层。

7. 髋骨由（　　）（　　）（　　）三块骨组成，其三块骨形成的一个关节窝称为（　　），与（　　）骨形成髋关节。

8. 骨作为一个器官,由（　　）（　　）（　　）（　　）组成。

9. 黏液囊多位于（　　）（　　）（　　）与骨突之间,可减小运动时的摩擦力。

10. 椎骨中横突最发达是（　　）椎。

三、选择题

1. 椎骨的形态属于（　　）。

A.长骨　　　　　　B.短骨　　　　　　C.扁骨　　　　　　D.不规则骨

2. 成年家畜的红骨髓存在于（　　）内。

A.长骨骨髓腔　　　B.短骨骨松质　　　C.扁骨骨松质　　　D.不规则骨骨松质

3. 构成牛颅腔顶壁的颅骨是（　　）。

A.额骨、顶骨和顶间骨　　　　　　　　B.顶骨和顶间骨

C.额骨　　　　　　　　　　　　　　　D.顶骨

4. 下列角顶向前的关节是（　　）。

A.肩关节　　　　　　B.肘关节　　　　　　C.腕关节　　　　　　D.膝关节

5. 三角肌的作用是（　　）。

A.伸肩关节　　　　　B.屈肩关节　　　　　C.内收臂骨　　　　　D.外展臂骨

6. 髋关节的伸肌是（　　）。

A.臀肌　　　　　　　B.臀股二头肌　　　　C.半腱肌　　　　　　D.半膜肌

7. 下列参与吸气的肌肉是（　　）。

A.肋间外肌　　　　　B.肋间内肌　　　　　C.膈　　　　　　　　D.腹肌

8. 下列骨中所含骨髓具有终生造血功能的是（　　）。

A.腕骨　　　　　　　B.肱骨　　　　　　　C.股骨　　　　　　　D.前臂骨

9. 腱束或腱带存在于肌肉的表面,就称为（　　）。

A.腱划　　　　　　　B.腱膜　　　　　　　C.腱质　　　　　　　D.以上都不对

四、简述题

1. 试述骨作为器官的结构。

2. 简述关节的结构。

3. 以牛为例,说明其腹部从皮肤开始的腹壁结构从外向内有哪几层。说明其肌肉层中,各肌纤维走向。

单元三　　被皮系统

知识目标

熟知表皮、真皮、皮下组织等概念,表皮、真皮的组织结构及皮肤的机能;熟知皮肤腺等概念;掌握毛、皮肤腺、蹄、角的结构和分类;了解乳腺的结构与生理机能。

素质目标

通过对本单元的学习,对比不同部位的皮肤状态的差别、不同皮肤衍生物结构机能之间的巨大差异,认识到对事物不能只看表面,建立多角度、全方位认识事物的意识。例如角、蹄、毛等均是毛的衍生物,外观结构、生理特性差异巨大。

能力目标

通过学习皮肤的结构,培养观察分析能力;通过比较各种家畜蹄的结构,培养举一反三的学习能力。

第一节 皮肤

被皮系统包括皮肤和皮肤衍生而成的特殊器官。皮肤衍生物包括家畜的蹄、枕、角、毛、乳腺、皮脂腺及汗腺以及禽类的羽毛、冠、喙和爪等。被皮系统具有感觉、分泌、防御、排泄、调节体温和储存营养物质的作用,使动物具有对外界环境的适应能力。

一、皮肤的构造

皮肤覆盖于动物体表,在天然孔(口裂、鼻孔、肛门和尿生殖道外口等)处与黏膜相接。家畜皮肤的厚度会因家畜的种类、年龄、部位不同而不同,一般牛的皮肤要比羊的厚,成年动物的皮肤比幼龄动物的厚,同一个动物背侧、四肢外侧的皮肤比腹侧和四肢内侧的厚。虽然皮肤的薄厚不同,但其结构大同小异,都由表皮、真皮和皮下组织三部分构成。

(一) 表皮

表皮为皮肤最外面的一层,由角化的复层扁平上皮构成。表皮内没有血管和淋巴管,但有丰富的神经末梢分布。表皮的营养由表皮最后一层与真皮层相接部位来提供。有毛区的表皮可分为4层,由浅向深依次为角质层、颗粒层、棘层、基底层(又称生发层)。无毛区(乳头、牛的鼻唇镜)表皮分为5层,角质层下面多一层透明层。

1. 角质层

角质层为表皮的最表层,由几层到几十层已角化的扁平细胞构成。细胞质内充满角蛋白,对酸、碱、摩擦等因素有较强的抵抗力。表层的细胞死亡后,脱落形成皮屑。

2. 透明层

透明层由数层扁平的细胞组成。细胞质内含透明角质蛋白颗粒液化生成的角母素,细胞质均呈透明状,因而细胞间界限不清。只有鼻唇镜、乳头和肉食动物足底的垫处的无毛皮肤处有此层结构。

3. 颗粒层

颗粒层位于角质层的深层,由1～4层梭形细胞组成,细胞界限不清。此层细胞的特点是细胞核渐趋退化消失,细胞质内出现透明角质蛋白颗粒。普通染色呈强嗜碱性,细胞核较小,染色较淡。老化的细胞继续被推送到颗粒层里。表皮薄的地方,此层亦薄。

4. 棘层

棘层在颗粒层下面,由数层大的多角形细胞组成,细胞核位于中央。近颗粒层细胞变

成扁平状。棘层细胞细胞质丰富,含有核蛋白体,细胞质嗜碱性。深层的棘层细胞有分裂和增生能力。

在棘层靠近基底层的细胞之间有黑素细胞分布。色素与皮肤的颜色有关,并能吸收紫外线,防止其损伤皮肤的深部组织。

5. 基底层

为表皮的最深层,借基膜与真皮相接,基底层细胞皆附在基底膜上,由一层低柱状细胞构成,细胞核圆,细胞基部有微细的短突伸入基底膜内,加强了表皮的附着力,并有吸收真皮营养的作用。基底层的细胞分裂比较活跃,不断产生新细胞并向浅层推移,以补充衰老、脱落的角质细胞。

表皮中没有血管,细胞的营养供应和代谢产物的排泄都是依靠细胞间隙的组织液与真皮毛细血管内的血液之间的物质扩散来实现的。

(二) 真皮

真皮位于表皮深层,是皮肤最厚的一层,由致密结缔组织构成,含有大量的胶原纤维和弹性纤维,细胞成分较少。因此,真皮层坚韧且富有弹性,皮革就是由真皮鞣制而成的。真皮由浅入深可分成乳头层和网状层,其中含有丰富的血管、淋巴管和神经,能营养皮肤并感受外界刺激。此外,真皮内还有汗腺、皮脂腺、毛囊等结构。临床上做皮内注射,就是把药物注入真皮层内。

1. 乳头层

乳头层紧靠表皮,与表皮的基膜相接。结缔组织形成许多乳头状的突起,称为真皮乳头,以扩大真皮与表皮的接触面,有利于两者的密切结合和表皮的营养及代谢。乳头层内含丰富的毛细血管和毛细淋巴管,还有游离神经末梢以供应表皮营养和感受外界的刺激。

2. 网状层

网状层位于乳头层的深面,较厚,细胞成分比乳头层少,大量的粗大的胶原纤维和弹性纤维交织成网排列,其中含有大的血管、淋巴管和神经,并有汗腺、皮脂腺和毛囊等结构分布于其中。

(三) 皮下组织

皮下组织又称浅筋膜,位于皮肤的最深层,由疏松结缔组织构成。皮肤借此层与下面的肌肉或骨膜相连,使皮肤具有一定的活动性。营养良好的家畜在皮下组织内蓄积大量的脂肪细胞。临床上做皮下注射,就是把药物注入此层内。

二、皮肤的作用

皮肤是身体的保护器官,保护机体免受外界环境中各种有害物质的伤害,同时防止体内的各种营养物质、电解质和水分的丢失。皮肤的防护功能主要有以下几个方面。

1. 防止化学物质和微生物侵入

皮肤对化学物质的防护主要在角质层,角质层结构紧密,形成一个完整的半通透膜,除了有汗管向外排出汗液外,不存在大的孔道。角质层对微生物有良好的屏障作用,在正常情况下,细菌和病毒一般不能由皮肤进入人体;当皮肤破损,防御能力被破坏时,容易受到致病菌的感染;皮肤表面偏酸性,不利于微生物的生长,皮脂中的某些游离脂肪酸对寄生菌的生长有抑制作用。

2. 防止紫外线伤害

表皮细胞对紫外线有吸收能力,表皮基底层的黑色素细胞产生的黑色素颗粒对紫外线的吸收作用最强。

3. 防止水分和电解质的丢失

首先,表皮角质层的独特结构足以防止脱水;水分子要通过角质层,就必须经过几层结构紧密的角质细胞和富含脂质的细胞间物质。

4. 皮肤的其他功能

皮肤内有感觉神经和运动神经,它们的神经末梢和特殊感受器广泛地分布在表皮、真皮和皮下组织内。皮肤具有触知感觉功能。同时皮肤还通过皮肤血管收缩、汗腺的分泌参与体温的调节。

第二节　皮肤的衍生物

一、毛

(一) 毛的形态与分布

畜体的毛可概括地分为被毛和长毛两类。被毛细短,为生长在躯体表面的一般体毛,具有保暖作用;长毛粗而长,生长在畜体一些部位的特殊长毛也有特殊的名称,如猪颈部的长毛称为猪鬃,公山羊下颌处的长毛称为髯,牛、猪、马唇部的长毛称为触毛等。

(二) 毛的结构

毛是由角化的上皮细胞构成的,坚韧而且有弹性。毛可分为毛干和毛根两部分:露在皮肤外面的称为毛干,埋在真皮和皮下组织内的称为毛根。毛根的末端膨大部称为毛球,毛球的细胞分裂能力很强,是毛的生长点。毛球的底部凹陷,真皮的结缔组织突入毛球的凹陷内形成毛乳头,内含丰富的血管、神经,毛可以通过毛乳头得到营养。

(三) 毛囊和竖毛肌

毛根周围包有由上皮组织和结缔组织形成的管状鞘,称为毛囊。在毛囊的一侧有一束斜向上行的平滑肌,称为竖毛肌。竖毛肌止于毛乳头,受交感神经支配,当竖毛肌收缩时可引起毛竖立,还能使皮脂腺的分泌物排出。

毛有一定寿命,生长到一定时期就会脱落,为新毛所代替,这个过程称为换毛。换毛的方式有两种:一种为持续性换毛,一种为季节性换毛。第一种换毛不受季节和时间的限制,如马的鬃毛、尾毛,猪鬃,绵羊的细毛。第二种,每年春秋两季各进行一次换毛,如驼毛。大部分家畜既有持续性换毛,又有季节性换毛,是混合性换毛。不论什么类型的换毛,其过程都一样,当毛生长到一定时期,毛乳头的血管萎缩,血流停止,毛球的细胞停止生长,并逐渐退化和萎缩,最后与毛乳头分离,毛根逐渐脱离毛囊,向皮肤表面移动。毛乳

头周围的上皮又增殖形成新毛,最后旧毛被新毛推出而脱落。

二、皮肤腺

皮肤腺位于真皮内,由表皮陷入真皮内形成,包括乳腺、汗腺和皮脂腺。

(一) 乳腺

乳腺是哺乳动物所特有的。虽然雌、雄两性动物都有乳腺,但只有雌性的能充分发育形成乳房并具有泌乳能力。乳腺属复管泡状腺。

1. 乳房的结构

乳腺的外面被覆着一层薄而有色素的皮肤,皮肤外面大部分缺少被毛,分布有许多的皮脂腺和汗腺,除去乳头外,皮下有两层筋膜。

1) 乳腺的间质

乳腺的间质包括浅筋膜和深筋膜。

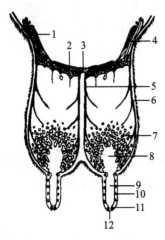

图 1-3-1 腹底壁和乳房前部的
垂直切面模式图

1.腹内斜肌;2.腹直肌;3.腹白线;
4.阴部外血管;5.悬韧带;6.外侧韧带;
7.输乳管;8.腺乳池;9.乳头乳池;
10.乳头静脉;11.括约肌;12.乳头管(内)

浅筋膜与肌肉表面的无区别,深筋膜内含有大量的弹性纤维,中央部有自腹黄膜(对于大家畜)内分出来的两个板,下行于体正中矢状面,形成腺体之间的中隔,并构成了悬韧带(在两个中隔板之间有一些完整的疏松结缔组织,所以当一个腺体有病时可切除,另一侧的乳腺仍可保留),将乳腺分成左、右两部分。

深筋膜覆盖在乳房外侧的隆突面上,并深入乳腺组织内部,对乳腺起支持作用,并构成乳腺的间质(由富含血管、淋巴管和神经纤维的疏松结缔组织构成),将腺的实质分隔成许多腺叶和腺小叶,随结缔组织进入乳腺的还有血管、神经、淋巴管等,它们是乳腺的支架结构(图 1-3-1)。乳腺的间质成分会随着动物生理状态、年龄、营养状态、泌乳周期等不同而变化。

2) 乳腺实质

乳腺实质由分泌部和导管部组成。

(1)分泌部:包括腺泡和分泌小管,周围有丰富的毛细血管网。腺泡由腺上皮构成,具有分泌乳汁的功能,但只有活动期(母畜妊娠后期开始)才分泌乳汁。分泌小管由单层立方上皮细胞构成。

(2)导管部:包括输送乳汁的各级管道。乳汁经由分泌小管汇入小叶间的导管,小叶间导管汇集成较大的输乳管,再进入乳房下部的乳池,经乳头管排出乳房。自然情况下没有排乳反射时,乳汁不会从乳头管内排出。

2. 各家畜乳房的特点

(1)牛乳房:由 3 对乳腺合成,但最后一对乳腺常不发育。整个乳房呈倒置圆锥状,悬吊于耻骨部的腹下壁,位于腹壁后部,一直伸延到骨盆底的下面两股之间。乳房由较明显的纵沟和不明显的横沟分为四个乳丘,每个乳丘的导管系统是互不相通的。每个乳丘上有一个乳头,乳头多呈圆柱形或圆锥形。每个乳头有一个乳头管(图1-3-1)。左右两侧乳腺的深筋膜在中线合并成乳房间隔(悬韧带),向上与腹黄膜相连。牛乳房与阴门裂之间呈线状毛流的皮肤纵褶称为乳镜,对鉴定产乳能力有重要意义。

(2)羊乳房:结构与牛的相似,但每侧只有1个乳头。

(3)猪乳房:成对排列于腹白线两侧,常有5~8对,每个乳房有1个乳头,每个乳头有两个乳头管。

(4)马乳房:与羊的相似,但每个乳头有两三个乳头管。

(二)汗腺

汗腺能分泌汗液,以散发热量调节体温。汗液中除水(占98%)外,还含有盐和尿素、尿酸、氨等代谢产物,故汗腺分泌还是畜体排泄代谢产物的一个重要途径。汗液的排出量及成分随体内代谢和环境温度而变化。

汗腺为单管状腺,位于皮肤的皮下组织内,多开口于毛囊,少数直接开口于皮肤表面。汗腺分为分泌部和导管部两部分。各种家畜汗腺发达程度也不同。绵羊和马的汗腺发达,牛只有颈部的汗腺发达,而猪只有趾间部的汗腺发达。

汗腺在畜体的其他部位还特化成为其他腺体,如外耳道皮肤内的耵聍腺、牛鼻唇镜处的鼻唇腺等均为汗腺所衍化而来。

(三)皮脂腺

皮脂腺(图1-3-2)为分支泡状腺,位于真皮内,毛囊和立毛肌之间。它由一个或几个囊状的腺泡与一个共同的短导管构成。导管为复层扁平上皮,大多开口于毛囊上段,也有些直接开口在皮肤表面。腺泡周边是一层较小的幼稚细胞,有丰富的细胞器,并有活跃的分裂能力,生成新的腺细胞。皮脂腺分泌脂肪,有润滑皮肤和被毛的作用。

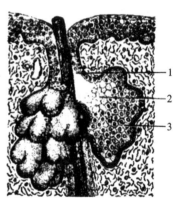

图1-3-2 皮脂腺
1.排泄管;2.分泌物;
3.新形成的分泌细胞

皮脂腺遍布家畜的全身,其发达程度因家畜种类和畜体部位不同而不同。羊和马的皮脂腺发达,猪的不发达。而且畜体有些部位没有皮脂腺,如角、蹄、枕、牛的鼻唇镜等处皮肤内就没有皮脂腺。和汗腺一样,畜体一些部位还有皮脂腺特化成的一些腺体,如肛门腺、包皮腺等。

三、蹄

蹄是由指(趾)端着地部分的皮肤特化来的结构。着地的蹄的数目与指骨或趾骨的数目相同。奇蹄动物就是一个或奇数指(趾)骨的家畜,如马;而偶蹄动物指有偶数指(趾)骨的家畜,如牛、羊、猪等。

无论是单蹄或是偶蹄,蹄的结构基本是相似的,都是由皮肤演变而成,具有表皮、真皮和皮下组织等结构。表皮特化的结构称为蹄匣,无血管和神经;真皮内含有丰富的血管和神经,呈鲜红色,感觉灵敏,通常称之为肉蹄;而皮下组织只有蹄球(偶蹄)、蹄叉(奇蹄)等部位具有类似的结构,其他部分缺少这一层。动物的蹄均可分为蹄缘、蹄冠、蹄壁和蹄底

四个部分。

(一) 牛(羊)蹄的结构

牛、羊为偶蹄动物,其第3、第4指(趾)为着地端。指(趾)端有4个蹄,直接与地面接触的两个称为主蹄,不能着地的两个称为悬蹄(图 1-3-3)。蹄的形状与其指节骨相似,呈三棱形,牛蹄由蹄缘、蹄冠、蹄壁、蹄底和蹄球(指或趾枕)几部分构成。蹄缘是蹄与皮肤相接触部位,蹄冠是指蹄缘与蹄壁之间的部位,蹄壁是指蹄的前、后和两个侧壁,蹄底是蹄的底面。

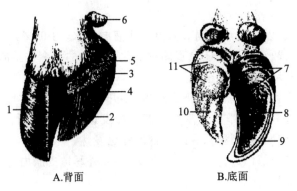

A.背面　　　　　　　　　　B.底面

图 1-3-3　牛蹄(一侧的蹄匣除去)

1.蹄的远轴面;2.蹄壁的轴面 3.肉壁;4.肉冠;5.肉缘;6.悬蹄;7.蹄球;8.蹄底;9.蹄白线;10.肉底;11.肉球

1. 主蹄

主蹄有三个面,即轴面、远轴面和底面。远轴面自两边呈凸状,并有一个嵴平行于冠状缘,其前部在嵴间形成凹面,与地表面形成30°的角;轴面为凹面,呈沟状,只在着地端与另一趾相接触;底面或接地的面,向上凹,蹄底的前部凹,前端尖与地面相接触,后部呈球形,与皮肤相延续,分为蹄表皮和蹄真皮两部分。

1)蹄表皮

蹄表皮又称蹄匣,构成蹄的背壁和侧壁,分蹄缘角质、蹄冠角质、蹄壁角质和蹄球角质。

(1)蹄缘角质:较薄且柔软,色浅;蹄冠处角质位于蹄缘角质的下方,比蹄缘角质坚硬,色淡。蹄匣角质构成蹄壁的轴面和远轴面。轴面平,是指主蹄的两个指(趾)相邻的面;远轴面凸。

蹄壁底缘:蹄壁角质的下缘直接与地面接触的部分。

(2)蹄底角质:接蹄壁的底缘,与地面接触,中间部分向蹄底方向凸起,由许多角质的小管开口,与蹄底的真皮层形成许多的乳头伸入蹄底的角小客的开口中,使蹄底的角质与蹄底的肉蹄部分能结合得更紧密。

(3)蹄壁角质:构成蹄匣的角质层,由外向内依次为釉层、冠状层和小叶层。

① 釉层:位于蹄壁表皮的最表面,由角质化扁平细胞构成,幼畜的釉层明显,成年家畜常因脱落而不完整。

② 冠状层:为蹄壁最厚的一层,由纵行的角质小管和小管间角质构成。角质中常有色素,使体壁呈深暗色,最内层角质较软,缺乏色素。

③ 小叶层：为蹄壁最内层，与肉蹄相接，由许多纵行的排列的角质小叶构成，叶间有一定间隙。角小叶柔软，它与蹄壁角质的小叶层的角小叶相互嵌合。可使蹄壁与肉蹄之间连接得更紧密。

④ 蹄白线：在牛的主蹄的蹄壁角质的横断面有一条色淡的白线，由蹄壁的角小叶层与叶部的角质构成。与蹄底的角质的边缘相嵌合。

（4）蹄球角质：覆盖在蹄踵壁指（趾）枕上的角质层，较柔软，常呈层裂开，其裂缝可能成为感染的途径。

2）蹄真皮

蹄真皮又称肉蹄，由真皮演化而成，富含血管神经，供应表皮营养，并有感觉作用，与蹄匣各部相对应，形状也与蹄匣相似。它分为蹄缘真皮、蹄冠真皮、蹄壁真皮、蹄底真皮和蹄球真皮。

（1）蹄缘真皮（肉缘）：位于蹄缘角质的深面。其与皮肤相连的部分称为肉缘。表面也有细小的乳头，与蹄匣的蹄缘密贴。

（2）蹄冠真皮（肉冠）：肉壁的上缘呈环形的隆起，称为肉冠，与蹄冠部相接，位于蹄冠沟内。由真皮和皮下组织构成，表面有很多稠密、细长的小乳头，伸入蹄冠沟内的小孔中。肉冠内有血管和神经，感觉敏锐。

（3）蹄壁真皮（肉壁）：和蹄壁角质相对应，无皮下组织，与蹄骨的骨膜紧密接合。

（4）蹄底真皮（肉底）：与蹄底角质相适应，其乳头插入蹄底角质的小孔中，也无皮下组织，和骨膜紧密相连。

（5）蹄球真皮（肉球）：皮下组织发达，含有丰富的弹性纤维，构成指（趾）端的弹力结构。

3）蹄的皮下组织

蹄底和蹄壁无皮下组织。蹄缘和蹄冠处的皮下组织较薄，而在蹄球处有发达的皮下组织，由胶原纤维和弹性纤维组成，富有弹性。四肢着地时可缓冲震荡。

2. 悬蹄

悬蹄为不着地的小蹄，结构和主蹄相似。

（二）马蹄结构

马为奇蹄动物。马蹄（图 1-3-4）不分主蹄与悬蹄，第 3 指（趾）为着地端。指（趾）端直接与地面接触。蹄的形状似牛的两个主蹄合并，与其指节骨相似，蹄由蹄匣、肉蹄和蹄皮下组织组成。

1. 蹄匣

蹄匣又称蹄表皮，是蹄的角质层，结构与牛、羊的相似，由蹄缘角质、蹄冠角质、蹄壁角质、蹄底角质和蹄叉角质组成。

（1）蹄缘角质：同牛蹄。

（2）蹄冠角质：同牛蹄。

（3）蹄壁角质层：也分为三层，即釉层、冠状层和小叶层。结构同牛蹄。

（4）蹄底角质：位于蹄的底面，向蹄的底面凸起，近似半圆形。为向着地面略凹陷的

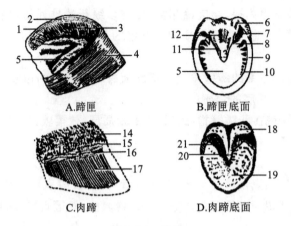

图 1-3-4　马蹄

1.蹄缘;2.蹄冠沟;3.蹄壁小叶层;4.蹄壁;5.蹄底;6.蹄球;7.蹄踵角;8.蹄支;
9.底缘;10.蹄白线;11.蹄叉侧沟;12.蹄叉中沟;13.蹄叉;14.皮肤;15.肉缘;
16.肉冠;17.肉壁;18.肉球;19.肉底;20.肉枕;21.肉支

部分,结构似牛蹄匣的角质底。

(5)蹄叉:由指(趾)枕的表皮形成,与皮肤的结构相似。呈楔形,位于蹄底的后方,角质层较厚,并且富有弹性。蹄叉向蹄底的中内伸入,形成蹄叉尖部。蹄叉的底面形成蹄叉中沟,两侧与蹄支之间形成蹄叉侧沟。

马蹄的蹄白线也是在蹄底缘的横断面上的一条白色的线,也是由蹄壁的角小叶层与叶部的角质构成,是蹄壁在近地面处向蹄底伸延的部分,在此处蹄壁与蹄底角质相接。蹄白线是确定蹄壁角质层厚度的标准,也是装蹄下钉的标志。

2. 肉蹄

肉蹄又称蹄真皮,位于蹄匣内,同样富含血管和神经,呈鲜红色并有感觉。形态与蹄匣相似,可分为蹄缘真皮、蹄冠真皮、蹄壁真皮、蹄底真皮和蹄叉真皮五个部分。其结构分别与牛、羊肉蹄相似。

(1)蹄缘真皮(肉缘):同牛蹄。

(2)蹄冠真皮(肉冠):同牛蹄。

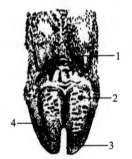

图 1-3-5　猪蹄的底面

1.副蹄;2.蹄球;
3.蹄底;4.蹄壁

(3)蹄壁真皮(肉壁):同牛蹄。

(4)蹄底真皮(肉底):由真皮构成,同牛蹄。

(5)蹄叉真皮(肉叉):形状与蹄叉相似,表面也有许多乳头。

3. 蹄皮下组织

马蹄同牛蹄一样,蹄底和蹄壁无皮下组织。蹄缘和蹄冠处的皮下组织较薄,而在蹄叉处有发达的皮下组织,有胶原纤维和弹性纤维,富有弹性。四肢着地时可缓冲震荡。

(三)猪蹄的特征

猪蹄(图 1-3-5)为偶蹄,包括两个主蹄和两个副蹄,结构与牛蹄相似。蹄内有完整的指(趾)节骨。

四、枕

枕是脚的掌侧或跖侧的皮肤粗大部分,呈枕状而富有弹性。它也是皮肤的衍生物,分表皮、真皮、皮下组织三层。表皮角质层发达,形成许多小突或小栉。真皮含有丰富的神经末梢。皮下层很厚,含有大量弹性纤维和脂肪。因此,当动物站立时,枕可起支持和缓冲的作用。同时,它也是一个重要的感觉器官。

掌行动物(如猫、犬等)前肢包括腕枕、掌枕、指枕,后肢包括跗枕、跖枕、趾枕。蹄行动物仅保留指(趾)枕,其余退化或消失。

1. 腕(跗)枕和掌(趾)枕

马的腕(跗)枕退化后形成一个黑色、椭圆形的角化物,称为附蝉。马的掌(趾)枕退化成一堆角化物,俗称为距,位于近指节(趾骨)的掌面上,被距毛所覆盖。

牛、羊、猪没有腕枕和跗枕。

2. 指(趾)枕

指(趾)枕在指(趾)端的掌后方,又称蹄枕,富有弹性,运步时起缓冲作用。结构与皮肤相似。

马的指(趾)枕与马的蹄后部形成枕球或蹄球,前端尖伸向在蹄底,形成蹄叉。牛、猪、羊的指(趾)枕形成蹄球,而没有蹄叉。

五、角

角(图1-3-6)是由被覆于额骨上骨质角突上的皮肤衍化来的。角分为角根、角体和角尖三部分。角根与额部皮肤相连续,此处角质柔软,有稀疏的毛。角体是自角根向角尖延续的部分。角的厚度为由角根向角尖角质逐渐增厚,直至变成实体。角的结构也分为表皮和真皮。表皮形成坚硬的角质。角质由角小管构成。真皮紧贴在额骨角突的骨膜上,有发达的乳头。自乳头表面基底层不断增生角质。真皮内含血管、神经,因此角保持一定的温度。

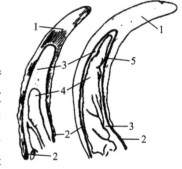

图 1-3-6　牛角纵切面
1. 角尖;2. 角根;3. 额骨角突;
4. 角腔;5. 角真皮

 总结与复习

被皮系统包括皮肤及皮肤的衍生物。皮肤的衍生物除皮肤腺外,其他衍生物都具有皮肤的结构特点,只是由于分布的位置和功能不同,结构发生了特化。在学习时仍可用皮肤的三层结构来学习和记忆。例如:蹄匣是表皮衍化的,肉蹄是真皮衍化来的,而皮下组织衍生了蹄球和蹄叉。按皮肤的结构来学习蹄的结构会更便于理解和记忆。

 **复习题**

一、名词解释

蹄白线　蹄冠　角　枕　换毛

二、填空题

1. 皮肤的结构包括（　　）（　　）（　　）三层结构,其中最厚的一层是（　　）。

2. 牛的前第（　　）和第（　　）指端着地。着地部分的皮肤形成结构称为（　　）。

3. 汗腺分布于皮肤的（　　）层,腺管多开口于（　　）,少数开口于（　　）。

4. 家畜的肛门腺是由（　　）腺体特化来的。

5. 马的（　　）枕参与形成后肢蹄球。

6. 家畜毛一般分为（　　）（　　）两部分,其中长在真皮和皮下组织内的部分称为（　　）。

三、选择题

1. 表皮基底层的组成为（　　）。

A. 单层立方上皮　　　　　　　　　B. 单层矮柱状或立方形细胞

C. 数层立方形细胞　　　　　　　　D. 数层形态不同的细胞

2. 被皮中无血管分布的结构是（　　）。

A. 表皮　　　　　B. 真皮　　　　　C. 蹄匣　　　　　D. 肉蹄

3. 毛根长在皮肤的（　　）层。

A. 表皮　　　　　B. 真皮　　　　　C. 皮下组织　　　　　D. 以上都不对

4. 包皮腺是由下列（　　）腺体衍生来的。

A. 汗腺　　　　　B. 皮脂腺　　　　　C. 眼睑腺　　　　　D. 以上都不对

5. 蹄白线位于（　　）。

A. 蹄底的横断面上　　　　　　　　B. 蹄壁的角质在蹄底的横断面上

C. 蹄球处　　　　　　　　　　　　D. 以上都不对

6. 蹄行动物只保留（　　）枕。

A. 指枕　　　　　B. 掌枕　　　　　C. 腕枕　　　　　D. 以上都不对

7. 皮肤的（　　）层对紫外线有吸收能力。

A. 真皮　　　　　B. 皮下组织　　　　　C. 表皮　　　　　D. 网状层

8. 皮内注射是将药物注入皮肤的（　　）层。

A. 真皮　　　　　B. 皮下组织　　　　　C. 表皮　　　　　D. 以上都不对

9. 成年牛的蹄壁的角质层因缺少（　　）而不那么光亮。

A. 小叶层　　　　　B. 冠状层　　　　　C. 表皮层　　　　　D. 釉层

四、简述题

1. 简述乳腺的结构。

2. 简述蹄白线是怎么形成的,在生产上有什么意义。

单元四　消化系统

知识目标

掌握常见家畜消化系统的组成、形态结构、位置及主要组织学结构。了解消化的生理学意义；理解消化生理；掌握不同的消化方式及吸收。

素质目标

消化系统在动物机体中占据十分重要的地位。通过本章内容的学习，掌握动物消化系统的基本结构和消化系统的运动原理，为以后学习各种消化系统疾病的诊断、防治奠定良好的基础。

能力目标

能准确说出猪、马、牛、羊主要的消化器官，如胃、肠、肝的位置、结构和异同点；能完整复述动物的机械消化和化学消化的重点内容，知道不同动物的生物学消化的部位。

第一节　消化系统

消化系统包括两部分，即消化管和消化腺。消化管由口腔、咽、食管、胃、小肠（十二指肠、空肠和回肠）、大肠（盲肠、结肠和直肠）和肛门组成。消化腺因其所在的部位不同，分为壁内腺和壁外腺。壁内腺位于消化管壁内，如胃腺、肠腺和黏膜下腺等。壁外腺位于消化管壁之外，有导管通消化管，如肝、胰和唾液腺等。消化系统的功能是通过口腔摄取食物，由咽和食管将食物运送到胃肠道内，混入由腺体分泌的消化液，加上胃肠道肌肉的运动，经过复杂的消化和吸收过程，最后将其剩余部分经肛门排出体外，以此保证畜体新陈代谢的正常进行。

一、消化管的基本结构及腹腔

（一）消化管的基本结构

尽管消化管（图1-4-1）各段的形态结构各有不同，但归结起来，其基本结构共有四层。

1. 黏膜层

黏膜层构成管壁的最内层。黏膜为淡红色或鲜红色，柔软而湿润，有一定的伸展性，空虚状态下常形成皱褶。黏膜有保护、分泌和吸收等作用，又分为上皮、固有膜和黏膜肌层。

（1）上皮：由不同的上皮组织构成，分布在最表层，完成各个部位的不同功能，如保护、吸收或分泌等。

（2）固有膜：又名固有层，由结缔组织构成，具有支持和固定上皮的作用。其中含有血管、淋巴结和神经。在有些管状器官的固有膜内，还有淋巴组织、淋巴小结和腺体等。

（3）黏膜肌层：由薄层平滑肌构成，位于固有膜和黏膜下组织之间。其收缩活动可促

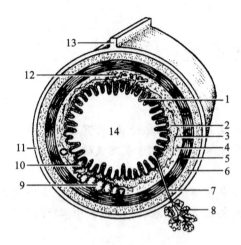

图 1-4-1　消化管基本结构模式图

1.上皮；2.固有膜；3.黏膜肌层；4.黏膜下组织；5.内环行肌；6.外纵行肌；7.腺管；8.壁外腺；
9.淋巴集结；10.淋巴孤结；11.浆膜；12.十二指肠腺；13.肠系膜；14.肠腔

进黏膜的血液循环、上皮的吸收和腺体分泌物的排出。

黏膜内除有由杯状细胞构成的单细胞腺外，还有各种壁内腺，深入固有膜和黏膜下组织。有的腺体非常发达，伸延出壁外，形成壁外腺，如肝脏等。

2．黏膜下层

黏膜下层由疏松结缔组织构成，有连接黏膜和肌层的作用。在富有伸展性的器官（如胃、膀胱等）处特别发达。此层含有较大的血管、淋巴管和神经丛。有些器官的黏膜下组织内含有腺体，如食管腺和十二指肠腺。

3．肌层

肌层主要由平滑肌构成，可分为内环层和外纵层，在两层之间有少许结缔组织和神经丛。当环行肌收缩时，可使管腔缩小；当纵行肌收缩时，可使管道缩短而管腔变大；两层肌纤维交替收缩时，可使内容物按一定的方向移动。在管状器官的入口处和出口处，环行肌增厚形成括约肌，起开闭作用。

4．外膜

外膜为管壁的最外层，在体腔外的管状器官，如颈部食管和直肠的末端，其表面为一层疏松结缔组织，称为外膜。而位于体腔内的管状器官由于外膜表面覆盖一层间皮细胞，故称为浆膜，浆膜能分泌浆液，有润滑作用，可减小器官运动时的摩擦力。

（二）腹腔和骨盆腔

1．腹腔的位置

腹腔位于胸腔的后方，与胸腔之间以膈为界。腹腔内有胃、肠、胰、肾、输尿管、卵巢、输卵管和子宫（部分）等。腹膜腔前壁为膈，凸入胸腔；后端与骨盆腔相通；背侧壁主要为腰椎、膈脚等；两侧壁和底壁为腹肌。

2．腹腔的划分

为了便于说明各器官的大概位置，人为地将腹腔分成9个区域。

以最后肋骨后缘最突出点和髋结节作两个横断面,将腹腔分为三个部分(图1-4-2):腹前部、腹中部和腹后部。

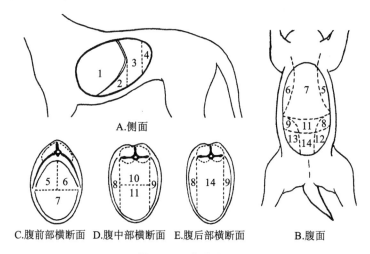

A.侧面

C.腹前部横断面 D.腹中部横断面 E.腹后部横断面

B.腹面

图 1-4-2 腹腔分区

1、2.腹前部(1.季肋部;2.剑状软骨部);3.腹中部;4.腹后部;5.左季肋部;6.右季肋部;
7.剑状软骨部;8.左髂部;9.右髂部;10.腰下部;11.脐部;12.左腹股沟部;13.右腹股沟部;14.耻骨部

(1)腹前部:沿左、右侧肋弓作一假想平面,平面以下的部分称为剑状软骨部。平面与膈之间又被正中矢面划分为左季肋部和右季肋部。

(2)腹中部:位于两个横切面之间。通过两侧腰椎横突端部作两个矢状面,又可将腹中部分为左、右髂部及中间的腰部或肾部(上方)和脐部(下方)。

(3)腹后部:位于第 2 个横切面与骨盆前口之间。腹中部的两个矢状面向后延续,把腹后部分为左、右腹股沟部和中间的耻骨部。

3.骨盆腔

骨盆腔以荐骨岬、髂骨和耻骨前缘组成的骨盆前口与腹腔相通。背侧为荐骨和前几个尾椎;两侧壁为髋骨和荐坐韧带;底壁为耻骨和坐骨。骨盆腔前口由荐骨、髂骨和耻骨前缘围成;骨盆腔后口由尾椎、髂骨、荐结节阔韧带和坐骨弓围成。骨盆腔内有直肠、输尿管和膀胱,公畜有输精管、尿生殖道骨盆部和副性腺,母畜有子宫(后部)和阴道。

4.腹膜

体腔内衬有一层光滑、透明的薄膜(由间皮细胞组成),称为浆膜。在腹腔和盆腔的一层浆膜,称为腹膜。

(1)壁层:贴在体壁内表面的部分。

(2)脏层:壁层从腔壁折转而覆盖于内脏各器官外表面的部分。

(3)腹膜腔:存在于壁层和脏层之间的腔隙。腔内有少量浆液,以减小器官在活动时的摩擦力。

由胸膜和腹膜壁层与脏层围成的腔隙分别称为胸膜腔(左、右各 1 个)和腹膜腔(1个)。

(4)肠系膜:壁层转成脏层而形成皱褶。

在有些部位,浆膜从体壁移行到器官上,或者移行于器官和器官之间,形成系膜、网膜和韧带,借以固定各器官。

韧带:连于器官之间的皱褶。

网膜:连于胃的浆膜褶。

二、消化管与消化腺

(一) 口腔

口腔为消化管的起始部,有采食、吸吮、咀嚼、尝味、吞咽的作用。口腔的前壁和侧壁为唇和颊,顶壁为硬腭,底为下颌骨和舌。前端以口裂与外界相通,后端与咽相通。口腔可分为口腔前庭和固有口腔两部分。口腔前庭是唇、颊和齿弓之间的空隙;固有口腔为弓以内的部分,舌就位于固有口腔内。

口腔内表面衬有黏膜,在唇缘处与皮肤相接,向后与咽黏膜相连,在口腔底移行于舌和下齿龈。口腔黏膜较厚,富有血管,呈粉红色,常含有色素。其上皮为复层扁平上皮,细胞经常处于更新状态,脱落的上皮细胞混入唾液中。

1. 唇

唇分为上唇和下唇。上、下唇的游离缘共同围成口裂,口裂两端会合为口角,主要由口轮匝肌构成,外被皮肤,内衬黏膜,黏膜深层有唇腺,腺管直接开口在黏膜表面。口唇有神经末梢,较敏感。

马的上唇灵活,是采食的主要器官,下唇短厚,其后下方有一明显的丘形隆起,称为颏,由肌肉、脂肪和结缔组织构成。牛唇短而厚,鼻唇镜湿润,温度较低。上唇中部和两鼻孔之间无毛、平滑而湿润,称为鼻唇镜。其皮肤内有鼻唇腺,腺管开口于鼻唇镜的表面。羊上唇中间有明显的纵沟,称为人中。也含有鼻唇镜,薄而灵活。猪的颊部较短,口裂大,唇的活动性小,上唇短而厚,与鼻连在一起构成吻突,有掘地觅食作用。

2. 颊

颊位于口腔两侧,主要是颊肌,外被皮肤,内衬以黏膜,在颊肌的上缘和下缘均有颊腺,颊腺管和腮腺管直接开口于颊黏膜表面。

3. 硬腭

硬腭构成固有口腔的顶壁,向后与软腭相延续。硬腭黏膜层厚而坚实,黏膜下层有丰富的静脉丛。硬腭正中有一条腭缝,腭缝两侧有多条横行腭褶。

马硬腭有16~18条。在腭缝前端有一突起,称为切齿乳头。马的切齿乳头和乳头两侧的切齿管口不明显。牛、羊的硬腭前端无切齿,该处黏膜形成厚而致密的角质层,称为齿枕或齿板(口唇)。猪的硬腭在第1、第2腭皱褶中部,有三角形的切齿乳头。在切齿乳头后部,有鼻腭管的开口。

4. 软腭

软腭位于硬腭后方,鼻咽部和口咽部之间,形成咽峡与咽相通。软腭为含肌组织和腺体的黏膜褶,前缘附于腭骨水平部上,后缘凹入为游离缘,称为腭弓,包围在会厌之前。软腭与舌根相连的黏膜褶,称为腭舌弓;软腭向后与咽壁相连的黏膜褶,称为腭咽弓,位于软腭与舌根之间的空隙为咽峡或口咽部。软腭两侧壁在腭舌弓和腭咽弓之间的部分凹陷为扁桃体窦。软腭在吞咽过程中起活瓣作用。平时软腭下垂,使鼻后孔与咽直接相通;吞咽时,软腭上提,关闭鼻后孔,咽峡扩大,于是食团被挤入咽腔。

5. 口腔底和舌

1) 口腔底

口腔底大部分为舌所占据,前部由下颌骨切齿部构成,表面覆有黏膜。此部的第1切齿后方有一对乳头,称为舌下肉阜。舌下肉阜为颌下腺管和长管舌下腺的开口部。在口腔底部,有颌舌骨肌,它起于下颌骨,而止于正中缝。该肌在吞咽开始阶段发挥重要作用。

2) 舌

舌由舌骨、舌肌和舌黏膜构成。舌主要由横纹肌构成,肌纤维呈横、纵和垂直等方向排列,使舌的运动非常灵活。舌黏膜上皮为复层扁平上皮,黏膜层内有腺体,分泌黏液,以许多小管开口于舌黏膜表面。舌上含乳头、味蕾,口腔底大部分为舌所占据,前部表面有小的乳头,称为舌下肉阜,在舌下肉阜后外侧的黏膜隆起深面有舌下腺,为颌下腺管和长管舌下腺管的开口处。

舌可分为舌尖、舌体和舌根三部分。舌尖为舌的前端游离部分,活动性大,向后延续为舌体。舌体是位于左、右列臼齿之间,附着于口腔底壁的部分。在舌尖与舌体交界处的腹侧有一条与口腔底相连的黏膜褶,称为舌系带。舌根为附着于舌骨的部分,它与软腭间构成咽峡或口咽部。

舌的黏膜表面具有舌腺并形成了各种不同结构的舌乳头,有些是起机械作用的丝状乳头和锥状乳头,有些是用来辨别食物味道的菌状乳头、轮廓乳头和叶状乳头,这些乳头的上皮中有感受味觉的味蕾。在舌根背侧的黏膜内含有舌扁桃体。

牛舌舌尖灵活,是采食的主要器官,舌根和舌体较宽厚,舌背后部有一椭圆形隆起,称为舌圆枕。舌系带有两条。舌背面有大量角质化的锥状乳头,致使舌面粗糙。舌圆枕前方锥状乳头尖硬,尖端向后,舌圆枕上乳头形状不一,呈圆锥状或扁豆状,舌圆枕后方的乳头长而软。菌状乳头数量较多,分布在舌背和舌尖的边缘。轮廓乳头数目很多,大小不一,分布于舌圆枕的边缘。牛、羊无叶状乳头。

马舌较长,舌尖扁平,舌体较大;舌系带有一条。在舌黏膜上有四种舌乳头。丝状乳头数量很多,分布于舌背和舌尖,为许多顶端朝后的线状小突起。菌状乳头为形如大头针头的帽状突起,分布于舌体两侧及舌背。轮廓乳头仅有两个,位于舌体与舌根交界处的背侧面。这种乳头很大,以环状沟与周围黏膜为界。叶状乳头共有两个,较大,位于舌根的两侧,表面有浅沟。

猪舌系带有两条,舌长而狭窄。丝状乳头小,菌状乳头大部分分布在舌的两侧,轮廓乳头和叶状乳头与马的相似。在舌根背侧有尖端向后的锥状乳头。

6. 齿

齿位于切齿骨、上颌骨和下颌骨的齿槽内。由于齿排列成弓状,故分别称为上齿弓和下齿弓。齿具有切断、撕裂和磨碎食物的作用。

1) 齿的分类

齿按形态、位置和功能可分为切齿、犬齿和臼齿三种。

（1）切齿：位于齿弓前部，与口唇相对，齿尖锋利，紧密地嵌于切齿骨和下颌骨前部的切齿齿槽内，每侧由内向外分别称为门齿（第一切齿）、中间齿（第二切齿）和隔齿（第三切齿）。切齿自第一至第三逐渐增大，下切齿比上切齿小。恒切齿呈角柱状。

（2）犬齿：尖而锐，特别发达，呈弯曲的侧扁状，位于齿槽间隙处，上犬齿比下犬齿大。

（3）白齿：位于齿弓的后部，嵌于白齿齿槽内，与颊相对，故又称颊齿。白齿又分为前白齿和后白齿。

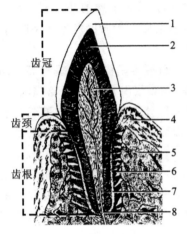

图 1-4-3　齿的断面模式图
1.釉质;2.齿质;3.齿髓;4.齿龈;
5.齿槽;6.齿周膜;7.齿骨质;8.齿根尖孔

2）构造

齿（图 1-4-3）通常分为齿冠、齿颈和齿根三部分。齿冠为露在齿龈以外的部分，随着年龄的增长，逐渐从齿槽内长出。齿根为埋于齿槽内的部分。齿颈为在前两者之间并被齿龈包围的部分。齿根末端有孔通齿腔，齿腔内有齿髓。齿髓为富有血管、神经的结缔组织，有生长齿质和营养齿组织的作用。由于齿髓周围是坚硬的牙质，当其发生炎症时腔内压力增高，压迫神经而产生剧烈疼痛。马的乳切齿齿颈明显而恒切齿则不明显。

齿主要由齿质构成，齿质位于齿腔周围，坚硬，呈黄白色。齿冠部分的齿质外面被覆有光滑而坚硬的乳白色釉质，对齿起保护作用，当釉质被破坏时，微生物才容易侵入，使齿发生蛀孔。在齿根的齿质表面被覆有黏合质，表面粗糙。齿龈是包裹在齿颈周围和邻近骨上的黏膜及结缔组织，与口腔黏膜相延续，与齿骨膜紧密相连，呈淡红色，神经分布较少。齿龈随齿伸入齿槽内，移行为齿槽骨膜，将齿固着于齿槽内。

3）乳齿和恒齿

幼畜初生的齿称为乳齿。到一定年龄，除犬齿及白齿外，切齿及前白齿均先后脱换为恒齿或永久齿。乳齿较小，磨损快，颜色较白。

4）齿的分类

家畜的齿可分为长冠齿和短冠齿。

（1）长冠齿：马的切齿和白齿、牛的白齿齿冠长，除了露在外面的一部分外，还有一部分埋在齿槽内，齿冠可随磨损而不断向外生长，称为长冠齿。在齿冠的磨面上，可见釉质形成大小不同的峰状褶，黏合质除分布于质根外，还包在齿冠釉质的外面，并折入齿冠磨面的齿坎内，致使磨面凹凸不平，这样有助于磨碎草类食物。

（2）短冠齿：猪齿和牛的切齿齿冠短，称为短冠齿，可明显地区分为齿冠、齿颈和齿根三部分，无齿坎。

在切齿磨面上有一个漏斗状凹入部分，称为齿坎，齿坎上部因受腐蚀而呈黑褐色，称为黑窝。随着年龄增长，齿冠不断被磨损，齿坎逐渐变浅，在齿坎尚未消失时，齿坎前方的齿质内出现一黄褐色斑点，称为齿星，它是齿腔顶端被磨穿并由新的齿质补充而形成的。根据齿坎磨损程度，齿星的出现，齿冠磨面形状，上、下切齿闭合的角度以及出齿、换齿时间来判断马的年龄。牛和猪的年龄判断主要是依据出齿、换齿时间。

5）齿数和齿式

根据上、下颌齿弓各种齿的数目，可写成下列齿式：

$$2\left(\frac{切齿(I) \cdot 犬齿(C) \cdot 前臼齿(P) \cdot 后臼齿(M)}{切齿 \cdot 犬齿 \cdot 前臼齿 \cdot 后臼齿}\right)$$

马的齿式：

公马恒齿 $2\left(\frac{3 \cdot 1 \cdot 3 \cdot 3}{3 \cdot 1 \cdot 3 \cdot 3}\right)=40$　母马恒齿 $2\left(\frac{3 \cdot 0 \cdot 3 \cdot 3}{3 \cdot 0 \cdot 3 \cdot 3}\right)=36$　乳齿 $2\left(\frac{3 \cdot 1 \cdot 3 \cdot 0}{3 \cdot 1 \cdot 3 \cdot 0}\right)=28$

牛的齿式：

恒齿 $2\left(\frac{0 \cdot 0 \cdot 3 \cdot 3}{4 \cdot 0 \cdot 3 \cdot 3}\right)=32$　乳齿 $2\left(\frac{0 \cdot 0 \cdot 3 \cdot 0}{4 \cdot 0 \cdot 3 \cdot 0}\right)=20$

猪的齿式：

恒齿 $2\left(\frac{3 \cdot 1 \cdot 4 \cdot 3}{3 \cdot 1 \cdot 4 \cdot 3}\right)=44$　乳齿 $2\left(\frac{3 \cdot 1 \cdot 3 \cdot 0}{3 \cdot 1 \cdot 3 \cdot 0}\right)=28$

6）齿龈

齿龈为被覆于齿颈及邻近骨表面的黏膜，呈粉红色，在临床上很重视对齿龈的检查。齿龈与齿根的骨膜紧密相连，并随齿深入齿槽内，移行为齿槽骨膜，将齿牢固地嵌于齿槽内。齿龈无黏膜下层。

7. 唾液腺

唾液腺是能分泌唾液的腺体。存在于唇、颊黏膜内的腺体属壁内腺，有唇腺、颊腺和舌腺；存在于口腔壁外，通过导管开口于口腔壁的腺体属壁外腺，如腮腺、颌下腺和舌下腺。唾液具有浸润饲料，以便于咀嚼和吞咽，清洁口腔及参与消化等作用。

（1）腮腺：牛的腮腺位于耳的前下方、下颌骨后缘，淡红褐色，略呈三角形。腮腺管起于腺体前缘，经下颌向前伸延，至下颌骨血管切迹处绕至面部，随同面动脉一起沿咬肌前缘向上伸延，穿过颊肌，开口于与第5上臼齿相对的颊黏膜乳头上。马的腮腺呈淡灰黄色，近似四边形，于第3上臼齿相对处开口于颊黏膜。猪的腮腺埋于耳根腹侧和下颌骨后缘，呈三角形，淡红色，开口于与第4~5上臼齿相对的颊黏膜乳头上。

（2）颌下腺：马的颌下腺呈月牙形，位于下颌骨内侧；呈黄色，比腮腺大，其后部被腮腺覆盖，下颌腺管在下颌支内侧前行，开口于舌下肉阜。牛下颌腺发达，腺体下缘达下颌间隙与对侧腺体几乎相接，呈V形。猪下颌腺呈椭圆形，淡红色，开口于舌系带附近。

（3）舌下腺：马的舌下腺长而薄，位于舌体和下颌骨之间的黏膜下，舌下腺管有30多条，均开口于口腔底舌下黏膜褶上。牛的舌下腺分为上、下两部分，上部以许多小管开口于口腔底，下部以一条总导管与下颌腺管伴行，开口于舌下肉阜。猪的舌下腺与牛相似。

（二）咽

咽位于口腔和鼻腔的后方，是一个肌质性的膜囊，位于口腔和鼻的后方、喉的前上方。咽的前端经鼻后孔和舌腭弓分别与鼻腔和口腔相通，后端经食管口和喉口分别与食管及喉腔相通。咽分为三部分：鼻咽部、口咽部和喉咽部。

（1）鼻咽部：位于软腭背侧，为鼻腔向后的直接延续，前方有两个鼻后孔通鼻腔，两侧壁上各有一个缝状的咽鼓管咽口，经咽鼓管与中耳相通。马的咽鼓管在颅底和咽后壁之

间出现膨大,形成咽鼓管囊。咽鼓管开放时(如吞咽或人打呵欠),空气通过咽鼓管咽口进入鼓室,以维持鼓膜两侧的气压平衡。当咽部感染时,细菌有时可经咽鼓管传到中耳,引起中耳炎。

(2)口咽部:又称咽峡,位于软腭和舌根之间,前方由软腭、腭舌弓(由软腭到舌根两侧的黏膜褶)和舌根构成的咽口与口相通,后方与喉咽部相通。其侧壁黏膜上有扁桃体窦以容纳扁桃体,马无明显扁桃体窦,腭扁桃体位于舌根与腭舌弓交界处。

(3)喉咽部:为咽的后部,位于喉口背侧,上有食管口通食管,下有喉口通喉。咽是消化管和呼吸道的交叉通道,吞咽时,软腭提起,隔开鼻咽部和口咽部,喉头前移,关闭喉门,食物由口腔经咽入食管;呼吸时,软腭下垂,空气经咽到喉或由喉经咽到鼻腔。

(三)食管

食管是食物通过的肌性肠管,连接咽和胃,可分为颈、胸、腹三段。颈段开始位于喉与气管的背侧,至颈中部渐渐偏至气管的左侧,经胸前口进入胸腔;胸段位于纵隔内,转至气管的背侧继续向后伸延,穿过膈的食管裂孔进入腹腔;腹段很短,与胃的贲门相接。

食管由黏膜、黏膜下层、肌层和外膜构成。黏膜形成很多纵行皱褶,上皮为复层扁平上皮;黏膜下层很发达,内含食管腺(复管泡状腺),能分泌黏液,润滑食管;肌层较厚;有时中间有副肌层,马、猪的前段为横纹肌,后部为平滑肌,牛、羊的全部为横纹肌。外膜在颈段为疏松结缔组织,在胸段和腹段为浆膜。

(四)胃

胃位于腹腔内,为消化管的膨大部分,可以储存食物,进行简单消化。

1. 哺乳动物胃的类型

1)单室胃

只有一个胃的动物,称为单室胃动物。根据胃的作用和上皮的不同,可以将单室胃分为三种。

(1)单室无腺胃:如果哺乳动物的胃全是由复层扁平上皮构成,则没有任何消化作用,只是暂时储存食物的场所,这种胃即为单室无腺胃,例如鸭嘴兽。

(2)单室腺胃:如果哺乳动物的胃全是由单层柱状上皮构成,腺体密布在胃上,能够分泌消化液,食物从胃就开始进行消化,这种胃即为单室腺胃,例如犬、猫。

(3)单室混合胃:这种动物的胃可以分为两部分,前半部分由复层扁平上皮构成,没有任何消化作用,只是暂时储存食物的场所,胃的后半部分由单层柱状上皮构成,密布着腺体,可以进行食物的消化,即称为单室混合胃,如马、猪等。

2)多室胃

多室胃也叫复胃,是指动物含有两个或两个以上的胃,如牛、羊就有四个胃,分别为瘤胃、网胃、瓣胃和皱胃。一般来说,复胃动物的前几个胃的上皮都是由复层扁平上皮构成,起到暂时储存食物的作用,统称为前胃;而最后一个胃的上皮为单层柱状上皮,可以起到消化食物的作用,称为真胃。

2. 单室胃

胃位于左季肋部和剑状软骨部,呈弯曲的椭圆形囊状,凸缘称为大弯,凹缘称为胃小弯,前方为膈面,与膈相连,后方为脏面,与肠相邻,贲门和幽门都有括约肌。胃的左端大而圆,近贲门处有一盲突,称为胃憩室。右端幽门部小而急转向上,与十二指肠相接。幽门处有从小弯一侧突起的幽门圆枕,与其对侧的唇形隆起相对,有关闭幽门的作用。

1)马胃

马胃体积小,大部分位于左季肋部,小部分位于右季肋部,胃盲囊靠近左侧膈脚,和第16~17肋上部相对。胃的左侧与脾相连,腹侧与大结肠膈曲相邻。胃的前面称为膈面,与膈和肝相邻;后面称为脏面,与小结肠、小肠、大结肠及胰等器官相邻。胃的位置比较深,不与腹壁接触,而且与食管以锐角相连。

胃壁的黏膜上有一条明显的皱褶,称为褶缘。褶缘以上的黏膜呈苍白色,光滑而无腺体,在贲门附近形成许多皱褶,称为无腺部;褶缘以下的部分,柔软并有腺体,根据腺体种类可分为三个腺区。褶缘附近呈黄灰色的部分为贲门腺区,靠近幽门附近呈灰红色的部分为幽门腺区,两者之间呈棕红色的部分为胃底腺区。胃壁的浆膜即腹膜脏层,浆膜折转与周围器官相连。以胃膈韧带与膈相连,以胃肝韧带与肝相连;以胃十二指肠韧带与十二指肠相连;从肝门走向胃的小弯和十二指肠起始部的浆膜褶称为小网膜。胃两侧的浆膜移向胃的大弯,形成胃脾韧带与脾相连,继续伸延形成大网膜。

2)猪胃

猪胃容积很大,位于左、右季肋部和剑状软骨之间。无腺部的面积很小,呈白色。贲门腺区大,从胃左端至胃中部,黏膜较薄,呈淡灰色。胃底腺区较小,黏膜较厚,在贲门腺区的左侧,呈棕红色。幽门腺区黏膜较薄,位于幽门部附近,呈灰色。猪胃左侧特别发达,并有一明显的隆突(胃憩室)。在幽门的小弯处,有一纵长的鞍状隆起,即幽门圆枕。

3)胃的组织学结构

(1)黏膜层:胃黏膜形成许多皱褶,当食物充满时,皱褶变低或消失。在有腺部黏膜的表面,有许多凹隔,称为胃小凹,是胃腺的开口处。

黏膜上皮:除无腺部的上皮为复层扁平上皮外,均由单层柱状上皮组成。柱状细胞顶部排列整齐,底面附着于基膜上。细胞核呈椭圆形,位于细胞基底部。在细胞顶部的细胞质内,含有许多黏原颗粒,经细胞排出后形成黏液,覆盖在黏膜表面构成一层保护屏障,有保护胃黏膜、使胃免受胃液内盐酸和胃蛋白酶侵蚀的作用。

胃上皮细胞不仅被覆于胃黏膜的表面,而且下隔形成胃小凹,构成胃小凹的周壁,以扩大胃黏膜的分泌面积。胃上皮细胞一般呈高柱状,但在胃小凹底部的细胞较矮,当胃上皮细胞受损伤脱落时,由胃小凹底部的新生细胞来补充。

固有膜:由富含网状纤维的结缔组织构成,其中分布密集的胃腺。位于贲门周围的胃黏膜区域呈白色,面积很小,为无腺区,衬以复层扁平上皮;有腺部区域很大,分为贲门腺、胃底腺和幽门腺。贲门腺区很大,由胃的左端达胃的中部,黏膜较薄呈淡灰色;胃底腺区较小,位于贲门腺区的右侧,沿胃大弯分布,黏膜较厚呈棕红色;幽门腺区位于幽门部,黏膜呈灰色,且有不规则的皱褶。其腺细胞主要分泌黏液。

胃底腺:分布于胃底部,腺细胞主要有四种。①主细胞,数量多,细胞呈矮柱状或锥体形,细胞核位于细胞基底部,细胞质呈嗜碱性。细胞能分泌胃蛋白酶原,因此又称为胃酶细胞。②壁细胞,体积较大,呈球形或钝三角形,细胞核呈球形,位于细胞中央,细胞质呈

强嗜酸性,被染成红色。能分泌盐酸,因此又称盐酸细胞。③颈黏液细胞,一般成群分布在腺体颈部,细胞核呈扁平状或新月形,细胞质呈弱的嗜碱性。能分泌黏液。④内分泌细胞,呈锥形、球形或烧瓶形。细胞基部有分泌颗粒,颗粒可被银盐染色,称为嗜银颗粒。能分泌多种激素。

黏膜肌层:由内环和外纵两层平滑肌组成,有紧缩黏膜和帮助排出胃腺分泌物的作用。

(2)黏膜下层:很厚,由疏松结缔组织构成,当胃扩张和蠕动时起缓冲作用,有利于黏膜伸展和移位。黏膜下层内含有较大的血管、淋巴管和神经丛。猪还含有淋巴小结。

(3)肌层:胃的肌层很厚,由三层平滑肌组成。内层为斜行肌,仅分布于无腺部,在贲门处最厚,形成贲门括约肌。中层为环行肌,很发达,为肌层的主要部分,在胃的右端特别增厚,形成幽门括约肌。外层为不完整的纵行肌层,肌纤维多集中在胃大弯、胃小弯和幽门窦处。

(4)浆膜:光滑而湿润,被覆于胃的表面。但在胃脾韧带、大网膜和胃膈韧带等附着于胃的部分,无浆膜被覆。

3. 多室胃

1)瘤胃(第一胃)

瘤胃容积最大,主要占据腹腔的左半部,呈前后稍长、左右略扁的椭圆形。前端与网胃相通,与7、8肋间隙相对;后端达骨盆前口;左侧面与脾、膈及左腹壁相接触;右侧面与瓣胃、皱胃、肠、肝及胰相接触;背侧缘借腹膜和结缔组织附着于膈肌和腰肌的腹侧;腹侧缘隔着大网膜与腹腔底壁相接触。

瘤胃前、后端有较深的前沟和后沟;两侧有较浅的左纵沟和右纵沟。它们围成环状沟,将瘤胃分为背囊和腹囊;在背囊和腹囊的前后端分别形成前背盲囊和前腹盲囊、后背盲囊和后腹盲囊。在各相应沟的内侧有光滑的肉柱。

瘤胃与网胃间的通路,称为瘤网口;口的背侧形成一个穹窿,称为瘤胃前庭。该处有与食管相接的孔,称为贲门。瘤胃壁黏膜呈棕黑色,表面有密集的乳头,肌层发达。

2)网胃(第二胃)

网胃最小,呈梨形,前后稍扁,位于季肋部正中矢面、瘤胃背囊的前下方,在第6~8肋间。前面(壁面)凸,与膈、肝相接触;后面(脏面)平,与瘤胃背囊相贴;上端有瘤网口与瘤胃背囊相通;瘤网口的右下方有网口与瓣胃相通。网胃壁黏膜形成许多网格状的皱褶,似蜂房,又称蜂窝胃。

食管沟呈螺旋状,起自贲门,沿瘤胃前庭和网胃右侧壁伸延到网瓣孔,沟两侧隆起的黏膜褶,称为食管唇,当犊牛吸吮乳汁时,食管唇闭合呈管状,将乳汁直接送入真胃,这个沟就是食管沟。

3)瓣胃(第三胃)

瓣胃占四个胃总容积的7%~8%。羊的最小。瓣胃呈两侧稍扁的球形,很坚实,在网胃与瘤胃交界处的右侧,位于右季肋部,与第7~11(12)肋相对;右面(壁面)与膈、肝接触;左面(脏面)与瘤胃、网胃、皱胃接触。在瓣胃的底壁有一瓣胃沟,沟的一端为网瓣口;另一端为瓣皱口,与皱胃相通;瓣胃黏膜形成百余片瓣叶,故称百叶胃,俗称"百叶肚"。

4）皱胃（真胃）

皱胃占四胃总容积的 8%～9%，呈一端粗、一端细的长的囊状，在网胃和瘤胃腹囊的右侧，大部分与腹腔底壁相贴，位于左季肋部、剑状软骨部，与第 8～12 肋相对。皱胃的前端粗大，称为胃底，与瓣胃相通；皱胃黏膜表面光滑、柔软，有 12～14 片皱褶。瓣皱口附近的胃黏膜颜色较淡，为贲门腺区；靠近十二指肠部分的黏膜呈淡黄色，为幽门腺区；两者之间的胃黏膜呈淡红色，为胃底腺区。

5）网膜

网膜为连接胃的浆膜褶，可分为大网膜和小网膜。

（1）大网膜：很发达，覆盖在肠管右侧面的大部分和瘤胃腹囊的表面，可分为浅、深两层。浅层起自瘤胃左纵沟，沟向下绕过瘤胃腹囊，经腹腔底壁到腹腔右侧，继续沿右腹壁上行，止于皱胃大弯以及十二指肠的前部和降部。浅层由瘤胃后沟折转至右纵沟移行为深层。深层沿瘤胃腹囊的脏面向下达腹底壁，绕过肠管在浅层的深面转而向上，一般止于十二指肠降部网膜，常沉积有大量的脂肪。猪的大网膜很发达，连接胃大弯于结肠、脾和胰，形成的网膜囊向后几乎覆盖整个肠管而达骨盆前口。网膜具有丰富的脂肪，俗称"网油"。

（2）小网膜：较小，起自肝的脏面，经过瓣胃的壁面，止于皱胃幽门部和十二指肠起始部。

6）犊牛胃的特点

初生犊牛，因吃奶，皱胃特别发达，瘤胃和网胃相加的容积约等于皱胃的一半。10～12 周后，由于瘤胃逐渐发达，皱胃仅为其容积的一半，此时，瓣胃因无机能，仍然很小。4 个月后，随着消化植物性饲料能力的出现，瘤胃、网胃和瓣胃迅速增大，瘤胃和网胃相加的容积约达瓣胃和皱胃的 4 倍。到 1 岁多时，瓣胃和皱胃的容积几乎相等。4 个胃的容积达到成年时的比例。

（五）小肠和肝、胰

1．小肠

1）小肠的结构

肠是细长的管道，前端连胃的幽门，后端止于肛门。可分为小肠和大肠两部分。小肠又包括十二指肠、空肠、回肠，是消化食物和吸收其营养物质的主要部位。

（1）十二指肠：位于右季肋部和腰部，自皱胃幽门起，向上方伸延，至肝的脏面形成"乙"状弯曲；由此向后上方伸到髋结节前方，折转向左前方，继续向前到右肾腹侧接空肠。由很短的系膜固定在右季肋部，它与肝和胰的距离很近，有胆（肝）管和胰管开口于幽门附近。

（2）空肠：为小肠最长的一段，位于腹腔右侧，在结肠盘周围形成无数肠圈，形似花环状，以宽的空肠系膜悬挂于腹腔顶壁。空肠的肠系膜很长，所以空肠的活动范围很大。

（3）回肠：为小肠的末端，肠管较直，不形成迂曲的肠环。与空肠无明显界限，自空肠最后肠圈起，向前上方伸延至盲肠腹侧，开口于回盲结口。

2）马的小肠

（1）十二指肠：位于右季肋部和腰部，以短的十二指肠系膜与邻近器官相连。起始部

在肝的脏面形成"乙"状弯曲,肝管和胰管在"乙"状弯曲处通入十二指肠。在肝管、胰管开口处的对侧,有副胰管的开口。然后,沿肝右叶的脏面向后伸延到右肾的后下方,盲肠底附着处,弯向左侧,绕过肠系膜前动脉根后到左侧,在左肾的后下方移行为空肠,后一段称为横行十二指肠。在十二指肠与空肠交界处,有十二指肠结肠韧带与小结肠相连。

(2)空肠:形成许多迂回的肠环,借助于前肠系膜悬吊在前位腰椎的下方。前肠系膜很长,所以空肠的活动范围很大。空肠大部分位于左髂部的上 2/3 处,并与小结肠混在一起,小部分位于腹前部和腹后部。

(3)回肠:以回盲韧带与盲肠相连。从左髂部斜向后上方,在第 3～4 腰椎下方进入盲肠。

3)牛和羊的小肠

牛和羊的小肠较长。

(1)十二指肠:从胃的幽门起始后,向前上方伸延,在肝的脏面形成"乙"状弯曲,然后向后上方伸延,到髋结节的前方,再转折向左前方伸延,形成一弯曲,再向前方伸延,到右肾腹侧,移行为空肠。肝管由肝门通出后,与胆囊管汇合成一短的胆管,开口于十二指肠"乙"状弯曲第二曲的黏膜乳头上。

(2)空肠:位于腹腔右侧,在结肠圆盘周围形成许多迂回的肠环,借助于空肠系膜悬吊在结肠圆盘周围。空肠的右侧和腹侧,隔着大网膜与腹壁相邻,左侧与瘤胃相邻,背侧为大肠,前部为瓣胃和皱胃。

(3)回肠:较短,从空肠最后卷曲起,直向前上方伸延至盲肠腹侧,开口于盲肠。回盲口位于盲肠与结肠交界处。在回肠进入盲肠的开口处,黏膜形成回盲瓣。盲肠与结肠相通的口,称为盲结口。

4)猪的小肠

(1)十二指肠:较长。起始部形成"乙"状弯曲,升到肝右外叶上部与右肾前部之间,向后上方伸延,在右肾的腹侧,越过后腔静脉和胰的右侧,向后下方伸延,在右肾肾门的后下方折转向右,于结肠旋襻起始部腹侧向前内侧伸延,在胃小弯处转向右侧,向后伸延一段,移行为空肠。胆总管的开口距幽门 2.5～5 cm,而胰管的开口距幽门约 10 cm。

(2)空肠:形成许多迂回的肠环,以较长的空肠系膜与结肠相连。其位置有变化,可位于胃的后方,或位于旋襻的后方。

(3)回肠:较短,开口于盲肠与结肠的交界处。肠壁上淋巴集结特别发达,呈长带状。

5)小肠组织学结构

(1)黏膜:小肠黏膜形成许多环形皱褶和微细的肠绒毛,突入肠腔内,以增加与食物接触的面积。

(2)黏膜下层:由疏松结缔组织构成,内有较大的血管、淋巴管、神经丛以及淋巴小结等。在十二指肠的黏膜下层内还有十二指肠腺。

(3)肌层:由内环、外纵两层平滑肌组成。在两肌层之间由结缔组织连接,其中有血管和神经丛。

(4)浆膜:与胃的浆膜相同。

(5)小肠绒毛:为小肠黏膜的特殊结构,在十二指肠和空肠分布为最密,到回肠则逐渐减少而变稀。绒毛由周围的上皮和中央的固有膜组成。上皮由柱状细胞、杯状细胞和消化管内分泌细胞组成。固有膜中央有一条(绵羊有两条)盲端粗大的毛细淋巴管,称为中央乳糜管。在中央乳糜管周围有丰富的毛细血管网和纵行排列的平滑肌纤维,如图1-4-4所示。

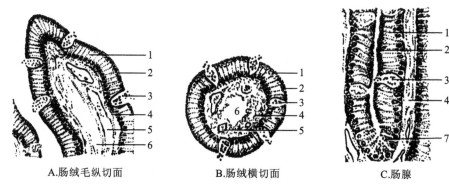

A.肠绒毛纵切面　　　　B.肠绒横切面　　　　C.肠腺

图 1-4-4　肠绒毛和肠腺

1.柱状细胞;2.纵纹缘;3.杯状细胞;4.固有膜;5.毛细血管;6.中央乳糜管;7.潘氏细胞

中央乳糜管管壁由一层内皮细胞构成,无基膜,通透性很大,一些较大分子的物质可进入管内。毛细血管的内皮有窗孔,有利于物质的吸收。平滑肌收缩时,绒毛缩短,以促进淋巴和血液运行,加速营养物质的吸收和运输。

2.肝

1)肝的概述

肝脏是畜体内最大的腺体,是实质器官之一,有分泌胆汁与储存糖原及解毒的重要功能。在胎儿时期,肝还是造血器官。

肝位于腹前部、膈的后方,大部分位于右季肋区,左后方与胃肠相邻。肝呈扁平状,颜色为红褐色。背侧一般较厚,右侧有一后腔静脉从此通过,静脉壁与肝组织连在一起。腹侧缘薄锐,可由胆囊和左侧的脐切迹分为左、中、右三叶。中叶又可被肝门分为背侧的尾叶和腹侧的方叶。肝的壁面(前面)凸,与膈接触;脏面(后面)凹,与网胃、瓣胃、皱胃和十二指肠接触。在脏面中央有血管、神经、淋巴管、肝管等进出肝,称为肝门。肝的脏面还有呈梨状的胆囊,胆囊管与肝管汇合成一短的输胆管,开口于十二指肠。羊的输胆管与胰管合成一胆总管,开口于十二指肠。

肝的表面覆有浆膜,并形成一些韧带,将肝固定于腹腔内。

左、右冠状韧带:自后腔静脉沟的两侧伸延到膈的腱质部。

镰状韧带:由左、右冠状韧带在后腔静脉沟下部合并延续而成,伸延到膈的胸骨部及腹底壁前部。

圆韧带:镰状韧带游离缘上呈索状的韧带,沿腹底壁至脐,是胎儿脐静脉的遗迹。

左、右三角韧带:分别从肝背侧的两侧缘伸延到膈。

2)各种动物的肝的特征

(1)猪肝:猪肝较发达,位于季肋部和剑状软骨部,大部分位于腹腔中部。左缘与第9

或第 10 肋间隙相对;右缘与最后肋间隙的上方相对;腹缘位于剑状软骨后方,距离剑状软骨 3～5 cm。肝的中央厚而周缘薄,腹侧缘有三条深切迹,将肝分为明显的四叶:左外叶、左内叶、右内叶、右外叶。另外,在右内叶的内侧有不发达的中叶,中叶又被肝门分为尾叶和方叶。胆囊位于右内叶脏面的胆囊窝内,胆囊管与肝管汇合成胆管,胆管开口于距幽门 2～5 cm 处的十二指肠憩室。

(2)牛肝:牛肝略呈长方形,因受瘤胃挤压而全部位于右季肋部,左叶在第 6～7 肋骨相对处,右叶在第 2～3 腰椎下方。分叶不明显,被胆囊和圆韧带分为左、中、右三叶。中叶被肝门分为上方的尾叶和下方的方叶。尾叶有两个突:一个称乳头突,垂于肝门上方;另一个称尾状突,呈钝圆锥形,突出于右叶以外。胆管在十二指肠的开口距幽门 50～70 cm。

(3)马肝:马肝的特点是分叶明显,无胆囊。大部分位于右季肋部,小部分位于左季肋部,其右上部位置较高,达第 16 肋骨中上部,与右肾接触;左下部位置较低,大致与第 7～8 肋骨的下部相对。肝的背缘钝,腹侧缘薄锐。在肝的腹侧缘上有两个切迹,将肝分为左、中、右三叶。右叶大,其背缘有较深的肾压迹,与右肾相邻;中叶被肝门分为背侧的尾叶和下方的方叶;尾叶的右侧有尾状突。方叶的腹侧缘有一浅的切口,称为脐切迹,内有肝圆韧带。肝的膈面凸,后腔静脉沟位于膈面中部。脏面凹,朝向后下方,与胃、十二指肠、大结肠等器官相邻,并形成一些压迹。肝门位于脏面的中部。

3)组织结构

肝可分为间质和实质。

(1)间质:肝表面被覆一层浆膜,其下为一层较致密结缔组织构成的纤维囊。纤维囊的结缔组织向肝实质内延伸,将肝分隔成许多肝小叶,肝小叶之间的结缔组织称为小叶间结缔组织。肝内部的支架除小叶间结缔组织外,还有大量网状纤维,分布于肝小叶内,构成肝小叶内部的支架。

(2)实质:主要由大量的肝小叶组成。

① 肝小叶:肝的基本结构单位,呈多面棱柱状体。每个肝小叶的中央沿长轴都贯穿着一条中央静脉。肝细胞以中央静脉为轴心呈放射状排列,切片上则呈索状,称为肝细胞索,面实际上是一些肝细胞呈单行排列构成的板状结构,又称肝板。肝板互相吻合连接成网,网眼内为窦状隙。窦状隙极不规则,并通过肝板上的孔彼此沟通,也呈网状。

② 肝细胞:呈多面体形,细胞体较大,界限清楚。细胞核圆而大,位于细胞中央(常有双核细胞),核膜清楚,染色质稀疏而着色较浅,有 1～2 个核仁,细胞质在新鲜状态下呈黄色,经固定染色后,细胞质内可显示各种细胞器和包含物,如线粒体、高尔基复合体、内质网、溶酶体、微体、糖原、脂滴和色素等。

③ 窦状隙:肝小叶内血液通过的管道(扩大的毛细血管或血窦),位于肝板之间。窦壁由扁平的内皮细胞构成,核呈扁球形,突入窦腔内。

此外,在窦腔内还有许多体积较大、形状不规则的星形细胞,以突起与窦壁相连,称为枯否细胞。这种细胞具有变形运动和活跃的吞噬能力,能吞噬血液中的异物和细菌等,是体内巨噬细胞系统的组成成分。

④ 胆小管:相邻肝细胞膜凹陷间的裂隙构成的微细管道,其管壁就是肝细胞膜。在

裂隙周围的相邻肝细胞膜较平整,且互相贴连,将胆小管严密封闭以防胆汁流入窦状隙。胆小管直径为 $0.5\sim1.0~\mu m$,以盲端起始于中央静脉周围的肝细胞索内,向肝小叶周围呈放射状排列,并互相吻合成网状,在小叶边缘与小叶间胆管相通,小叶间肝管向肝门汇集,最后形成肝管出肝,与肝胆管汇合成胆管,开口于十二指肠。

⑤ 门管区:由肝门进出肝的三个主要管道(门静脉、肝动脉和肝管),以结缔组织包裹,总称为肝门管。三个管道在肝内分支,并在小叶间结缔组织内相伴而行,分别称为小叶间静脉、小叶间动脉和小叶间胆管。在肝切片上,几个肝小叶相邻的结缔组织内常可见到这三种伴行管道的切面,称为门管区或汇管区。其中以小叶间静脉的管径为最大,管腔不规则,管壁薄,仅由一层内皮和一薄层结缔组织构成。小叶间动脉管径最小,管壁厚,由内皮和数层环行平滑肌纤维构成。小叶间胆管管径亦小,管壁由单层立方上皮组成。在门管区内还有淋巴管和神经伴行。

⑥ 肝的排泄管:肝细胞分泌的胆汁排入胆小管内。胆汁是从小叶的中央向周边运送,在肝小叶边缘,胆小管汇合成短小的小叶内胆管。小叶内胆管穿出肝小叶,汇入小叶间胆管。小叶间胆管向肝门汇集,最后形成肝管出肝,直接开口于十二指肠(在马)或与胆囊管汇合成胆管后,再通入十二指肠内(在牛、羊和猪等)。

4)肝的血液循环特点

进入肝的血管分富含营养的血管(门静脉)和富含氧气的血管(肝动脉),它们经小叶间静脉或小叶间动脉在窦状隙汇合成混合血,肝细胞渍于其中,吸取营养和氧气,进行重要的物质合成。其循环途径如下。

(1)门静脉:汇集胃、肠和脾来的血液,经肝门进入肝内,在小叶间分支成许多小叶间静脉。小叶间静脉在伸延途中不断分出短小的终末支,进入肝小叶,将血液注入窦状隙内。窦状隙内的血液从小叶周边向中央流动,汇入中央静脉。然后由中央静脉汇合成小叶下静脉(在小叶间结缔组织内单独行走),最后汇集成数支肝静脉入后腔静脉,如图1-4-5所示。

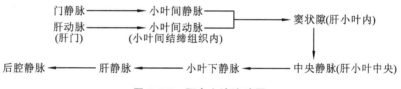

图 1-4-5 肝内血液流动图

门静脉主要收集来自消化道的静脉血液,内有从胃肠吸收的丰富营养物质,同时也带来了在消化过程中产生的毒素和胃肠吸收的微生物、异物等有害物质。当血液流经窦状隙时,其中的营养物质被肝细胞吸收,经肝细胞处理,合成机体的多种重要物质,有的储存于肝细胞内,有的释放入血液,供机体利用。毒素可被肝细胞结合转化为毒性较小或无毒的物质,与代谢产物一起经血液转运到排泄器官排出体外。微生物和异物可被枯否细胞吞噬消化而清除。门静脉是肝的功能血管。

(2)肝动脉:腹腔动脉的分支。经肝门进入肝内,在小叶间分支成许多小叶间动脉。小叶间动脉的部分分支到被膜和小叶间结缔组织等;部分分支进入肝小叶,在窦状隙内与

门静脉的血液混合。肝动脉血液内含有丰富的氧和营养物质,以供肝本身物质代谢之用,所以是肝的营养血管。

3.胰脏

胰呈淡红黄色,位于十二指肠"乙"状弯曲中(或祥中)。胰可分为三叶,靠近十二指肠部分为中叶(或胰头),左侧的部分为左叶,右侧的部分为右叶。胰的输出管,有的动物(牛、猪)有一条,有的动物(马、狗)有两条,其中一条称胰管,另一条称副胰管。在胰中部的后部有一门脉环供门静脉通过。

牛胰呈长板状,位于肝门的正后方,十二指肠弯曲内,近似四边形,分叶不明显,胰头靠近肝门门附近,左叶背侧附着于膈脚,腹侧与瘤胃背囊相连。右叶较长,向后伸延到肝尾状叶附近,背侧与右肾连接,腹侧与十二指肠和结肠为邻。胰管有一条,自右叶末端发出,单独开口于十二指肠距幽门80~110 cm处。

马胰呈三角形,横位于腹腔顶壁的下面,大部分位于右季肋部,位于第16~18胸椎的腹侧。胰头在肝右叶之下向前下方伸延,进入十二指肠祥。左叶尖小,位于胃盲囊与左肾之间,并与脾相连。右叶位于右肾的腹侧。胰管由胰头发出,与肝管一起开口于十二指肠"乙"状弯曲。副胰管开口于胰管开口处对侧面的十二指肠内。

猪胰不规则,略呈三角形,由于脂肪含量较多,故呈灰黄色。胰头稍偏右侧,位于门静脉和后腔静脉腹侧。右叶沿十二指肠向后方伸延到右肾的内侧缘;左叶位于左肾的下方和脾的后方,整个胰位于最后两个腰椎和前两个腰椎的腹侧。胰管由右叶末端发出,开口于距幽门1~12 cm处的十二指肠内。

胰(图1-4-6)主要由外分泌部和内分泌部两部分构成。外分泌部为消化腺,分泌胰液,含有多种消化酶,对食物有消化水解作用。内分泌部称为胰岛,其分泌物参与调节体内糖代谢。

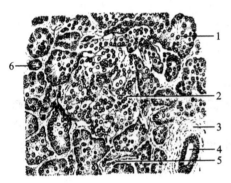

图1-4-6 胰(低倍)
1.腺泡;2.胰岛;3.小叶间结缔组织;
4.小叶间导管;5.闰管纵切面;6.闰管横切面

(1)外分泌部:为复管泡状腺,分为腺泡和导管两部分。

① 腺泡:呈球状或管状,大小不一,腺腔很小,均由浆液性腺细胞组成。腺细胞呈锥体形,细胞核球形,位于细胞基底部,含1~2个明显的核仁。在细胞顶部的细胞质内含有许多嗜酸性颗粒,用HE染色时呈紫红色,是分泌物的前身,称为酶原颗粒。在细胞基底部的细胞质内有许多呈纵行排列的线粒体(用电镜观察,还可见丰富的粗面内质网和大量的核蛋白体),呈嗜碱性,染成蓝紫色,是分泌物合成的部位。

分泌物在粗面内质网的核蛋白体上合成后,经内质网转移到高尔基复合体的囊内,浓集变成酶原颗粒。成熟的酶原颗粒移向细胞顶端,最后排入腺腔内。

② 导管:包括闰管、小叶内导管、小叶间导管、叶间导管和总导管,它们都由单层上皮构成。上皮细胞随管径逐渐增大而增高。

(2)内分泌部:为分布在外分泌部腺泡之间的细胞群,围以少量网状纤维形成的薄膜囊,称为胰岛,在 HE 染色切片中着色较浅,容易和外分泌部区分。胰岛细胞呈不规则索状排列,且互相吻合成网。网眼内有丰富的毛细血管和血窦。胰岛细胞分泌胰岛素和高血糖素,经毛细血管进入血液,有调节血糖代谢的作用。用马劳瑞-埃赞(Mallory-Azan)法染色,可见胰岛有三种含特殊颗粒的细胞。

① 甲细胞(也称 α 细胞):胞体较大,多分布于胰岛的周围部,细胞质内的颗粒粗大,染成鲜红色。甲细胞约占胰岛细胞总数的 20%。甲细胞分泌胰高血糖素,有促进糖原分解、升高血糖的作用。

② 乙细胞(也称 β 细胞):胞体略小,多分布于胰岛的中央部,细胞质内的颗粒细小,染成橘黄色。乙细胞约占胰岛细胞总数的 75%,乙细胞分泌胰岛素,与甲细胞分泌的胰高血糖素作用相反,有降低血糖的作用。

③ 丁细胞:数量较少,约占胰岛细胞总数的 5%,细胞质内的颗粒染成蓝色。丁细胞分泌生长激素释放抑制因子,其作用可能是抑制甲、乙细胞的分泌功能。

(六) 大肠

大肠分为盲肠、结肠、直肠三个部分,是消化纤维素、吸收水分、形成和排出粪便的器官。

(1)盲肠:根据动物种类的不同,盲肠的大小和形状不一。草食动物的盲肠特别发达,尤其是单室胃的草食动物。多数动物盲肠位于腹腔右侧。

(2)结肠:家畜结肠的大小和形状很不一致,有的动物结肠可分为大结肠和小结肠。

(3)直肠:位于骨盆腔内,背侧是骨盆腔顶壁,腹侧是膀胱、尿生殖道骨盆部和副性腺,子宫、阴道和尿生殖前庭。前连结肠,两者之间以荐骨岬为界,后端以肛门与外界相通。在骨盆腔中,其直径增大部,称为直肠壶腹。直肠后部表面被覆结缔组织外膜,前部被覆浆膜。以直肠系膜连骨盆腔顶壁。

1. 马的大肠

(1)盲肠:外形呈逗点状,位于腹腔右侧,从右髂部的上部起,沿腹侧壁向前内下方伸延,到达腹底壁,在左、右下层大结肠之间向前方伸延,达剑状软骨部。可分为盲肠底(或盲肠头)、盲肠体和盲肠尖三部分。盲肠底是后上方膨大的部分,前缘与第 14~15 肋骨相对,后缘可达髋结节。大弯向上在背侧,附着于腹腔的顶壁,在腹侧,偏向内侧。在小弯处有回盲口和盲结口,分别与回肠和结肠相连。回盲口偏左侧,盲结口偏右侧,两者相距约 5 cm。盲肠体沿右侧腹壁向前下方伸延,前部移行胃盲肠尖。在盲肠底和盲肠体上有背、腹、内、外四条纵肌带和四列肠袋,盲肠尖部有两条纵肌带。

(2)结肠:马的结肠可分为大结肠和小结肠。

① 大结肠:特别发达,占据腹腔的大部分,在腹腔内的自然形状,形成一个双层盘曲的马蹄形肠袢,按照它的走向,可分成 4 段 3 弯曲,依次为右下大结肠→胸骨曲→左下大结肠→骨盆曲→左上大结肠→膈曲→右上大结肠。右下大结肠起自于盲结口,沿右侧腹底壁向前伸延,在膈的后方弯向左侧,移行为胸骨曲。胸骨曲沿膈的后方弯向左侧,移行为左下大结肠。左下大结肠从膈的后方沿左侧腹底壁向后伸延到骨盆腔入口处,移行为骨盆曲。骨盆曲弯向前上方移行为左上大结肠。左上大结肠沿左下大结肠背侧向前伸延

到膈的后方转为膈曲。膈曲沿胸骨曲的背侧弯向右侧,移行为右上大结肠。右上大结肠沿右下大结肠背侧向后伸延到盲肠底的内侧,在左肾的腹侧移行为小结肠。大结肠管径变化很大,下层大结肠除起始部外,都较粗,管径约20 cm。骨盆曲处管径突然变细,约8 cm。右上大结肠管径逐渐变粗,可达30 cm,因此又称胃状膨大部。从胃状膨大部向后的管径又突然变细,而且在左肾前下方形成"乙"状弯曲。向后移行为小结肠。下层大结肠都有四条纵肌带和四列肠袋。骨盆曲有一条纵肌带。左上大结肠开始有一条纵肌带,到中部增加至三条,经膈曲延续到右上大结肠。

上、下大结肠之间有短的结肠系膜相连,右下大结肠与盲肠小弯之间有盲结韧带相连;右上大结肠末端的背侧有疏松结缔组织及浆膜与胰的腹侧面相连,右侧与盲肠底、胰、膈和十二指肠等相连。此外,整个左大结肠和三个曲都是游离的,与腹壁及其他内脏器官均无联系,因此,肠扭转可发生在此处。

② 小结肠:有两列肠袋和两列纵肌带,借后肠系膜连于第3～6腰椎腹侧。小结肠的肠系膜也较长,故活动范围较大。小结肠位于左髂部的上部、腰部和腹后部。在骨盆腔入口处,移行为直肠。

(3)直肠:比牛的长而粗,位于盆腔荐骨的腹面,直肠前段肠管较细,外面有浆膜被覆;后部膨大,称为直肠壶腹,该段后部无浆膜被覆,借助疏松结缔组织和肌肉连于盆腔背侧壁。

2. 牛和羊的大肠

(1)盲肠:管径较大,呈长圆筒状,位于右髂部。起自回盲口,沿右髂部的上部向后伸延,牛的盲肠向后以盲端伸向骨盆腔前口,羊的则伸入骨盆腔内。盲肠表面平滑,无纵带和肠袋,沿盲肠内侧有韧带附着,但盲端部分游离,回盲口可作为盲肠与结肠的分界标志,回盲韧带可作为回肠和空肠的分界标志。

(2)结肠:牛结肠几乎全部位于体中线的右侧,借总肠系膜悬挂于腹腔顶壁,在总肠系膜中盘曲成一圆形肠盘(结肠圆盘),肠盘的中央为大肠,周缘为小肠。牛、羊的结肠无纵带及肠袋,盘曲成一椭圆形盘状。起始部的管径与盲肠相似,以后逐渐变细,可分为初袢、旋袢和终袢三部分。初袢起自盲结口,向前伸延达第12肋骨相对处,弯向后方,沿盲肠背侧向后伸延到骨盆腔入口处,又转向前方,达第2、3腰椎腹侧,移行为旋袢。整个初袢形成"乙"状弯曲。旋袢位于瘤胃右侧,呈一扁平的圆盘状,分为向心回和离心回。向心回是初袢的延续,以顺时针方向向内旋转约两圈(羊约3圈)至中心曲。离心回自中心曲起,按反方向旋转约两圈(羊约3圈),移行为终袢。羊的离心回最后一圈靠近空肠肠袢,肠管内已形成粪球。终袢离开旋袢后,向后伸延到骨盆腔入口处,再折转向前伸延,到肝附近,向左绕过肠系膜前动脉根后,又向后伸延,到骨盆腔入口处,移行为直肠。

(3)直肠:肠管粗细均匀,无明显的直肠壶腹,在直肠周围有大量的脂肪组织。

3. 猪的大肠

(1)盲肠:呈短而粗的圆筒状盲囊。盲肠的位置取决于空肠的位置,空肠在旋袢前方时,盲肠多在腹腔右侧;空肠在旋袢后方时,盲肠多与左腹壁为邻。从左肾的后下部起,向后内下方伸延,到结肠圆锥的后方,盲端可达骨盆腔前口。回肠末段突入盲肠和结肠之间的部分,呈圆锥状,称为回盲瓣,其中的口称为回盲口。盲肠有三条纵肌带和三列肠袋。

（2）结肠：由盲结口开始，在结肠系膜中盘曲成圆锥状或哑铃状，称为旋祥，其基部朝向背侧，附着于腰部和左髂部。旋祥的位置与空肠相互制约。空肠在胃后时，旋祥位于左髂部和腰部；空肠在旋祥后方时，旋祥位于腹前部及腹中部的脐部。旋祥可分为向心回和离心回。向心回位于结肠圆锥的外周，肠管较粗，有两条纵肌带和两列肠袋，按顺时针方向旋转三圈半或四圈半到锥顶，然后转为离心回；离心回位于结肠圆锥的里面，肠管较细，纵肌带不发达，逐渐消失，按逆时针方向旋转三圈半或四圈半，然后转为终祥。结肠终祥于右肾腹侧前行，到胃小弯处，向左侧伸延，到肠系膜前动脉的前方，继续向左伸延，在胰左叶、脾和十二指肠之间后行，继而在胰左叶后缘处，稍偏向右侧，越过正中矢状面到右肾腹侧向后伸延，在荐骨岬处连直肠。

（3）直肠：起始部的口径与结肠末端相同，于直肠中部以后，口径变细。口径粗的部分为直肠壶腹，有的猪直肠壶腹不明显。猪的直肠无纵肌带，周围有大量的脂肪。

4．大肠的组织学结构

大肠壁的结构与小肠壁的基本相似，也分为黏膜、黏膜下层、肌层和浆膜四层。

（1）黏膜：大肠黏膜表面光滑，不形成环形皱褶，无肠绒毛。

固有膜很发达，内有排列整齐、长而直的大肠腺，大肠腺中杯状细胞特别多，可分泌碱性黏液，中和粪便发酵的酸性产物。分泌物中不含消化酶，但有溶菌酶。

黏膜肌层也较发达，由内环、外纵两层平滑肌组成。

（2）黏膜下层：由疏松结缔组织构成，其中含有较多的脂肪细胞。

（3）肌层：由内环、外纵两层平滑肌组成。马和猪大肠的外纵行肌集合形成纵肌带，内环行肌在肛门增厚形成肛门内括约肌。

（4）浆膜：除直肠的腹膜外部以及马的盲肠底和右上大结肠的无浆膜部外，其余部分均覆以浆膜。

（七）肛门

肛门为消化管末端，位于尾根的下方。肛门皮肤薄而无毛，有色素，皮脂腺和汗腺发达。外为皮肤，内为黏膜，黏膜形成许多纵行的皱褶，衬以复层扁平上皮，皮肤与黏膜之间有内、外括约肌，肛门内括约肌为直肠环形平滑肌层所构成；肛门外括约肌是环形横纹肌，可控制肛门开闭。

 # 第二节　消化生理

一、消化的概述

家畜在新陈代谢过程中，必须经常不断地从外界环境中摄取营养物质（包括水和饲料），作为集体活动和组织生长的物质和能量来源。

动物在生命活动中所需要的营养物质有蛋白质、糖类、脂肪、水、维生素和无机盐等。这些物质存在于家畜所吃的饲料中。但是饲料一般是大块物质，分子构造也极为复杂，不

能直接为家畜机体所利用。因此,饲料进入消化管后,必须经过物理的、化学的、微生物的变化,转变为构造简单的可溶性物质,如氨基酸、甘油、脂肪酸、葡萄糖等,以便于为消化管吸收后供机体利用。

饲料中的营养物质在消化道内经过分解,转变为可溶性的简单物质,这个过程称为消化。

(一) 消化管平滑肌的一般特征

消化管的运动机能是由构成消化管的平滑肌来完成的,这类平滑肌有下列特性。

(1) 兴奋性低、收缩缓慢。一般对电刺激不敏感,但对化学、机械和温度刺激敏感。微量的生物活性物质可引起明显的兴奋。例如,乙酰胆碱稀释一亿倍,还能使兔的离体小肠收缩加强;肾上腺素在千万分之一浓度下,就能降低其紧张性,而停止收缩。

(2) 富有伸展性。平滑肌能作很大的伸展,而不发生张力的改变。因此,胃、肠等器官可以容纳比本身体积大好几倍的食物。

(3) 具有持续的收缩或紧张性。平滑肌具有长期维持一定张力的能力,即能长期处于缩短状态。因此,使胃、肠等保持一定的形状和位置。

(4) 节律性收缩。平滑肌离体后,保持在适宜的环境溶液内,仍能作节律性收缩。

(二) 饲料的消化方式

家畜采食后,饲料对消化道进行物理的和化学的刺激,消化道则产生相应的反应——咀嚼、分泌消化液、胃肠道运动以及微生物繁殖等。

1. 机械性消化(物理性消化)

咀嚼和胃肠道运动,可说是物理的消化过程,使饲料磨碎,与消化液混合体形成半流体的食糜,并将食糜向后段消化道推送以及促进营养成分的吸收等。这一过程将饲料结构由大变小,并不改变饲料的化学性质,但为饲料的进一步消化(化学的和微生物的消化)创造有利条件。

2. 化学性消化

消化腺分泌的消化液含有能分解蛋白质、糖类、脂肪等各种酶,在它们的作用下饲料被分解,这属于化学的消化过程。此外,植物性饲料中含有相应的酶,在家畜胃肠道适宜的环境中,也参与消化作用。

3. 生物学消化(微生物的消化)

反刍动物的瘤胃和马、猪、兔等大肠内栖居大量微生物,它们所产生的酶促进饲料营养成分分解,可说是微生物的消化过程。植物性饲料中含有大量纤维素,但是消化腺不分泌纤维素分解酶,唯有微生物产生这种酶。因此,微生物对饲料中纤维素在家畜胃肠道内的分解,起了关键性作用。此外,消化道微生物还通过刺激免疫组织功能加强,以及直接与病原菌竞争而保护消化道。

以上三种消化过程并不是彼此孤立的,而是相互联系、共同作用的,只是在消化道某一部位和某一消化阶段,某种消化过程居于主导地位。例如,口腔消化以咀嚼最为重要,但同时也有酶的化学消化作用;在胃与小肠中,则以腺体分泌的消化液对饲料内的淀粉、蛋白质、脂肪的分解起主要作用,而饲料纤维素的分解则几乎完全依靠瘤胃及大肠内的微生物的作用。

二、机械消化

(一) 口腔、食管的机械消化

1. 口腔

口腔消化由摄取食物开始。食物进入口腔后,动物进行咀嚼,混入唾液,然后吞咽。

1) 采食和饮水

动物依靠视觉和嗅觉去寻找、鉴别和摄取食物。食物进入口腔后,又依靠味觉和触觉的综合活动来评定,并把其中不适合食用的物质吐出。

采食的方法,随动物的种类不同而不同,不过所有家畜都以唇、齿、舌作为采食的主要器官。

马主要靠上唇和门齿采食。马的上唇感觉敏锐,运动灵活。放牧时,马通过上唇的运动,把草送到门齿间,依靠头部的牵引动作把不能咬断的草茎扯断。舍饲时,马用唇和舌收集槽内的干草或谷粒。

牛摄取食物的主要器官是舌。牛的舌较长,运动灵活而坚强有力,舌面粗糙,能伸出口外,将草卷入口内。草入口后以下颌门齿和上颌齿龈将草切断,或靠头部的牵引动作来扯断。散落的饲料用舌舔取。

绵羊和山羊的取食方法与马大致相同。绵羊上唇有裂隙,便于啃短草。

猪用鼻突掘地寻找食物,并靠尖形的下唇和唇将食物送入口内。饲喂时猪靠齿、舌和特殊的头部动作来采食。

各种家畜饮水和摄取液体食物的方式也不一样。马、牛、猪等饮液体时,先把上、下唇合拢,中央留一小缝,伸入液体中,然后下颌、上颌有节律地配合运动,同时舌向咽部后移,使口腔内形成负压,于是液体便被吸入口腔内。

仔畜吮乳也是靠下颌和舌的有节律运动,使口腔负压加大,引起乳头孔开张,于是乳汁流入口腔。

2) 咀嚼

咀嚼是消化过程的第一步,靠咀嚼肌的收缩和舌、颊的配合动作而实现。食物在口腔内经过咀嚼,被牙齿压碎、磨碎和混合唾液,于是形成食团,然后吞咽。

各种家畜的咀嚼情形是不相同的。肉食动物用下颌猛烈地上下运动压碎齿列间的食物。草食动物的上颌比下颌宽,主要靠下颌的横向运动,在上、下白齿间磨碎饲料,并且两侧轮换咀嚼。猪咀嚼时下颌的上下运动比横向运动多。

肉食动物咀嚼很不充分,猪咀嚼食物比较细致,草食动物的饲料含粗纤维多,质地粗糙,需要精细地咀嚼。马吃干草、秸秆时,咀嚼30~50次,需时30~45 s。反刍动物在采食时未经充分咀嚼(牛咀嚼15~30次,绵羊5~12次,需时20 s左右)即行咽下,但经过一定时间后,瘤胃中食物重新回到口腔(逆呕)精细咀嚼。咀嚼对于食物的进一步消化有重要的作用。咀嚼可以碎裂粗大食物,增加它受消化液作用的表面积。尤其对于植物性饲料,咀嚼可以破坏植物细胞的纤维素壁,暴露其内容物,使其能被消化液作用。此外,咀

嚼动作可以刺激口腔内的各种感受器,反射性引起各种消化液(唾液、胃液、胰液等)的分泌和胃肠道的运动,为食物的进一步消化做准备。

2. 吞咽

吞咽是由多种肌肉参与的复杂反射动作。在舌、咽、喉、食管及贲门的共同作用下,食物由口腔经过食管进入胃内。

食物经咀嚼形成食团后,积聚在舌背面,由于舌尖翻转,舌背紧顶口腔上壁的硬腭,压迫食团向后移送。食团到达咽部时,刺激咽部的感受器,引起一系列肌肉的反射性收缩。这时,软腭上举并关闭鼻咽孔,阻断口腔与鼻腔的通路。舌根后移,挤压会厌,使会厌软骨受压翻转,声门闭塞,封闭气管的入口,呼吸暂时停止,于是口腔和咽部形成完全的密闭室。同时,食管口舒张,接着咽肌收缩,迅速将食团挤入食管。食团通过咽部时,引起反射性食管蠕动(第一类蠕动),推送食团向后移行。食团对食管壁的局部刺激引起第二类蠕动,蠕动波将食团推送至贲门时,贲门括约肌舒张,于是食团就进入胃内。

液体的吞咽方式与固体食物有所不同。液体主要靠吞咽动作的压力从咽部流入食管。食管呈弛缓的导水管作用,液体流至食管末端驻留,待增加到一定分量时,局部刺激引起贲门开放,于是液体流入胃内。动物连续吞饮大量液体时,一般吞咽 3~4 次贲门开放一次,马每分钟吞咽液体 60~70 次,一次吞咽 150~300 mL;牛每分钟吞咽液体 60~70 次,一次吞咽 500~750 mL。

(二) 单室胃的运动

胃壁的平滑肌,按其纤维的排列方向分为纵行、环行和斜行三层。这些肌肉的收缩形成胃的运动。

当咀嚼和吞咽食物时,反射性地通过迷走神经引起胃底和胃体部的肌肉舒张,这一反应称为容受性舒张。当胃内充满食物时,胃壁肌肉大幅度伸长,但肌纤维张力并不增加,胃内压力也增加很小。因此,胃的容量适应于采食后储存大量食物。

1. 胃的消化性运动

食物进入胃内后互相重叠,排列成层,先进入的在周围,后进入的在中央。同时,借胃的运动,食物逐渐与胃液混合。

(1) 紧张性收缩:以平滑肌长久地缩短为特征。这种全胃性收缩缓慢而有力,它可增高胃内压力,压迫食物向幽门部移动,并可使食物紧贴胃壁,易于与胃液混合。

(2) 蠕动:舒张与收缩交替进行的运动。这种运动从贲门部开始,向幽门方向呈波浪式推进。在贲门部,蠕动表现为细而浅的小波,不易看见,到胃的中部时才趋于明显,到达幽门前部后,运动变得极为有力。蠕动一方面使胃内容物充分混合,另一方面使胃内容物向幽门部移行,并通过幽门,进入十二指肠。

此外,还有节律性收缩,主要是促进胃内容物的混合。

2. 胃运动的调节

(1) 神经对胃活动的调节:胃的容纳性舒张是通过迷走神经抑制性纤维实现的。通常,迷走神经可增强胃肌收缩力,交感神经则降低环形肌的收缩力。食物对消化管壁的机械刺激和化学刺激,可局部通过壁内神经丛,加强平滑肌的条件性收缩,加速蠕动。大脑皮层对胃壁肌的紧张性和蠕动运动也有显著的影响。

（2）体液对胃运动的调节：胃泌素使胃肌收缩的频率和强度增加。促胰液素和抑胃肽抑制胃的收缩。

（三）小肠的运动

1．小肠的运动形式

小肠肌经常处于紧张状态，是其他运动形式的基础。

（1）分节运动：以环形肌的节律性收缩为主的运动。当食糜进入肠管的某一段后，这段肠管的环形肌在多处表现节律性的收缩与舒张。这种运动使食糜与消化液充分混合，以便食物能更好地消化，同时也使食糜与肠黏膜紧密接触，给胃吸收营养物质创造良好的条件。

这种运动的频率与强度以在十二指肠最高，其次是空肠，回肠最低。节律性分节运动在反刍动物及狗、猫等肉食动物的小肠中最为常见。

（2）钟摆运动：以纵行肌的节律性收缩为主的运动。当食糜进入一段小肠后，这一段肠的纵行肌一侧发生节律性的舒张和收缩，对侧发生相应的收缩和舒张，使肠段时而向左，时而向右摆动，肠段内的食糜就来回移动，但很少推进。

在草食动物中，钟摆运动表现得较为明显。

（3）蠕动：一种速度缓慢的、向大肠方向推进的运动，在小肠中最为常见。它是由于小肠某些部位的环形肌收缩，邻近部位的环形肌舒张，接着邻近部位原来舒张的环形肌又收缩，这样连续进行，使食糜沿着一定方向缓慢地在小肠中推进，在外观上形成波状的收缩，好像蠕虫的运动。

小肠蠕动与胃的运动，特别是幽门部的运动有着密切的联系。在胃的消化性运动增强时，十二指肠区的蠕动增多。

（4）逆蠕动：向口腔方向的蠕动。与蠕动比较，除了方向相反外，收缩的力量较弱，传播的范围也较小。十二指肠部有明显的逆蠕动，空肠的逆蠕动平常只发生在反刍动物中。逆蠕动与蠕动相互配合，使食糜在肠管里来回移动，保证食糜与消化液充分混合，并延长食糜在小肠中的停留时间，以便有足够的时间进行消化和吸收。

2．小肠运动的调节

（1）内在神经丛的作用：食糜对肠壁的机械和化学刺激，作用于小肠肌间神经丛，通过局部反射产生蠕动。

（2）外来神经的作用：副交感神经兴奋增强肠运动，交感神经兴奋则抑制肠运动。

（3）体液因素的作用：乙酰胆碱、胃泌素和胆囊收缩素等可加强肠运动，胰高血糖素和肾上腺素则使肠运动减弱。

（四）大肠的运动

大肠运动与小肠运动大致相似，但运动速度比小肠缓慢，运动强度也较弱。

1．较弱的分节运动

杂食动物和单胃草食动物的大肠形成囊状部，并有发达的纵行肌构成的纵带，因而猪、马的盲肠和结肠的运动方式与反刍动物和犬有所不同。在猪、马的大肠囊状部交替进

行压缩与扩大的局部分节运动。

2. 缓慢的蠕动

大肠壁在食糜的机械、化学刺激下,也发生和小肠类似的蠕动,但它的速度较慢,强度较弱。

3. 缓慢的逆蠕动

盲肠和大结肠除有蠕动外,还有逆蠕动。它配合蠕动,推动食糜在一定肠管内来回移动,使食糜得以充分混合,并使之在大肠内停留较长时间。这样能使细菌充分消化纤维素,并保证挥发性脂肪酸和水分的吸收。

4. 集团蠕动

集团蠕动是一种进行得很快的蠕动。它能把粪便推向直肠引起排便。

（五）肠音

内容物的移动是肠音的来源。

(1) 小肠音:如流水音或漱口音。

(2) 大肠音:似雷鸣或远炮音。

（六）反刍动物与复室胃的运动

1. 反刍

反刍动物在采食时,饲料一般不经过充分咀嚼,就匆匆吞咽进入瘤胃,在瘤胃内浸泡和软化。通常在休息的时候,再返回到口腔,仔细地咀嚼,这个过程称为反刍。反刍可分为四个阶段,即逆呕(食物自胃送入口腔的过程)、再咀嚼、再混合唾液和再吞咽。饲喂后通常经过 0.5~1 h 才出现反刍,每一次的反刍继续时间平均为 40~50 min,然后间歇一段时间再开始第二次反刍,这样,一昼夜进行 6~8 次反刍,而犊牛次数更多,可达 16 次。牛每天反刍累计起来的时间有 6~8 h 之多。如果反刍停止,引起内容物停滞和气体蓄积,发生气胀,严重时可导致胃肠道疾病。

犊牛大约在出生后第三周出现反刍,这时犊牛开始选食草料,瘤胃内有微生物滋生,腮腺开始分泌唾液。如果训练犊牛提早采食粗料,则反刍可提前出现。试验证明,喂以成年牛逆呕出来的食团,犊牛反刍甚至可以提前 8~10 d 出现。

2. 复室胃的运动

前胃三个部分的运动有着密切的联系。

(1) 网胃运动:最先为网胃的收缩,网胃接连收缩两次,第一次只收缩胃大小的一半就开始舒张,接着就进行第二次几乎完全的收缩。这种双相收缩每隔 30~60 s 重复一次。当反刍时,网胃在第一次收缩之前还增加一次收缩(称附和收缩),使胃内食物逆呕回到口腔。在网胃收缩时,其中一部分内容物被逐至瘤胃前庭,一部分则进入瓣胃。

(2) 瘤胃收缩:在网胃第二次收缩之后,紧接着发生瘤胃收缩。瘤胃收缩有两种方式,第一种方式(即 A 波)是先由瘤胃前庭开始,沿背囊向后,然后转入腹囊,接着又沿腹囊由后向前,同时食物在瘤胃内也顺着收缩的次序和方向移动和混合,并将一部分食物挤入网胃。

在收缩之后,有时瘤胃还可发生一次单独的附加收缩(第二次收缩或 B 波)。第二种收缩是瘤胃本身产生的,收缩波通常开始于后腹盲囊,行进到后背囊,最后到达主腹囊。它与嗳气有关,而与网胃的收缩没有直接联系。

瘤胃收缩可用触摸或听诊的方法在牛左髂部感觉到(或听到)。正常的瘤胃运动次数,休息时平均约 1.8 次/min,进食时次数增多,平均约 2.8 次/min,反刍时约 2.3 次/min。每次瘤胃运动的持续时间为 15～25 s,可听到"沙沙"声。

(3)瓣胃运动:瓣胃的运动比较慢而有力,并与网胃相配合。当网胃收缩时,网瓣口开放,瓣胃舒张,压力降低,于是一部分食糜由网胃移入瓣胃,其中液体部分可通过瓣胃管直接进入皱胃。

(4)皱胃运动:与单室胃的运动相同。

三、化学消化

化学消化主要是在酶的作用下进行的消化。消化酶有多种,大多数存在于腺体所分泌的消化液中,有的存在于肠黏膜脱落细胞或肠黏膜内。

(一)唾液的消化

1. 唾液的形状

混合唾液是无色透明、略带黏性的液体,相对密度为 1.001～1.009,一般呈弱碱性,反刍动物唾液的碱性较强,平均 pH 值:猪 7.32,犬和马 7.56,反刍动物 8.2。同一种动物唾液的 pH 值可因饲料的性质发生改变。

2. 唾液的成分

唾液内含有大量的水(98.5%～99.4%),含有二十余种有机物和无机物。有机物有糖类、血浆蛋白、唾液蛋白、糖蛋白、唾液酸、血型物质等。唾液中经常混有脱落的口腔黏膜细胞和一些变性的白细胞。无机物的种类和血液相同,不过含量较少,各种盐之间的比例也与血浆不同,盐类中以氯化钠和碳酸氢钠含量最多。

唾液含有少量酶、黏蛋白、淀粉酶、溶酶体。

3. 唾液的作用

唾液的作用如下:

(1)浸润食物,便于咀嚼;

(2)溶解饲料中的有味物质,引起食欲,促进分泌;

(3)黏液蛋白能黏合食物,形成食团,以利于吞咽;

(4)牛、羊唾液碱性较强,中和胃酸,保持瘤胃酸碱度;

(5)冲淡、中和和洗去口腔中的有害物质,还具有杀菌作用;

(6)猪的唾液中含淀粉酶,可分解麦芽糖。

(二)胃液的消化

1. 胃液的性状

纯净的胃液为无色透明、常含有黏丝的酸性液体。除水分外,主要由两部分构成:壁细胞的酸性分泌物和含有胃蛋白酶、黏蛋白、电解质的非壁细胞分泌物。

2．胃消化酶

胃液中消化酶有胃蛋白酶、凝乳酶、胃脂肪酶等。

（1）胃蛋白酶：由主细胞产生，刚分泌出来时为非活动状态的胃蛋白酶原，在胃酸或已激活的胃蛋白酶的作用下，转变为具有活性的胃蛋白酶。因此，在酸性环境中（pH 值小于 6），胃蛋白酶经常是具有活性的。在胃蛋白酶的作用下，蛋白质被分解为际和胨。

（2）凝乳酶：能使乳凝固，便于胃蛋白酶作用。哺乳期的幼畜，特别是哺乳犊牛的皱胃胃液内含量很高。刚分泌时为没有活性的酶原，在酸性条件下激活为凝乳酶。凝乳酶先将乳中的酪蛋白原转变为酪蛋白，进而后者同钙离子结合成不溶性酪蛋白钙，于是使乳汁凝固，这样，可以延长乳汁在胃内的停留时间，增加胃液对乳汁的消化作用。

（3）胃脂肪酶：在肉食动物胃液中含有少量丁酸甘油酯酶，具有分解丁酸甘油酯的活性。

3．盐酸

胃液中的盐酸有两种形式：一是游离酸，二是与蛋白质结合的结合酸，两者合称总酸。其中绝大部分是游离酸，其作用有：

（1）激活胃蛋白酶原；

（2）使蛋白质膨大、变性，便于胃蛋白酶的消化；

（3）有一定杀菌作用；

（4）盐酸进入小肠，反射性地引起胰液、胆汁的分泌；

（5）使小肠的运动加强、加快。

4．黏液

胃的黏液覆盖于黏膜表面，有润滑作用，保护黏膜免受食物的机械损伤；同时，黏液还有中和、缓冲胃酸和防御胃蛋白酶的消化作用。

（三）小肠的消化

食物经胃消化后，变成流体或半流体的酸性食糜，逐渐进入小肠，开始小肠消化。食糜在小肠内受到胰液、胆汁和小肠液的化学性消化和小肠运动的机械性消化作用。大部分营养成分被分解成可被吸收和利用的状态。小肠内的消化在整个消化过程中具有极为重要的地位。

1．胰液的消化

1）胰液的组成

胰液是由外分泌腺分泌的，由胰管送入十二指肠。它为无色透明的碱性液体，pH 值为 7.2～8.4。它的渗透压与血浆渗透压相等。

胰液一昼夜的分泌量：马约为 7 L，牛为 6～7 L，猪为 7～10 L。

胰液除含水分和电解质外，还含有机物。电解质主要是高浓度的碳酸氢盐和氯化物。碳酸氢钠可部分中和来自胃的酸性食糜和维持适合胰酶消化作用的 pH 值。胰液中正离子（钠、钾、钙离子）浓度同血浆相等。有机物主要为蛋白质构成的消化酶。

胰液的消化酶含量丰富，包括胰蛋白分解酶、胰脂肪酶、胰淀粉酶和胰核酸分解酶等，大都是非活动状态的酶原。

2）胰酶的作用

（1）胰蛋白分解酶：主要包括胰蛋白酶、糜蛋白酶和羧肽酶等。从胰腺分泌出来的胰蛋白酶原经自动催化或经肠激酶作用转变为有活性的胰蛋白酶，糜蛋白酶原和羧肽酶原都被胰蛋白酶激活。胰蛋白酶对天然蛋白质作用较小，但是对经胃液消化而变性的蛋白作用迅速。胰蛋白酶与糜蛋白酶共同作用，水解蛋白质为多肽，而羧肽酶则降解多肽为肽和氨基酸。

（2）胰脂肪酶：为胃肠道消化脂肪的主要酶，在胆盐的共同作用下，能将脂肪主要分解为脂肪酸和甘油一酯，胰脂肪酶的活性还能被钙离子、多肽、肽所加强。

（3）胰淀粉酶：分泌出来时在氯离子和其他无机离子存在下，就具有活性，能分解一切淀粉和糖原，产生糊精和麦芽糖。

胰液内还有麦芽糖酶、蔗糖酶、乳糖酶等双糖酶，将双糖进一步分解为单糖。

核酸酶包括核糖核酸酶和脱氧核糖核酸酶，降解核糖核酸和脱氧核糖核酸至单核苷酸。

2．胆汁的消化

胆汁在肝内生成。胆汁的生成不仅是作为消化液分泌，而且是排泄某些物质（血红蛋白分解产物）的过程。平时分泌的胆汁由肝管经胆管流入十二指肠，或储存在胆囊中，在消化期间从胆囊反射性排出。分泌量：马、牛为 6 L，猪为 1.7～2 L。

马、骆驼等家畜没有胆囊，胆囊的机能在某种程度上由粗大的胆管来代替。

1）胆汁的性状与成分

胆汁为具有强烈苦味、带有黏性的酸性或微碱性液体（pH＝5.9～7.8）。刚从肝脏分泌出来的胆汁称为肝胆汁，肝胆汁在胆囊内储存后，其中的部分水分和某些溶解物被胆囊壁吸收，同时胆囊还分泌黏液混入，称为胆囊胆汁。

草食动物的胆汁呈暗绿色，肉食动物的胆汁呈红褐色，猪的胆汁呈橙黄色。胆汁的颜色随其所含的胆色素的种类和含量而改变。胆色素包括胆红素和其氧化产物胆绿素，它们都是红细胞被破坏后血红蛋白分解的产物。

胆汁的组成中有胆色素、胆酸、胆固醇、卵磷脂及其他磷脂、脂肪和矿物质。胆酸包括甘氨胆酸和牛黄胆酸，它们以钠盐和钾盐的形式存在于胆汁内。

2）胆汁的消化作用

（1）胆盐是脂肪酶的辅酶，增强胰脂肪酶的活性。

（2）降低脂肪滴的表面张力，增加酶与脂肪的接触面，有利于消化脂肪。

（3）胆酸盐与脂肪酸结合形成水溶性复合物，促进脂肪酸的吸收。

（4）促进脂溶性维生素（维生素 A、维生素 D、维生素 E、维生素 K）的吸收。

（5）胆汁可中和一部分进入小肠的酸性食糜。

（6）刺激小肠运动。

3．小肠液

各种家畜的小肠都有肠腺和十二指肠腺。肠腺普遍分布在大、小肠的黏膜中，十二指肠腺只存在十二指肠的黏膜层中。其结构和分泌的成分都与胃的幽门腺相类似。整个肠管的黏膜层上皮还分布着能够分泌黏液的杯状细胞，以及许多淋巴结和淋巴组织。黏膜

分泌混合性分泌物。

(1) 小肠液性状：纯净的小肠液为无色或灰黄色的混浊液。呈弱碱性反应(pH＝8.2～8.7)，其中含有黏液和悬浮颗粒。这些颗粒是由黏膜脱落的上皮、胆固醇结晶和其他物质所组成的。

(2) 小肠液中含有的酶及作用。

① 肠激酶：激活胰蛋白酶原。

② 肠肽酶：分解多肽成氨基酸。

③ 脂肪酶：把脂肪分解成甘油和脂肪酸。

④ 分解糖类的酶：肠液中的糖酶类有蔗糖酶(分解蔗糖为葡萄糖和果糖)、麦芽糖酶(分解麦芽糖为葡萄糖)和乳糖酶(分解乳糖为半乳糖和葡萄糖)，同时，肠液中也含有淀粉酶(分解淀粉为麦芽糖)。

⑤ 分解核蛋白酶类：主要有核酸酶、核苷酸酶和核苷酶。

(四) 大肠液的消化

大肠液是由大肠腺分泌的碱性黏稠液体，有保护肠黏膜和润滑粪便的作用。大肠液中含有的消化酶很少，大肠的消化主要由小肠来的酶继续完成。

四、生物学消化

生物学消化一般在瘤胃和大肠中进行。参与消化的微生物包括细菌、纤毛虫、真菌。

(一) 瘤胃内生物学消化

前胃不含有腺体，不含消化液和酶，主要在前胃起消化作用的是微生物。

通常瘤胃内容物含水量为84%～94%，内容物的上方积聚气体，内容物上层多为粗料，而下层为流体。

瘤胃内可消化饲料中70%～85%的可消化干物质和约50%的粗纤维，并产生挥发性脂肪酸(VFA)、CO_2、NH_3以及合成蛋白质和B族维生素。因此，瘤胃(包括网胃)消化在反刍动物的整个消化过程中占有特别重要的地位。

1. 瘤胃内微生物的生存条件

瘤胃可看做一个可连续接种的和高效率的活体发酵罐。它具有厌氧微生物生存并繁殖的良好条件。

(1) 食物和水分相对稳定地进入瘤胃，供给微生物繁殖所需的营养物质。

(2) 节律性瘤胃运动将内容物搅和，并使未消化的饲料和微生物均匀地排入后段消化道。

(3) 瘤胃内容物的渗透压维持于近血液的水平。

(4) 由于微生物的发酵作用，瘤胃内的温度通常高达39～41℃。

(5) pH值变动于5.5～7.5。饲料发酵产生大量酸类，为伴随唾液进入瘤胃的大量碳酸氢盐所中和。发酵产生的挥发性脂肪酸吸收入血，以及瘤胃食糜经常地排入后段消化道，使pH值维持于一定范围。

（6）内容物高度乏氧。瘤胃背囊通常含二氧化碳、甲烷及少量氮、氢、氧等气体。

2. 瘤胃微生物及其作用

瘤胃微生物主要为厌氧性纤毛虫、细菌和真菌，种类甚为复杂，并随饲料种类、饲喂方法及动物年龄等因素而变化。1 g瘤胃内容物中，含细菌150亿～250亿，纤毛虫60万～180万，总体积约占瘤胃液的3.6%，其中细菌和纤毛虫约各占一半。瘤胃内大量繁殖的微生物随食糜进入皱胃后，被消化液分解而解体，可为宿主动物提供大量优质的单细胞蛋白营养成分。

1）纤毛虫

瘤胃的纤毛虫分为全毛与贫毛两类，都严格厌氧，能发酵糖类产生乙酸、丁酸和乳酸、CO_2、H_2或少量丙酸。全毛虫主要分解淀粉等糖类，产生乳酸和少量挥发性脂肪酸，并合成支链淀粉储存于其体内。贫毛类有的也是以分解淀粉为主，有的能发酵果胶、半纤维素和纤维素。纤毛虫还具有水解脂类、氢化不饱和脂肪酸、降解蛋白质及吞噬细菌的能力。纤毛虫的上述消化代谢能力完全靠其体内有关酶类的作用。已经确定含有分解糖类的酶系（如 α-淀粉酶、蔗糖酶、呋喃果聚糖酶等）、蛋白分解酶类（如蛋白酶、脱氨基酶等）及纤维素分解酶类（半纤维素酶和纤维素酶）。由于纤毛虫具有分解多种营养物的能力，并有一些细菌在其体内共生，所以有"微型反刍动物"之称。

瘤胃纤毛虫如长期暴露于空气中或处于其他不良条件下，就不能生存。因此，幼畜主要通过与其他反刍动物直接接触获得天然的接种来源。如果用成年牛、羊的反刍食团喂幼畜进行人工接种，那么于生后3～6周瘤胃内就有纤毛虫繁殖。而在一般情况下，犊牛要到3～4月龄瘤胃内才建立起各种纤毛虫区系。

瘤胃内纤毛虫的数量和种类明显地受饲料的影响。当饲喂富含淀粉的日粮时，纤毛虫尤其是利用淀粉的纤毛虫（如内毛虫属）增多；而当喂富含纤维素的日粮时，则双毛虫（体内含有纤维素酶）明显增加。当pH值降至5.5或更低时，纤毛虫的活力降低，数量减少或完全消失，这种情况往往见于饲喂高水平淀粉（或糖类）的日粮。此外，饲喂日粮次数较多，则纤毛虫数量亦多。

纤毛虫蛋白质的消化率高达91%，超过细菌蛋白（74%），并含有丰富的赖氨酸等必需氨基酸，其营养品质优于细菌蛋白质。随食糜进入瘤胃后消化道的瘤胃纤毛虫，成为畜体蛋白质营养的重要来源之一。

2）细菌

瘤胃中最主要的微生物是细菌。瘤胃细菌不仅数量大，而且种类也多。除发酵糖类和分解乳酸的细菌区系外，主要有分解纤维素、分解蛋白质以及蛋白质合成和维生素合成等菌类。纤维素分解细菌约占瘤胃内活菌的1/4，包括厌气拟杆菌属、梭菌属和球虫属等，能分解纤维素、纤维二糖及果胶等，产生甲酸、乙酸、丁酸等。纤维素的分解活性与蛋白质合成之间有内在联系，曾分离出多种兼能利用尿素与分解纤维素的细菌区系。粗纤维饲料补加适量尿素，可使粗纤维的消化率显著提高。

在一些糖类发酵菌和产甲烷菌的协同作用下，纤维素最终分解产生乙酸、丙酸、丁酸、二氧化碳、甲烷等。产甲烷菌能利用其他细菌所产生的氢或甲酸，使二氧化碳还原为甲烷，而获得供生长的能量。

3）瘤胃厌氧真菌

直至 20 世纪 70 年代才证实瘤胃内生活着严格的厌氧真菌,它约占瘤胃微生物总量的 8%。真菌的孢子附着在饲料残片上,生长发育成菌丝体,然后长出孢子囊,孢子囊繁殖出大量活动的孢子。因此,瘤胃真菌的生活史包括孢子和菌丝体两期,一个生活周期约需 24 h。

绵羊瘤胃液约含游走孢子 4000 个/mL。瘤胃真菌含有纤维素酶、木聚糖酶、糖苷酶、半乳糖醛酸酶和蛋白酶等,对纤维素有强大的分解能力。喂含硫量大的饲草时,真菌的数量和消化力都增加。

4）共生

瘤胃内的微生物不仅与宿主(牛、羊)之间存在着共生关系,而且微生物之间彼此也存在相互制约的共生关系。纤毛虫能吞食和消化细菌与真菌孢子,提供纤毛虫营养和酶类。如果将瘤胃内纤毛虫消除,细菌和真菌数目虽然大量增加,但这时瘤胃内消化代谢过程仍维持于原来的水平。实验证明,纯培养的纤维素分解菌分解纤维的能力,远远不及多种纤维素分解菌和其他菌类的协同作用。瘤胃真菌与甲烷菌之间也存在密切的共生关系,两者混合培养时,纤维素降解率显著提高。

3. 瘤胃内的消化代谢过程

在瘤胃微生物作用下,饲料在瘤胃内发生一系列复杂的消化过程,分述如下。

1）糖类的分解和利用

饲料中的纤维素主要靠瘤胃微生物的纤维素分解酶作用,通过逐级分解,最终产生挥发性脂肪酸,主要是乙酸、丙酸、丁酸和少量较高级的脂肪酸。

牛瘤胃一昼夜所产生的挥发性脂肪酸,提供占机体所需能量的 60%～70%。瘤胃内挥发性脂肪酸含量为 90～150 mmol/L。在一般情况下,乙酸、丙酸、丁酸的比例大体为 70∶20∶10。

挥发性脂肪酸中的乙酸和丁酸是泌乳期反刍动物生成乳脂的主要原料,被乳牛瘤胃吸收的乙酸约有 40% 为乳腺所利用。

饲料中的淀粉和可溶性糖,也由微生物酶分解利用。瘤胃微生物分解淀粉、葡萄糖和其他糖类产生低级脂肪酸、二氧化碳和甲烷等,同时能利用饲料分解所产生的单糖和双糖合成糖原,并储存于其细胞内,当进入小肠后,微生物糖原再被动物所消化利用,成为反刍动物机体的葡萄糖来源之一。泌乳牛吸收入血液的葡萄糖约有 60% 被用来合成牛乳。

2）蛋白质的分解和合成

反刍动物能同时利用饲料的蛋白质和非蛋白质氮,构成微生物蛋白质以供机体利用。

瘤胃内蛋白质分解和氨的产生:进入瘤胃的饲料蛋白质,一般有 30%～50% 未被分解而排入后段消化道,其余 50%～70% 在瘤胃内被微生物蛋白酶分解为肽、氨基酸。氨基酸在微生物脱氨基酶作用下,很快脱去氨基而生成氨、二氧化碳和有机酸。因此,瘤胃液中游离的氨基酸很少。畜牧生产中将饲料蛋白质用甲醛溶液或加热法进行预处理后饲喂牛、羊,可以保护蛋白质,避免瘤胃微生物的分解,从而提高日粮蛋白质的利用效率。

饲料中的非蛋白质含氮物,如尿素、铵盐、酰胺等被微生物分解后也产生氨。一部分氨被微生物利用,另一部分则被瘤胃壁代谢和吸收,其余则进入瓣胃。瘤胃内氨的浓度是上述几方面平衡的结果,一般变动于每升瘤胃液 20～500 mg。

瘤胃内微生物对氨的利用:瘤胃微生物能直接利用氨基酸合成蛋白质,或先利用氨合成氨基酸后,再转变成微生物蛋白质。当利用氨合成氨基酸时,还需要碳链和能量。糖、挥发性脂肪酸等都是碳链的来源,而糖还是能量的主要供给者。在瘤胃合成微生物蛋白质的过程中,氮代谢和糖代谢是相互密切联系的。

3) 维生素的合成

瘤胃微生物能合成某些 B 族维生素(包括硫胺素、核黄素、生物素、吡哆醇、泛酸和维生素 B_{12})及维生素 K。在一般情况下,即使日粮中缺乏这类维生素,也不影响反刍动物的健康。

幼龄犊牛和羔羊,由于瘤胃还没有完全发育,微生物区系没有充分建立,有可能患 B 族维生素缺乏症。对于成年反刍家畜,当日粮中钴的含量不足时,由于缺钴,瘤胃微生物不能完全合成维生素 B_{12}(氰基钴维生素),于是动物出现食欲抑制,幼畜生长不良。

4. 气体的产生与嗳气

在微生物的强烈发酵过程中,不断地产生大量气体。牛一昼夜产生的气体中二氧化碳占 50%～70%,甲烷占 20%～45%,还含有少量氢、氧、氮和硫化氢等。日粮组成、饲喂时间及饲料加工调制会影响气体的产生量和组成。犊牛生后头几月,瘤胃气体以甲烷占优势,随着日粮中纤维素含量增加,二氧化碳量增多,到 6 月龄时达到成年牛的水平。正常动物瘤胃中二氧化碳量比甲烷量多,当臌气或饥饿时则甲烷量大大超过二氧化碳量。

二氧化碳主要来源于微生物发酵的终产物,其次为唾液及瘤胃壁透入的碳酸氢盐所释放。

甲烷是瘤胃内发酵的主要终产物,由二氧化碳还原或由甲酸产生。

这些气体约有 1/4 被吸收入血液后经肺排除,一部分为瘤胃内微生物所利用,其余靠嗳气排出。

嗳气是一种反射动作,反射中枢位于延髓,由增多的瘤胃气体刺激瘤胃的感受器所引起。嗳气时瘤胃后背盲囊开始收缩(第二次收缩,即 B 波),由后向前推进,压迫气体移向瘤胃前庭。贲门也随着舒张,于是气体被驱入食管,整段食管几乎同时收缩,这时由于鼻咽括约肌闭合,一部分嗳气经过开张的声门裂进入呼吸系统,并通过肺毛细血管吸收入血。另一部分嗳气经口腔逸出。牛嗳气平均为 17～20 次/h。

牛、羊初春放牧,常因哨食大量幼嫩青草而发生瘤胃臌气。其机理可能是幼嫩青草迅速由前胃转入皱胃及肠内,刺激这些部位的感受器,反射性抑制前胃的运动。同时,由于瘤胃内饲料急剧发酵产生大量气体,不能及时排除,于是形成急性臌气。

(二)大肠内微生物消化作用

1. 草食动物

草食动物的大肠消化甚为重要,尤其是马属和兔等单胃动物,大肠的容积庞大,具有与反刍动物瘤胃相似的作用。

大肠的内容物中,还有不少未被消化的营养物质,在微生物和小肠消化酶的作用下,被继续分解。例如,在马的盲肠和结肠内,食糜滞留达 12 h,可消化食糜中的纤维素 40%

～50％，蛋白质39％，糖24％。反刍动物的盲肠和结肠内进行发酵作用，能消化饲料中纤维素15％～20％。纤维素经发酵后产生大量挥发性脂肪酸和气体（CO_2、甲烷、氮及少量氢），挥发性脂肪酸可被机体吸收利用。

大肠微生物能分解蛋白质、氨基酸和尿素产生大量氨，氨被吸收后在体内生成尿素，再从血液扩散进入肠内。尿素和氨可被大肠微生物用来合成蛋白质，因此，大肠可能对氮的利用有重要作用。但单胃家畜能否像反刍家畜一样可充分利用微生物蛋白质，尚存在疑问，因为在大肠内微生物蛋白质可能来不及被充分消化、吸收就随粪便排出体外。此外，大肠微生物还能合成B族维生素和维生素K。兔有吞食自己排出软粪的习性，这样可以减少营养成分的损失。

2. 杂食动物

猪可作为杂食动物消化特点的代表。猪在植物性饲料条件下，大肠内的消化过程与草食动物相似，即微生物的消化作用占主要的位置。盲肠内容物中含有细菌1亿～10亿，以乳酸杆菌和链球菌占优势，还有大量大肠杆菌和少量其他类型细菌。

猪对饲料中粗纤维的消化，几乎完全靠大肠内纤维素分解菌的作用，不过纤维素分解菌必须与其他细菌处于共生条件下，才能更有效地发挥作用。纤维素及其他糖类被细菌分解产生有机酸（乳酸和低级脂肪酸）。大肠食糜的低级脂肪酸接近瘤胃内水平，被肠壁吸收入血后，可提供机体所需能量的25％左右。

猪大肠内的细菌能分解蛋白质、多种氨基酸及尿素，产生氨、胺类及有机酸，还能合成B族维生素和高分子脂肪酸。

五、吸收

在消化道的不同部位，对食物的吸收情况不同，这与消化道黏膜的结构特点、食物消化的完善程度，以及在消化道停留的时间密切相关。例如，食物在口腔及食管内基本不被吸收，胃只能吸收酒精和少量水分，大肠主要吸收水分和无机盐，小肠则是吸收的主要部位。

（一）吸收的部位

在消化道的不同部位，吸收的效率是不相同的。这种差别主要取决于消化道各部位的组织结构，以及食物在该处的成分和停留的时间。

食物在口腔和食管内实际上并不吸收。胃的吸收也非常有限，一般只能吸收少量水分和无机盐类。反刍动物的前胃可以吸收大量低级脂肪酸和氨。非反刍动物的胃内容物（如蛋白质、脂肪和糖）的分解还很不完全，不易被吸收。小肠是家畜吸收营养成分的主要部位。至于大肠，在肉食动物主要是吸收水分和盐类，吸收有机营养成分的作用很有限。但在草食动物和猪的盲肠及结肠中，仍继续进行强烈的消化作用，吸收所消化的营养物质。

小肠黏膜善于吸收养分，与其结构有关。小肠黏膜表面发生皱褶，并密集簇生有无数突起物——绒毛，因而大幅度地扩大了吸收面积。绒毛在十二指肠及空肠最密，在回肠数目逐渐减少。

养分进入绒毛后,由淋巴及血液两路进入体循环。绒毛的中央乳糜管通到黏膜下层处,与淋巴管汇合。淋巴管丛具有众多的活瓣,淋巴只能单向流入大淋巴管,而不能逆流,于是养分由肠壁流入肠系膜的乳糜管,经淋巴管入乳糜池,然后经胸导管流入腔静脉。

肠黏膜下的毛细血管(包括绒毛中的),渐次汇合成小静脉及静脉,然后流入门静脉内。门静脉血液入肝后,与来自肝动脉的血液混合,再由肝静脉将肝内血液输入后腔静脉,极大部分的蛋白质、糖类及无机盐消化后都经这条途径吸收。

(二) 吸收的机制

营养成分在胃肠道内吸收的机理,大致可分为被动转运过程和主动转运过程。

1. 被动转运过程

被动转运过程主要包括滤过、扩散、渗透等作用。滤过作用有赖于薄膜两侧的流体压力差,胃肠黏膜的上皮细胞可看做滤过器,如果胃肠腔内的压力超过毛细血管,水分或其他物质就可以滤入血液。

扩散作用也是物质透过薄膜的一个重要因素。如果薄膜两侧的流体压力相等,而溶质的浓度不同,那么溶质的分子也可以从浓度高的一侧扩散到浓度低的一侧。例如,对某些水溶性维生素及某些糖类的吸收,扩散起显著的作用。

渗透可看做特殊情况下的扩散。如果薄膜是一层半透膜,水分和一部分溶质易于透过,而其他一部分溶质则很难透过,那么半透膜两侧就产生不相等的渗透压,渗透压较高的一侧将从另一侧吸引一部分水过来,以求达到渗透压平衡。

2. 主动转运过程

胃肠黏膜上皮对各种营养成分的吸收具有明显的选择性。例如,己糖的分子虽然比戊糖的大,但它的吸收速度反而比戊糖快。又如相对分子质量相同的各种己糖,吸收速度也不相同,葡萄糖和半乳糖吸收很快,而果糖吸收很慢。如果用某种物质(如根皮苷、一磺醋酸)使肠黏膜上皮中毒,则肠的选择性吸收现象消失,这时吸收就只按单纯的理化过程(滤过、扩散、渗透)被动转运。

主动吸收过程主要靠上皮细胞的代谢活动,是一种需要消耗能量的、逆电化学梯度的吸收过程。营养物质的主动吸收需要有细胞膜上载体的协助。营养物质转运时,先在细胞膜同载体结合成复合物,复合物通过细胞膜转运入上皮细胞后,营养物质与载体分离而释放入细胞中,而载体又转回到细胞膜的外表面。这样往返循环以主动吸收各种营养物质。载体系统有特异性,它表现为细胞膜上存在着几种不同的载体系统,每一系统只运载某些特定的营养物质。载体在转运营养物质时,须有酶的催化和供给能量,能量来自三磷酸腺苷的分解,即主要依靠膜上的各种离子泵,如 Na^+、K^+、ATP 酶。

营养成分的吸收和绒毛运动分别受神经及化学因素的调节。迷走神经兴奋会促进各种营养成分的吸收,而交感神经则起抑制作用。绒毛的运动部分地受肠壁黏膜下神经丛的控制,食糜的机械刺激和化学刺激都能兴奋神经丛引起绒毛运动。绒毛运动也受体液因素的调节,十二指肠黏膜存在一种叫做缩肠绒毛素的激素,受食糜内盐酸作用致活后,通过血液循环可刺激绒毛运动。

（三）几种主要营养物质的吸收

1. 糖的吸收

食物中的糖类主要是淀粉,淀粉必须分解为单糖才能被吸收。小肠内的单糖主要是葡萄糖,而半乳糖和果糖很少。其吸收方式是通过小肠黏膜上皮细胞的载体蛋白转运,载体蛋白在转运单糖时需要 Na^+ 泵提供能量,主要通过毛细血管进入血液。

2. 蛋白质的吸收

蛋白质必须分解为氨基酸后才能被吸收。其机制与单糖吸收相似,也需要 Na^+ 泵提供能量。氨基酸的吸收几乎完全通过毛细血管进入血液。

3. 脂肪的吸收

脂肪(甘油三酯)在小肠内被消化为甘油、脂肪酸和甘油一酯。当脂肪酸和甘油一酯进入小肠上皮细胞后,其中的中、短链脂肪酸和甘油一酯溶于水,可直接经毛细血管进入血液,而长链脂肪酸和甘油一酯在小肠黏膜上皮细胞内又重新合成为甘油三酯,并与细胞中的载脂蛋白合成乳糜微粒,乳糜微粒经毛细淋巴管入血液。由于人体摄入的动、植物油中含长链脂肪酸较多,故脂肪分解产物的吸收途径以淋巴为主。

4. 胆固醇的吸收

肠道中的胆固醇来自食物和胆汁。其吸收过程和吸收途径与长链脂肪酸相同。胆固醇的吸收受多种因素影响,食物中的脂肪和脂肪酸可提高胆固醇的吸收,而各种植物固醇以及食物中不能被利用的纤维素、果胶、琼脂等则减少其吸收。

5. 水、无机盐和维生素的吸收

一般来说,水、无机盐和维生素不经消化可被小肠直接吸收入血,小肠不仅吸收来自食物中的水和无机盐,而且吸收消化液中所含的水和无机盐。严重腹泻呕吐时,会使消化液大量丢失,导致体内水和电解质平衡紊乱,破坏内环境相对稳定,甚至危及生命。水的吸收主要依靠渗透作用,各种溶质,特别是 Na^+ 吸收所产生的渗透梯度,是水分吸收的主要动力。无机盐呈溶解状态才能被吸收,其中多数是主动吸收。一般认为,水溶性维生素以扩散方式被吸收。最近的实验发现,水溶性维生素的吸收机制有特异性主动转运(或载体介导的易化扩散)和非特异性的被动扩散两种,在生理浓度时,前一种机制起主要作用。脂溶性维生素的吸收可能是简单的扩散,吸收维生素 K、维生素 D 和胡萝卜素(维生素 A 的前身)时需胆盐存在。

六、消化管活动的调节

（一）神经调节

消化器官除口腔、食管上段及肛门外括约肌外,都受交感神经和副交感神经的双重支配。此外,从食管中段至肛门的大部分消化管壁内还存在壁内神经丛。

支配消化器官的副交感神经主要来自迷走神经,但支配远端结肠和直肠的副交感神经是盆神经,唾液腺受面神经和舌咽神经的副交感纤维支配。副交感神经兴奋时,其末梢释放乙酰胆碱,能促进胃肠运动,使其紧张性增强,蠕动加强加快,括约肌舒张,加快胃肠道内容物的推进速度;能使消化腺的分泌增加,如引起唾液、胃液、胰液和胆汁的分泌;还可使胆囊收缩,奥迪括约肌舒张,胆汁排出量增加。副交感神经末梢释放的乙酰胆碱是通过与效应器细胞膜上的 M 受体结合而产生作用的。支配消化器官的交感神经起源于胸第 5 到腰第 3 节段,在腹腔神经节和肠系膜上、下神经节换元后,节后纤维组成神经丛,随血管分布到胃肠各部分。交感神经兴奋时,其末梢释放去甲肾上腺素,与效应器细胞膜上相应受体结合后,能抑制胃肠运动,使其紧张性降低,蠕动减弱或停止,括约肌收缩,减慢胃肠内容物的推进速度;消化腺分泌减少;还可抑制胆囊的运动,奥迪括约肌收缩,减少胆汁排出量。壁内神经丛也称内在神经丛,包括肌间神经丛和黏膜下神经丛。它们由许多互相形成突触联系的神经节细胞和神经纤维组成,有的神经元与平滑肌和腺体发生联系,有的与胃肠壁的机械或化学感受器发生联系,构成一个完整的局部神经反射系统。食物对消化管壁的机械或化学刺激,可不通过中枢神经而仅通过壁内神经丛,引起消化道运动和腺体分泌,称为局部反射。壁内神经丛还接受副交感神经和交感神经的联系。正常情况下,自主神经对壁内神经丛具有调节作用。当切断自主神经后,这种局部反射仍然存在。

(二)消化器官活动的反射性调节

调节消化器官活动的神经中枢存在于延髓、下丘脑和大脑皮质等处。

1. 非条件反射

食物刺激口腔黏膜的感受器时,能反射性地引起唾液分泌;食物对胃肠的刺激,可反射性地引起胃肠的运动和分泌。此外,上段消化器官的活动可影响下段器官的活动。例如,食物在口腔内咀嚼和吞咽时,可反射性地引起胃的容受性舒张以及胃液、胰液和胆汁的分泌。下段消化器官的活动也可影响上段器官的活动。如前述,当酸性食糜排入十二指肠后,通过神经和体液机制抑制胃排空,使胃排空的速度能适应食物在小肠内消化和吸收的速度。以上都属于非条件反射,通过这些反射,消化器官各部分的活动相互影响,密切配合,更好地完成消化功能。

2. 条件反射

在进食前或进食时,食物的形状、颜色、气味,以及进食环境和有关的语言、文字,都能反射性地引起胃肠运动和消化腺分泌的改变,这些则属于条件反射。条件反射使消化器官的活动更加协调,并为食物的消化作好充分准备。

(三)体液调节

调节消化器官活动的体液因素,有胃肠激素和组胺等。由分散存在于胃肠黏膜层内的多种内分泌细胞分泌的肽类激素,称为胃肠激素。目前已发现的有 30 余种,其中最主要的有促胃液素、缩胆囊素、促胰液素、糖依赖性胰岛素释放肽等 4 种。胃肠激素的生理作用非常广泛,主要有以下三个方面:①调节消化腺的分泌和消化道的运动;②调节其他激素的释放(如刺激胰岛素分泌);③刺激消化道组织的代谢和生长。

(四)粪便的形成与排粪

食物残渣在大肠内停留一段时间之后,其中的绝大部分水被大肠黏膜吸收,其余部分经细菌的发酵和腐败作用后,即形成粪便。

排便是一种反射动作。平时直肠内没有粪便,当肠的蠕动将粪便推入直肠后,直肠内压升高,刺激直肠壁内的感受器,传入冲动沿盆神经和腹下神经传至脊髓腰骶段的初级排便中枢,经脊髓上传至大脑皮质,产生便意。大脑皮质在一定程度上可控制排便活动,如果条件许可,即可发生排便反射,初级排便中枢通过盆神经发放冲动,使降结肠、乙状结肠和直肠收缩,肛门内括约肌舒张,同时抑制阴部神经使其传出冲动减少,肛门外括约肌舒张,将粪便排出体外。此外,膈肌和腹肌收缩,可增加腹内压,协助排便。

 ## 总结与复习

动物的消化系统由消化管和消化腺两部分组成,猪、马、牛、羊的消化系统的各个部分都有其独特的地方,尤其是它们的胃肠道存在着较大的差异,所以导致了其消化生理部分也不尽相同。因此,必须先掌握动物消化系统的形态结构及机能的异同点,再在此基础上掌握它们是如何将食物消化完全的。

 ## 复习题

1. 简述动物消化系统的组成。
2. 简述舌的形态和机能以及齿的种类和构造。
3. 简述猪、马、牛、羊的胃的区别,并叙述其位置。
4. 简述猪、马、牛、羊的大肠的区别。
5. 小肠壁的组织结构是怎样的?
6. 比较胃、小肠和大肠的运动形式。
7. 说出唾液、盐酸和胆汁的作用。
8. 说出马和牛的生物学消化部位。

单元五　呼吸系统

知识目标

了解呼吸系统的形态结构特点,掌握呼吸系统的器官组成、位置及主要的组织学结构。了解呼吸的生理学意义;掌握肺通气、肺和组织换气、气体在血液中运输。

素质目标

掌握动物呼吸系统的基本结构以及动物是如何进行呼吸的,能够对患病动物的发病部位进行简单的判断。经过对知识的理解和运用,充分理解一些基本诊疗步骤的作用,养成规范的操作习惯。

能力目标

能准确说出动物呼吸器官的组成;能完整复述动物鼻道的划分和喉软骨的分类以及肺的构造,能够通过对动物的观察得知动物的患病部位。

呼吸系统包括鼻、咽、喉、气管、支气管及胸膜等辅助装置。鼻、咽、喉、气管、支气管称为呼吸道,是由骨、软骨构成的开放性的管腔,保证气体通过时自由通畅。肺是气体交换的器官,主要由肺泡构成。呼吸系统与循环系统有着密切的联系,由呼吸系统吸进来的氧,进入血液,通过循环系统运送到全身各个器官的组织和细胞,经过氧化,产生各种生命活动所需要的能量和代谢产物二氧化碳等。二氧化碳也是经循环系统被运送到肺,再经过呼吸道呼出体外,周而复始,来维持动物体正常的生命活动。

第一节　呼吸系统

一、鼻

鼻包括鼻腔和鼻旁窦。

(一)鼻腔

鼻腔(图 1-5-1)是呼吸道的起始部,也是嗅觉器官,呈长筒状。鼻腔被鼻中隔分成两半,前方是两个鼻孔,与外界相通,鼻孔外侧称为鼻翼。内有软骨作支架。鼻腔向后两个鼻后孔与咽相通。

鼻腔以鼻骨、额骨、颌前骨、上颌骨、腭骨和上、下鼻甲骨为支架,内表面衬有黏膜,为假复层柱状纤毛上皮。黏膜内有腺体,经常分泌浆液湿润鼻腔。鼻腔可分为鼻孔、鼻前庭和固有鼻腔三部分。

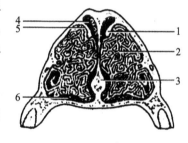

图 1-5-1　鼻腔

1.上鼻甲;2.下鼻甲;3.鼻中隔;
4.上鼻道;5.中鼻道;6.下鼻道

1. 鼻孔

鼻孔为鼻腔的入口,由内、外侧鼻翼围成。鼻翼由鼻翼软骨、肌肉和皮肤组成,有一定的弹性和活动性。

马的鼻孔大,呈逗点状,鼻翼灵活。两侧鼻翼软骨彼此以凸缘相连形成"×"状,附着于鼻中隔软骨的前端。

牛的鼻孔小,两侧鼻孔之间距离较大,鼻孔之间的皮肤形成鼻唇镜。鼻翼软骨呈长方形,伸向外下方,构成鼻孔外缘的基础。

猪的鼻孔小,呈圆形,位于吻突的前面。在鼻翼软骨上具有吻骨。

2. 鼻前庭

鼻前庭为鼻腔前部衬覆着皮肤的部分,相当于鼻翼围成的腔隙,上皮为复层扁平上皮,固有膜内有淋巴组织和浆液性腺体。

马鼻前庭背侧皮下有一盲囊,向后达鼻颌切迹,称为鼻憩室或鼻盲囊。囊内皮肤生有细毛,富有皮肤腺。在鼻前庭的外侧,靠近鼻黏膜的皮肤上有鼻泪管口。

牛的鼻前庭处无鼻憩室,鼻泪管口位于鼻前庭的侧壁上,由于被下鼻甲前部所覆盖,不容易见到。

猪的鼻前庭无鼻憩室,鼻泪管口位于下鼻道的后部、下鼻甲的外侧。

3. 固有鼻腔

固有鼻腔为鼻腔后部附有黏膜的部分，占据鼻腔的大部分。以鼻中隔分为左、右两个鼻腔。

1）鼻道

每个鼻腔均被上、下鼻甲（由鼻甲骨和黏膜构成）分为上、中、下三个鼻道。上鼻道较窄，为上鼻甲与鼻腔背侧壁之间的腔隙，其后部主要为嗅区。中鼻道为上、下鼻甲之间的腔隙，通鼻旁窦。下鼻道为下鼻甲与鼻腔底壁之间的腔隙，最宽大，直接经鼻后孔通咽，是气体的通道。上、下鼻道与鼻中隔之间的间隙称为总鼻道。总鼻道将上、中、下三个鼻道连接起来。

2）黏膜

固有鼻腔表面衬以黏膜，由于机能不同，分为呼吸区和嗅区。

（1）呼吸区：位于鼻前庭和嗅区之间，占鼻黏膜的大部，呈粉红色，由黏膜上皮和固有膜组成。

黏膜上皮为假复层柱状纤毛上皮，其中夹有大量的杯状细胞。上皮纤毛的摆动，有帮助排除黏液和吸入的灰尘等作用。

固有膜由结缔组织构成，紧贴于骨膜或软骨膜上，无黏膜下层，因而不易移动。固有膜内有丰富的血管和腺体等。因此，与空气接触时，不仅能调节空气的温度和湿度，而且能黏着其中的灰尘和细菌等异物，起着保护的作用。

（2）嗅区：位于呼吸区之后，其黏膜颜色随动物种类不同而异。

① 黏膜上皮：为假复层柱状上皮，由三种细胞组成。

a. 嗅细胞：为双极神经细胞，具有嗅觉作用。其树突伸向上皮表面，末端形成许多嗅毛，轴突则向上皮深部伸延，在固有膜内集合成许多小束，然后穿过筛孔进入颅腔，与嗅球相连。

b. 支持细胞：为数较多，呈高柱状，细胞质内常含有黄色素颗粒。细胞的基底部比较尖细，往往呈分支状态，起支持和营养嗅细胞的作用。

c. 基细胞：位于上皮基部，呈锥状或椭圆形，其分支围绕在支持细胞的基底部，有支持和增生补充其他上皮细胞的作用。

② 固有膜：由结缔组织构成，内含嗅腺，其分泌物有溶解化学物质，引起嗅觉刺激的作用。

（二）鼻旁窦

鼻旁窦又称副鼻窦，为在一些头骨的内、外骨板之间的腔洞，可增加头骨的体积而不增加其重量，并对眼球和脑起保护、隔热的作用，因其直接或间接与鼻腔相通，故称为鼻旁窦。腔的内表面衬以黏膜，与鼻黏膜相延续。鼻黏膜发炎时，可波及鼻旁窦，引起炎症。家畜的鼻旁窦包括上颌窦、额窦、蝶腭窦（马）和筛窦。窦具有减轻头骨重量、使吸入的空气变温暖和湿润及对发声起共鸣等作用。

二、咽

见消化系统相关内容。

三、喉

喉是保证气体通过的重要器官，又是发声器。它位于下颌间隙后部、头颈交界处的腹侧、咽与气管之间。以软骨为支架，由肌肉和韧带将软骨连接起来，组成喉腔。喉腔内表面衬以喉黏膜。喉的前端以喉口与咽腔相通，后部与气管相连。

（一）喉软骨

喉软骨构成喉的支架，家畜一般共有四种五块软骨（犬多一块楔形软骨）。

（1）会厌软骨：位于喉的前部，呈叶片状，尖端向舌根翻转，表面被覆黏膜，合称会厌，活动性大。在吞咽的时候，会厌翻转盖住喉口，以防止误咽。马的会厌软骨呈柄树叶状；牛的会厌软骨呈椭圆状；猪的会厌软骨较短而宽，游离缘朝向舌根。

（2）环状软骨：位于甲状软骨之后，呈环状，由弓和背侧板构成。前端以结缔组织与甲状软骨相连，后缘与气管相连，构成喉与气管连接的基础。

（3）甲状软骨：构成喉侧壁和底壁，是四种喉软骨中最大的一块，分为甲状软骨板和甲状软骨体。软骨体的后缘有甲状切迹，公畜甲状软骨体的腹侧面有一突起，称为喉结节，为第二性征。

（4）杓状软骨：两块，呈角锥体状，两块连在一起，位于环状软骨的后上方、甲状软骨的背内侧、喉的上方，为向后上方弯曲的角状，称为小角状软骨。杓状软骨上部较厚，下部变薄形成声带突，供声带附着。

喉软骨彼此借关节、韧带连接并围成喉腔。

（二）喉腔

1．喉口

喉腔的前口称为喉口，由会厌软骨和杓状软骨围成，是喉腔与咽腔相通的孔道，喉腔的后部与气管相通。喉腔的内面衬有喉黏膜。

2．声带唇

喉腔中部的侧壁各有一条上下伸延的黏膜褶，为杓状软骨至甲状软骨间的韧带，称为声带，是发声器官，外被覆黏膜形成声带唇。

3．声门裂

两声带唇之间形成的裂隙称为声门裂，声带唇和声门裂共同构成声门，空气通过时发出声响。

整个喉腔被声门裂分为前、后两个腔隙，前面的腔隙称为喉前庭，在喉前庭的两侧壁上各有一个凹陷，称为喉侧室。在喉侧室的前缘有一黏膜褶，称为室褶。在室褶的后方有一孔，喉黏膜由此外折，形成喉小囊。被覆于喉前庭的黏膜上皮为复层扁平上皮。声门裂以后部分的喉腔称为喉后腔，其黏膜上皮为假复层柱状纤毛上皮。

（三）喉肌

在喉的表面被覆有横纹肌构成的喉肌，一部分喉肌可以牵引喉前后移动，另一部分喉肌是喉的固有肌，可使喉腔扩大或缩小。

（四）牛、马、猪的喉

（1）牛：无喉小囊，整个喉比较短，会厌和声带也比较短，声门裂宽大。

（2）马：较长，会厌比较发达。

（3）猪：较长，声门裂狭窄。

四、气管和支气管

（一）气管

1. 形状

气管（图 1-5-2）呈圆管状，由一连串 U 形的软骨环连接而成，不易被压扁，总是处于开张状态，利于气体流通。

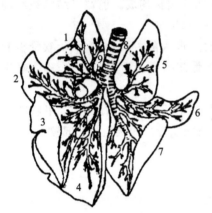

图 1-5-2　气管、支气管和肺叶的轮廓

1～4. 右肺叶；5～7. 左肺叶；

8. 气管；9. 动脉上支气管

气管前端与喉相连，后端在心基的上方分为左、右支气管，经过左、右肺的肺门进入左、右肺。气管在颈部位于颈椎的腹侧，前部的背侧与食管相邻，后部的背侧与颈长肌相连。器官的腹侧与胸头肌及胸骨甲状舌骨肌相邻。经胸前口进入胸腔以后，沿纵隔向后方伸延。

2. 结构

气管壁由黏膜、黏膜下层和外膜组成。

1）黏膜

（1）上皮：为假复层柱状纤毛上皮，其中夹有许多杯状细胞。基膜相当清晰。

（2）固有膜：由疏松结缔组织构成，其中弹性纤维较多，深部纤维大都呈纵行排列。在固有膜内还有弥散的淋巴组织和淋巴小结。

2）黏膜下层

黏膜下层由疏松结缔组织构成，与固有膜无明显界限。其中有丰富的血管、神经、脂肪细胞和气管腺。气管腺为混合腺，导管穿过固有膜，开口于黏膜表面。

3）外膜

外膜是气管的支架，由透明软骨环和结缔组织组成。软骨环呈 U 形，缺口朝向背侧，缺口之间由弹性纤维膜连接，膜内有平滑肌纤维束，可使气管适度舒缩。相邻软骨环借环韧带相连，可使气管适度延长。在气管软骨外面包有结缔组织，内有血管、神经和脂肪组织。

3. 牛、马、猪的气管

（1）牛：较短，约有 50 个气管环。气管环的高度大于宽度，而且气管环的背侧开口端都向背侧伸延，因此在气管背侧形成一个明显的、前后纵走的薄嵴。在胸腔内第 5 肋骨平位处分为左、右支气管，并在第 3 肋骨处向右肺的尖叶分出一尖叶支气管。

（2）马：气管长约 1 m，气管环约 60 个。气管环的背侧端不闭合，一端被覆着另一端。

气管环的宽度大于高度。

（3）猪：气管呈圆筒状，由 32～35 个气管环构成。气管在分左、右支气管之前，向右肺尖叶分出一尖叶支气管。

（二）支气管

支气管在气管的末端与心的背侧，向左侧和右侧分为两支气管，分别进入左肺和右肺。支气管的构造基本与气管相同。

五、肺

肺是气体交换的场所，是呼吸系统执行机能的器官。

（一）肺的形态和位置

1. 位置

肺位于胸腔，纵隔两侧，左、右各一，两叶之间有心、大血管食管等。右肺比左肺略大。

2. 颜色

健康肺为粉红色，呈海绵状，质地软而轻，富有弹性。

3. 形态

每叶肺都具有三个面和三个缘。三个面中，肺的外侧面称为肋面，肋面凸，表面具有肋的压迹；后面与膈相贴，称为膈面，膈面凹；与纵隔相接触一面，称为纵隔面，纵隔面较平，在纵隔面的前部有心压迹及食管和大血管的压迹。在心压迹的后上方有肺门，为支气管、血管和神经等的出入处。在肺门附近，支气管、肺的血管和神经并行，还被结缔组织包裹在一起，称为肺根。

肺的三个缘包括背缘、腹缘和底缘。肺的背缘钝而圆，位于肺沟中；腹缘薄而锐，位于胸外侧壁和胸纵隔间的沟中，在腹侧缘有心切迹，左肺心切迹较大，体表投影位于第 3～6 肋间；右肺的心切迹小，位于第 3～4 肋间。底缘位于胸外侧壁和膈之间的沟中。

左肺可以分为三叶：心切迹前面的小叶为尖叶；心切迹后面的大部分为膈叶；尖叶与膈叶之间与心相邻的肺叶为心叶。心叶以两个明显的切迹与尖叶和膈叶分开。右肺的分叶与左肺基本相似，只是在膈叶的内侧有一个小的副叶。

4. 牛、马、猪的肺

（1）牛：牛肺分叶明显，尖叶可分为前、后两个叶。肺小叶清楚，肺底缘的体表投影为一曲线，它起于第 12 肋骨上端，止于第 4 肋间隙下部。

（2）马：马肺分叶不明显，在心切迹以前的部分称为前叶（又称尖叶），以后的部分是心叶与膈叶长在一起，称为后叶（又称心膈叶）。右肺在心膈叶的内侧有一小的副叶。马肺底缘呈弧形，反映在体表上的投影，是以下列三个点连成的曲线为界线。这三个点是：髋结节的水平线与第 16 肋骨的交叉点；坐骨结节的水平线与第 14 肋骨的交叉点；肩关节的水平线与第 10 肋骨的交叉点。这条曲线的上端起于第 17 肋骨上端，通过这三个交叉点向前下方伸延，止于第 5 肋间隙下方。

（3）猪：猪肺肺叶间切迹明显，分叶清楚。尖叶可分为前、后两个叶。小叶间结缔组织发达，肺小叶明显。猪肺底缘反映在体表，也是一条曲线，起于后数第 4 肋骨上端，向前

下方伸延,止于第5肋间隙下部。

(二) 肺的组织构造

1. 被膜

肺表面被覆一层浆膜(即胸膜脏层),又称肺胸膜,浆膜由薄层疏松结缔组织和覆盖在表面的一层间皮所组成,光滑湿润,可减小呼吸时的摩擦力。在浆膜深面的结缔组织内,含有丰富的弹性纤维。结缔组织伸入肺内,构成肺的间质,其中有血管、淋巴管和神经等。浆膜下的结缔组织伸入实质中,分成许多肺小叶。肺小叶呈多面锥形,锥底朝向肺的表面,锥顶对向肺门。叶间结缔组织随动物种类不同,其发达程度也不同,马的肺小叶间结缔组织较少,故肺小叶不明显,而牛、羊和猪的小叶间结缔组织发达,肺小叶明显。

2. 肺实质

肺的实质由肺内各级支气管和无数肺泡组成。支气管由肺门进入肺内,反复分支,形成树枝状,称为支气管树。支气管分支再分支,统称为小支气管。小支气管分支到管径在1 mm以下时,称为细支气管。细支气管再分支,管径到0.35~0.5 mm时,称为终末细支气管。终末细支气管继续分支为呼吸性细支气管,管壁上出现散在的肺泡,开始有呼吸功能。呼吸性细支气管再分支为肺泡管,肺泡管再分为肺泡囊。肺泡管和肺泡囊的壁上有更多的肺泡。

每一细支气管分支所属的肺组织组成肺小叶(即次级肺小叶)。肺小叶呈大小不等的多面锥形,锥顶朝向肺门,顶端的中心为细支气管,锥底向着肺表面,周围有薄层结缔组织与其他肺小叶分隔,界限一般清晰可辨。临床上小叶性肺炎就是指肺小叶的病变。每一肺小叶包括若干个肺细叶(即初级肺小叶)。肺细叶是肺的功能单位,由每一呼吸性细支气管分支所属的肺组织组成,为肺的呼吸部。

3. 肺的导管部

肺的导管部(图1-5-3)是气体出入的通道,包括气管、支气管、小支气管、细支气管和终末细支气管。小支气管、细支气管和终末细支气管的组织结构与气管、支气管基本相似,只是管径逐渐变小,管壁随之变薄,结构相继简化。其变化情况大致如下。

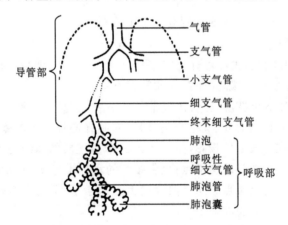

气管
支气管
导管部
小支气管
细支气管
终末细支气管
肺泡
呼吸性细支气管
呼吸部
肺泡管
肺泡囊

图1-5-3 肺的导管部和呼吸部模式图

（1）黏膜：其厚度随支气管分支、管径变小而逐渐变薄。软骨环逐渐变成软骨片，并逐渐减少消失，而平滑肌相对增加，当管腔缩小时，黏膜表面纵行皱褶也逐渐显著。

① 上皮：绝大部分为假复层柱状纤毛上皮，柱状细胞之间的杯状细胞逐渐减少，到终末细支气管时，上皮变为单层柱状或立方纤毛上皮，杯状细胞已消失。

② 固有膜：随支气管分支、管径变小而逐渐变薄。

③ 肌层：相当于消化管的黏膜肌层，肌纤维随支气管分支、管径变小而相对增多，由分散的平滑肌束逐渐形成一完整的环行肌层。

（2）黏膜下层：随支气管分支、管径变小而逐渐变薄，腺体数量也逐渐减少，到细支气管时，腺体已经消失。

（3）外膜：软骨成不规则的软骨片，数量也逐渐减少，到细支气管时，软骨完全消失。

综上所述，细支气管的组织结构基本与小支气管相似，只是管径变小，管壁变薄，腺体和软骨已经消失，平滑肌则相对地增多。到终末细支气管时，上皮变为单层柱状或立方纤毛上皮，杯状细胞已消失，平滑肌形成一完整的环行肌层。

从细支气管远段到终末细支气管，具有控制进入肺泡内气流量的作用。在病理情况下，这部分管壁内的平滑肌发生痉挛性收缩时，加上黏膜水肿，可以导致管腔变窄，甚至阻塞，影响通气，从而发生呼吸困难。临床上常见的哮喘性疾病，即由此而发生。

4．肺的呼吸部

肺的呼吸部包括呼吸性细支气管、肺泡管、肺泡囊和肺泡。

1）呼吸性细支气管

呼吸性细支气管是终末细支气管的分支，管壁结构也与终末细支气管相似。但因与肺泡通连，故上皮呈现移行性改变。即上段管壁仍为单层立方纤毛上皮，以后逐渐移行为单层立方上皮，纤毛消失，在接近肺泡开口处移行为单层扁平上皮。上皮下有薄层固有膜，内有弹性纤维和分散的平滑肌纤维。

2）肺泡管

肺泡管是呼吸性细支气管的分支，末端与肺泡囊相通，管壁因布满肺泡的开口，所以见不到完整管壁，仅看到轮廓。因固有膜内含有环行的平滑肌纤维和弹性纤维束，所以在切片中可以见到相邻肺泡间的肺泡隔边缘部形成膨大部分。

3）肺泡囊

肺泡囊是数个肺泡共同开口的通道，即由数个肺泡围成的公共腔体，囊壁就是肺泡壁。此处肺泡隔内没有平滑肌纤维和弹性纤维束，其末端不形成膨大部分。

4）肺泡

肺泡是气体交换的场所，呈半球状，两面开口于肺泡囊、肺泡管或呼吸性细支气管，相邻两肺泡由隔连接。肺泡隔内有丰富的毛细血管网和少量的弹性纤维、网状纤维和胶原纤维。此外，在肺泡腔或肺泡隔内还有一种大而圆的吞噬细胞，称为隔细胞或尘细胞。肺泡富有弹性，可以缩小和扩张。相邻肺泡之间借肺泡孔相通，有沟通和平衡相邻肺泡内气体的作用，但在感染情况下，微生物也可经此孔而扩散、蔓延。肺泡壁极薄，由肺泡上皮和基膜组成。

（1）肺泡上皮细胞有两种。

① Ⅰ型细胞或扁平细胞：在肺泡的内表面形成一连续性的上皮层。细胞呈扁平状，

核椭圆形,稍突入肺泡腔内。在扁平细胞和邻近毛细血管内皮细胞之间各有一层基膜。因此,肺泡和血液间的气体交换,必须经过肺泡上皮细胞、上皮细胞的基膜、血管内皮的基膜和血管内皮等四层结构。上述这些结构,即构成生理学上所说的气血屏障,是气体交换所必须通过的薄层结构。

②Ⅱ型细胞或分泌细胞:与扁平细胞共同构成肺泡壁上皮。细胞一般呈球状或立方形,稍突入肺泡腔内,细胞核球形,染色较浅。这种细胞具有分泌功能,其分泌物排入肺泡腔内,在扁平细胞表面形成一层薄膜状结构,称为表面活性物质(属脂蛋白),具有降低肺泡表面张力,维持肺泡形状,在肺泡呼气之末不致完全塌陷等作用。

(2)肺泡孔:相邻的肺泡间有小孔相通,便于气体交换与平衡肺泡气压,当发生炎症时,细菌可由小孔扩散。

(3)肺泡隔:肺泡之间的结缔组织间隔,由相邻的肺泡壁形成,其中有丰富的毛细血管、少量结缔组织和弹性纤维分布,还有隔细胞或巨噬细胞,来源于血中单核细胞,位于肺泡隔和肺泡腔内,形状不规则,体积较大,具有吞噬作用,可穿过肺泡隔进入肺泡腔吞噬细菌和尘埃颗粒。

5.气血屏障

气体在从肺泡进入毛细血管进行气体交换时必须通过数层结构,这几层结构组成了气血屏障,又称呼吸膜。它包括:①肺泡上皮细胞;②上皮细胞基膜;③血管内皮细胞基膜;④血管内皮细胞。

(三)肺的血管

肺的血管有两类:一类为完成气体交换的肺动、静脉(属功能性血管),另一类为营养肺的支气管动、静脉(属营养性血管)。

1.营养性血管

支气管动脉为胸主动脉的分支,经肺门进入肺内,也与支气管伴行,沿途形成毛细血管网,营养各级支气管、肺动脉、肺静脉、小叶间结缔组织和肺胸膜等。犬的支气管静脉汇注于奇静脉。

肺支气管动脉(A)→肺营养性毛细血管→肺支气管静脉(V)

2.功能性血管

肺动脉为大动脉,内含静脉血,从右心室出发,经肺门进入肺内,与支气管伴行,并随支气管分支而分支,最后形成包围在肺泡周围的毛细血管网,与肺泡内的气体进行交换,使静脉血变成动脉血(含氧较多的血液)。由毛细血管网汇集成小静脉,再逐渐汇合成肺静脉。肺静脉在肺内并不与肺动脉伴行,直至形成较大的肺静脉时,才与肺动脉及支气管伴行,最后经肺门出肺,进入左心房。

右心室→肺动脉(A)→肺毛细血管网→肺静脉(V)→左心房

六、胸腔、胸膜腔及胸膜

1.胸腔

胸腔(图1-5-4)位于体腔的前部,呈截顶的圆锥状,由骨、肌肉和筋膜组成,以胸廓为支架,背侧为胸椎,两侧为肋和胸壁肌,腹侧是胸骨,后侧壁为膈。胸廓外表面被以皮肤。

第一胸椎、第一对肋骨和胸骨柄围成胸腔前口。胸腔内有心、肺、气管、食管和血管。

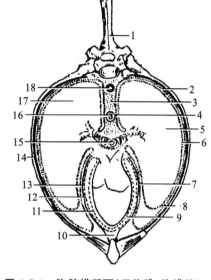

2. 胸膜

胸膜是一层由间皮和间皮下结缔组织形成的浆膜，分别覆盖在肺的外表面和衬贴于胸壁的内表面。前者称为胸膜脏层或肺胸膜，后者称为胸膜壁层。胸膜壁层贴于胸腔侧壁的部分称为肋胸膜，贴于膈的胸腔面的部分称为膈胸膜，参与形成纵隔的部分称为纵隔胸膜。

壁层与脏层在肺门处将血管、支气管、淋巴管及神经包裹起来，称为肺根。

3. 胸膜腔

胸膜的脏层和壁层在肺根处互相移行，围成左、右密闭的胸膜腔，腔内有少量浆液，可减少在呼吸时两层胸膜间的摩擦。马属动物的左、右胸膜腔间较薄，死亡后常见有小的孔道相通。而牛、羊的胸膜腔之间无通道，一侧发生气胸，另一侧肺的功能仍可正常进行。

图 1-5-4　胸腔横断面（示胸膜、胸膜腔）

1.胸椎；2.肋胸膜；3.纵隔；4.纵隔胸膜；
5.左肺；6.肺胸膜；7.心包胸膜；8.胸膜腔；
9.心包腔；10.胸骨心包韧带；11.心包浆膜脏层；
12.心包浆膜壁层；13.心包纤维层；14.肋骨；
15.气管；16.食管；17.右肺；18.主动脉

4. 纵隔

纵隔位于左、右胸膜腔之间，由两侧的纵隔胸膜以及夹在其间的诸器官（心、心包、食管、气管、大血管、淋巴结、胸导管及神经）和结缔组织构成。包在心包外面的纵隔胸膜又称心包胸膜。

第二节　呼吸生理

家畜必须不断地从外界吸进 O_2，也必须随时呼出体内产生的 CO_2，这种机体与外界进行气体交换的过程，称为呼吸。

呼吸过程包括三个环节：①外呼吸（肺呼吸），将肺中交换的 O_2 由血液运到组织中去，组织中产生的 CO_2 运到肺交换；②气体运输，就是将肺中交换的 O_2 由血液运到组织中去，组织中产生的 CO_2 运到肺交换；③内呼吸，即组织中产生的 CO_2 与血液中 O_2 进行交换。

一、呼吸运动

家畜与外界环境中进行气体交换，是在肺中进行的，由于呼吸肌收缩与舒张，引起胸廓的扩大与缩小，肺也随之扩大与缩小。这种过程称为呼吸运动。

（一）吸气运动

平静吸气时，膈肌收缩，膈顶下降，胸廓前后径增大，同时肋间外肌收缩，牵动肋骨上提并略外展，胸骨也随着向前上方移动，使胸廓前后径和左右径增大。胸廓扩大，肺随之扩张而容积增大，引起吸气。

(二) 呼气运动

平静呼气时,膈肌和肋间外肌舒张,膈顶、肋骨和胸骨均回位,使胸廓和肺容积缩小,产生呼气。平静呼吸的特点:吸气是主动过程,而呼气是被动过程。

动物机体在劳动或运动时,用力而加深的呼吸运动,称为用力呼吸。它与平静呼吸不同的是:用力吸气时,除膈肌和肋间外肌收缩加强外,其他辅助吸气肌(如胸锁乳头肌、胸大肌等)也参加收缩,使胸廓进一步扩大,吸气量增加;用力呼气时,除吸气肌舒张外,尚有肋间内肌和腹肌等呼气肌参加收缩,使胸廓和肺容积更加缩小,呼气量增加。因此,用力呼吸时吸气和呼气都是主动过程。

二、呼吸式、呼吸频率、呼吸音

(一) 呼吸式

在呼吸过程中,膈肌收缩表现为腹壁的起伏运动明显,肋间外肌收缩则表现为胸壁的起伏运动明显。根据呼吸时胸腹壁的运动程度的不同,将呼吸分为三种类型。

1. 胸式呼吸

由肋间肌舒缩引起肋骨和胸骨的运动,表现为胸壁的起伏,这种以肋间肌舒缩为主的呼吸运动,称为胸式呼吸。

2. 腹式呼吸

膈的变化,可引起腹内压周期性变化,导致腹壁起伏,这种以膈肌舒缩为主的呼吸运动,称为腹式呼吸。

3. 胸腹式呼吸(混合式呼吸)

若动物机体胸部和腹部都起伏,则称为胸腹式呼吸。大多数家畜正常时都是这种呼吸式。

在妊娠后期或有腹水、腹腔肿瘤时,膈活动受限,可呈胸式呼吸;患胸膜炎或胸腔积液等疾病时,肋间肌活动减弱,呈腹式呼吸。

(二) 胸内压

胸内压也称胸膜腔内压,指胸膜腔内的压力。胸膜腔是由胸膜壁层和脏层所围成的密闭潜在腔隙。胸膜腔内没有气体,仅有少量浆液。浆液分子的内聚力使两层胸膜贴附在一起而不易分开,故使肺能随胸廓的张缩而张缩。测量结果表明,无论吸气或呼气时,胸内压均低于大气压,为负压。胸膜腔负压,主要由肺回缩力造成。在吸气末或呼气末,肺内压都等于大气压。大气压通过胸膜脏层作用于胸膜腔,按理胸内压应等于大气压,但由于肺具有回缩力,此力的作用方向与大气压对胸膜腔的作用方向相反,抵消了一部分大气压对胸膜腔的作用。因此,胸内压实际上应是:胸内压=大气压-肺的回缩力。假设大气压值为0,则胸内压=-肺的回缩力。可见,胸膜腔负压是由肺回缩力形成的。吸气时,肺扩张的程度增大,肺回缩力增大,胸膜腔负压增大;呼气时,肺扩张程度减小,肺回缩力减小,胸膜腔负压减小。

胸内压的生理意义:①便于肺的扩张(经深处不同的扩张状态);②有利于静脉血回流

心脏。

(三) 呼吸频率

家畜在安静情况下,每分钟呼吸的次数称为呼吸频率。

1. 各种动物呼吸频率

猪为 15~24 次/min,牛为 10~30 次/min,马为 8~16 次/min。

2. 影响因素

呼吸频率因动物种类不同外,还受性别、外界温度、年龄、生产性能、生理状态以及每天早、午、晚的影响。如幼年动物呼吸频率比成年的略高;在气温高、寒冷、高海拔、使役等条件下,呼吸频率也会增高;乳牛在高产乳期呼吸频率略高于平时。

(四) 呼吸音

1. 支气管呼吸音

支气管呼吸音是类似"ch"的延长音,是由气体通过声门裂而产生的气流旋涡而产生的。在正常情况下,这种声音在喉头和气管常可听到。小动物及很瘦的大动物也可在肺的前部听到。

2. 肺泡呼吸音

肺泡呼吸音是类似"V"的延长音,正常肺泡呼吸音在吸气时能较清楚地听到。它是由于空气进入肺泡,引起肺泡壁紧张所产生的。

3. 支气管肺泡音(混合音)

支气管肺泡音是由于肺泡呼吸音和支气管呼吸音混合在一起而形成的。任何疾病引起肺泡呼吸音或支气管呼吸音减弱时,均可产生这种不定性呼吸音。

(五) 相关概念

1. 基本肺容积

肺的最大容量可分作四种基本容积,它们互不重叠。

(1) 潮气量:平静呼吸时,每次呼吸吸入或呼出的气量。运动时将增大。

(2) 补吸气量或吸气储备量:在平静吸气后再竭力深吸,所能多吸入的气体的量。

(3) 补呼气量或呼气储备量:在正常呼气后再用力深呼,所能多呼出的气体的量。

(4) 余气量或残气量:机体有一部分气体,无论怎样用力深呼都没有办法将其排至体外,这部分气体的量称为余气量。

2. 肺容量

肺容量是基本肺容积中两项或两项以上的联合气量。

(1) 深吸气量:衡量最大通气潜力的一个重要指示。胸廓、膈、肺组织和呼吸肌等病变时减少。

(2) 功能余气量:平静呼吸末尚存留于肺内的气量。肺气肿时上升,肺实质性病变时减少。功能余气量的生理意义是缓冲呼吸过程中肺泡气氧和二氧化碳分压的过度变化,肺泡气和动脉血液的 p_{O_2} 和 p_{CO_2} 就不会随呼吸而发生大幅度的波动,以利于气体交换。功能余气量过少时,气体更新率大,导致短暂而迅速的气体交换,静脉血动脉化随呼吸周期大幅度波动,对血液与细胞间产生不利的影响;肺泡趋于塌陷,功能化短路,细胞缺氧。功能余气量过大时,气体更新率减小,Δp_{O_2}、Δp_{CO_2} 下降,气体交换效率降低。

（3）肺总量：肺所能容纳的最大气量。肺总量＝潮气量＋补吸气量＋补呼气量＋余气量。

3. 肺通气量

（1）每分通气量：

每分通气量(6～9 L/min)＝潮气量(500 mL/次)×呼吸频率(12～18 次/min)

为便于比较,最好在基础条件下测定,并以每平方米体表面积来计算。最大通气量测10 s 或 15 s,换算后可达 70～120 L/min,通气贮量百分比是一个人能进行多大运动量的生理指标之一,其正常值为大于或等于 93%。

（2）无效腔和肺泡通气量：

解剖无效腔＋肺泡无效腔＝生理无效腔

肺泡通气量＝(潮气量－无效腔量)×呼吸频率

从气体交换而言,浅而快的呼吸是不利的。通气与血流的比值减小,则气体更新率减小。

三、气体的交换和运输

(一) 气体交换

气体交换(图 1-5-5)发生在两个部位:肺呼吸(外呼吸)通过肺泡壁和毛细血管壁进行;组织呼吸(内呼吸)通过毛细血管壁和组织细胞膜进行。这种气体交换的界膜称为呼吸膜。当呼吸膜两侧的气体存在分压差时,气体分子即从分压高的一侧向分压低的一侧运动,实现气体交换。

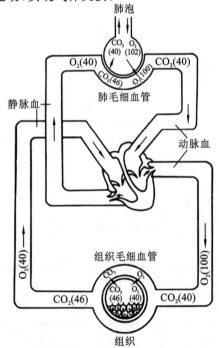

图 1-5-5 氧和二氧化碳的交换和运输模式图

1. 肺换气

肺泡与肺毛细血管之间的气体交换称为肺换气,它是外呼吸的中心环节。

气体在肺泡与血液间交换,是通过呼吸膜进行的。O_2 和 CO_2 分子极易透过。呼吸膜两侧的氧分压值和二氧化碳分压值分别存在压差,即肺泡侧的氧分压高于血液侧的氧分压,而血液侧的二氧化碳分压高于肺泡侧的二氧化碳分压,于是,肺泡中的 O_2 向肺毛细血管扩散,肺毛细血管中的 CO_2 向肺泡腔扩散。肺换气的主要结果是肺毛细血管血液发生了气体成分改变,即血液中氧气得以补充,二氧化碳得以排出。

2. 组织换气

气体在血液与组织细胞之间交换,是通过气体分子通透膜进行的。这种膜极薄,O_2 和 CO_2 分子也极易透过。通透膜两侧分别存在着氧分压差和二氧化碳分压差,即血液侧的氧分压高于组织中的氧分压,而组织中的二氧化碳分压高于血液中的二氧化碳分压,于是血中的 O_2 向组织中扩散,组织中的 CO_2 向血中扩散。组织换气的主要结果是组织细胞的细胞质中得到了氧气供应,二氧化碳废气得以排出。这种改变是组织细胞新陈代谢的必需保障。因此,组织换气环节是整个呼吸的核心,组织换气若发生障碍,必将导致窒息,引起畜体死亡。

(二) 气体运输

气体的运输是指血液通过循环对 O_2 和 CO_2 的运输,是呼吸过程的重要中间环节。O_2 和 CO_2 在血液中的运输有两种形式:物理性溶解和化学性结合。这两种形式密切相关,缺一不可。

1. O_2 的运输

气体在液体中的物理溶解量与该气体的分压成正比,O_2 在血液中溶解的量很少,仅占血液运输 O_2 总量的 $0.8\%\sim1.5\%$。化学结合形式的氧占 $98.5\%\sim99.2\%$,氧合血红蛋白是氧在血中化学结合的基本形成。

Hb 是红细胞中的血红蛋白,它由一分子的珠蛋白和四分子的亚铁血红素结合而成。Hb 的机能主要是运输血中的氧和二氧化碳。氧与血红蛋白能迅速结合,也能迅速解离,是可逆反应。当血液流经肺毛细血管,与肺泡进行气体交换时,血液中的 p_{O_2} 升高,Hb 与 O_2 结合形成氧合血红蛋白(HbO_2);当 HbO_2 随血液流经组织毛细血管时,由于组织内 p_{O_2} 低,HbO_2 解离为还原血红蛋白(HHb),释放出 O_2。HbO_2 呈鲜红色,多存在于动脉血中;HHb 呈暗红色,多存在于静脉血中。故动脉血呈鲜红色,静脉血呈暗红色。

2. CO_2 的运输

血液中,物理溶解的 CO_2 占总运输量的 $5\%\sim6\%$,化学结合的占 $94\%\sim95\%$。

(1)形成碳酸氢盐:约占 CO_2 运输总量的 88%。当血液流经组织时,CO_2 由组织扩散入血浆,因血浆中碳酸酐酶极少,CO_2 与 H_2O 结合生成的 H_2CO_3 极少,而红细胞内碳酸酐酶含量丰富,血浆中的 CO_2 扩散入红细胞后在碳酸酐酶催化下,迅速与 H_2O 结合生成 H_2CO_3,并解离成 H^+ 和 HCO_3^-。HCO_3^- 扩散至血浆,可与 Na^+、K^+ 结合,形成 $NaHCO_3$、$KHCO_3$。当随血液循环至肺部后,进行逆反应过程,把 CO_2 释放出去。

(2)形成氨基甲酸血红蛋白:进入红细胞内的 CO_2 除大部分形成 HCO_3^- 外,还有小部分直接与血红蛋白的自由氨基结合,形成氨基甲酸血红蛋白(HbNHCOOH),约占 CO_2 运输总量的 7%。这一反应迅速、可逆、不需酶参与,在肺排出的 CO_2 中有 17.5% 是由氨基甲酸血红蛋白所释放的。

四、呼吸运动的调节

呼吸运动是一种节律性运动,而且呼吸的频率和深度能随内、外环境条件的改变而改变,以适应环境条件的变化,这都依靠神经系统的调节来实现。

(一) 呼吸中枢

中枢神经系统内产生和调节呼吸运动的神经细胞群,称为呼吸中枢(图 1-5-6)。它们分布于大脑皮质、脑干和脊髓等各级部位,对呼吸运动起着不同的调节作用。

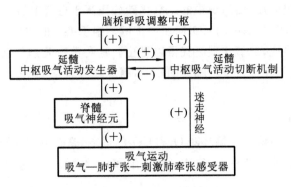

图 1-5-6　呼吸运动的神经调节

1. 脊髓

呼吸肌的运动神经元位于脊髓前角,它们发出膈神经和肋间神经支配膈肌和肋间肌的活动。实验证明,在脊髓与延髓之间横切的动物呼吸运动立即停止并不能再恢复。这提示脊髓不能产生节律性呼吸运动,它只是上位脑控制呼吸肌的中继站以及整合某些呼吸反射的初级中枢。

2. 延髓

延髓有吸气神经元和呼气神经元,主要集中在腹侧和背侧两组神经核团内,其轴突纤维支配脊髓前角的呼吸肌运动神经元,以控制吸气肌和呼气肌的活动。如果在动物的延髓和脑桥之间横切,保留延髓和脊髓的动物,节律性呼吸仍存在,但呼吸节律不规则,呈喘息样呼吸。说明延髓呼吸中枢是产生节律性呼吸的基本中枢,但正常节律性呼吸的形成还有赖于上位呼吸中枢的作用。

3. 脑桥

在动物的脑桥和中脑之间横切,呼吸无明显变化,呼吸节律保持正常。研究表明,在脑桥前部有呼吸调整中枢,该中枢的神经元与延髓的呼吸区之间有双向联系,其作用是限制吸气,促使吸气向呼气转换。目前认为,正常呼吸节律是脑桥和延髓呼吸中枢共同活动形成的。至于脑桥和延髓如何共同活动形成正常呼吸节律,近年来虽然已有多种假说,但仍未完全阐明。

(二) 呼吸的反射性调节

1. 肺牵张反射

肺扩张引起吸气被抑制和肺缩小引起吸气的反射,称为肺牵张反射,包括肺扩张反射和肺缩小反射。吸气时肺扩张到一定程度,刺激位于气管到细支气管平滑肌内的肺牵张感受器,冲动沿迷走神经传入延髓,切断吸气,促使吸气转为呼气。动物这一反射较明显,如果切断动物的两侧迷走神经,可见吸气延长,呼吸加深变慢。

肺缩小反射对平静呼吸的调节意义不大,对阻止呼气过深和肺不张等可能起一定作用。

2. 呼吸肌本体感受性反射

呼吸肌与其他骨骼肌一样,当受到牵拉时,本体感受器(肌梭)受刺激,可反射性引起呼吸肌收缩,此即呼吸肌本体感受性反射。临床观察及动物实验均证明,呼吸肌本体感受性反射参与正常呼吸运动的调节。当运动或气道阻力增大时,可反射性地引起呼吸肌收缩增强,以克服气道阻力。

3. 化学感受器呼吸反射

调节呼吸活动的化学感受器,依其所在部位的不同分为外周化学感受器和中枢化学感受器。前者是指颈动脉体和主动脉体,冲动分别沿窦神经和迷走神经传入呼吸中枢;后者位于延髓腹外侧浅表部位,Ⅸ、Ⅹ脑神经根附近,能感受脑脊液中 H^+ 的刺激,并通过神经联系,影响呼吸中枢的活动。

1) CO_2 对呼吸的调节

CO_2 是调节呼吸最重要的生理性体液因素,动脉血中一定水平的 p_{CO_2} 是维持呼吸和呼吸中枢兴奋性所不可缺少的条件。

当吸入气中 CO_2 含量增加到 2% 时,呼吸加深;增至 4% 时,呼吸频率也增快,肺通气量可增加 1 倍以上。由于肺通气量的增加,肺泡气和动脉血 p_{CO_2} 可维持在接近正常水平。当吸入气中 CO_2 含量超过 7% 时,肺通气量不能相应增加,导致肺泡气、动脉血 p_{CO_2} 陡升,CO_2 堆积,使中枢神经系统,包括呼吸中枢的活动受抑制而出现呼吸困难、头昏、头痛甚至昏迷。

CO_2 对呼吸的调节作用是通过刺激中枢化学感受器和外周化学感受器两条途径兴奋呼吸中枢而实现的,但以中枢化学感受器为主。研究表明,对中枢化学感受器的有效刺激物不是 CO_2 本身,而是 CO_2 通过血脑屏障进入脑脊液后,与 H_2O 生成 H_2CO_3,由 H_2CO_3 解离出的 H^+ 起作用。

2) 低 O_2 对呼吸的调节

当动脉血中 p_{O_2} 下降到 10.7 kPa(80 mmHg)以下时,可出现呼吸加深、加快,肺通气量增加。切断动物外周化学感受器的传入神经或摘除颈动脉体,低 O_2 不再引起呼吸增强,表明低 O_2 对呼吸的刺激作用完全是通过外周化学感受器兴奋呼吸中枢而实现的。

低 O_2 对呼吸中枢的直接作用是抑制,这种抑制作用随着低 O_2 程度加重而加强。但低 O_2 可通过刺激外周化学感受器而兴奋呼吸中枢,在一定程度上可对抗低 O_2 对呼吸中枢的直接抑制作用,严重低 O_2 时,来自外周化学感受器的传入冲动将不能抗衡低 O_2 对呼吸中枢的抑制作用,则导致呼吸减弱,甚至呼吸停止。

3) H^+ 对呼吸的调节

动脉血中 H^+ 浓度升高时,兴奋呼吸;H^+ 浓度降低时,抑制呼吸。H^+ 对呼吸的调节作用主要通过刺激外周化学感受器来实现,因血液中的 H^+ 通过血脑屏障进入脑脊液的速度慢,对中枢化学感受器的作用较小。

综上所述,当动脉血中 CO_2 和 O_2 分压以及 H^+ 浓度发生变化时,通过化学感受器呼吸反射来调节呼吸,而呼吸活动的改变又恢复了动脉血液中 CO_2、O_2、H^+ 的水平,从而维持了内环境中这些因素的相对稳定。

 总结与复习

动物的呼吸系统是动物生命活动中不可缺少的系统,动物每时每刻都在进行呼吸。通过学习,知道动物是如何进行呼吸的,通过对呼吸式和呼吸频率的掌握,可以初步判断动物发病的部位和程度,清楚插胃管等行为的解剖结构基础。

 复习题

1. 简述动物消化系统的组成。
2. 说出动物鼻道的划分和喉软骨的分类。
3. 简述猪、马、牛、羊的肺的区别，并叙述其位置和组织学结构。
4. 说出动物的呼吸式，并分析异常呼吸式出现的原因。
5. 说出猪、马、牛、羊的呼吸频率。

单元六 泌尿系统

知识目标

了解家畜泌尿系统的组成、结构，肾脏的类型及结构特点；熟知肾门、肾盏、肾盂、肾单位、肾小管、肾小体等概念，尿的成分和性状；掌握家畜肾脏、输尿管、膀胱和尿道的形态和位置及构造，尿的生成过程及影响因素。

素质目标

泌尿器官处于代谢的最末端，环境比较差，通过做泌尿系统解剖和生理实验，培养踏实工作和坚守岗位的职业素养。

能力目标

通过仔细观察泌尿系统模式图、肾脏的内部结构模式图、尿的生成示意图等，培养发现问题、系统分析问题和综合运用知识的能力。通过理论学习、进行泌尿系统实体解剖训练和生理实验，具备泌尿器官的解剖和识别技能。

第一节 泌尿系统

家畜的泌尿系统（图 1-6-1）由肾脏、输尿管、膀胱和尿道组成。肾脏是产生尿液的器官，输尿管是输送尿液至膀胱的管道，膀胱是暂时储存尿液的器官，尿道是尿液从膀胱排出体外的管道。

一、肾脏

（一）肾脏的类型

哺乳动物的肾脏由许多肾叶构成，可根据肾脏的外形和内部构造的特点，分为以下四种基本类型（图 1-6-2）。

1. 复肾

此类型肾脏的肾叶完全分开，外观呈葡萄状。此类型肾脏见于海豚、鲸和熊的肾脏。每个肾叶又称为小肾，其数目因动物的种类不同而不同，如海豚的肾叶超过 200

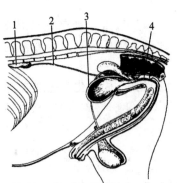

图 1-6-1 马的泌尿系统

1.肾脏；2.输尿管；3.膀胱；4.尿道

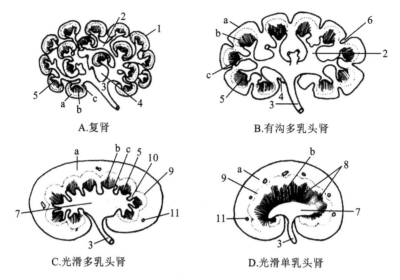

A.复肾   B.有沟多乳头肾

C.光滑多乳头肾   D.光滑单乳头肾

图 1-6-2 哺乳动物肾脏类型模式图

1.肾叶(小肾);2.肾盏管;3.输尿管;4.肾窦;5.肾乳头;6.肾沟;7.肾盂;

8.肾总乳头;9.交界线;10.肾柱;11.弓状血管;a.泌尿区;b.导管区;c.肾盏

个,鲸可达 3000 多个。

2.有沟多乳头肾

此类型肾脏的肾叶中间部合并,肾皮质部和肾乳头彼此分开,肾脏表面可见区分肾叶的叶间沟,见于牛的肾脏。剖开肾脏可见各个独立的肾乳头,每个肾乳头对应于一个肾小盏,许多肾小盏管汇合成两条集收管,再汇入输尿管由肾门出肾(图 1-6-3)。

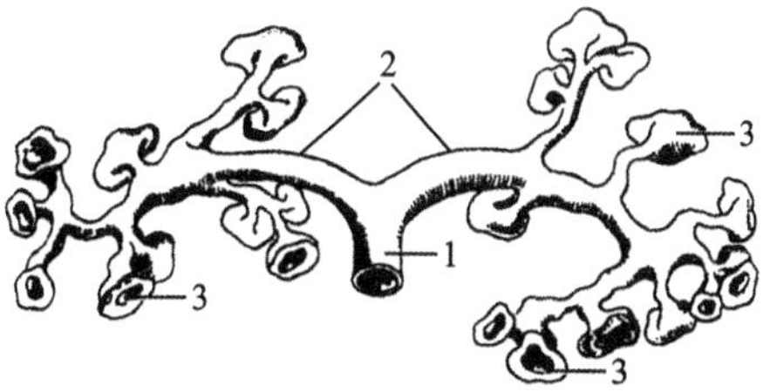

3.光滑多乳头肾

此类型肾脏的肾叶皮质部完全合并成整

图 1-6-3 牛肾输尿管及肾盏模式图

1.输尿管;2.集收管;3.肾小盏

体,肾表面光滑,肾乳头彼此分开。此类型肾脏见于人和猪。剖开肾脏可见肾叶髓质形成的肾锥体,锥体末端为肾乳头,肾乳头对应肾小盏,肾小盏汇入肾大盏或肾盂。

4.光滑单乳头肾

此类型肾脏的肾叶皮质部和髓质部完全合并,肾乳头合并成一个整体,称为肾总乳头或肾嵴,突入肾盂中。此类型肾脏见于马、羊、犬和兔。

(二)肾脏的形态位置

肾脏一般呈豆形,红褐色,位于腰椎下方,在腹主动脉和后腔静脉的腹膜下,左、右各一。肾脏内侧中部凹陷处称为肾门,是肾的血管、淋巴管、神经和输尿管出入肾脏的地方,肾门凹入肾内形成肾窦,内有肾盂、肾盏、血管、淋巴管和神经等,并填充有脂肪组织。

1.牛肾

牛肾(图 1-6-4)属有沟多乳头肾,分叶明显,表面有叶间沟。左、右两肾形态不同,位置也不对称。右肾呈上下稍扁的长椭圆形,位于最后肋骨椎骨端至第 2~3 腰椎横突的腹侧。位置较固定。背侧面稍凸,与腰下肌接触;腹侧面较平,与胰脏、十二指肠及结肠等器官接触;前端伸入肝的肾压迹内;外侧缘稍凸,内侧缘平直,与后腔静脉平行。左肾的形态位置比较特殊,成年牛左肾略呈三棱形,前端小,后端大而钝圆。通常位于第2～5腰椎椎体腹侧。位置不固定,常因瘤胃饥饱状况而发生左右移动。左肾有三个面,背侧面凸,与腹腔顶壁接触;腹侧面与肠管接触;前端外侧面小而平直,与瘤胃接触,称为瘤胃面。

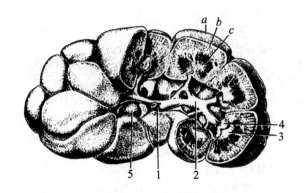

图 1-6-4　牛右肾

1.输尿管;2.集收管;3.肾乳头;4.肾窦;a.纤维膜;b.皮质;c.髓质

2. 羊肾

羊肾属光滑单乳头肾,左、右两肾均呈豆形。右肾位于最后肋骨至第2腰椎横突腹侧,位置较固定。左肾位于第3～6腰椎横突的腹侧,位置不固定,常因瘤胃饥饱状况而发生位置移动。

3. 马肾

马肾(图1-6-5)属光滑单乳头肾,各肾叶完全合并在一起,表面无叶间沟。右肾略大,呈钝三角形,位于第16、17肋骨椎骨端及第1腰椎横突腹侧。背侧面凸,与膈肌和腰肌接触;腹侧面凹,与胰脏及盲肠底接触;前端钝圆,突入肝的肾压迹内;后端和外侧缘的后半部与十二指肠相邻;内侧缘与右肾上腺、后腔静脉及输尿管相接触。肾门位于肾的内侧缘中部,并向内凹陷形成肾窦。左肾略长,呈豆形,位于最后肋骨椎骨端及第2～3腰椎横突腹侧。背侧面凸,与膈肌左脚及腰椎腹侧肌相接触;腹侧面亦凸,与十二指肠末端、降结肠起始部及胰脏相接触;外侧缘与脾脏接触;内侧缘与左肾上腺、腹主动脉及左侧输尿管相邻。左肾肾门位于内侧缘,约与右肾后端相对。

4. 猪肾

猪肾(图1-6-6)属光滑多乳头肾,肾叶合并在一起,表面无叶间沟,肾乳头单独存在。猪肾为棕黄色,左、右肾均呈豆形。猪的左、右肾位置对称,位于最后胸椎至前3腰椎横突腹侧。左、右肾外侧缘凸,与腹侧壁接触;内侧缘的中部为肾门。猪肾脂肪囊发达。肾乳头的大小不一,每个肾乳头对应于一个肾小盏,肾小盏汇入两个肾大盏,肾大盏再注入肾盂延接输尿管出肾。

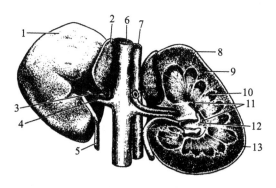

图 1-6-5 马肾

1.右肾；2.右肾上腺；3.肾动脉；4.肾静脉；5.输尿管；
6.后腔静脉；7.腹主动脉；8.左肾；9.皮质；
10.髓质；11.肾总乳头；12.弓状血管

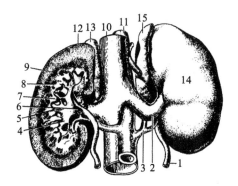

图 1-6-6 猪肾

1.左输尿管；2.肾静脉；3.肾动脉；4.肾大盏；
5.肾小盏；6.肾盂；7.肾乳头；8.髓质；9.皮质；
10.后腔静脉；11.腹主动脉；12.右肾；
13.右肾上腺；14.左肾；15.左肾上腺

（三）肾脏的组织结构

肾表面包裹一层薄而坚韧的结缔组织膜，称为肾包膜。健康动物肾包膜易剥离，当患有某些疾病时，肾包膜可与肾实质粘连。机体营养状况良好时，肾包膜外常常包有脂肪，形成肾脂肪囊。肾实质由许多肾叶构成，每个肾叶由外周的肾皮质和深部的肾髓质构成。肾皮质暗红色，富含血管，主要由肾小体和肾小管组成。肾髓质部颜色较浅，由若干个肾锥体构成，锥底朝向皮质，锥头为肾乳头，与肾盏或肾盂相对应。

1. 肾单位

肾单位（图 1-6-7）是肾脏的结构和功能的基本单位，由肾小体和肾小管两部分构成。

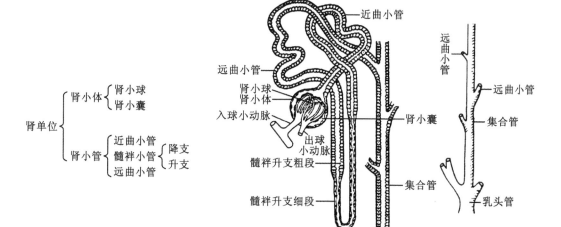

图 1-6-7 肾单位结构示意图

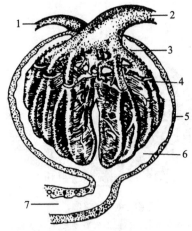

图 1-6-8　肾小体结构模式图

1.出球小动脉;2.入球小动脉;
3.肾小囊脏层;4.毛细血管球;
5.肾小囊壁层;6.肾小囊腔;7.近曲小管

1) 肾小体

肾小体(图 1-6-8)呈球形,由肾小球和肾小囊两部分构成。肾小体的血管出入侧为血管极,连接肾小管侧为尿极。

肾小球由一团毛细血管网盘曲而成,包裹在肾小囊内,实为血液的滤过装置。入球小动脉在肾内反复分支形成毛细血管网,最后汇集成出球小动脉离开肾小球。血液中的某些物质通过肾小管毛细血管网滤出,进入肾小囊形成原尿。

肾小囊是肾小管起始端膨大凹陷形成的双层囊状结构,囊内容纳肾小球。囊壁分为壁层和脏层两层,两层之间的腔隙为肾小囊腔。肾小囊的脏层与肾小球毛细血管壁共同组成滤过膜。肾小球毛细血管内的血液通过滤过膜的滤过作用于肾小囊腔中形成原尿。

2) 肾小管

肾小管起始于肾小囊,末端连接集合管,分为近曲小管、髓袢小管和远曲小管三段。原尿中的某些物质通过肾小管的重吸收作用和分泌作用,最终形成终尿而排出。

2. 集合管

集合管由相邻的肾单位肾小管的远曲小管汇集而成,包括集合小管和乳头管两段。集合小管一端连接远曲小管,另一端与相邻肾单位的集合小管汇合成较大的乳头管,开口于髓质的肾乳头(图 1-6-7)。

3. 球旁复合体

球旁复合体又称为肾小球旁器(图1-6-9),主要指位于肾小球血管极三角区的球旁细胞和致密斑组成的特殊结构。

(1)球旁细胞:入球小动脉近血管极处的管壁平滑肌演变为上皮样细胞,细胞立方形,内有分泌颗粒,含有肾素,可促进血管收缩升高血压。球旁细胞还能分泌促红细胞生成素,加速红细胞的生成。

(2)致密斑:由远曲小管起始部靠近血管极侧的上皮细胞演变而成,细胞呈柱状。致密斑可感受远曲小管内滤液的钠离子浓度的变化,对球旁细胞分泌的肾素起调节作用。

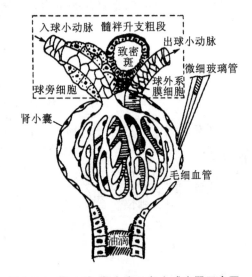

图 1-6-9　肾小球、肾小囊及肾小球旁器示意图

二、输尿管

输尿管是把肾脏生成的尿液输送至膀胱的一对细而长的管道。马、猪和羊的输尿管起于肾盂,牛的输尿管起于集收管,出肾门后,沿腹腔顶壁腰椎腹侧向后延伸,越过髂外动脉和髂内动脉进入骨盆腔。至膀胱颈附近,斜穿入膀胱背侧壁,开口于膀胱内腔。输尿管突入膀胱内2~3 cm,当膀胱有尿液充盈时,该段输尿管闭合,阻止尿液逆流入输尿管。

输尿管管壁由黏膜、肌膜和外膜3层构成。黏膜常形成许多纵行皱褶,从输尿管横断面看,黏膜呈星状。输尿管黏膜为变异上皮。肌层较发达,由平滑肌构成。外膜为疏松结缔组织,内有较大的血管和神经。

三、膀胱

膀胱是暂时储存尿液的器官,略呈梨形。前端钝圆部为膀胱顶,中部为膀胱体,后端较细部为膀胱颈。膀胱颈内口与尿道相通。膀胱的收缩性很大,其大小、形状、壁的厚度和位置关系均随尿液充盈程度不同而改变。空虚时膀胱体积较小,略呈梨形,壁因肌层收缩而增厚,黏膜形成许多皱褶,一般位于盆腔底前部。当充满尿液时,体积显著增大,近似球形,壁薄,黏膜皱褶消失,膀胱顶可向前伸至腹腔耻骨部。在公畜膀胱背侧为前列腺、精囊腺、尿生殖褶和直肠。在母畜膀胱背侧为子宫和阴道。膀胱有三个通口,即一个尿道口和两个输尿管口。

膀胱壁由黏膜、肌层和外膜3层构成。膀胱黏膜为变异上皮,黏膜厚而柔软,收缩时合拢形成黏膜褶,扩张时消失。肌层由内、中、外3层平滑肌构成,中层平滑肌最厚,并在膀胱颈部形成膀胱颈内括约肌。膀胱顶部和体部外膜为浆膜,颈部为结缔组织构成的外膜。

四、尿道

尿道是尿液由膀胱排出体外的管道。尿道起于膀胱颈,以尿道外口通于体外。公畜尿道很长,兼有排精作用,称为尿生殖道,可分为两部分:位于盆腔内的部分称为尿生殖道骨盆部;经坐骨弓转到阴茎腹侧的部分称为尿生殖道阴茎部。母畜尿道短而直,起于膀胱的尿道内口,在阴道腹侧沿盆腔底壁向后延伸,以尿道外口开口于阴道前庭。母牛尿道在阴道前庭的下方形成一个盲囊(深度为1~2 cm),称为尿道下憩室(图1-6-10)。在为母牛导尿时应注意,不要将导管误插入尿道下憩室内。

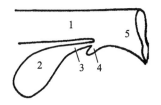

图 1-6-10　母牛尿道下憩室位置示意图

1. 阴道;2.膀胱;3.尿道;
4. 尿道下憩室;5.阴道前庭

 第二节　泌尿生理

机体的主要排泄途径:①呼吸系统,通过呼吸以气体的形式排出二氧化碳、水和一些挥发性物质;②消化系统,以粪便的形式排出机体的代谢产物;③被皮系统,皮肤以汗液的形式排出部分水、氯化钠和尿素等代谢产物;④泌尿系统,以尿液的形式排出机体代谢产物和多余的水。其中泌尿系统是机体最主要的排泄方式。

泌尿系统的主要生理功能是将机体的代谢产物和多余的水排出体外。肾脏生成尿液,排出机体内大部分的代谢产物和多余的水,调节机体水平衡、电解质平衡和酸碱平衡等,因此,泌尿系统对维持机体内环境的稳定具有十分重要的作用。

一、尿的组成及性质

尿液的理化性质和成分反映机体内代谢活动的变化和肾脏生理功能的状态。在正常情况下,尿液的理化性质和成分是相对稳定的,若机体内代谢活动和肾脏生理功能发生异常,尿液的理化性质和成分也相应地出现异常变化,因此,临床中检验和分析尿液的理化性质和成分,可以了解机体的代谢转化情况或帮助诊断疾病。

(一)尿的组成

在正常情况下,尿液的主要成分是水和溶质,水分占96%～97%,溶质占3%～4%。溶质包括有机物和无机物,有机物包括尿素、尿酸、肌酸、肌酸酐、草酸、色素、低级脂肪酸、激素和酶等,无机物包括Cl^-、Na^+、K^+、Ca^{2+}、NH_4^+、硫酸盐、碳酸盐、磷酸盐等。

(二)尿的理化性质

健康动物尿液的理化性质常随动物的生理状态、食物、饮水和环境等因素的变化而在一定范围内波动。

健康家畜的尿液有淡黄色或黄色透明状的,也有无色透明的,主要取决于尿中色素的数量,草食动物的尿多为淡黄色,猪尿则色淡如水。马、驴、骡的尿液因含有大量的碳酸钙和黏液,常呈黏性而较混浊。

尿液的密度取决于尿量及其成分,尿液中溶解物多则密度大。在一般情况下,草食动物尿液的密度较杂食动物和肉食动物的高。

尿液的酸碱度主要取决于动物的种类及采食的饲料种类,在一般情况下,草食动物的尿液呈碱性,肉食动物的尿液呈酸性,杂食动物尿液的酸碱性取决于食物的性质。

二、尿的生成过程

(一)肾小球的滤过作用

循环血液流经肾小球毛细血管时,通过肾小球的滤过作用,除血细胞和大分子蛋白质外,血浆中的水和小分子溶质都可通过滤过膜滤入肾小囊内形成原尿。实验证明,原尿中除不含血细胞和大分子蛋白质外,其他成分与血浆基本相同。见表1-6-1。

表 1-6-1　血浆、原尿和尿成分比较表

成　　分	质量分数/(%)			尿中浓缩倍数
	血浆	原尿	尿	
水	90	98	96	—
蛋白质	8	0.03	0	—
葡萄糖	0.1	0.1	0	—
Na^+	0.33	0.33	0.35	1.1
K^+	0.02	0.02	0.15	7.5
Cl^-	0.37	0.37	0.6	1.6
$H_2PO_4^-$、HPO_4^{2-}	0.004	0.004	0.15	37.5
尿素	0.03	0.03	1.8	60.0
尿酸	0.004	0.004	0.05	12.5
肌酸	0.001	0.001	0.1	100.0
氨	0.0001	0.0001	0.04	400.0

肾小球的滤过作用主要取决于两个因素：一是滤过膜的通透性；二是肾小球的有效滤过压。

肾小球滤过率：单位时间内从肾小球滤过的原尿量，以 mL/min 表示。

1. 滤过膜的通透性

肾小球毛细血管内皮细胞、基膜和肾小囊脏层三者紧贴在一起，形成有通透性的滤过膜。滤过膜上有大小不同的微孔，空隙大小对不同溶质分子滤过起着机械屏障作用。

滤过膜各层都有带负电荷的物质，主要是糖蛋白，所以血浆中的溶质通过的能力既与其分子大小有关，又与其所带电荷有关。带负电荷的最难通过，中性的次之，带正电荷的易通过。病理情况下，如肾小球肾炎，由于内皮细胞肿胀、基膜增厚，因此肾小球毛细血管变窄或阻塞，有效滤过面积减少，造成肾小球的滤过率显著降低，出现少尿或无尿。在缺氧或中毒时，滤过膜通透性加大，致使血细胞和血浆中大分子物质透过滤过膜，造成血尿或蛋白尿。

2. 有效滤过压

肾小球滤过膜两侧的压力差称为肾小球的有效滤过压，是肾小球滤过作用的动力。

肾小球有效滤过压＝(肾小球毛细血管压＋囊内胶体渗透压)－(血浆胶体渗透压＋肾小囊内压)

由于肾小囊滤过液中蛋白质浓度极低，囊内胶体渗透压可忽略不计，因此，肾小球毛细血管压是滤出的唯一动力，而血浆胶体渗透压和肾小囊内压是滤出的阻力。

据测定(图 1-6-11)，肾小球毛细血管压入球端和出球端平均值为 6.0 kPa，入球端血浆胶体渗透压为 2.67 kPa，出球端为 4.67 kPa，肾小囊内压为 1.33 kPa，原尿生成有效滤过压可计算如下：

入球端有效滤过压＝[6－(2.67＋1.33)]kPa＝2 kPa

出球端有效滤过压＝[6－(4.67＋1.33)]kPa＝0 kPa

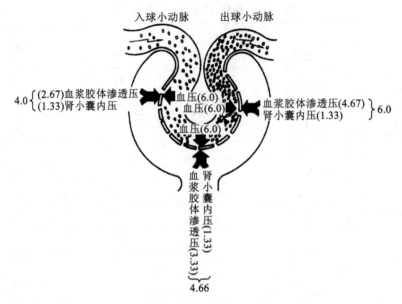

入球小动脉　　出球小动脉

$4.0\begin{cases}(2.67)血浆胶体渗透压\\(1.33)肾小囊内压\end{cases}$　血压(6.0)　血浆胶体渗透压(4.67)　$\big\}6.0$

血压(6.0)　肾小囊内压(1.33)

血压(6.0)

$\begin{matrix}肾小囊内压(1.33)\\血浆胶体渗透压(3.33)\end{matrix}\Big\}$

4.66

图 1-6-11　肾小球有效滤过压的变化示意图(单位:kPa)

根据上述计算,在入球端有效滤过压为正值,可以不断地生成原尿,当有效滤过压为零时,达到滤过平衡,滤过停止。在出球端有效滤过压为零,故无原尿生成。

(二) 肾小管和集合管的重吸收作用

原尿生成后进入肾小管内,称为小管液。小管液在流经肾小管和集合管的过程中,一部分被肾小管和集合管重吸收进入血液(通过肾小管和集合管上皮细胞转运至周围毛细血管),另一部分则不被肾小管和集合管重吸收,并以原尿的形式排出,如氨、肌酐等。

1. 肾小管和集合管的重吸收方式

(1) 主动重吸收:肾小管和集合管上皮细胞利用自身代谢活动所产生的能量,将小管液中的某些物质逆电位梯度或浓度梯度,转运到细胞外周围组织液中的过程。它主要是通过细胞膜上的离子泵、载体和吞饮等机制来完成。

(2) 被动重吸收:肾小管和集合管上皮细胞依靠物理和化学机制,顺着电化学梯度将小管液中水和溶质转运到细胞外组织液中的过程。此方式不需要消耗能量,其转运量取决于滤过膜的通透性及两侧溶质分子的电化学梯度。被动重吸收转运动力是电位差、浓度差和渗透压等。

2. 几种物质的重吸收

(1) 葡萄糖的重吸收:葡萄糖在近曲小管内应全部被重吸收。近曲小管对葡萄糖的重吸收是有一定限度的,当血液中葡萄糖浓度达到 1.60~1.80 mg/mL 时,肾小管对葡萄糖的重吸收达到极限,尿中开始出现葡萄糖,此时血糖浓度称为肾糖阈,即尿中不出现葡萄糖的最高血糖浓度。血糖浓度再继续升高时,葡萄糖的滤过率增加,尿中葡萄糖的含量也进一步增加。

葡萄糖的重吸收是逆浓度梯度进行的,是由肾小管细胞膜上的载体主动转运的。主动转运与 Na^+ 的重吸收有密切关系。一般认为,葡萄糖和载体及 Na^+ 结合,形成三者的复合体后才能穿过细胞膜而被转运到细胞内,这种转运称为协同(同向)转运。

(2)氨基酸的重吸收:小管液中的氨基酸几乎全部被重吸收,近曲小管是主要的吸收部位。氨基酸的重吸收与葡萄糖的重吸收机制相同,也与 Na^+ 协同(同向)转运,但同向转运体可能不同。

(3) Na^+ 的重吸收:肾小球滤过的 Na^+ 有 $96\%\sim99\%$ 被重吸收,近曲小管是 Na^+ 的主要吸收部位。近曲小管吸收 $65\%\sim70\%$,髓袢小管升支吸收 $20\%\sim30\%$,其余在远曲小管和集合管被重吸收,而髓袢小管降支粗段对 Na^+ 不吸收。近曲小管对 Na^+ 的重吸收常以"泵-漏模式"的重吸收机制来解释(图 1-6-12):当小管液中 Na^+ 浓度较高时,Na^+ 先以易化扩散形式顺着浓度梯度和电位梯度被动转运进入细胞内,然后被侧膜上的钠泵驱出并进入细胞间隙;随着细胞间隙中 Na^+ 浓度升高,促使水也进入细胞间隙,使其中静水压逐渐上升,这一压力即可促使 Na^+ 通过基膜进入与其相邻的毛细血管,也可促使 Na^+ 经由靠近管腔膜一侧的"紧密连接"漏回小管液中。

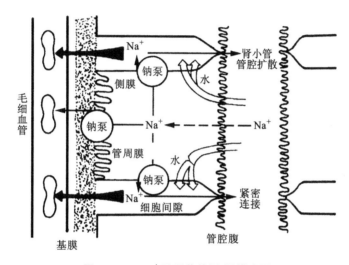

图 1-6-12 Na^+ 重吸收的泵-漏模式图

(4) Cl^- 的重吸收:小管液中的绝大部分 Cl^- 是伴随 Na^+ 的主动重吸收而被动重吸收的。在近曲小管的后 $2/3$ 段,伴随 Na^+ 的重吸收,Cl^- 顺着电位梯度和浓度梯度被动重吸收,即以 Cl^- 的重吸收为主。在远曲小管和集合管,Cl^- 的重吸收过程同样也是伴随 Na^+ 的主动重吸收而进行的。

(5) HCO_3^- 的重吸收:HCO_3^- 是机体内重要的碱储成分,从肾小球滤过的 HCO_3^- 几乎全部被重吸收。重吸收以近曲小管为主,可达 85%。HCO_3^- 的重吸收对于维持细胞外液 pH 值的相对稳定具有重要意义。由于 HCO_3^- 不易透过肾小管上皮细胞的管腔膜,它的重吸收要与小管上皮细胞分泌的 H^+ 结合生成 H_2CO_3,H_2CO_3 再分解成 H_2O 和 CO_2。由于 CO_2 是高脂溶性物质,能迅速通过管腔膜进入细胞与 H_2O 结合生成 H_2CO_3,然后 H_2CO_3 又解离成 H^+ 和 HCO_3^-,H^+ 通过 Na^+ - H^+ 交换从细胞分泌到小管液中,HCO_3^- 则与 Na^+ 一起转运回血。

（6）K^+ 的重吸收：肾小球滤过的 K^+ 绝大部分在近曲小管重吸收入血。而尿中的 K^+ 主要是由远曲小管和集合管所分泌。由于小管液中 K^+ 浓度低于细胞内 K^+ 浓度，因此 K^+ 的重吸收是逆浓度梯度进行的，是主动转运过程。

（7）水的重吸收：原尿中约 99% 的水被重吸收入血，其中近曲小管吸收 65%～70%，髓袢小管吸收 10%，远曲小管吸收 10%，集合管吸收 10%～20%。水的重吸收是被动的，主要靠渗透作用进行。Na^+、HCO_3^-、Cl^-、葡萄糖和氨基酸等被重吸收后，小管液渗透压降低，细胞间隙渗透压升高，于是小管液中的水会渗透进入细胞间隙，继而进入邻近的毛细血管。水的重吸收可根据机体的需要，吸收量将受到调节，机体缺水时吸收量增多，导致少尿或无尿，机体不缺水时，水的重吸收量减小，导致尿量增加。

（8）其他物质的重吸收：HPO_4^{2-}、SO_4^{2-} 的重吸收也与 Na^+ 的重吸收相伴随，钙、磷等主要在近曲小管被重吸收。

（三）肾小管和集合管的分泌和排泄作用

肾小管和集合管除了对小管液中的各种成分进行重吸收外，还能分泌管壁细胞的代谢产物和排泄血液中的某些物质进入小管液中。如图 1-6-13 所示。

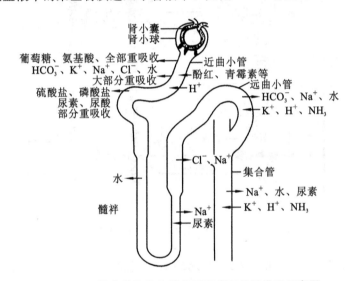

图 1-6-13　肾小管和集合管的重吸收和分泌排泄示意图

1. H^+ 的分泌

肾小管管壁细胞分泌的 H^+ 到小管液中，与小管液中的 HCO_3^- 结合成 H_2CO_3，H_2CO_3 再分解成 H_2O 和 CO_2，CO_2 再与细胞中的 H_2O 结合成 H_2CO_3，再解离成 HCO_3^- 和 H^+，细胞内的 HCO_3^- 可与 Na^+ 一起转运至血液，补充血浆中的 $NaHCO_3$，细胞中的 H^+ 再分泌到小管液中。此即 Na^+-H^+ 交换。远曲小管和集合管分泌的 H^+，除在此段进行 Na^+-H^+ 交换外，还有 Na^+-K^+ 交换，两者存在竞争作用。即 Na^+-H^+ 交换增多时，Na^+-K^+ 交换减少；反之，Na^+-K^+ 交换增多。

肾小管和集合管具有分泌 H^+ 的能力，其生理意义是排出酸性产物和促进 $NaHCO_3$ 的重吸收，维持血浆中碱储量的相对恒定，调节机体的酸碱平衡。

2．K^+ 的分泌

尿中的 K^+ 主要是由远曲小管和集合管分泌的，K^+ 的分泌是伴随 Na^+ 的重吸收而进行的，有 Na^+ 的重吸收才有 K^+ 的分泌。Na^+ 的主动重吸收建立了管腔内、外的电位差，腔内为负，管壁外为正，此电位差促使 K^+ 从小管上皮细胞和组织液被动扩散入管腔。此即 Na^+-K^+ 交换。

3．NH_3 的分泌

NH_3 在远曲小管和集合管上皮细胞代谢过程中，谷氨酰胺在谷氨酰胺酶的作用下不断生成 NH_3。H^+ 分泌量增加促进 NH_3 分泌量增加。NH_3 具有脂溶性，能通过细胞膜向外自由扩散。一般小管液的 H^+ 浓度较高，所以 NH_3 较易向小管液中扩散，并与小管液中的 H^+ 结合生成 $NH_4{}^+$，$NH_4{}^+$ 为水溶性的，不能通过细胞膜返回细胞内，而是与小管液中的强酸盐的负离子结合，生成酸性铵盐随尿排出。

4．其他物质的分泌

机体代谢所产生的肌酐和对氨基马尿酸，既能从肾小球滤过，又能由肾小管排泄，进入机体的某些药物（如青霉素、酚红等）主要通过肾小管的排泄作用，随尿排出。

三、影响尿生成的因素

（一）影响肾小球滤过作用的因素

1．滤过膜的通透性和滤过面积的改变

在正常情况下滤过膜通透性比较稳定，只有在病理情况下才发生改变而影响尿的生成量和成分。例如发生肾小球肾炎时，滤过膜增厚、肿胀，孔隙变小，滤过率降低，出现少尿甚至无尿。还可因为病变使滤过膜上带负电荷的糖蛋白减少或消失，对带负电荷白蛋白的同性电荷相斥作用减弱，使白蛋白易于滤过，出现蛋白尿。当病变引起滤过膜损坏时，红细胞也能滤出形成血尿。

肾小球滤过率还与滤过膜的有效滤过面积有关，当有效滤过面积显著减少时，肾小球的滤过量也将降低。在正常情况下，全部肾小球都处于活动状态，因而滤过面积保持稳定。在病理情况下，如急性肾小球肾炎，肾小球毛细血管内皮增生、肿胀，基膜也肿胀加厚，引起毛细血管腔狭窄甚至完全闭塞，致使有效滤过面积减小，滤过率降低，出现少尿甚至无尿现象。

2．有效滤过压的改变

组成有效滤过压的三个因素中任一因素发生变化，都能影响有效滤过压，从而改变肾小球滤过率。其中肾小球毛细血管压是在生理情况下影响有效滤过压的主要因素。

肾小球毛细血管压的高低取决于平均动脉压、入球小动脉和出球小动脉的舒张状态，这两者决定肾的血流量，因此影响有效滤过压。在安静状态下，肾血流量具有自身调节机制，肾小球毛细血管压能保持相对稳定，从而肾小球滤过率基本保持不变。当大失血导致动脉血压下降到 $10.7\ kPa$（$80\ mmHg$）时，超出了肾血流量自身调节范围，肾小球毛细血管压将相应下降，使有效滤过压降低，肾小球滤过率减少而引起少尿。当动脉血压降至 $5.3\sim6.7\ kPa$（$40\sim50\ mmHg$）时，肾小球滤过率降低至零，无尿生成。

在正常情况下,血浆胶体渗透压保持稳定。只有在血浆蛋白浓度降低时,才引起血浆胶体渗透压下降,从而使肾小球有效滤过压和滤过率增大,尿量增多。例如,静脉输入大量生理盐水,血液被稀释,血浆蛋白浓度降低、血浆胶体渗透压下降,肾小球滤过率增加,引起尿量增多。

在正常情况下,肾小囊内压比较稳定。当发生尿路梗阻时,如肾盂结石、输尿管结石或肿瘤压迫等,可引起输尿管阻塞、尿液聚集,患侧肾小囊内压升高,使有效滤过压降低,肾小球滤过率减少。此外,有的药物,如某些磺胺,容易在小管液酸性环境中结晶析出,或某些疾病发生溶血过多使滤液含血红蛋白时,其药物结晶或血红蛋白均可堵塞肾小管而引起肾小囊内压升高,导致肾小球有效滤过压和滤过率下降。

3. 肾血流量的改变

肾脏是机体供血量最多的器官,较大的血流量为肾小球滤过提供充足的血浆。肾小球入球端到出球端,由于血浆胶体渗透压逐渐升高,造成有效滤过压递减。当血浆流量增多时,其胶体渗透压上升速度变慢,有效滤过压递减速度随之减慢,肾小球滤过面积增加,滤过率增大;相反,则减小。在正常情况下,因肾血流量存在自身调节,肾小球血浆流量能保持相对稳定,只有在机体进行剧烈运动或处于大失血、严重缺氧等病理情况下,因交感神经兴奋增强,肾血管收缩,使肾血流量和肾小球血浆流量明显减少时,才引起肾小球滤过率降低。

(二) 影响肾小管和集合管重吸收和分泌作用的因素

1. 肾小管液中溶质的浓度

肾小管液中溶质的浓度是影响重吸收的重要因素。肾小管液中溶质所形成的渗透压,具有对抗肾小管和集合管重吸收水的作用。当肾小管液中溶质浓度增大而渗透压升高时,水的重吸收减少,排出尿量将增多。如糖尿病患者出现多尿,就是由于肾小管液中葡萄糖含量增多,肾小管不能将它全部重吸收回血,使肾小管液渗透压升高,从而妨碍水重吸收。临床上使用一些能经肾小球滤出而不能被肾小管重吸收的药物(如甘露醇),由静脉注入血液来提高肾小管液中溶质的浓度以提高渗透压,从而达到利尿以消除水肿的目的,这种利尿方式称为渗透性利尿。

2. 肾小管上皮细胞的机能状态

肾小管上皮细胞具有选择重吸收的作用,如因某种原因损伤肾小管的机能导致某些溶质的重吸收产生障碍,间接地影响水的重吸收,出现利尿效应。

3. 激素

激素的影响主要是抗利尿激素、肾素和醛固酮等对肾小管和集合管的重吸收和分泌作用的影响。

四、尿生成的调节

机体对尿生成的调节通过对肾小球的滤过作用和肾小管和集合管的重吸收、分泌作用的调节来实现。肾小球滤过作用的调节在前文已述。肾小管和集合管功能的调节包括肾内自身调节和神经、体液调节。

（一）肾内自身调节

肾内自身调节包括小管液中溶质浓度的影响、球-管平衡和管-球反馈等。

1. 肾小管液中溶质浓度的影响

肾小管液中溶质所呈现的渗透压，是对抗肾小管重吸收水分的力量。肾小管液溶质浓度越高，渗透压也越高，越不利于肾小管对水的重吸收，结果尿量增加。

2. 球-管平衡与管-球反馈

近球小管对溶质和水的重吸收量不是固定不变的，而是随肾小球滤过率的变动而发生变化的。肾小球滤过率增大时，滤液中的 Na^+ 和水的总含量增加；反之亦然。实验说明，不论肾小球滤过率增大还是减小，近球小管对溶质和水的重吸收始终保持在 $65\%\sim70\%$。这种现象称为球-管平衡。球-管平衡的生理意义在于使尿中排出的溶质和水不致因肾小球滤过率的增减而出现大幅度的变动。

管-球反馈是肾血流量和肾小球滤过率自身调节的重要机制之一。当肾血流量和肾小球滤过率增加时，到达远曲小管致密斑的小管液的流量增加，致密斑发出信息，使肾血流量和肾小球滤过率恢复至正常。相反，肾血流量和肾小球滤过率减少时，流经致密斑的小管液流量就下降，致密斑发出信息，使肾血流量和肾小球滤过率增加至正常水平。这种小管液流量变化影响肾血流量和肾小球滤过率的现象称为管-球反馈。

（二）神经和体液调节

1. 交感神经系统

肾血管主要受交感神经支配，肾交感神经兴奋通过下列作用影响尿生成：①入球小动脉和出球小动脉收缩，肾小球毛细血管的血浆流量减少且肾小球毛细血管的血压下降，肾小球的有效滤过压下降，肾小球滤过率减少；②刺激近球小体中的颗粒细胞释放肾素，导致循环中的血管紧张素Ⅱ和醛固酮含量增加，增加肾小管对 NaCl 和水的重吸收；③促进近球小管和髓袢内皮细胞重吸收 Na^+、Cl^- 和水。抑制肾交感神经活动则有相反的作用。

2. 抗利尿激素

抗利尿激素（ADH）又称血管升压素（VP），是由下丘脑视上核合成的一种多肽激素，经下丘脑-垂体束运输到神经垂体内储存，并由神经垂体释放入血。其主要作用是提高远曲小管和集合管上皮细胞对水的通透性，促进水分重吸收，使尿液浓缩，尿量减少（抗利尿）。此外，ADH 还能增强内髓集合管对尿素的通透性，增加髓质组织间液的溶质浓度，提高髓质组织间液的渗透压，有利于尿液浓缩。

大量发汗、严重呕吐或腹泻等情况使机体失水时，血浆晶体渗透压升高，可引起 ADH 分泌增多，使肾对水的重吸收活动明显增强，导致尿液浓缩和尿量减少。相反，大量饮清水后，尿液被稀释，尿量增加，从而使机体内多余的水排出体外。如果饮用的是等渗盐水（0.9%NaCl 溶液），则排尿量不出现饮清水后那样的变化。这种大量饮用清水后引起尿量增多的现象，称为水利尿。

3. 肾素-血管紧张素-醛固酮系统

肾素主要是由球旁细胞中的颗粒细胞分泌的。它受多方面因素的调节。目前认为，入球小动脉的压力下降、血流量减少及致密斑感受小管液中 Na^+ 浓度的变化，可引起球

旁细胞分泌肾素。

肾素能催化血浆中的血管紧张素原使之生成血管紧张素Ⅰ。血液和组织中,血管紧张素转换酶可使血管紧张素Ⅰ降解,生成血管紧张素Ⅱ。血管紧张素Ⅱ可刺激肾上腺皮质合成和分泌醛固酮。

血管紧张素Ⅱ对尿生成的调节包括:①刺激醛固酮的合成和分泌,调节远曲小管和集合管上皮细胞的 Na^+ 和 K^+ 转运;②可直接刺激近曲小管对 NaCl 的重吸收,使尿中排出的 NaCl 减少;③刺激垂体后叶释放抗利尿激素,因而增加远曲小管和集合管对水的重吸收,使尿量减少。

醛固酮是由肾上腺皮质所分泌的一种类固醇激素。其主要作用是促进远曲小管和集合管主动重吸收 Na^+,同时排出 K^+,所以有保 Na^+ 排 K^+ 作用。随着 Na^+ 重吸收,Cl^- 和水也被重吸收。醛固酮起着保持内环境中 Na^+、K^+ 正常含量和组织液、血量相对稳定的作用。

五、尿的排放

肾脏生成尿液后,进入输尿管,通过输尿管的蠕动送入膀胱,积聚到一定量时,引起反射性排尿过程,将尿液经尿道排出体外。

(一) 膀胱与尿道的神经支配

膀胱壁平滑肌又称逼尿肌,逼尿肌和内括约肌受交感神经和副交感神经的双重支配。副交感神经来自腰荐段脊髓发出的盆神经,兴奋可使逼尿肌收缩、膀胱内括约肌松弛,促进排尿。交感神经纤维是由腰段脊髓发出,经腹下神经到达膀胱。兴奋可使逼尿肌松弛、内括约肌收缩,阻止尿的排放。膀胱外括约肌受阴部神经(荐部脊髓发出的躯体神经)支配,它的兴奋可使外括约肌收缩。这一作用受意识控制。至于外括约肌的松弛,则是阴部神经活动的反射性抑制所造成的。如图 1-6-14 所示。

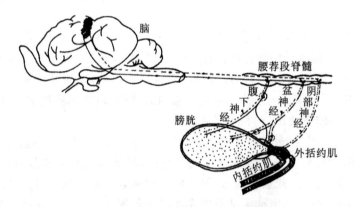

图 1-6-14 膀胱和尿道的神经支配示意图

(二) 排尿反射

排尿活动是一种反射活动。当膀胱尿量充盈到一定程度时,膀胱壁的牵张感受器受到刺激而兴奋。冲动沿盆神经传入,到达荐部脊髓的排尿反射初级中枢;同时,冲动也上传到脑干和大脑皮质的排尿反射高位中枢,产生尿意。排尿反射进行时,神经冲动沿盆神经传出,引起逼尿肌收缩、内括约肌松弛,于是尿液进入尿道。尿液对尿道的刺激可进一步反射性地加强排尿中枢活动,直至尿液排完为止。

六、肾脏的其他作用

肾脏是机体的一大排泄器官,其主要生理功能是生成尿液,将机体内代谢产物和不需要或过多的物质排斥体外。肾脏在泌尿过程中,还参与机体水平衡、电解质平衡和酸碱度平衡的调节。因此,肾脏对机体的内环境的稳定起着十分重要的作用。

此外,肾脏还可分泌一些生物活性物质,包括肾素、促红细胞生成素、1,25-二羟维生素 D_3 及前列腺素等。

 总结与复习

泌尿系统由肾、输尿管、膀胱和尿道组成,肾是核心器官,主要作用是滤过血液、生成尿液和保持机体内环境相对恒定,输尿管、膀胱和尿道则分别是输尿、贮尿和排尿的器官。尿液的生成是通过肾小球的滤过作用和肾小管、集合管的重吸收与分泌排泄作用而实现的。学习本单元内容时,学生要及时与同学和老师交流,教师也要及时收集和处理学生反馈的问题,帮助学生理解泌尿器官的形态位置及构造关系和尿的生成过程等重要知识点,采用多媒体教学与现场教学相结合的教学方法,给学生营造直观、真实的学习环境。

 复习题

1. 家畜的泌尿系统由哪些器官构成？这些器官各有何功能？
2. 猪、马、牛、羊的肾脏有何区别？其形态位置如何？
3. 尿液的成分和形状如何？
4. 家畜尿液是怎样生成的？影响尿生成的因素有哪些？

单元七 生殖系统

知识目标

了解家畜生殖系统的组成、结构；熟知精索、曲精细管、输卵管伞、输精管壶腹、子宫阴道部、尿生殖道、排卵、泌乳、初乳、常乳、性成熟、体成熟、受精、妊娠、分娩等概念,乳的性状、成分及乳的生成过程；掌握睾丸、附睾、卵巢和子宫的形态、位置、构造及其生理功能,阴囊的构造,副性腺的组成及功能,以及母畜分娩的过程。

素质目标

通过对家畜生殖系统的学习,认识生殖系统的组成、结构和功能,同时认识到生命的宝贵,学会关爱生命,关注自身健康和发展,树立正确的生命观。

动物解剖生理·

能力目标

通过观察家畜生殖系统模式图、睾丸和卵巢结构模式图等,培养发现问题、系统分析问题和综合运用知识的能力。通过理论学习、生殖系统实体解剖训练,具备生殖器官的解剖和识别技能。通过观看家畜受精、妊娠和分娩过程的录像,正确认识和掌握生殖系统的基础知识,为繁殖、育种等后续课程的学习打好专业基础。

第一节　雄性家畜生殖系统

公畜生殖系统(图1-7-1)由睾丸、附睾、输精管、精索、阴囊、副性腺、尿生殖道、阴茎和包皮组成。其中睾丸、附睾、输精管、副性腺及尿生殖道称为内生殖器官,阴茎、包皮及阴囊称为外生殖器官。

图 1-7-1　公猪生殖系统模式图

1.睾丸;2.附睾;3.尿道肌;4.输精管;
5.前列腺;6.精囊腺;7.膀胱;8.包皮憩室;
9.阴茎头;10.包皮;11.阴茎"乙"状弯曲;
12.阴茎缩肌;13.球海绵体肌;14.尿道球腺

一、睾丸

(一)睾丸的形态、位置

睾丸是成对的实质器官,位于阴囊内,左右各一,呈长椭圆形。睾丸分头、体、尾三部分。血管神经进入端为睾丸头,另一端为睾丸尾,中间为睾丸体。睾丸一侧有附睾附着,称为附睾缘,另一侧为游离缘。睾丸具有产生精子和分泌雄性激素的功能。

各种家畜睾丸(图1-7-2)的形态、位置的特点:①牛、羊的睾丸,呈长椭圆形,其长轴与躯体长轴相垂直,上端为睾丸头,下端为睾丸尾,附睾位于睾丸的后端;②马的睾丸,呈椭圆形,其长轴与地面平

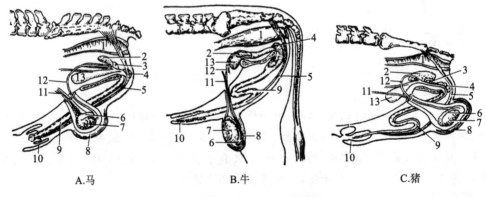

A.马　　B.牛　　C.猪

图 1-7-2　雄性动物生殖系统比较模式图

1.直肠;2.精囊腺;3.前列腺;4.尿道球腺;5.阴茎缩肌;6.附睾;
7.睾丸;8.阴囊;9.阴茎;10.包皮;11.精索;12.输精管;13.膀胱

146

行,前端为睾丸头,后端为睾丸尾,附睾位于睾丸的背侧;③猪的睾丸,发达,呈椭圆形,位于会阴部,睾丸长轴斜向后上方,睾丸头斜向前下方,睾丸尾斜向后上方,附睾位于睾丸的前背侧。

在胎儿时期,睾丸原位于腹腔内肾脏附近,随着胎儿的发育,睾丸和附睾一起经腹股沟管下降到阴囊内,称为睾丸下降。家畜出生后,若有一侧或两侧睾丸没有下降到阴囊内,称为单睾或隐睾,不易种用。

(二) 睾丸的组织结构

睾丸(图1-7-3)表面为一层浆膜,称为固有鞘膜。固有鞘膜的深面是一层由致密结缔组织构成的白膜,白膜在睾丸头端深入睾丸实质内,一般沿着长轴向睾丸尾端延伸,形成睾丸纵隔。睾丸纵隔呈放射状分支形成睾丸小梁,并将睾丸实质分成许多睾丸小叶,每一小叶内有2~3条弯曲的曲细精管(精子产生的地方),曲细精管一端为盲端,另一端向睾丸纵隔延伸,变直为直细精管,进入纵隔与相邻小叶的直细精管汇合为睾丸网,睾丸网在睾丸头处汇合为6~12条睾丸输出管,穿出睾丸头组成附睾头的实质。最后汇合为一条长的附睾管,迂曲并增粗,构成附睾体和附睾尾,在附睾尾处附睾管延续为输精管。在睾丸实质内,相邻的曲细精管之间由睾丸间质细胞(能分泌雄性激素)所填充。

图1-7-3 睾丸和附睾结构模式图

1. 白膜;2. 睾丸小梁;3. 曲细精管;4. 睾丸网;
5. 睾丸纵隔;6. 输出管;7. 附睾管;8. 输精管;
9. 睾丸小叶;10. 直细精管

二、附睾

附睾(图1-7-3)附着在睾丸上,由睾丸输出管汇合而成,分为附睾头、附睾体和附睾尾三部分。在睾丸头端与睾丸输出管相接为附睾头,另一端为附睾尾,中间为附睾体。附睾尾再延续为输精管。附睾具有储存、运输、浓缩和促进精子成熟的功能。

三、输精管

输精管为运送精子的细长管道,由附睾管直接延续而成。输精管进入精索后,经腹股沟管入腹腔,然后折向后上方进入骨盆腔,开口于尿生殖道起始部背侧壁的精阜上。有些动物输精管在膀胱背侧形成输精管膨大部,称为输精管壶腹,如马、牛和羊等,猪的输精管不形成输精管壶腹。

四、精索

精索为扁圆的索状结构,在睾丸背侧较宽,向上逐渐变细,外包有鞘膜管,具有悬吊睾丸和附睾的作用。精索是由进出睾丸和附睾的血管、神经和淋巴管,睾内提肌,输精管及外表的固有鞘膜构成。动物在进行去势时(睾丸摘除术),必须将精索切断才能摘出睾丸和附睾,达到绝育的目的。

五、阴囊

阴囊（图 1-7-4）是腹壁形成的袋状囊，容纳睾丸和附睾，位于两股之间。它具有保护睾丸和附睾的作用。阴囊借助腹股沟管与腹腔相通，相当于腹腔的突出部。阴囊壁由皮肤、肉膜、阴囊筋膜和鞘膜构成。

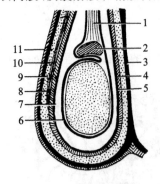

图 1-7-4 阴囊结构模式图

1.精索；2.附睾；3.阴囊中隔；
4.总鞘膜纤维层；5.总鞘膜；
6.固有鞘膜；7.鞘膜腔；8.睾丸外提肌；
9.筋膜；10.肉膜；11.皮肤

（一）皮肤

阴囊皮肤薄而柔软，富有弹性，是阴囊壁的最外层。沿中线形成阴囊缝，是去势时的位置定位标志。阴囊皮肤表面有较细的短毛，内含丰富的汗腺和皮脂腺。

（二）肉膜

肉膜紧贴于皮肤，相当于腹壁的浅筋膜，由大量的平滑肌构成。肉膜沿阴囊的正中矢状面形成阴囊中隔，将阴囊分成左、右互不相通的两个腔。肉膜有调节温度的作用，天冷时肉膜收缩，阴囊起皱，缩小散热面积，天热时肉膜松弛，阴囊下垂。

（三）阴囊筋膜

阴囊筋膜由腹壁的深筋膜和腹外斜肌的腱膜延伸而来，位于肉膜深面。在后外方有睾外提肌，此肌收缩时上提睾丸，使其接近腹壁，与肉膜一起调节阴囊温度。

（四）鞘膜

鞘膜位于阴囊筋膜的深面。当睾丸从腹腔下降到阴囊时，腹膜也随之被压入阴囊内形成腹膜袋，即鞘膜突。鞘膜包括总鞘膜和固有鞘膜。总鞘腹就是腹膜壁层向阴囊内的延续。固有鞘膜由腹膜的脏层延续而成。它紧贴在睾丸、附睾和精索外面。总鞘膜与固有鞘膜之间的空腔称为鞘膜腔，内有少量的浆液。鞘膜腔上端变细形成管状，称为鞘膜管，精索包于其中。鞘膜管通过腹股沟管与腹腔相通，当鞘膜管口过大时，小肠可经鞘膜管进入鞘膜腔内，形成阴囊疝或腹股沟疝。严重者需要手术治疗。

六、副性腺

副性腺包括前列腺、精囊腺和尿道球腺。副性腺的分泌物称为精清，有稀释精子、营养精子及改善阴道环境的作用。幼龄去势的动物，副性腺发育不充分。动物性成熟后摘去睾丸，副性腺逐渐萎缩。

（1）精囊腺：家畜的精囊腺有一对，位于膀胱颈背侧、输精管的外侧，腺管开口于精阜。由于种属不同，家畜精囊腺的形态特征也不同。猪的精囊腺特别发达，腺体呈棱形三面体状；马的精囊腺呈囊状；牛、羊精囊腺也较发达，腺体呈分叶状；犬无精囊腺。

（2）前列腺：家畜的前列腺有一个，位于尿生殖道起始部的背侧，并有许多腺导管开口于精阜后方的尿生殖道内。马的前列腺发达，由左、右腺叶和中间峡部构成；牛、猪的前列腺由腺体部和扩散部构成；羊的前列腺无腺体部，仅有扩散部。

（3）尿道球腺：家畜的尿道球腺有一对，位于骨盆部后端的背外侧，坐骨弓附近，其腺导管开口于尿道内。其分泌物透明黏滑，有冲洗、润滑尿道及刺激精子活动的作用。牛的尿道球腺呈胡桃状，马的呈卵圆形，猪的发达，呈圆柱形。

七、尿生殖道

尿生殖道为尿液和精液共同排出的通道。它起源于膀胱颈，沿骨盆腔顶壁向后伸延，绕过坐骨弓，再沿阴茎腹侧的尿道沟前行，开口于阴茎头，以尿道外口开口于外界。尿生殖道按所在位置分为骨盆部和阴茎部两部分，两部分以坐骨弓为界。尿生殖道起始部背侧壁黏膜的中央有一圆形隆起，称为精阜，上有一对输精管的开口，即射精孔。

八、阴茎和包皮

阴茎为公畜的交配器官，附着于两侧的坐骨结节，经两股之间向前伸至脐部，分为根、体、头三部。阴茎根以两阴茎脚附着于坐骨弓的两侧。阴茎体呈圆柱状，占阴茎的大部分。阴茎头位于阴茎的前端，各种家畜差异很大。牛、羊的阴茎呈圆柱状，细而长，阴茎体在阴囊的后方形成"乙"状弯曲，阴茎头长而尖，羊的还能伸出 3～4 cm 的尿道突；马的阴茎头膨大，阴茎粗大、平直，不形成"乙"状弯曲；猪的阴茎头尖细，呈螺旋状，阴茎体在阴囊的前方形成"乙"状弯曲，如图 1-7-1 所示。

包皮为阴茎头处的皮肤折转而形成的管状鞘，有容纳和保护阴茎头的作用。牛的包皮长而狭窄。包皮具有两对较发达的包皮肌。

第二节　雌性家畜生殖系统

母畜生殖系统（图 1-7-5）由卵巢、输卵管、子宫、阴道、尿生殖前庭和阴门等组成。

一、卵巢

（一）卵巢的形态、位置

家畜卵巢的形态位置因种属、年龄不同而有差异。一般家畜卵巢呈椭圆形，借卵巢系膜悬吊在腰椎下部、肾脏后方。血管、神经沿卵巢系膜出入卵巢的地方，称为卵巢门。卵巢没有专门的排卵管道，成熟的卵细胞从卵巢表面排出。卵巢近子宫端借卵巢固有韧带与子宫角的末端相连。

牛的卵巢呈稍扁的椭圆形，长 3.5～4 cm，厚约 2 cm，宽约 1.5 cm。羊的卵巢较圆，长约 1.5 cm，厚 0.5～1 cm，宽 0.5～1 cm。卵巢大小随

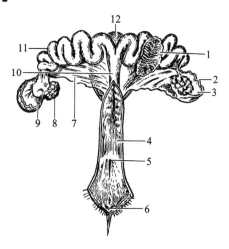

图 1-7-5　母猪的生殖系统模式图

1. 子宫黏膜；2.输卵管；3.卵巢囊；4.阴道黏膜；
5.尿道外口；6.阴蒂；7.纵隔阔韧带；8.卵巢；
9.输卵管腹腔口；10.子宫体；11.子宫角；12.膀胱

年龄改变而变化。卵巢通常位于骨盆前口两侧、髂外动脉前方(图 1-7-6)。怀孕和经产母牛卵巢后移位于腹腔内。成熟的卵细胞从卵巢表面排出。

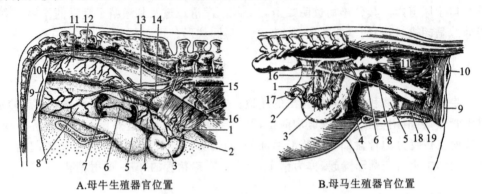

A.母牛生殖器官位置　　　　　B.母马生殖器官位置

图 1-7-6　母畜生殖器官位置关系模式图

1.卵巢;2.输卵管;3.子宫角;4.子宫体;5.膀胱;6.子宫颈;

7. 子宫阴道部;8.阴道;9.阴门;10.肛门;11.直肠;12.荐中动脉;13.尿生殖动脉;

14. 子宫中动脉;15.子宫卵巢动脉;16.子宫阔韧带;17.输卵管伞;18.骨盆底;19.尿道

马的卵巢呈蚕豆形,表面光滑,长 7~8 cm,厚 3~4 cm。卵巢腹缘有凹陷,称为排卵窝,成熟的卵细胞由此排出。卵巢约位于第 4、5 腰椎横突腹侧,常与腰部腹壁相接。

猪的卵巢因年龄不同而有差异。4 月龄内的母猪卵巢呈椭圆形,较小,0.4 cm×0.4 cm×0.5 cm,表面光滑,肉红色,位于荐骨胛两侧稍后方,膀胱的前上方,位置固定;5~6 月龄的母猪卵巢体积增大,1.5 cm×1.5 cm×2 cm,呈桑葚形,表面有大小不等的卵泡突出,位置下垂前移至第 6 腰椎前缘或髋结节前缘横断面处的腰下部;性成熟及经产母猪的卵巢更大,长 3~4 cm,呈葡萄状,表面有大小不等的卵泡或黄体,位置再向前下方移动,在髋结节前缘约 4 cm 处的横断面上。

(二) 卵巢的组织结构

卵巢(图 1-7-7)由外表的被膜和被膜下的实质构成,实质包括浅层皮质和深层髓质。

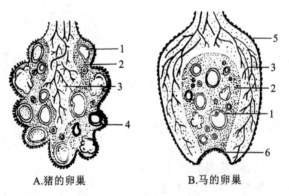

A.猪的卵巢　　　　　B.马的卵巢

图 1-7-7　卵巢结构模式图

1.卵泡;2.皮质;3.髓质;4.生殖上皮;5.浆膜;6.排卵窝

1. 被膜

卵巢表面除被覆卵巢系膜外,还被覆一层生殖上皮,是卵细胞发生的最初部位。生殖上皮的深层为由一薄层致密结缔组织构成的白膜。马的生殖上皮仅分布在排卵窝处,其余均由浆膜覆盖。

2. 实质

牛、羊、猪的卵巢皮质在外周,含有许多发育不等的各级卵泡;髓质在中央,内含丰富的血管、神经、淋巴管和平滑肌,并由结缔组织填充。而马属动物的卵巢皮质和髓质位置相反,皮质在中央,靠近排卵窝处分布许多发育不等的卵泡。

二、输卵管

输卵管是位于子宫角和卵巢之间的两条输送卵子的管道,具有输送卵子和提供受精场所的功能。输卵管靠近卵巢侧的部分管径较粗,而靠近子宫角的部分管径较细。

输卵管分为漏斗部、壶腹部和峡部三个部分。漏斗部是靠近卵巢侧的部分,管径膨大,边缘不规则呈伞状,又称输卵管伞。伞的中央有一小的输卵管腹腔口与腹腔相通,后端有输卵管子宫口通子宫。壶腹部较长,管腔膨大,管壁薄而弯曲,是哺乳动物的受精场所。峡部短,细而直,管壁较厚,末端以输卵管子宫口与子宫角相连通。

输卵管管壁具有黏膜层、肌层和浆膜结构。黏膜上有向子宫摆动的纤毛。

牛、羊的输卵管长 20～25 cm,弯曲少,伞部大,壶腹部不明显,末端与子宫角无明显界限。马的输卵管长 20～30 cm,弯曲,输卵管伞附着在排卵窝处,壶腹部明显,末端与子宫角界限明显。猪的输卵管长 15～30 cm,弯曲度小,末端与子宫角无明显界限。

三、子宫

(一) 子宫的形态、位置

家畜的子宫是中空的腔性器官,富于伸展性,是胎儿生长发育的地方。子宫借助子宫阔韧带悬吊在腰下部和骨盆腔侧壁,大部分位于腹腔内,小部分位于骨盆腔内、直肠和膀胱之间。子宫被子宫阔韧带所固定。子宫阔韧带内有丰富的结缔组织、血管、神经及淋巴管。子宫前端与输卵管相通,后端与阴道相通。

家畜的子宫多属双角子宫,可分为子宫角、子宫体和子宫颈三部分。子宫角有一对,为子宫的前部,与输卵管相通。两子宫角后端合并为子宫体。子宫体呈圆筒状,向后延续为子宫颈。有些家畜子宫颈后端突入阴道内的部分称为子宫颈阴道部,平时闭合,发情时松弛,分娩时扩大。各种家畜子宫的特征如下(图 1-7-8)。

牛、羊的子宫由于瘤胃的挤压,大部分位于腹腔后部右侧。子宫角长 35～40 cm(羊 10～20 cm),羊角状;子宫体短,长 3～4 cm(羊约 2 cm);子宫颈长约 10 cm(羊约 4 cm)并突入阴道内形成子宫阴道部。子宫颈的外口有明显的环形辐射状黏膜褶,呈菊花状。

马的子宫呈 Y 形,子宫角稍弯呈弓状,子宫角约与子宫体等长,子宫颈阴道部明显,呈现花冠状黏膜褶。

猪的子宫角很长,子宫体短,子宫颈长与阴道无明显界限,不形成子宫颈阴道部。子

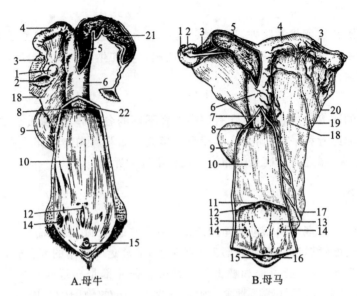

图 1-7-8 母牛、母马生殖器官

1.卵巢；2.输卵管伞；3.输卵管；4.子宫角；5.子宫黏膜；6.子宫体；7.子宫颈阴道部；8.子宫颈口；
9.膀胱；10.阴道；11.阴瓣；12.尿道外口；13.尿生殖前庭；14.前庭大腺；15.阴蒂；16.阴蒂窝；
17.子宫后动脉；18.子宫阔韧带；19.子宫中动脉；20.子宫卵巢动脉；21.子宫阜；22.阴道穹窿

宫颈黏膜在两侧集拢成两列半圆形隆起，相间排列，因而使子宫颈管呈螺旋状。

（二）子宫的组织结构

子宫壁可分为黏膜、肌层和浆膜三层。子宫黏膜又称为子宫内膜，内有子宫腺，分泌物对早期胚胎有营养作用。牛、羊的子宫角和子宫体的黏膜上有特殊的圆形隆起，称为子宫阜或子宫叶阜。子宫阜共有四排 100 多个（羊为 60 多个，顶端略凹陷）。妊娠时子宫阜特大，是胎膜与子宫壁相结合的部位。临床上胎衣不下时将子宫阜与胎盘之间分离即可。子宫肌层发达，主要由两层平滑肌构成，内有血管、神经和淋巴管。在怀孕时，肌细胞增大增多。分娩时肌层强烈收缩，可使胎儿娩出。外膜为一层浆膜。

四、阴道

阴道是母畜交配器官和产道，位于骨盆腔内，在子宫后方，背侧与直肠相邻，腹侧与膀胱及尿道相邻。阴道前通子宫，向后延接尿生殖前庭。阴道腔有子宫颈突入而形成环形的隐窝，称为阴道穹窿。阴道向后腹侧壁上黏膜形成不明显的皱褶，称为阴瓣，为阴道和尿生殖前庭的分界。

五、尿生殖前庭和阴门

尿生殖前庭是交配器官和产道，也是尿液排出的经路。它位于直肠的腹侧，前接阴道，后端以阴门与外界相通。在尿生殖前庭的腹侧壁上，靠近阴瓣的后方有尿道外口，在尿道外口腹侧有尿道下憩室，长约 3 cm。

阴门位于肛门腹侧,由左、右两阴唇构成,两阴唇间的裂缝称为阴门裂。在腹侧联合处内部有一小突起,称为阴蒂。

 # 第三节　生殖生理

动物能产生与本身相似的子代,借以繁衍种族的功能称为生殖。生殖是保证生物体和种族繁殖最基本的生命活动。

一、性成熟和体成熟

(一) 性成熟

哺乳动物生长发育到一定时期,生殖器官基本发育完全,并具备繁殖能力,这一时期称为性成熟。达到性成熟的动物,其性腺能形成成熟的生殖细胞和产生性激素,出现各种性反射,能完成交配、受精、妊娠和胚胎发育等生殖过程。性成熟是一个发展过程,它的开始阶段称为初情期。公畜的初情期不易判断,一般以动物开始出现各种性行为(如阴茎勃起、爬跨母畜、交配等)为标志。母畜初情期的主要表现是第一次发情。

(二) 体成熟

性成熟后,动物体组织继续发育,直到具有成年动物固有的形态和结构特点,称为体成熟。动物性成熟时,虽然具备了生殖能力,但身体还未发育完全,不能配种和繁殖,否则对种畜自身发育和后代体质产生不良影响。只有待体成熟后,动物各器官系统的功能发育较完善,才允许用于繁殖。各种动物性成熟和初配月龄见表 1-7-1。

表 1-7-1　动物性成熟和初配月龄

动物种类	性成熟月龄	平均初配月龄
牛	10～18	24～36
猪	5～8	8～12
马	12～18	36～48
羊	6～8	12～18
犬	6～8	品种差异大
兔	4～5	4～8

二、雄性活动生理

(一) 睾丸的功能

1. 睾丸的生精功能

睾丸由曲细精管和间质细胞组成。曲细精管上皮又由生精细胞和支持细胞构成。原始的生殖细胞为精原细胞。从初情期开始,精原细胞分阶段发育形成精子。支持细胞为

各级生殖细胞提供营养,并起着保护与支持作用,为生精细胞的分化发育提供合适的微环境。

睾丸生成精子的过程是在一定时间内有规律地进行的。精子生成后由曲细精管管壁基膜逐渐转移至管腔中。生成的精子经曲细精管至直细精管、睾丸网而转向附睾并储存,且在附睾中发育成熟和获得运动的能力,通过性活动射精而随精液排出。若长时间不射精,精子则逐渐衰老、死亡并被吸收。动物由精原细胞发育成为精子的时间称为生精周期,它反映精子生成速度。牛约 60 d,猪约 35 d。

动物种属不同,睾丸产生精子量也不同,如单次射精量猪为 180 mL(20 亿～30 亿精子/mL),牛为 6 mL(1000 亿～1800 亿精子/mL)。精液量和精子数太少不易使卵子受精,因此在临床上经常检查精液质量,来确保受精率。

2. 睾丸的内分泌功能

(1) 雄激素:睾丸间质细胞分泌雄激素,主要为睾酮。其生理作用如下:①维持生精;②刺激生殖器官的生长发育,促进雄性副性征的出现并维持其正常状态;③维持正常的性欲;④促进蛋白质合成,促进骨骼肌生长与钙、磷沉积和红细胞生成等。

(2) 抑制素:睾丸支持细胞分泌的糖蛋白激素。抑制素对腺垂体的促卵泡素(FSH)分泌有很强的抑制作用,对黄体生成素(LH)的作用不明显。

3. 睾丸的功能调节

动物的性腺活动往往具有周期性。睾丸的生精与内分泌功能受下丘脑-腺垂体的调节。而下丘脑、腺垂体的活动又受到雄激素和抑制素的负反馈调节,从而构成了下丘脑-腺垂体-睾丸轴。在内、外环境因素的作用下,下丘脑可释放促性腺激素释放激素(GnRH),促进腺垂体分泌 FSH 和 LH,FSH 和 LH 经血循至睾丸控制精子的生成。雄性激素在血浆中达到一定浓度时,反馈性地抑制 GnRH、FSH 和 LH 的分泌,从而使睾酮的分泌量维持在一定水平。曲细精管中的支持细胞分泌的抑制素对 FSH 的释放具有很强的负反馈作用。

(二) 其他雄性生殖器官的功能

1. 附睾的生理功能

(1) 储存精子。精子生成后在附睾中储存。附睾尾部温度较低,CO_2 含量高,pH 值低,使精子处于休眠状态,有利于精子的长期存活。

(2) 使精子进一步成熟。曲细精管生成精子并未达到生理上的成熟,没有受精能力。在附睾中的精子,通过附睾的分泌物与精子所特有酶系的共同作用,使精子的代谢发生改变而达到生理上的成熟。

(3) 吸收功能。睾丸液有 99% 在附睾头部被吸收,使精子进一步浓缩。衰老、死亡的精子及其崩解产物也被附睾吸收。

(4) 分泌功能。附睾主要分泌甘油磷酸胆盐、肉毒碱、唾液酸等,这些物质与附睾内精子成熟和生殖活动有着密切关系。

2. 副性腺及阴茎和包皮的功能

(1) 前列腺、精囊腺和尿道球腺的分泌物称为精清,有稀释精子、营养精子及改善阴道环境的作用。精子与精清混合成精液。副性腺的功能受雄激素的直接控制,其分泌活动受中枢神经系统的调节。

(2)阴茎主要是公畜的交配器官。包皮有容纳和保护阴茎头的作用。

三、雌性活动生理

(一)卵巢的功能

1.卵巢的生卵功能

卵泡在胚胎期由卵巢表面的生殖上皮演化而来。卵细胞也由生殖上皮演化而成,其发育经过增殖期、生长期和成熟期三阶段。在增殖期,卵原细胞经过多次分裂产生大量卵母细胞。每一个卵母细胞周围被许多卵泡细胞包围形成原始卵泡。其中一部分原始卵泡继续发育,逐渐长大,称为生长卵泡。原始卵泡经过初级卵泡、次级卵泡,最后发育为成熟卵泡。

卵泡发育成熟后,在特定的时间和条件下,卵巢表面上皮细胞和卵泡膜溶解、破裂,将卵细胞及其周围组织一起排出腹腔的过程,称为排卵。动物的种属不同,其排卵数目也不同。在一个性周期中,单胎动物只有一个卵泡成熟并排出一个卵子,而多胎动物则有多个卵泡同时成熟并排出多个卵子。对大多数动物,卵巢周期性自发排出卵子,称为自发排卵;而有些动物(如骆驼、兔、猫、雪豹等)必须通过交配才能排卵,称为诱发排卵。

排卵后,残留在卵巢中的卵泡壁塌陷,卵泡腔内充满因卵泡膜血管破裂而流出的血液,并形成血凝块。然后卵泡壁细胞迅速生长变为黄体细胞。若排出卵子受精,黄体继续生长,称为妊娠黄体。牛、羊、猪持续到分娩前,马持续5～7个月。若排出卵子未受精,不久黄体就萎缩退化,最后形成白色物,称为白体。

2.卵巢的内分泌功能

卵巢主要分泌雌激素、孕激素和少量的雄激素、抑制素,妊娠期间卵巢还可分泌松弛素。雌激素的生理功能主要是对生殖器官生长发育及其活动、雌性副性征、性行为和机体代谢起调节作用。孕激素主要作用于子宫内膜和子宫肌,以适应孕卵着床和维持妊娠,进一步促进乳房的发育,并在妊娠后为泌乳作好准备。松弛素主要作用于产道,有利于产出胎儿。抑制素主要是反馈调节腺垂体,减少FSH的血中浓度,影响卵泡发育。

3.卵巢的功能调节

卵巢的功能调节可通过下丘脑-腺垂体-性腺轴的调控,同时卵巢激素也对下丘脑-腺垂体有反馈性调节作用。

(1)下丘脑-腺垂体对卵巢的调节:在内、外环境因素的作用下,下丘脑可释放GnRH,促进腺垂体分泌FSH和LH。FSH和LH经血循至卵巢,FSH可促进卵泡生长发育和成熟及分泌雌激素。LH主要维持排卵后黄体细胞分泌孕酮(也叫黄体酮)。

(2)卵巢激素对下丘脑-腺垂体的反馈调节:卵巢激素和孕激素反馈性调节下丘脑和垂体激素的分泌。当血中雌激素达到一定浓度时,又可对GnRH和FSH产生负反馈调节。

（二）其他雌性生殖器官的功能

1. 输卵管的生理功能

输卵管的主要生理作用如下：①接纳卵巢排出的卵子；②转运卵子和精子；③是精子获能和受精的场所；④是受精卵卵裂和早期胚胎发育的场所。

2. 子宫的生理功能

子宫是胚胎发育的场所，妊娠期所形成的胎盘是重要的内分泌器官。子宫的主要生理作用如下：①子宫肌的运动对生殖机能的影响，即发情期在卵巢激素和交配等因素的作用下，子宫肌发生节律性的收缩，可促进精子向输卵管方向移动，有利于受精；妊娠期在孕激素的作用下，子宫肌运动减弱，处于相对静止，有利于胎儿的生长发育；分娩时，在神经、体液的调节下，子宫肌发生强力收缩，促进胎儿排出。②提供胎儿生长发育所需的各种物质和环境。③子宫能分泌前列腺素而引起黄体溶解。④子宫颈分泌的黏液的作用，即发情期子宫颈分泌较为稀薄的黏液而有利于精子的通过，在妊娠期，其分泌物黏稠，闭塞子宫颈，可以防止感染物进入子宫。

3. 阴道的生理功能

阴道是交配器官，也是胎儿产出的通道。阴道前庭腺在动物发情时能分泌黏液，是兽医临床中鉴别母畜发情征兆之一。

四、精子发生和卵细胞构造

（一）精子发生

雄性动物达到性成熟后，睾丸不断生成精子，排入附睾，在交配时由输精管排出。雄性动物的睾丸生精作用一般没有季节性，终年都具备生精功能。但有些季节性繁殖的动物如绵羊、马、骆驼等，在配种季节睾丸生精尤为旺盛。

1. 精子的发生过程

精子是由睾丸曲细精管上皮的生精细胞发育而成的。原始的生精细胞为精原细胞，进入初情期后，精原细胞开始分化，经过增殖期、生长期、成熟期和成形期四个时期，发育成初级精母细胞、次级精母细胞、精子细胞及最终的精子(图1-7-9)。

（1）增殖期：由原始的生精细胞分化精原细胞，再经多次分裂，增加数目，最终形成初级精母细胞。

（2）生长期：初级精母细胞不断生长，体积增大，每个初级精母细胞经过减数分裂后产生两个较小的次级精母细胞。

（3）成熟期：次级精母细胞再次经过减数分裂，一个次级精母细胞分裂形成两个精子细胞。

（4）成形期：精子细胞演变成精子。核浓缩，高尔基复合体形成精子顶体，中心粒形成精子尾部。

由精原细胞发育成为精子所需的时间称为生精周期。它反映精子生成速度。

2. 影响精子发生的因素

温度是影响精子生成的主要因素，精子生成需要适宜的温度，如睾丸在腹腔内或腹股

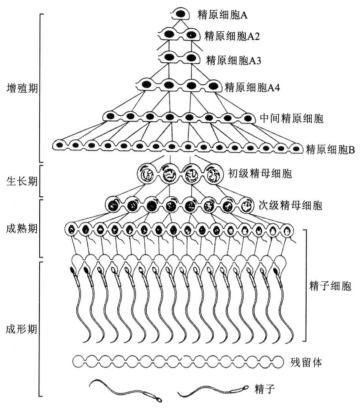

图 1-7-9　精子生成模式图

沟内(隐睾症),由于腹腔温度比阴囊内温度高 1～8℃,将影响精子生成而不能生育。另外,动物的饲养条件尤其是营养状况和运动情况,对精子的生成也有重要的影响,在兽医临床中应当注意。

3. 精子发生的调节

精子的发生直接受下丘脑-腺垂体-睾丸轴的调节。

(二) 卵细胞的构造

卵细胞由生殖上皮演化而成,一个卵母细胞被许多卵泡细胞包围形成原始卵泡。原始卵泡经过初级卵泡、次级卵泡,最后发育为成熟卵泡(图 1-7-10)。有些卵泡在发育过程中逐渐退化,称为闭锁卵泡。

1. 原始卵泡

原始卵泡由一个卵母细胞及其周围许多卵泡细胞包围而成。原始卵泡多位于卵巢皮质靠表层,体积小,数量多,呈球形。原始卵泡在卵泡刺激素的作用下生长为初级卵泡。

2. 初级卵泡

卵泡内的卵母细胞逐渐增大,其周围卵泡细胞由一层变为多层排列。卵母细胞表面出现一层嗜酸性和折光性强的膜,称为透明带,实为卵泡细胞和卵母细胞共同分泌的一种糖蛋白。卵泡细胞可借此向卵母细胞输送营养。

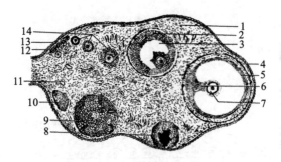

图 1-7-10　卵巢结构模式图

1.基质;2.次级卵泡;3.卵泡腔;4.成熟卵泡;5.颗粒层;6.卵丘;7.卵母细胞;
8.血体;9.黄体;10.白体;11.血管;12.原始卵泡;13.生殖上皮;14.初级卵泡

3. 次级卵泡

当卵泡不断增大时,在卵泡细胞间出现小的腔隙,腔隙中有卵泡细胞分泌的卵泡液。随着次级卵泡的进一步增大,腔隙也进一步增大,形成大的卵泡腔,腔内充满卵泡液。在卵泡液的挤压下,卵细胞及其周围的一些卵泡细胞被移到卵泡腔的一侧,形成丘状隆突,称为卵丘。卵泡腔周围的卵泡细胞密集排列成数层,衬于卵泡内壁上,称为颗粒层。卵泡周围的结缔组织进一步分化形成卵泡膜。卵泡膜分为内、外两层,卵泡内膜为细胞性膜,富含血管;卵泡外膜为结缔组织膜,与卵巢皮质的基膜无明显的界限。在卵泡膜与颗粒层之间有基膜。

4. 成熟卵泡

次级卵泡发育到最后阶段成为成熟卵泡。成熟卵泡体积进一步增大,逐渐接近于卵巢表面,并向卵巢表面隆起。在卵泡内,紧靠透明带的一层卵泡细胞体积增大,变成高柱状,呈放射状排列,称为放射冠。

许多动物的卵母细胞在成熟卵泡阶段进行第一次成熟分裂,形成次级卵母细胞和第一极体。然后进行第二次成熟分裂并在分裂中期停留,待受精后才能完成此次分裂。

五、胚胎的发育

胚胎的发育需要经过胚芽期、胚胎发生期和胎儿生长期三个时期。通过受精、卵裂、附植、胎膜和胎盘的形成过程才能发育成胎儿。

胚芽期的合子不断进行细胞的分裂和增殖,细胞数量不断增加,但形态变化很小。胚胎发生期的细胞发生分化,形成内、中、外三层胚层,并由各层分别形成各器官和组织。胎儿生长期是胚胎发育最长的时期,胎儿的体重和体积不断增长,直至分娩而产出。

(一) 受精

卵子与精子结合后成为受精卵(又叫合子),这个过程称为受精。家畜的受精部位在输卵管的壶腹部。进入生殖道内的精子,需要在子宫和输卵管内获得穿透卵子透明带的能力,这个过程称为精子获能。获能后的精子与卵子接触,经过精子的顶体反应,释放出透明质酸酶,溶解放射冠的基质,穿透透明带且卵黄膜进入卵内。此时,透明带反应且卵黄膜闭锁,防止后来精子入卵。

（二）卵裂

受精卵沿输卵管向子宫移动的同时，进行细胞分裂，称为卵裂。胚胎继续卵裂，整个胚胎看起来像一个桑葚，称为桑葚胚。桑葚胚进入子宫，继续分裂，体积扩大，形成中央含有少量液体的空腔，称为胚泡。在胚泡顶部出现的细胞团称为内细胞群。其余胚泡壁称为滋养层。

（三）附植

胚胎需要与母体建立物质交换关系（胎盘），以获取养分和排泄代谢废物。胚泡与子宫内膜发生组织学和生理学的联系，使胚泡附着于子宫内膜上，这一生理过程称为胚泡附植（或着床）。胚泡附植时，子宫内膜发生充血、变厚、上皮增生和子宫平滑肌活动减弱等一系列有助于胚泡附植的变化。完成附植的时间为：牛 45～75 d，马 90～105 d，猪 20～30 d，羊 10～22 d。

（四）胎膜和胎盘

胎膜是在胚胎发育过程中形成的一些附属结构，包括绒毛膜、羊膜、尿囊和卵黄囊（图1-7-11）。绒毛膜是胎膜的最外层，表面覆盖绒毛，也是胎儿胎盘的最外层。羊膜包围胎儿，内有羊水，胎儿浮于羊水中。尿囊是位于绒毛膜与羊膜之间的盲囊，牛、羊、猪的尿囊不完全包裹羊膜，而马的包裹范围较大。胎儿膀胱中的尿水通过脐尿管排入尿囊内。尿囊贴近绒毛膜处形成尿囊绒毛膜，内分化出血管，通过脐带与胎盘建立联系。卵黄囊上有密集的血管，胚胎早期发育借卵黄囊吸收养分。随着胚胎发育，尿囊开始退化。

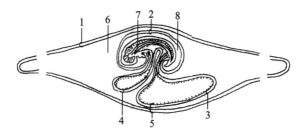

图 1-7-11　猪的胎膜模式图（约 25 体节期）

1.绒毛膜；2.羊膜；3.尿囊；4.卵黄囊；5.尿囊绒毛膜；6.胚外体腔；7.胚体；8.羊膜腔

胎盘是胎儿与母体进行物质交换的结构，分为胎儿胎盘和母体胎盘两部分。胎儿胎盘为尿囊绒毛膜，母体胎盘为子宫内膜。胎儿胎盘与母体胎盘发生组织学和生理学的联系，构成胎儿与母体进行物质交换的特殊结构。牛、羊的胎盘是由绒毛膜与子宫肉阜互相嵌合形成的。胎盘除具有物质交换功能外，还具有内分泌和免疫的功能。胎盘能分泌雌激素、孕激素、松弛素和催乳素等激素。胎盘的免疫功能主要是胎盘的屏障作用，即胎盘可以排斥某些物质进入胎儿体内，对胎儿起到免疫保护作用。

脐带是连接胎儿与胎盘的长索状结构，外包裹羊膜，内有脐动脉、脐静脉及尿囊柄。脐动脉将胎儿体内血液输至胎盘，与母体血液进行物质交换。脐静脉将胎盘血液输送给胎儿。

六、妊娠

(一) 妊娠的维持

胚泡在子宫内附植后,由胎盘提供营养,使胚泡在子宫内继续生长发育直至分娩的生理过程,称为妊娠的维持。胎盘是维持妊娠的主要器官,完成胎儿与母体的物质交换,保证胎儿的正常生长发育。胎盘和卵巢分泌的雌激素、孕激素等激素对妊娠的维持调节起到关键因素,同时也可促进胎儿的生长发育。

(二) 母畜的妊娠期

从卵子受精到正常分娩所经历的时期称为妊娠期。各种家畜的妊娠期的长短各不相同。见表 1-7-2。

表 1-7-2 各种动物的妊娠期

动物种类	平均妊娠期/d	变动范围/d
黄牛	282	240～311
水牛	310	300～327
猪	115	110～140
马	340	207～402
羊	152	140～169
犬	62	59～65
兔	30	28～33
猫	53	55～60

(三) 妊娠期母体的生理机能变化

1. 生殖系统的变化

生殖系统的主要变化为卵巢上的妊娠黄体分泌孕酮,抑制新卵泡的生长并阻止其成熟和排卵;子宫重量和体积增大,子宫肌活动减弱,黏膜增厚,子宫颈收缩,黏液形成宫颈塞;乳腺增大,腺导管和腺泡完全发育,为泌乳做准备。

2. 内分泌系统的变化

内分泌系统变化为甲状腺、甲状旁腺、肾上腺和垂体表现妊娠性增大和机能亢进;孕酮在整个妊娠期维持水平高,至分娩前几天下降;雌激素含量增加,分娩前几天急剧上升;催产素和肾上腺皮质激素在分娩前也上升。

3. 消化代谢变化

妊娠期间为满足胚胎生长发育的需要,母畜同化代谢增强,食欲增加,吸收能力增强。

4. 其他变化

由于母畜腹部增大,而表现为胸式呼吸。排尿次数增多,心脏负担加重而出现代偿性心肌肥大。

（四）假妊娠

雌性动物排出的卵子没有受精,但由于黄体的继续存在,经一定时间后,出现乳腺发育、泌乳和做窝等妊娠特征,这种现象称为假妊娠。假妊娠持续时间一般不长。犬、猫和家兔等动物常出现假妊娠。

七、分娩

分娩是发育成熟的胎儿从母体生殖道排出的生理过程。分娩的过程通常可分为开口期、胎儿娩出期和胎衣排出期三个时期。

（一）开口期

开口期是通过子宫的阵缩和节律性的收缩,将胎儿和胎水挤入已经松软和扩张的子宫颈,迫使子宫开放的时期。随着子宫肌的强力收缩而使胎膜破裂流出部分羊水,胎儿的前部顺着液流而进入骨盆腔。

（二）胎儿娩出期

从子宫颈完全开放至胎儿排出为胎儿娩出期。此期,子宫肌发生更加频繁、强烈而持久的收缩,同时腹肌和膈肌也发生协同收缩,努责明显。胎儿和胎膜通过子宫颈和阴道而产出。

（三）胎衣排出期

胎儿排出后,经过短时间的间歇,子宫肌重新收缩,其收缩力较弱且间歇时间长。随着收缩将胎衣排出。马和猪的胎盘较易脱离,胎衣排出较快。犬和猫的胎衣随胎儿同时排出。而有些动物较慢,如马约为 1 h,羊约为 3 h,牛约为 12 h。

八、泌乳生理

泌乳是哺乳动物继分娩以后的一个重要的生殖阶段。泌乳包括乳汁的分泌和排出两个既独立又互相制约的过程。乳腺是实现泌乳功能的腺体,腺体具有导管,属外分泌腺。

（一）乳腺的发育及其调节

1. 乳腺的发育

母畜的乳腺随着机体的生长而逐渐发育。性成熟前,主要是结缔组织和脂肪组织增生;性成熟后,在雌激素的作用下导管系统开始发育;妊娠后,乳腺组织生长迅速,不仅导管系统增生,而且每个导管的末端开始形成没有分泌腔的腺泡。妊娠中期,导管末端发育成为有分泌腔的腺泡,此时,乳腺的脂肪组织和结缔组织逐渐被腺体组织取代。妊娠后期,腺泡的分泌上皮细胞开始分泌初乳。分娩后,乳腺开始正常的泌乳活动。

2. 乳腺的发育调节

乳腺发育既受内分泌腺活动的控制,又受中枢神经系统的调节。乳腺的发育和泌乳是多种激素综合作用的结果。除雌激素和孕激素外,还有腺垂体分泌的催乳素、生长激素、促肾上腺皮质激素和肾上腺皮质激素等。在妊娠期胎盘分泌的激素也参与刺激乳腺

的发育。

此外,乳腺的发育还受神经系统的调节。刺激乳腺可促进其发育,切断乳腺神经,可使乳腺发育中止。

(二) 泌乳及其调节

乳腺组织的分泌细胞从血液中摄取营养物质生成乳汁后,分泌入腺泡腔内,这一过程称为泌乳。乳可分为初乳和常乳两种。

1. 乳的成分

生成乳汁的各种原料都来自血液,其中乳汁的球蛋白、酶、激素、维生素和无机盐等均由血液直接进入乳中,是乳腺分泌上皮细胞对血浆选择性吸收和浓缩的结果。

1) 初乳

分娩后最初 3～5 d 乳腺产生的乳称为初乳。初乳色淡黄而浓稠,稍有咸味和特殊的腥味,煮沸时凝固。初乳的特点是含丰富的球蛋白和白蛋白及大量的免疫抗体、酶、维生素及溶菌酶等。初乳中蛋白质成分较多,乳糖则较少。丰富的球蛋白和清蛋白能经肠壁被吸收入血,利于仔代血浆蛋白的迅速增加。初乳中维生素含量高,维生素 A 和 C 比常乳高约 10 倍,维生素 D 高 3 倍。初乳中矿物质较多,母牛分娩时乳中钙、镁、磷及钠的含量比产后几天要多约一倍,铁比常乳多 10～17 倍。镁盐的轻泻作用有利于幼仔排出胎便。动物分娩后第 1～2 d 内的初乳成分接近母体血浆中的含量,以后逐日发生改变(表1-7-3),这种变化有利于幼仔逐步适应出生后的营养方式。初乳中含有极高含量的免疫球蛋白,在分娩后通过哺乳的方式传给下一代。那些不能从胎盘传递抗体的动物,对新生幼仔哺乳尤为重要,因为初乳是它们的后代获得抗体和免疫球蛋白而形成被动免疫的重要途径。犊牛出生不久,消化道内酶会使抗体降解,肠对抗体的通透性也减弱,因而在出生后 24 h 之内吮吸初乳就显得十分重要。

表 1-7-3　乳牛初乳成分的逐日变化情况　　　　　　　(单位:%)

营养成分	1 d	2 d	3 d	4 d	5 d
干物质	24.58	22.0	14.55	12.76	13.02
酪蛋白	2.68	3.65	2.22	2.88	2.47
球蛋白、清蛋白	12.40	8.14	3.02	1.80	0.97
脂肪	5.4	5.0	4.1	3.4	3.4
乳糖	3.34	3.77	3.77	3.46	3.88
灰分	1.20	0.82	0.82	0.85	0.81

2) 常乳

初乳期过后,乳腺所分泌的乳汁称为常乳。各种动物的常乳(表1-7-4),均含水、蛋白质、脂肪、糖、无机盐、酶和维生素等。蛋白质主要是酪蛋白,其次是白蛋白和球蛋白。

乳中的脂肪是油酸、软脂酸和其他低分子脂肪酸的甘油三酯。乳中还含有少量磷脂、胆固醇等类脂。

乳中的糖仅有乳糖,它能被乳酸菌分解为乳酸。

乳中的酶类很多,主要有过氧化氢酶、过氧化物酶、脱氢酶、水解酶等。

乳中还含有来自饲料的各种维生素(维生素 A、B 族维生素、维生素 C、维生素 D 等)和植物性饲料中的色素(如胡萝卜素、叶黄素等)以及血液中的某些物质(抗毒素、药物等)。

乳中的无机盐主要有钠、钾、钙、镁的氯化物,磷酸盐和硫酸盐等,乳中的铁含量很少,所以哺乳的仔畜应补充少量含铁物质,否则易发生贫血。

表 1-7-4　各种家畜常乳成分表　　　　　　　　　　　　(单位:%)

动 物 类 别	干物质	蛋白质	脂肪	乳糖	灰分
乳牛	12.8	3.5	3.8	4.8	0.7
水牛	17.8	4.5	7.3	5.2	0.8
山羊	13.1	3.5	4.1	4.6	0.9
绵羊	17.9	5.8	6.7	4.6	0.8
马	11.0	2.0	2.0	6.7	0.3
猪	16.9	7.1	5.6	3.1	1.1

2. 乳的生成过程

乳的生成是在乳腺腺泡和细小乳导管的分泌上皮细胞内进行的。经过乳腺一系列复杂的选择吸收和合成过程生成乳。

(1)选择吸收过程:乳中的球蛋白、维生素和无机盐及酶、激素等,是乳腺的上皮细胞对血浆进行复杂的选择性吸收和浓缩的结果。与血液相比,乳中的钙多约 7 倍,镁多约 4 倍,钠却只有血液中的 1/7。

(2)乳腺的合成过程:乳中的蛋白质、脂肪和糖是乳腺从血液中吸取原料,经过复杂的生化合成过程而形成的。

① 乳蛋白的合成:乳中的主要蛋白质(酪蛋白、β-乳球蛋白和 α-乳白蛋白)是乳腺分泌上皮细胞的合成产物,其合成原料来自血液中的氨基酸。

② 乳脂的合成:乳脂几乎完全呈现甘油三酯状态。甘油三酯中的甘油,主要由葡萄糖转变而来,也可来自血液甘油三酯的甘油。但乳腺细胞不能利用葡萄糖合成脂肪酸。

③ 乳糖的合成:乳糖的主要合成原料是血液中的葡萄糖。反刍动物瘤胃发酵所产生的挥发性脂肪酸中,丙酸易被用于合成乳糖。

3. 乳的分泌调节

乳汁的分泌包括启动泌乳和维持泌乳两个过程。启动泌乳是指伴随分娩而发生的乳腺开始分泌大量乳汁。启动泌乳是受到雌激素、孕激素和催乳素的调节作用而实现的。同时肾上腺皮质激素含量增加,与催乳素协同作用发动泌乳。

启动泌乳后,乳腺能在相当长的一段时间内持续进行泌乳活动,使泌乳期延长或提高泌乳量,称为维持泌乳。维持泌乳必须依靠下丘脑的调控及多种激素的协同作用。一定水平的催乳素、肾上腺皮质激素、生长激素、甲状腺激素是维持泌乳的必需条件,其中催乳素尤为重要。哺乳或挤乳对乳房的刺激能反射性地引起脑垂体分泌催乳素,乳腺导管系统内压也能影响乳的分泌。

（二）排乳

哺乳或挤乳时,乳房容纳系统的紧张度发生改变,储积在腺泡和乳导管系统内的乳汁迅速流向乳池而排出的生理过程,称为排乳。

1. 排乳过程

在仔畜吮乳或挤乳之前,乳腺泡上皮细胞生成的乳汁连续地分泌到腺泡腔内。当腺泡腔和细小乳导管充满乳汁时,腺泡周围的肌上皮细胞和导管系统的平滑肌反射性收缩,将乳汁转移入乳导管和乳池内。乳腺的全部腺泡腔、导管、乳池构成乳的容纳系统。

排乳是一种复杂的反射过程。哺乳或挤乳,能反射性地引起腺泡和乳导管收缩,乳汁排出体外。最先排出的乳是乳池内的乳。腺泡和乳导管的乳必须依靠乳腺内肌细胞的反射性收缩才能排出。这些乳称为反射乳。

2. 排乳的神经-体液调节

排乳是有高级神经中枢、下丘脑和垂体参加的复杂反射活动。

（1）神经调节:挤压或吮吸乳头时对乳房内、外感受器的刺激,是引起排乳反射的主要非条件刺激,外界环境的各种刺激经常通过视觉、听觉、嗅觉、触觉等均可形成大量促进或抑制排乳的条件反射。非条件反射弧的传入,神经冲动从乳房感受器开始,传入冲动经精索外神经传进脊髓至下丘脑的室旁核和视上核（是排乳反射的基本中枢）,在大脑皮质中有相应的代表区。精索外神经和交感神经支配乳腺平滑肌的活动。

（2）体液调节:主要是通过神经垂体释放催乳素。作用于腺泡和终末乳导管周围的肌上皮细胞并引起收缩,使腺泡乳排出。

（3）排乳的抑制:动物的疼痛、不安、恐惧和其他情绪性纷乱常抑制其排乳。抑制可通过反射中枢或者外周性抑制起作用。中枢的抑制性常阻止神经垂体释放催产素。外周性抑制效应常引起肾上腺髓质释放肾上腺素,使乳房内、外小动脉收缩,导致排乳抑制。

3. 乳导管系统内压与泌乳和排乳的关系

由于乳腺腺泡上皮细胞分泌的乳汁不断由腺泡腔流入乳导管系统,构成乳导管系统内压。如果分娩后的母畜不哺乳或不挤乳,将引起乳导管系统内压增高,引起乳腺泡上皮细胞分泌的乳量减少,同时压迫血管,使乳腺的血流量也减少,乳的合成减弱,就会引起泌乳停止;经过哺乳或挤乳后,乳导管系统内压下降,有助于乳腺上皮细胞分泌乳。因此,乳从乳腺有规律排空是维持泌乳的必要条件。

 总结与复习

公畜的生殖系统由睾丸、附睾、输精管、精索、阴囊、副性腺、尿生殖道、阴茎和包皮组成。睾丸能产生精子,精子与副性腺分泌的精清混合成精液。母畜生殖系统由卵巢、输卵管、子宫、阴道、尿生殖前庭和阴门等组成,卵巢产生卵子,输卵管提供精卵结合部位,子宫具有孕育胎儿的功能。家畜通过交配、受精、妊娠和分娩等一系列的生殖活动,完成动物种族的延续。要以科学的态度来学习本单元内容,发现问题时,要及时向同学和老师交流,教师也要及时收集和处理学生反馈的问题,疏导学生心理障碍,帮助学生理解睾丸、卵巢、子宫等生殖器官的形态、位置及构造关系和受精、妊娠、分娩过程等重要知识点。

复习题

1. 公畜、母畜的生殖系统由哪些器官构成？这些器官各有何功能？
2. 睾丸、卵巢和子宫的形态、位置及内部构造关系如何？
3. 何谓受精、妊娠和分娩？分娩的过程分为哪几个阶段？
4. 牛、羊、猪的卵巢与马的卵巢有何区别？
5. 牛、羊、猪、马的睾丸、附睾与躯体的位置关系如何？

单元八 心血管系统

知识目标

了解家畜心血管系统的组成、结构，家畜全身主干血管的分支分布特点；熟知动脉、静脉、大循环、小循环、微循环和血液黏滞性、血压、血沉、血液凝固、心动周期等概念；掌握家畜心脏的形态、位置、构造和机能，血管的类型及功能，血细胞的形态机能，以及血液凝固过程和心肌的生理特性。

素质目标

通过对家畜心脏位置的确定、心音的听取、采血和静脉注射的演练、脉搏的测定等学习活动，养成仔细、认真的工作态度，具备兽医临床工作的基本职业素质。

能力目标

通过本单元的学习，具备在活体动物身体上准确地确定心脏的形态、位置的能力和正确听取心音的能力；具备正确采血和静脉注射及脉搏测定技能；具备利用心脏、血管和血液的生理特性，解决兽医临床中常见问题的技能。培养运用理论知识指导实践的综合运用能力。

 第一节 心血管系统的组成、结构

家畜的心血管系统由心脏、血管和血液三大部分构成。它们共同构成机体的循环系统。

一、心脏

（一）心脏的形态、位置

心脏是一个中空的肌质器官，外形呈倒立的圆锥形，略向前凸，后缘短而直。心脏上部大且较固定，称为心基，上有进、出心脏的大血管，下部小且游离，称为心尖。心脏表面有一条环绕心脏的冠状沟，是心房和心室的分界。冠状沟上部为心房，下部为心室。在心室的左前方，有一条左纵沟（锥旁室间沟），右后方有一条右纵沟（窦下室间沟），左、右纵沟是左、右心室的分界，右前部为右心室，左后部为左心室。在牛的心脏（图1-8-1）后缘还有

一条浅的副纵沟。在冠状沟、室间沟和副纵沟内有营养心脏的血管并填充有脂肪。

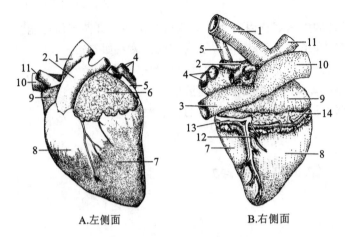

A.左侧面   B.右侧面

图 1-8-1 牛心脏左、右侧观

1.主动脉;2.肺动脉;3.后腔静脉;4.肺静脉;5.左奇静脉;6.左心房;7.左心室;8.右心室;
9.右心房;10.前腔静脉;11.臂头动脉总干;12.心中静脉;13.心大静脉;14.右冠状动脉

  心脏位于胸腔纵隔内,夹在左、右肺之间,略偏左侧。牛的心脏位于第 3、6 肋骨之间,心基正对着肩关节水平线上,心尖在膈肌前方 2~5 cm 处,正对第 6 肋骨下端。猪的心脏位于第 2、5 肋骨之间,心尖与第 7 肋骨和胸骨结合处相对。

(二)心脏的构造

  心脏被房间隔和室间隔分为右心房、右心室和左心房、左心室四个心腔,同侧的心房和心室以房室口而相通。心腔的内部构造如图 1-8-2 所示。

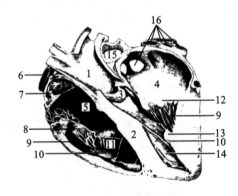

图 1-8-2 心脏纵切面

1.主动脉;2.室间隔;3.主动脉瓣;4.左心房;5.右心房;6.前腔静脉;7.梳状肌;8.三尖瓣;
9.腱索;10.心横肌;11.右心房;12.二尖瓣;13.乳头肌;14.左心室;15.肺动脉;16.肺静脉

1. 右心房

右心房位于心基的右前上部,房壁薄内腔大,由右心耳和静脉窦两部分构成。

右心耳是心房侧壁突出形成的锥形盲囊,囊壁内有许多排列不规则的肉嵴,称为梳状肌。梳状肌可防止静脉血液在此形成涡流。

静脉窦是前、后腔静脉开口处的膨大部,前、后腔静脉分别开口于右心房背侧壁和后壁。两静脉开口之间有奇静脉开口。前、后腔静脉开口之间有一发达的肉柱,称为静脉间嵴。它有分流前、后腔静脉血液,避免相互冲击的作用。后腔静脉开口处还有心静脉的开口。在后腔静脉开口处附近的房中隔上有一卵圆窝,是胎儿时期卵圆孔的遗迹。右心房下方有右房室口,借此与右心室而相通。

2. 右心室

右心室位于心脏的右前下部,下端不达心尖,心室内腔较小,室壁薄。其入口为上部的右房室口,出口为左上部的肺动脉口。

(1) 右房室口:由致密结缔组织构成的纤维环围成,纤维环上有 3 片三角形的瓣膜,称为右房室瓣或三尖瓣。瓣膜基部附着于纤维环上,游离缘向下垂入心室,并有腱索(结缔组织)连于心室肌的乳头肌上。瓣膜的作用是当心室收缩时血液挤压瓣膜使之合拢,关闭房室口,防止血液回流入心房。由于腱索牵拉,瓣膜不能过翻入心房。

(2) 肺动脉口:位于右心室的左上方,由此连通肺动脉。肺动脉口也由纤维环围成,纤维环上附着 3 片半月形的瓣膜,称为肺动脉瓣或半月瓣。瓣膜游离端朝向肺动脉端。当心室舒张时,肺动脉血液挤压瓣膜使之合拢,关闭肺动脉口,防止肺动脉血液回流入心室。

右心室壁较薄,在心室腔内有横过心室腔的心横肌,由于心横肌的牵拉,有防止心室过度舒张的作用。

3. 左心房

左心房位于心基的左后上部,其构造与右心房相似。左心耳为锥形盲囊,囊壁内也有梳状肌。在左心房后背侧壁上有 6~8 条肺静脉开口。左心房下方有左房室口,借此与左心室而相通。

4. 左心室

左心室位于心脏的左后下部,心室内腔大,室壁厚,下端构成心尖。左心室入口为后上方的左房室口,出口为前上方主动脉口。

(1) 左房室口:也由纤维环围成,环上附着 2 片强大的瓣膜,称为左房室瓣或二尖瓣。其结构作用同右房室瓣。

(2) 主动脉口:位于左心室的前上方,由此连通主动脉。主动脉口也由纤维环围成,纤维环上附着 3 片半月形的瓣膜,称为主动脉瓣或半月瓣。其结构、作用同肺动脉瓣。在牛的主动脉口纤维环上有 2 块心小骨,马的为软骨。

在左心室内也有心横肌,作用同右心室内的心横肌。

(三) 心壁的构造

心壁是指心腔壁,由外向内分为心外膜、心肌和心内膜三层。

1. 心外膜

心外膜是包围心肌外表面的一层浆膜,表面光滑、湿润。实际上心外膜是心包膜的脏层,由间皮和结缔组织构成。

2. 心肌

心肌是心壁中最厚的一层,由心肌纤维构成,呈红褐色。心肌被房室口的纤维环分隔

为心房肌和心室肌两个独立的肌系,这样心房肌和心室肌能够交替舒缩。心房肌较薄,心室肌较厚。尤以左心室肌最为发达,可达右心室肌厚度的3倍,但心尖部较薄。

3. 心内膜

心内膜是紧贴于心肌内表面的结缔组织膜,薄而光滑,并与血管内膜相延续。心瓣膜则是由心内膜折叠成双层结构,中间有一层是由结缔组织填充构成的。心内膜内分布有血管、淋巴管、神经和心脏传导系统的分支。

(四)心包

心包是包围心脏外表的纤维浆膜囊,囊壁由浆膜和纤维膜构成。因此,心包可分为心包浆膜和心包纤维膜。

心包浆膜分为脏层和壁层两层(图1-8-3)。脏层紧贴心肌外表面构成心外膜。脏层在心基处向外折转又包围心脏表面一层,形成心包壁层,两层之间形成的腔隙称为心包腔,内有少量心包液,起润滑作用,可减小心搏动时心肌与外界的摩擦力。

心包纤维膜包围于心包浆膜外表,是一层强韧的纤维结缔组织膜,由心基处大血管的外膜延续而成。

在心包纤维膜外面还被覆一层胸腔纵隔膜(即心包胸膜)。心包胸膜与心包纤维膜在心尖部共同构成心包胸骨韧带,有固定心脏的作用。

(五)心脏的血管和神经

1. 心脏的血管

心脏自身的血液循环称为冠状循环。冠状循环供给心脏营养,同时运走心脏的代谢产物。冠状循环血管由冠状动脉、毛细血管和心静脉构成。

冠状动脉由主动脉基部分出,分别沿左、右冠状沟和室间沟分支行走,称为左、右冠状动脉,并在心房和心室壁内反复分支形成毛细血管网。毛细血管网最后汇集成心静脉返回右心房。

2. 心脏的神经

分布于心脏的运动神经有交感神经(心加速神经)和迷走神经(心抑制神经)。交感神经可兴奋窦房结,加强心肌活动。后者作用与前者相反。

(六)心脏传导系统

心脏传导系统由特殊心肌细胞构成,特殊心肌细胞可自动产生兴奋、传导兴奋,使心脏有节律性地收缩和舒张,又称自律细胞。心脏传导系统(图1-8-4)由窦房结、房室结、房室束和浦肯野纤维组成。

(1)窦房结:位于前腔静脉和右心耳之间的界沟内心外膜下。有分支到心房肌,并发出结间束与房室结相连,窦房结自律性最高,为心脏正常起搏点。

(2)房室结:位于房中隔右房侧的心内膜下。

(3)房室束:房室结沿室中隔向下延续为房室束,并在室中隔上部分为左、右两束支,分布到左、右心室心内膜下,再分支形成许多细小的浦肯野纤维,与普通心肌细胞相连。

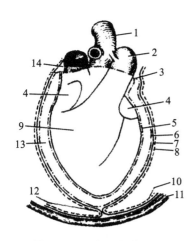

图 1-8-3　心包结构模式图

1.主动脉;2.肺动脉干;3.心包脏层与壁层转折点;
4.心房肌;5.心包脏层(心外膜);6.心包壁层;7.纤维膜;
8.心包胸膜;9.心脏;10.肋胸膜;11.胸壁;
12.胸骨心包韧带;13.心包腔;14.前腔静脉

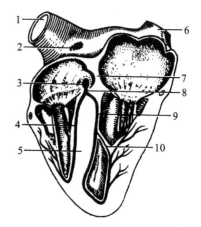

图 1-8-4　心脏传导系统示意图

1.前腔静脉;2.窦房结;3.房室结;
4.右束支;5.室间隔;6.后腔静脉;
7.房间隔;8.房室束;9.左束支;
10.心横肌

二、血管

(一)血管的种类

血管是血液流通的管道,根据其结构机能可分为动脉血管、静脉血管和毛细血管三种。

1.动脉血管

动脉血管是将心脏射出的血液输送出心脏的血管。体循环动脉血管发出许多分支,将血液输送至全身各器官和组织内,肺循环动脉血管将血液输送至肺脏。动脉血管分为大、中、小三种类型,心脏发出动脉血管较粗大,然后逐渐分支成中、小动脉血管。动脉血管管壁较厚,富有弹性,分为内、中、外三层。内层也叫血管内膜,由内皮细胞、结缔组织和弹性纤维构成;中层由平滑肌、弹性纤维和胶原纤维构成。血管管径不同,其管壁结构比例也不同,如大动脉血管以弹性纤维为主,中动脉血管由平滑肌和弹性纤维混合而成,小动脉血管以平滑肌为主。

2.静脉血管

静脉血管是将全身各部的血液引流入心脏的血管,由全身各器官组织的毛细血管汇集而成,最后汇集成较大的静脉血管开口于心脏。静脉血管也分为大、中、小三种类型。离心脏近的静脉血管较粗大。管壁也分为三层且分界不明显,管壁较薄,管腔较大,弹性小。有些静脉(如四肢静脉)血管内有静脉瓣膜,可防止血液逆心流动。

3.毛细血管

毛细血管是动脉血管和静脉血管之间的微细血管,也是体内分布最广的血管,在器官内分支相互吻合成毛细血管网。毛细血管管壁薄,仅由一层内皮细胞构成,通透性大,是血液和周围组织进行物质交换的场所。

（二）肺循环血管

肺循环是指血液从右心室至左心房的循环路径，又叫小循环。即由右心室射出的静脉血液经肺动脉流入肺脏，经过肺脏进行气体交换后，成为富含氧的动脉血液，经肺静脉流入左心房的循环路径。肺循环血管包括肺动脉血管、毛细血管和肺静脉血管。

1. 肺动脉血管

肺动脉血管起于右心室，在主动脉的左侧向后上方延伸，到心基的后上方分为左、右肺动脉，伴随左、右肺支气管一起由肺门进入肺脏。牛、羊、猪的右肺动脉还分出一支右肺尖叶支气管动脉进入右肺尖叶。肺动脉血管在肺内伴随支气管反复分支，形成毛细血管网包围肺泡，与肺泡进行气体交换。

2. 肺静脉血管

肺静脉血管由肺毛细血管网汇集而成，随肺动脉和支气管行走，最后汇集成6～8条肺静脉由肺门出肺，开口于左心房。

（三）体循环血管

体循环是指血液从左心室至右心房的循环路径，又叫大循环。即血液由左心室射出至动脉血管，经主动脉分支分布到全身各器官组织，形成毛细管网进行物质交换，然后汇集成静脉血管注入右心房的循环路径。体循环血管包括体循环动脉、体循环静脉和毛细血管三种。

1. 体循环动脉

体循环动脉经左心室发出，穿出心包后，先略向前倾，再向后上方呈弓状弯曲至第6胸椎腹侧，此段称为主动脉弓。主动脉再向后伸延至膈肌，此段为胸主动脉。再向后沿胸椎腹侧向后伸延穿过膈肌成为腹主动脉。主动脉弓在根部发出左、右冠状动脉和臂头动脉总干。体循环动脉的分支分布状况如图1-8-5和图1-8-6所示。

1）主动脉弓

主动脉弓根部发出左、右冠状动脉后，向前发出臂头动脉总干。

（1）左、右冠状动脉：由主动脉弓根部发出后，沿心脏冠状沟和左、右纵沟分支分布于心脏。

（2）臂头动脉总干：输送血液至头、颈、前肢和胸壁前部的血管总干。血管短而粗，由主动脉弓发出后，沿气管腹侧向前延伸，在第3肋骨处分出左锁骨下动脉，然后主干向前延续为臂头动脉。

（3）臂头动脉：臂头动脉总干的直接延续，沿气管腹侧向前延伸至第1肋骨处分出一对双颈的动脉总干后，主干向右延续为右锁骨下动脉。

（4）左、右锁骨下动脉：在胸腔内发出许多分支，分布到胸前部、鬐甲部和颈后部等处的肌肉和皮肤。其中还分出较粗的胸廓内动脉，沿胸骨背侧向后伸延，分布到胸腺、纵隔、心包、胸壁肌肉和膈肌等处。左、右锁骨下动脉在胸腔内发出分支后，呈弓状向前下方延续为左、右腋动脉。

2）头颈部的动脉

双颈动脉总干由臂头动脉分出后，向前伸延，在胸腔前口处分支出左、右颈总动脉。

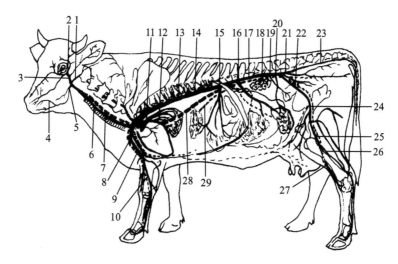

图 1-8-5　牛全身动脉、静脉分布图

1.枕动脉;2.颌内动脉;3.颈外动脉;4.面动脉;5.颌外动脉;6.颈动脉;7.颈静脉;8.腋动脉;

9.臂动脉;10.正中动脉;11.肺动脉;12.肺静脉;13.胸主动脉;14.肋间动脉;15.腹腔动脉;

16.肠系膜前动脉;17.腹主动脉;18.肾动脉;19.精索内动脉;20.肠系膜后动脉;21.髂内动脉;

22.髂外动脉;23.荐中动脉;24.股动脉;25.腘动脉;26.胫后动脉;27.胫前动脉;28.后腔静脉;29.门静脉

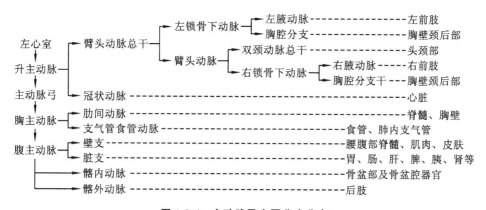

图 1-8-6　主动脉及主要分支分布

头颈部动脉的分支分布状况如图 1-8-7 和图 1-8-8 所示。

左、右颈总动脉位于颈静脉沟深部,左颈动脉沿食管外侧,右颈动脉沿气管外侧向前向上伸延,在寰枕关节处分支出枕动脉、颈内动脉和颈外动脉。颈总动脉沿途还分支分布到气管、食管、腮腺、甲状腺、咽和喉等处。

枕动脉向上伸延,进入颅腔和椎管,分布于脑、脊髓、枕部的肌肉和皮肤。

颈内动脉成年牛已退化,进入颅腔,分布到脑和脑膜。

颈外动脉是颈总动脉直接延续,向前向上伸延。主要分支有颌外动脉和颌内动脉,分布到面部的肌肉、皮肤、口腔、咽、腮腺、牙齿、眼球和泪腺等处。由于颌外动脉位于下颌血管切迹的皮下,在马属动物可用来检查脉搏。

在枕动脉(牛)或颈内动脉(马)的起始部血管稍膨大,称为颈动脉窦,窦壁内有压力感

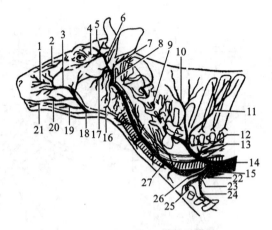

图 1-8-7　牛头颈部动脉分布图

1.眶下动脉;2.鼻背动脉;3.上唇动脉;4.泪腺动脉;5.角动脉;6.颞浅动脉;7.耳后动脉;8.枕动脉;
9.椎动脉;10.颈深动脉;11.肩胛背侧动脉;12.前上肋间动脉;13.肋颈动脉干;14.臂头动脉干;
15.臂头动脉;16.腰肌动脉;17.面横动脉;18.面动脉;19.下唇浅动脉;20.下唇深动脉;21.颏动脉;
22.双颈动脉干;23.左锁骨下动脉;24.胸廓内动脉;25.腋动脉;26.颈浅动脉;27.左颈总动脉

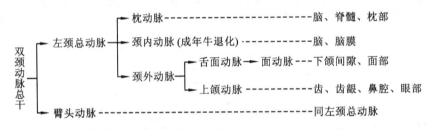

图 1-8-8　头颈部动脉分支

受器,对血压变化敏感。在颈总动脉分叉处的夹角内,有一小结节,称为颈动脉体(球),内有化学感受器,对血中 CO_2 和 O_2 的含量变化敏感。

3)前肢动脉

它是左、右锁骨下动脉的直接延续,沿前肢内侧向指端伸延。沿途延续为腋动脉、臂动脉、正中动脉和指总动脉。前肢动脉的分支分布状况如图 1-8-9 和图 1-8-10 所示。

(1)腋动脉:由锁骨下动脉延续而来,位于肩关节内侧,分支为肩胛上动脉和肩胛下动脉,分布于肩部的肌肉和皮肤。

(2)臂动脉:由腋动脉延续而来,位于肩部内侧,沿途分支动脉到臂二头肌、胸肌和臂骨等处,还分出臂深动脉、尺侧副动脉、桡侧副动脉和骨间总动脉。分布于臂部和前臂部的肌肉和皮肤。

(3)正中动脉:为臂动脉的延续,沿前臂内侧向下伸延,分布于前臂部的肌肉和皮肤。

(4)指总动脉:由正中动脉延续而来,位于掌骨内侧,分布于前肢远端的肌肉和皮肤。

4)胸主动脉

胸主动脉由主动脉弓延续而来,主要分支有支气管食管动脉和肋间背侧动脉。马还分支出膈前动脉,分布于膈脚。

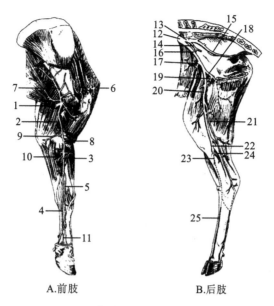

A.前肢　　　　　　　　　B.后肢

图 1-8-9　牛的前肢、后肢动脉分布图

1.腋动脉；2.臂动脉；3.正中动脉；4.指总动脉；5.正中桡动脉；6.肩胛上动脉；7.肩胛下动脉；
8.桡侧副动脉；9.尺侧副动脉；10.骨间总动脉；11.第 3 指动脉；12.腹主动脉；13.髂内动脉；
14.脐内动脉；15.阴部内动脉；16.髂外动脉；17.旋髂深动脉；18.股深动脉；19.腹壁阴部动脉干；
20.股动脉；21.隐动脉；22.腘动脉；23.胫前动脉；24.胫后动脉；25.跖背侧动脉

图 1-8-10　前肢动脉分支分布

（1）支气管食管动脉：约在第 6 胸椎处由胸主动脉发出。分支有支气管支和食管支。牛和猪的支气管动脉和食管动脉分别由胸主动脉发出。马的胸主动脉分出支气管食管动脉干后，立即分出一支支气管动脉和一支食管动脉，分布于肺内支气管和食管。

（2）肋间背侧动脉：肋间背侧动脉与家畜的肋骨数目一致，前端数对由左锁骨下动脉和臂头动脉分出，后端由胸主动脉分出。每根肋间动脉分为背侧支和腹侧支。背侧支分布于脊髓和脊柱背侧的肌肉和皮肤，腹侧支分布于胸侧壁的肌肉和皮肤。

5）腹主动脉

腹主动脉由胸主动脉向后延续而来，沿腰椎腹侧后行，沿途分出腹主动脉壁支和腹主动脉脏支，再向后伸延到第 5、6 腰椎处分出左、右髂外动脉和左、右髂内动脉。腹主动脉

的分支分布状况如图 1-8-11 和图 1-8-12 所示。

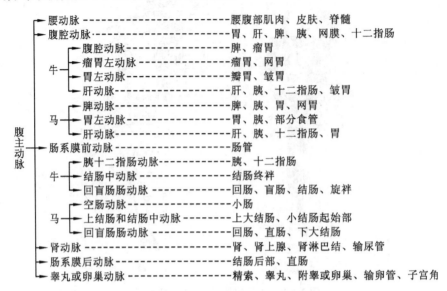

图 1-8-11　腹主动脉分支分布

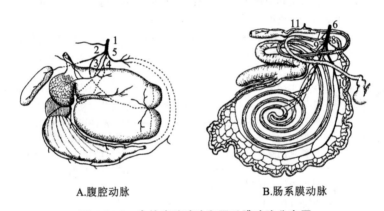

A.腹腔动脉　　　　　　　B.肠系膜动脉

图 1-8-12　牛的腹腔动脉和肠系膜动脉分布图

1.腹腔动脉；2.脾动脉；3.胃左动脉；4.瘤胃左动脉；5.肝动脉；6.肠系膜前动脉；

7.胰、十二指肠动脉；8.结肠中动脉；9.回盲结肠动脉；10.空肠动脉；11.肠系膜后动脉

　　腹主动脉脏支是分布于腹腔脏器的动脉，由前向后依次为腹腔动脉、肠系膜前动脉、肾动脉、肠系膜后动脉、睾丸或卵巢动脉。腹主动脉壁支是成对的腰动脉。

　　（1）腹腔动脉：单支，短而粗，由膈肌后方腹主动脉分出，再分支分布于胃、肝、脾、胰、网膜和十二指肠。

　　（2）肠系膜前动脉：单支，是腹主动脉最大的分支，由第一腰椎腹侧的腹主动脉分出，分布于肠管。

　　（3）肾动脉：1 对，短而粗，约在第 2 腰椎腹侧的腹主动脉分出，分支分布于肾、肾上腺、肾淋巴结和输尿管。

　　（4）肠系膜后动脉：单支，在第 3、4 腰椎腹侧的腹主动脉分出，分支分布于结肠后段和直肠前部。

（5）睾丸或卵巢动脉：腹主动脉分出肠系膜后动脉后，立即分出睾丸或卵巢动脉。睾丸动脉经腹股沟管进入精索，分布于精索、睾丸和附睾。卵巢动脉又分出输卵管动脉和子宫前动脉，分别分布于卵巢、输卵管和子宫角。

（6）腰动脉：有6对，前5对由腹主动脉分出，后1对起自髂内动脉，分布于腰腹部肌肉、皮肤和脊髓。

6）骨盆部和荐尾部动脉

它包括骨盆部动脉和荐尾部动脉。骨盆部和荐尾部动脉的分支分布状况如图1-8-13和图1-8-14所示。

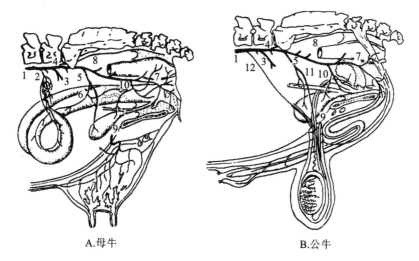

A.母牛　　　　　　　　　　B.公牛

图 1-8-13　牛骨盆部动脉分布图

1.腹主动脉；2.卵巢动脉；3.髂外动脉；4.髂内动脉；5.脐动脉；6.子宫动脉；
7.阴部内动脉；8.荐中动脉；9.阴部外动脉；10.尿生殖动脉；11.输精管动脉；12.睾丸动脉

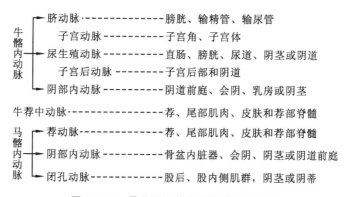

图 1-8-14　骨盆部和荐尾部动脉分支分布

（1）骨盆部动脉：由左、右髂内动脉分出，沿途分支分布于骨盆腔器官、荐臀部肌肉和皮肤及外生殖器等处。

（2）荐尾部动脉：腹主动脉分出左、右髂内动脉后向后延续为荐中动脉，沿途分支分布于荐部脊髓和肌肉。荐中动脉再向后延续到尾根腹侧转为尾中动脉，分布于尾部的肌

肉和皮肤。马的荐尾部动脉由髂内动脉分出。临床上将尾根动脉作为动脉脉搏检查部位。

7）后肢动脉

后肢动脉由左、右髂外动脉分出，沿髂骨前缘和后肢内侧面向趾端伸延，沿途延续为股动脉、腘动脉、胫前动脉、跖背外侧动脉。后肢动脉的分支分布状况如图 1-8-9 和图 1-8-15所示。

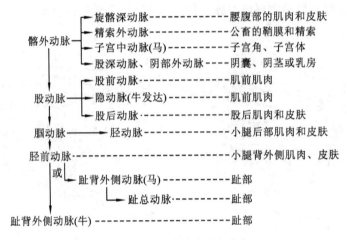

```
                    ┌─ 旋髂深动脉-------------腰腹部的肌肉和皮肤
                    ├─ 精索外动脉-------------公畜的鞘膜和精索
髂外动脉 ────────────┤
                    ├─ 子宫中动脉(马)---------子宫角、子宫体
                    └─ 股深动脉、阴部外动脉----阴囊、阴茎或乳房
    │
    ▼               ┌─ 股前动脉-------------肌前肌肉
股动脉 ─────────────┤  隐脉(牛发达)----------肌前肌肉
    │               └─ 股后动脉-------------股后肌肉和皮肤
    ▼
腘动脉 ─────────── 胫后脉-------------小腿后部肌肉和皮肤

胫前动脉-------------------------------小腿背外侧肌肉、皮肤
    │或┌─ 趾背外侧动脉(马)-----------趾部
    │  └─ 趾总动脉----------------趾部
    ▼
趾背外侧动脉(牛)------------------------趾部
```

图 1-8-15 后肢动脉分支分布

（1）股动脉：为髂外动脉直接延续，位于股薄肌深面，分支有股前动脉、股后动脉和隐动脉，分布于股前、股后和股内侧肌群。

（2）腘动脉：股动脉在膝关节后方延续为腘动脉，分布于腘肌、趾浅屈肌和趾深屈肌。

（3）胫前动脉：为腘动脉的直接延续，向下延续为跖背外侧动脉，分支分布于胫部、跖部的肌肉和皮肤。

（4）跖背外侧动脉：沿跖骨背外侧向下伸延，分支分布于后跖部。

2. 体循环静脉

体循环静脉是由全身各处的毛细血管汇集而成，包括心静脉、前腔静脉、后腔静脉和奇静脉四个脉系。全身静脉回流状况如图 1-8-16 所示。

1）心静脉

心静脉是收集心脏静脉血液的血管，由心小静脉、心中静脉和心大静脉汇集而成，注入右心房。

2）前腔静脉

前腔静脉是收集头部、颈部、前肢部和部分胸腹壁静脉血液的血管。由左、右腋静脉和左、右颈静脉在胸腔前口处汇集而成，在气管和臂头动脉腹侧向后伸延注入右心房。

（1）颈静脉：收集头颈部静脉血液的血管。起于舌面静脉和上颌静脉，沿颈静脉沟向后伸延至胸腔前口处注入前腔静脉。临床上将颈静脉作为家畜常用采血和药物注射部位。

（2）腋静脉：收集前肢各部静脉血液的血管。起于蹄静脉丛，并向上逐级汇合大静

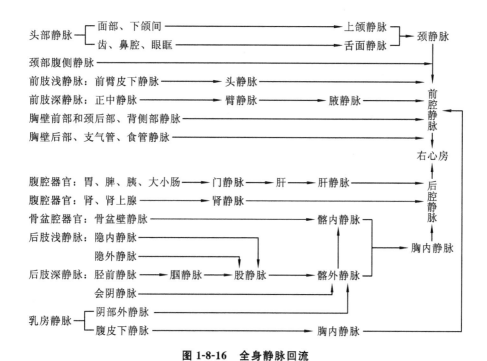

图 1-8-16 全身静脉回流

脉,与同名动脉伴行,在胸腔前口处注入前腔静脉。

3）后腔静脉

后腔静脉是收集腹部、骨盆部、后肢部和尾部静脉血液的血管。起于骨盆前口处髂总静脉,向前延伸注入右心房。沿途收集腰静脉、睾丸或卵巢静脉、肾静脉和肝静脉血液。

（1）髂总静脉:由髂内静脉和髂外静脉汇集而成。髂内静脉是收集骨盆部静脉血液的血管,是骨盆部静脉主干,可收集阴部内静脉、臀前静脉、臀后静脉和输精管静脉等。髂外静脉是收集后肢静脉血液的血管,是后肢静脉主干,分为深静脉和浅静脉。深静脉起于蹄静脉丛,伴随同名动脉向上延伸,沿途收集足背静脉、胫前静脉、腘静脉和股静脉等注入髂外静脉。浅静脉分为隐内静脉和隐外静脉。隐内静脉是小腿内侧皮下静脉,向上注入股静脉。隐外静脉是小腿外侧皮下静脉,向上注入腘静脉。

（2）乳房的静脉:乳房大部分静脉血液经阴部外静脉注入髂外静脉,小部分静脉血液经腹皮下静脉至胸内静脉注入前腔静脉。

（3）门静脉:收集胃、脾、胰、小肠和大肠（除直肠后段）静脉血液的血管。经肝门入肝反复分支连接窦状隙（毛细血管扩大部）,最后汇集成数条肝静脉注入后腔静脉。直肠后段的静脉血液汇入髂内静脉,因此,对肝有害或通过肝会影响药效的药物,可采取灌肠给药,以免危害肝脏或影响药物疗效。

4）奇静脉

奇静脉是收集胸壁和部分腹壁静脉血液的血管。也收集支气管和食管静脉血液。牛、猪的左奇静脉位于胸主动脉的左侧并向前伸延,注入右心房,马的右奇静脉位于胸椎腹侧偏右,与胸主动脉和胸导管伴行并向前伸延,注入右心房。

(四) 胎儿的血液循环

哺乳动物胎儿在子宫内发育,其发育过程中所需要的营养物质和氧都是通过胎盘由母体供给,代谢产物也通过胎盘由母体排出。

1. 胎儿的心脏和血管构造特点

(1) 胎儿心脏的房中隔上有一卵圆孔,使左、右心房相通。该孔左侧有瓣膜,只允许右心房的血液流入左心房。

(2) 胎儿的主动脉与肺动脉之间有动脉导管而相通,由右心室射入肺动脉的血液大部分经动脉导管流入主动脉,仅有少量血液流入肺内。

(3) 胎盘是胎儿与母体进行物质交换的特有器官,并借脐带与胎儿相连。脐带内有脐动脉和脐静脉。

① 脐动脉:2 条,由胎儿的髂内动脉(牛、猪)或阴部内动脉(马)分出,沿胎儿膀胱侧韧带至膀胱顶,再沿胎儿腹腔底壁向前伸延至脐孔,进入脐带到胎盘,分支形成毛细血管网,借渗透和扩散作用与母体子宫壁毛细血管进行物质交换,排出胎儿代谢产物。

② 脐静脉:牛 2 条,马、猪 1 条,由胎盘毛细血管汇集而成,经脐带至脐孔进入胎儿腹腔,后沿肝脏镰状韧带伸延,经肝门入肝。牛的 2 条脐静脉进入胎儿腹腔后汇集成 1 条。

2. 胎儿的血液循环途径

胎盘从母体吸收来的富含营养物质和氧气的动脉血,经脐静脉进入胎儿肝脏,在肝窦状隙与来自门静脉、肝动脉血液混合,最后汇合数条肝静脉注入后腔静脉,再与来自胎儿身体后半部的静脉血液混合,然后注入右心房,大部分血液经卵圆孔到左心房,再经左心室到主动脉及其分支,主动脉的血液大部分到胎儿头部、颈部和前肢部。牛、羊的脐静脉有部分血液由静脉导管直接流入后腔静脉。

来自胎儿身体前半部的静脉血液,经前腔静脉注入右心房到右心室,再到肺动脉。由于胎儿肺脏基本不活动,所以肺动脉的血液大部分经动脉导管流入主动脉,仅有少量血液经肺动脉入肺内,主动脉血液到身体后半部经脐动脉到胎盘。如图 1-8-17 所示。

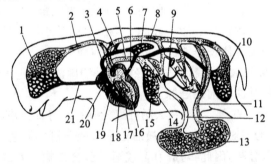

图 1-8-17　胎儿血液循环模式图

1. 躯体前端毛细血管;2. 走向躯体前部的动脉;3. 肺动脉;4. 动脉导管;5. 后腔静脉;6. 肺静脉;

7. 肺毛细血管;8. 主动脉;9. 门静脉;10. 躯体后部毛细血管;11. 脐动脉;12. 脐静脉;13. 胎盘毛细血管;

14. 肝毛细血管;15. 静脉导管;16. 左心室;17. 左心房;18. 右心室;19. 卵圆孔;20. 右心房;21. 前腔静脉

可见,胎儿体内的血液大部分是混合血液,在肝脏、头颈部、前肢部的血液内含氧量较多,其他部位较少。

3. 胎儿出生后心血管的变化

（1）脐动脉和脐静脉闭锁：由于胎儿出生后切断脐带，胎盘循环停止。脐动脉形成膀胱圆韧带，脐静脉形成肝圆韧带，牛、羊的静脉导管形成静脉导管索。

（2）动脉导管闭锁：动物出生后，动脉导管闭锁成为动脉导管索或动脉韧带。肺动脉血液注入肺内。

（3）卵圆孔闭锁：卵圆孔闭锁形成卵圆窝，使左、右心房完全分开。左心房内为动脉血液，右心房内为静脉血液。

第二节 心血管生理

一、血液

血液是液态的结缔组织，由血浆和血细胞两部分组成。血浆相当于血细胞的间质成分，占血液成分的 55%～65%，其中水分占 90%～92%，其余 8%～10%的成分为血浆蛋白、脂肪、无机盐、酶、激素、维生素和各种代谢产物。血细胞包括红细胞、白细胞和血小板。

血液在心脏的推动下，在心血管内定向循环流动，周而复始，称为血液循环。从而实现运输营养物质和代谢产物、维持内环境稳定、保护机体、参与体液调节等生理功能。

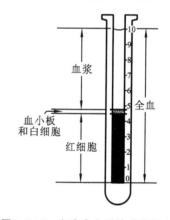

图 1-8-18 血液离心后的成分比容

血液离开血管，经抗凝处理后，置于离心管中离心沉淀，明显分为上、中、下三层。上层（淡红色）为血浆，下层（深红色）为红细胞，中层（灰白色薄层）为白细胞和血小板（图 1-8-18）。

全血中被离心压紧的红细胞容积占全血容积的百分比，称为红细胞比容（红细胞压积），又称血液比容（血液压积）。临床上测定血液比容，有助于诊断机体脱水、贫血和红细胞增多等病症。

离体血液不经抗凝处理，可在短时间内凝固成胶冻状血块，并逐渐紧缩析出淡黄色清亮的液体，此液体称为血清。血清与血浆的区别：血清中不含纤维蛋白原，其他成分均与血浆相同。因此认为，血清是不含纤维蛋白原的血浆。

（一）血液的理化特性

1. 血液的颜色和气味

血液呈红色，这与红细胞内血红蛋白（Hb）含氧量有关。动脉血中 Hb 含氧量高而呈鲜红色，静脉血中 Hb 含氧量低而呈暗红色。血液由于含有 NaCl 而略带咸味，含有 VFA 而呈腥味。

2. 血液的密度

健康动物的血液相对密度在 1.040～1.075。血液密度的大小取决于血液中红细胞

的数量和血浆蛋白浓度。血液中红细胞的密度最大,白细胞次之,血浆最小。因此,血液中红细胞数量越多,则血液浓度越大。

3. 血液的黏滞性

血液流动时由于内部分子间相互摩擦产生阻力,表现出流动缓慢和黏着的特性,称为血液的黏滞性。动物全血黏滞性是水的 4～6 倍。其大小取决于红细胞数量和血浆蛋白浓度。红细胞减少时,血液黏滞性下降。血液的黏滞性对小动脉和毛细血管产生外周阻力、维持正常血压和血流速度都起着重要作用。

4. 血液的渗透压

血浆渗透压由晶体渗透压和胶体渗透压组成,约为 771 kPa。晶体渗透压由血浆中无机离子、尿素、葡萄糖等晶体物质构成,约占总渗透压的 99.5%,它对维持细胞内、外水平衡和物质交换起着重要作用。胶体渗透压由血浆中胶体物质(主要是血浆蛋白)构成,约占总渗透压的 0.5%。虽然胶体渗透压较小,由于血浆蛋白不易透过毛细血管壁,所以它对维持血管内、外液体平衡非常重要。

有机体细胞渗透压与血浆渗透压相等。与细胞和血浆渗透压相等的溶液称为等渗溶液。0.9% 的 NaCl 溶液,其渗透压大致与血浆相等,所以常把 0.9% 的 NaCl 溶液称为等渗溶液。渗透压比它高的称为高渗溶液,渗透压比它低的称为低渗溶液。

5. 血液的酸碱度

动物血液呈弱酸性,pH 值在 7.35～7.45。若 pH 值超过此范围,机体就会出现酸中毒或碱中毒症状。生命能耐受 pH 值的极限在 6.9～7.8。血液酸碱度经常保持相对恒定,主要通过肾脏、肺脏等器官和血液中的缓冲对来实现。

血浆中的缓冲对有 $NaHCO_3/H_2CO_3$、Na_2HPO_4/NaH_2PO_4、Na-蛋白质/H-蛋白质等。红细胞缓冲对有 KHb/HHb、$KHbO_2/HHbO_2$、K_2HPO_4/KH_2PO_4、$KHCO_3/H_2CO_3$ 等。其中血浆中的 $NaHCO_3/H_2CO_3$ 最为重要。当血液中酸性物质增加时,碱性弱酸盐($NaHCO_3$)与之反应,使其变为弱酸,缓解酸性物质对机体的损害。当血液中碱性物质增加时,弱酸(H_2CO_3)与之反应,使其变为弱酸盐,缓解碱性物质对机体的损害。$NaHCO_3$ 在血液中含量较多,并且容易测定,所以通常把血液中 $NaHCO_3$ 的含量称为碱储。

(二)血量

血量是指动物机体内血液总量,即血浆和血细胞的总量。一般血量占动物体重的 5%～9%,可因动物的种类、性别、营养状况、妊娠、泌乳和所处环境不同而有变化(表 1-8-1)。

表 1-8-1　几种成年动物的血量

动物种类	每千克体重血量/mL	动物种类	每千克体重血量/mL
猪	57.0	赛马	109.6
奶牛	57.4	役用马	71.7
山羊	70.0	鸡	74.0
绵羊	58.0	犬	92.5
兔	56.4	猫	66.7

在循环系统内循环流动的血量,称为循环血量。常常滞留于肝、脾、肺、皮下毛细血管和血窦中的血量,称为储备血量。在剧烈运动和大失血时,储备血量可补充循环血量的不足,以适应机体的需要。当动物一次失血不超过机体血量的 10% 时,对生命没有明显影响;当一次失血达到机体血量的 20% 时,生命活动将受到明显影响;当一次失血达到机体血量的 30% 时,血压显著下降,导致脑和心等机体重要器官缺血而危及生命。

(三)血浆生理

血浆是血液的液体部分,其中水分占 90%～92%,其余为无机盐和有机物,占 8%～10%。

1. 血浆中的无机盐

血浆中的无机盐约占 0.9%,主要有 Na^+、K^+、Ca^{2+}、Mg^{2+}、Cl^-、HCO_3^-、HPO_4^{2-} 等。它们对维持血浆晶体渗透压、酸碱平衡和维持神经肌肉细胞的正常兴奋性等起着重要的作用。

2. 血浆蛋白

血浆蛋白是血浆中多种蛋白质的总称,主要有白蛋白(清蛋白)、球蛋白和纤维蛋白原。其中白蛋白含量最多,球蛋白次之,纤维蛋白原最少。白蛋白在维持血浆胶体渗透压方面起着重要作用。它也是血液中的运载工具,运输激素、营养物质和代谢产物,维持血浆酸碱平衡。球蛋白还可分离 α、β、γ 球蛋白,其中 γ 球蛋白含有大量抗体,故称免疫球蛋白。球蛋白主要参与机体免疫反应和血液中脂类物质的运输。纤维蛋白原主要参与血液凝固。

3. 血液中的其他有机物

补体是血浆中一组参与免疫反应的蛋白酶系,通常它们处于酶原状态,在特异性抗原-抗体复合物的作用下转化为活性状态。当补体被激活时,发生特异性的连锁反应,参与机体免疫。血浆中除蛋白质以外的含氮化合物,统称为非蛋白含氮化合物(NPN)。它们是蛋白质和核酸的代谢产物,包括尿素、尿酸、肌酐、氨基酸、胆红素和氨等。它们都需要依靠血液运输到排泄系统而排出。血液中的有机物还有:甘油三酯、磷脂、胆固醇和游离脂肪酸等,它们与糖代谢和脂代谢有关;酶类、激素和维生素,它们对机体的代谢及生命活动有十分重要的作用。

因此,血浆的主要功能包括营养、运输、缓冲、形成渗透压、参与免疫、参与凝血和抗凝血、参与组织生长与损伤组织修复等诸多方面。

(四)血细胞生理

1. 红细胞生理

哺乳动物的成熟红细胞(RBC)为双面凹陷的圆盘状,无细胞核,骆驼和鹿的则为椭圆形。血液中红细胞数量以 10^{12} 个/L 来表示。

1)红细胞的生理特性

红细胞具有选择通透性、渗透脆性和溶血、悬浮稳定性和血沉等生理特性。

(1)红细胞的选择通透性:红细胞膜对各种物质具有严格的选择性,H_2O、O_2 和 CO_2 等可以自由通过。电解质中负离子(Cl^-、HCO_3^-)较易通过,正离子(Ca^{2+})较难通过。

(2)渗透脆性和溶血:将红细胞放入低渗溶液中,红细胞将因吸水而膨胀,细胞膜终被胀破而释放出血红蛋白,这一现象称为溶血。红细胞对低渗溶液有一定的抵抗力,当与周围液体的渗透压相差不大时,红细胞虽膨胀但不破裂溶血,红细胞对低渗溶液的抵抗力称为红细胞的渗透脆性。在某些病理情况下,红细胞的渗透脆性会显著增大或减小。

(3)悬浮稳定性和血沉:红细胞能均匀地悬浮于血液中不易下沉的特性,称为红细胞的悬浮稳定性。将血液取出体外经抗凝处理后,置于血沉管中垂直存放,红细胞会逐渐下沉,将 1 h 内红细胞下沉的距离称为红细胞的沉降率,简称血沉。在某些病理情况下,血沉会发生明显变化。

2)红细胞的生理功能

红细胞的功能主要是运输 O_2 和 CO_2,并对酸碱物质具有缓冲作用,这些功能均与 Hb 有关。Hb 对酸碱物质具有缓冲作用。Hb 能与 O_2 结合形成氧合血红蛋白(HbO_2)运输至组织细胞,释放出 O_2 形成脱氧或还原血红蛋白(HHb),释放出 O_2 来满足组织细胞代谢需要。Hb 还能与 CO_2 结合,并以氨基甲酸血红蛋白(HbNHCOOH)形式在血液中运输至肺部,分离出 CO_2 从肺部排出。Hb 与 CO 的亲和力比 O_2 大 200 多倍。一旦结合形成一氧化碳血红蛋白(HbCO)后不易分离,致使 Hb 运输氧的能力显著下降,机体严重缺氧,甚至发生 CO 中毒死亡。某些氧化剂(亚硝酸盐)或某些药物(乙酰苯胺)也会影响 Hb 运输氧的能力,致使机体缺氧,甚至危及生命。

3)红细胞的生成与破坏

哺乳动物出生后,红细胞由骨髓髓系多功能干细胞分化增殖而成。血液中的红细胞大约 4 个月全部更新一次。衰老的红细胞由脾、肝、骨髓中的巨噬细胞将其吞噬、破坏,并将 Hb 分解成氨基酸、铁和胆绿素。

2. 白细胞生理

白细胞(WBC)体积较大,形态多样,有细胞核。血液中白细胞常以 10^9 个/L 来表示。白细胞可分为有粒白细胞和无粒白细胞两大类。有粒白细胞包括嗜酸性粒细胞、中性粒细胞和嗜碱性粒细胞三类。无粒白细胞包括淋巴细胞和单核细胞两类。

1)白细胞的生理功能

白细胞具有游走、趋化、吞噬和免疫反应等功能。白细胞不仅存在于血管内,还能通过变形运动到血管外,实现对机体的保护功能。

(1)嗜酸性粒细胞:具有变形运动和吞噬能力,当机体发生抗原-抗体相互作用而引起过敏反应时,嗜酸性粒细胞能吞噬抗原-抗体复合物;释放组胺酶,灭活组胺,缓解过敏反应和限制炎症过程。

(2)中性粒细胞:具有很强的变形运动和吞噬能力,能吞噬入侵的细菌、坏死和衰老细胞,能吞噬抗原-抗体复合物。可将入侵的微生物限定并杀灭于局部,防止扩散。

(3)嗜碱性粒细胞:能变形游走,但无吞噬能力。胞体内含有组胺和肝素等生物活性物质,组胺对局部炎症区域的小血管有舒张作用,加大毛细血管的通透性,有利于其他白细胞的游走和吞噬活动。肝素对局部炎症部位有抗凝血作用。

(4)单核细胞:具有变形运动和吞噬能力,可渗出血管变成巨噬细胞,增加其吞噬能力。

（5）淋巴细胞：主要功能为参与机体免疫过程，能够抑制、消灭和排出病原微生物，减轻或消除对机体的侵害。

2）白细胞的生成与破坏

有粒白细胞由骨髓的原始粒细胞分化而来。单核细胞大多数由骨髓生成，一部分来源于单核巨噬细胞系统，经过血液短暂停留后，进入各组织中，进一步发育成巨噬细胞。淋巴细胞由脾、淋巴结、胸腺、骨髓、腔上囊和扁桃体等生成。白细胞寿命很短，一般只有几天到十几天。衰老死亡的白细胞大部分被肝脏、脾脏中巨噬细胞吞噬和分解，小部分经消化道和呼吸道黏膜排出。

3. 血小板生理

血小板的功能包括止血、凝血、参与纤维蛋白溶解和维持血管内皮的完整性等。

（1）止血功能：当血管损伤出血后，血小板可在出血部位发生黏着和聚集形成血凝块，部分堵塞血管破口；并释放 5-羟色胺、儿茶酚等物质，使小血管收缩，暂时减少和停止出血。

（2）凝血功能：血小板能吸附纤维蛋白原和凝血酶原等多种凝血因子，其本身也含有与凝血有关的血小板因子，参与凝血。

（3）参与纤维蛋白溶解：血小板细胞质内含有纤维蛋白溶解酶原，经活化后可促进纤维蛋白溶解，有利于血栓溶解和血流畅通。

（4）维持血管内皮的完整性：血小板与毛细血管内皮细胞相互粘连、融合，填补内皮细胞间隙或脱落处，起到修补和加固作用。

血小板由骨髓巨核细胞的细胞质裂解脱落而成。平均寿命为 8～12 d。衰老的血小板可在脾、肝和肺中被吞噬。

（五）血液凝固

血液由液体流动状态凝结成血块的过程，称为血液凝固，简称血凝。血凝是因为血液中的可溶性纤维蛋白原转变成不溶性的呈丝状、有黏性的纤维蛋白，纵横交错，把血细胞网在一起，形成血凝块，防止血液流出，它是机体的一种自我保护机能。

1. 凝血因子

血浆与组织中，直接参与凝血的物质统称为凝血因子（表 1-8-2）。有凝血因子 I，II，…，XIII 等十几种，简称 F I～F XIII。习惯上将被激活后的凝血因子在其代号的右下角加上一个 a，表示活化型。如 F II 被激活为 F II$_a$。

表 1-8-2 各种凝血因子

凝血因子	同义名	合成部位	凝血过程中的作用
I	纤维蛋白原	肝	变为纤维蛋白
II	凝血酶原	肝	变为有活性的凝血酶
III	组织因子	各组织	启动外源性凝血
IV	Ca^{2+}	—	参与凝血过程
V	前加速素	肝	调节蛋白

续表

凝血因子	同义名	合成部位	凝血过程中的作用
Ⅶ	前转变素	肝	参与外源性凝血
Ⅷ	抗血友病因子	肝	调节蛋白
Ⅸ	血浆凝血激酶	肝	变为有活性的Ⅸ$_a$
Ⅹ	Stuart-Prower 因子	肝	变为有活性的Ⅹ$_a$
Ⅺ	血浆凝血激酶前质	肝	变为有活性的Ⅺ$_a$
Ⅻ	接触因子	未明确	启动内源性凝血
ⅩⅢ	纤维蛋白稳定因子	肝	不溶性纤维蛋白原的形成

2. 凝血过程

凝血过程是一个复杂连锁的反应过程。整个过程(图 1-8-19)大致分为三个主要步骤。

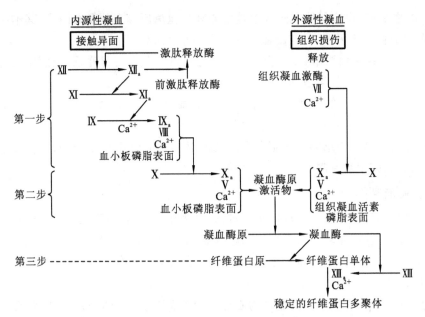

图 1-8-19　血液凝固过程示意图

第一步,凝血酶原激活物的形成:凝血酶原激活物是由多种凝血因子参与,经过一系列的化学反应而形成的复合物。它的形成有内源性和外源性两种途径。当组织损伤(外源性)或血管内皮损伤(内源性)时,使体内没有活性的组织因子和接触因子进一步活化,并在 Ca^{2+} 的参与下,形成凝血酶原激活物。

第二步,凝血酶原转变为凝血酶:血浆中存在没有活性的凝血酶原,在 Ca^{2+} 的参与下,凝血酶原激活物可激活凝血酶原转变为凝血酶。

第三步,纤维蛋白原转变为纤维蛋白:血浆中可溶性的纤维蛋白原,在凝血酶和 Ca^{2+} 的参与下,转变为不溶性的纤维蛋白。纤维蛋白呈丝状交错重叠,形成血凝块,阻止血液流出。

3．抗凝物质和纤维蛋白溶解

血浆中有抗凝血酶Ⅲ、肝素等抗凝物质，它们对凝血因子有抑制、灭活作用，或激活纤溶系统，从而发挥抗凝血作用。

血凝块中的纤维蛋白，当完成防止出血的任务后，最终需要清除，以利于组织再生和血液流畅。纤维蛋白被分解液化的过程，称为纤维蛋白溶解，简称纤溶。当血凝块形成后，可促使血管内皮细胞、血小板和肺、肾等组织产生并释放纤维蛋白溶解酶原激活物，该物质进入血液，激活血凝块中无活性的纤维蛋白溶解酶原，转变为有活性的纤维蛋白溶解酶，纤维蛋白溶解酶使血凝块中的纤维蛋白水解，形成可溶性的小肽，血凝块不断被分解和液化，最后消失。

4．抗凝和促凝措施

（1）常用的抗凝措施：常用抗凝剂为肝素。还可采用去除血中 Ca^{2+}、去除纤维蛋白、低温延缓血凝、接触光滑面和使用双香豆素等方法来达到抗凝和延缓血凝的目的。在凝血过程中，三个阶段都有 Ca^{2+} 参与，去除 Ca^{2+} 可达到抗凝目的。血液置于低温环境中，凝血酶活性降低，从而延缓血凝。血液置于光滑容器内，可因凝血因子Ⅻ的活化延迟和血小板的破坏减少，从而延缓血凝。双香豆素可阻碍部分凝血因子的合成，使血凝变慢。

（2）促凝措施：常采用加温、接触粗糙面、补充维生素 K 等方法促进血液凝固。提高环境温度可使血凝酶促反应速度加快，加速血凝。血液接触粗糙面，能活化凝血因子Ⅻ，又能促进血小板聚集释放凝血因子，加速血凝过程。维生素 K 参与许多凝血因子的合成过程，促进血凝。

（六）机体的内环境

动物体内含有大量水分，占体重的 $60\%\sim70\%$。这些水分和溶解在水分中的物质总称为体液。体液存在于细胞内的称为细胞内液；存在于细胞外的称为细胞外液，包括血浆、组织液、淋巴和脑脊液等。细胞外液是细胞直接生存的环境，称为机体内环境。血液在各器官组织间循环流动，将营养物质运输到细胞外液，以满足细胞生活需要，同时把细胞产生的代谢产物运出细胞外液，保持内环境的相对稳定。因此，血液对内环境的相对稳定有着非常重要的生理意义。

二、心脏生理

心脏有规律地舒张和收缩，产生动力，推动血液在心血管中定向循环流动，一旦心脏活动停止，血液就不能流动，动物的生命即将完结。

（一）心肌细胞的类型及生理特性

1．心肌细胞的类型

心肌细胞根据其组织学特点、电生理特性和功能的区别，可分为普通心肌细胞和特殊分化的心肌细胞两大类型。两者分别实现一定的职能，互相配合，完成心脏的整体活动。

（1）普通心肌细胞：指心房肌细胞和心室肌细胞。主要功能是收缩做功，提供心脏活动的动力，所以又称为收缩细胞或工作细胞。具有接受外界刺激产生兴奋的能力，但不能产生自动节律性兴奋，属于非自律性细胞。

（2）特殊分化的心肌细胞：构成心传导系统（包括窦房结、房室结、房室束和浦肯野纤维），完成兴奋的传导。它们缺乏收缩能力，但具有产生自动节律性兴奋的能力，属于自律性细胞。

2．心肌细胞的生理特性

（1）兴奋性：细胞对适宜刺激产生反应的能力，称为细胞兴奋性。心肌细胞与其他可兴奋细胞一样具有兴奋性。

（2）自律性：心脏在没有外来刺激的条件下，能自动地产生节律性兴奋的特性，称为心肌细胞的自律性。正常情况下，窦房结自律性最高，房室结、房室束、浦肯野纤维，其自动节律性依次降低。因此认为，窦房结是心脏正常起搏点。

（3）收缩性：心肌兴奋时产生收缩的特性，称为收缩性。心肌细胞收缩性与骨骼肌基本相同，但还具有期前收缩、不发生强直收缩和代偿间歇等特点。

（4）传导性：心肌细胞具有传导兴奋的特性。心肌细胞膜上任何一点接受刺激，不仅可传播至整个细胞，还可传至邻近细胞。

（二）普通心肌细胞的生物电生理及心电图

1．普通心肌细胞的生物电生理

（1）静息电位：细胞在静息状态下，存在于细胞膜内、外两侧的电位差，又称为膜电位。正常心肌细胞的静息电位约为-90 mV，其产生原理与神经细胞、肌肉细胞相同。

（2）动作电位：细胞受到刺激而兴奋时，细胞膜两侧发生一系列的电位变化过程。整个过程可分为0、1、2、3、4五个时期，其中0期为去极化，1、2、3、4期为复极化。如图1-8-20所示。

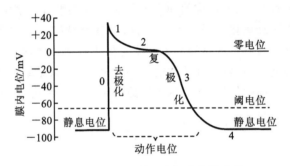

图1-8-20　心室肌动作电位变化模式图

2．心电图

心电图就是将测量电极放置在体表的一定部位，记录出心脏生物电变化曲线。它反映心脏兴奋的产生、传导和恢复过程中的生物电变化状况。

描记心电图时，需要在躯体和躯干上安放电极，并用导线连接心电图机，电极安置方法称为导联。不同的导联方法描记出的波形也不同，基本上包括一个P波、一个QRS波群和一个T波，有时在T波之后出现小的U波（图1-8-21）。在心电图记录上纵线代表电压，横线代表时间。在分析心电图时，主要看各波的波幅高低、历时长短及波形变化和方向。

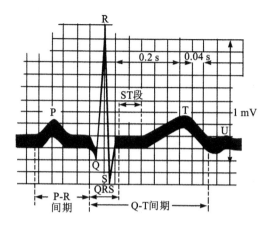

图 1-8-21 心电图模式图

（1）P波：对应于左、右心房去极化过程，反映兴奋在心房传导过程中的电位变化及传导时间。P波的上升部分表示心房兴奋的开始，下降部分表示兴奋从右心房传导至左心房。

（2）QRS波群：简称QRS波，反映左、右心室去极化过程的电位变化。它包括三个紧密相连的小波，其中第一个是向下的Q波，第二个是高而尖峭向上的R波，第三个为R波之后向下的S波。它反映左、右心室兴奋传播过程的电位变化。QRS波的起点表示心室兴奋的开始，终点表示左、右心室已全部兴奋。

（3）T波：继QRS波之后的一个波幅较低而持续时间较长的波，对应于心室兴奋后复极化过程。T波起点表示心室肌复极化开始，终点表示左、右心室复极化完成。

（4）U波：在T波后偶有一个小的U波，其产生原因还不太清楚。

（5）ST段：指从QRS波终点与T波开始之间的线段。它反映心室肌细胞全部处于去极化状态，它们之间没有电位差。

（6）P-R间期：指从P波起点与QRS波起点之间的时间。它反映从心房开始兴奋到心室开始兴奋所需要的时间，又称房室传导时间。

（7）Q-T间期：指从QRS波起点与T波终点之间的时间。它反映从心室开始兴奋去极化到完全复极化到静息状态的时间。

（三）心脏的泵血机能

1. 心动周期

心脏每收缩和舒张一次，称为一个心动周期。每个心动周期可分为心房收缩期、心室收缩期和心房心室舒张期（全心舒张期）三个时期。在这三个时期中，首先是两心房同时收缩，接着心房舒张；心房舒张时，两心室几乎同时收缩；然后心室舒张，此时心房心室共同处于舒张状态，并准备进入下一个心动周期。

例如心脏每分钟平均搏动75次，也就表明每分钟有75个心动周期。每个心动周期的时序关系如图1-8-22所示。由图可见，心肌舒张期比收缩期长，全心舒期占心动周期的一半。这就有足够的时间让血液回流心房和充盈心室，并使心肌从冠状循环中得到足够的血液供应，也是心脏不断活动而不发生疲劳的原因所在。

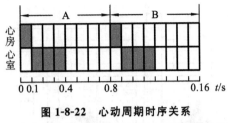

图 1-8-22 心动周期时序关系

A.上一个心动周期；B.下一个心动周期

■心房心室收缩 □心房心室舒张

2. 心率

心率是指每分钟内心脏搏动的次数。在一定范围内，心率增加，心脏泵出的血量增加。若心率过快，则每个心动周期变短，心脏充盈血量减少，导致心脏泵出的血量减少。若心率过慢，则每个心动周期变长，心脏充盈血量不变，心脏在一分钟内搏动次数减少，致使泵出血量减少。心率也因动物品种、年龄、性别及生理状态的不同而有差异（表 1-8-3）。一般幼龄比成年快，雄性比雌性快，妊娠和机体代谢旺盛时心率较快。

表 1-8-3 心率的正常变动范围

动物种类	心率/（次/min）	动物种类	心率/（次/min）
奶牛	60～80	猪	60～80
犊牛	35～70	马	28～42
黄牛	40～70	绵羊、山羊	60～80

3. 心音

在心动周期中，由于心瓣膜的关闭，心肌收缩引起的血流振动而产生的声音，称为心音。通常在胸壁心区可听到"通—塔"两个心音，分别是第一和第二心音。

第一心音发生于心缩期开始，又称心缩音。它主要是由心室肌的收缩、房室瓣的关闭和射血开始引起主动脉管壁的振动而形成。其特点是音调低，持续时间长。

第二心音发生于心舒期开始，又称心舒音。它主要是由半月瓣的突然关闭、动脉内血液倒流冲击半月瓣和心室内壁振动而形成。其特点是音调高，持续时间短。

有时在第二心音之后，偶尔能听到音调较低的第三心音。在病理状态下，可出现第四心音，很弱，仅可在心音图上看到。

4. 心输出量及影响因素

（1）心输出量：在一个心动周期中，单侧心室射出的血量，称为每搏输出量。在一分钟内单侧心室射出的血量，称为每分输出量。每分输出量等于每搏输出量与心率的乘积。心输出量就是指每分输出量。心输出量可随机体的代谢需要而增加，在剧烈运动时，心输出量比安静时增加 5～6 倍。心输出量随机体需要而相应增大的能力，称为心力储备。其大小可反映心脏泵血机能对机体代谢需要的适应能力。

（2）心输出量的影响因素：主要有心率、心室肌收缩力和静脉回流血量等。在一定范围内，心率增快，心输出量增多。但心率过快或过慢，都会引起心输出量减少。静脉回心血量增多，心室肌收缩力加大，都可增加每搏输出量；反之，则减少每搏输出量。

三、血管生理

（一）血管的功能及特征

1. 动脉血管

动脉血管的功能是将心脏射出的血液输送出心脏，并发出许多分支到全身器官组织，为各器官组织生理活动提供营养物质。动脉血管的管壁较厚，富有弹性和收缩性，管腔空虚不塌陷，血管破裂时出血常呈喷射状，临床应注意结扎。

2. 静脉血管

静脉血管的功能是将全身各部的血液引流入心脏，并把全身各处的组织细胞代谢产物运输到相应部位而排出。静脉血管的管壁薄，管腔大，管腔空虚易塌陷，血管破裂时出血常呈流水状。

3. 毛细血管

毛细血管是血液和周围组织细胞进行物质交换的场所，故有"营养血管"或"交换血管"之称。血管破裂时常导致弥漫性出血。

（二）血流量与血流速度

单位时间内流过血管某一截面的血量称为血流量，也称容积速度，通常以 mL/min 或 L/min 来表示。血流量的大小主要取决于两个因素，即血管两端的压力差（Δp）和血管对血流的阻力（R）。三者关系为：血流量与血管两端的压力差成正比，与血流阻力成反比。

血流速度是指血液中的一个质点在血管内移动的线速度。各类血管的血流速度中，动脉血管血流最快，静脉血管次之，毛细血管最慢。

（三）血流阻力和血压

1. 血流阻力

血液在血管内流动时所遇到的阻力，称为血流阻力，也称外周阻力。血流阻力主要来源于血液内部分子的摩擦力和血液与血管壁的摩擦力。血液内部摩擦力主要取决于血液的黏滞性。血液与血管壁的摩擦力主要取决于血管口径的大小和长度。血液的黏滞性和血管口径的大小是影响血流阻力的主要因素。

2. 血压

血压是指血管内的血液对单位面积血管壁的侧压力，即压强。以往惯用 mmHg 为单位，国际单位为 Pa 或 kPa。在一个心动周期中，心室收缩时动脉血压升高所达到的最高值，称为高压或收缩压；心室舒张时动脉血压下降所达到的最低值，称为低压或舒张压。在每一瞬间动脉血压升降的平均值，称为平均压。收缩压与舒张压的差值称为脉搏压，简称脉压。

动脉血管随着心脏的收缩和舒张活动出现节律性的起伏波动，称为动脉脉搏，简称脉搏。脉搏由近心端到远心端逐渐变弱而消失。临床上检查脉搏可反映心率、心动周期的节律和整个循环系统的机能状况。

血液经动脉、毛细血管到静脉时，血压下降至约 1.995 kPa。再由静脉血管到右心房

时,血压接近于零。通常将右心房和靠近右心房的胸腔大静脉血压,称为中心静脉压。其他器官静脉血压称为外周静脉压。中心静脉压是输液时监控输液量和输液速度是否恰当的重要指标。

(四)静脉回流

单位时间内静脉回流心脏的血量等于心输出量。静脉回流量取决于外周静脉压和中心压的差值。此差值受骨骼肌对静脉的挤压和胸内负压抽吸作用的影响。

(五)微循环

微循环是指微动脉和微静脉之间的血液循环。其功能是完成血液与组织之间的物质交换。典型的微循环由微动脉、后微动脉、毛细血管前括约肌、真毛细血管、直捷通路、动-静脉吻合支和微静脉等七个部分组成。微循环的血液可通过三条途径由微动脉流向微静脉(图 1-8-23)。

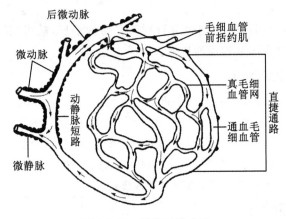

图 1-8-23 微循环模式图

1. 营养通路

血液由微动脉经后微动脉、毛细血管前括约肌进入真毛细血管网,再汇入微静脉。这条通路长,血流缓慢,而且真毛细血管的管壁薄,通透性大,管道呈网状分布,与组织细胞接触面广,所以是血液与组织间进行物质交换的主要场所。

2. 直捷通路

血液从后微动脉经过前毛细血管,直接进入微静脉。流速快,流程短,物质交换功能不大,是安静状态下大部分血液流经的通路。

3. 动静脉短路

血液由微动脉经过动-静脉吻合支,直接流入微静脉。没有物质交换功能。一般情况下,该通路处于关闭状态,它的开闭活动与体温调节有关。

(六)组织液与淋巴

组织液是血浆通过毛细血管管壁的滤出而形成的,存在于组织间隙中。组织液的生成取决于四个因素:①毛细血管血压;②组织液静水压;③血浆胶体渗透压;④组织液胶体渗透压。其中,①和④促进血浆滤出,有利于组织液的生成,②和③阻止血浆滤出,有利于组织液的重吸收。滤出因素与重吸收因素之差,称为有效滤过压。

有效滤过压=(毛细血管血压+组织液胶体渗透压)-(组织液静水压+血浆胶体渗透压)

如图 1-8-24 中,有

毛细血管动脉端有效滤过压=[(4.0+2.0)-(3.3+1.33)]kPa=1.33 kPa

毛细血管静脉端有效滤过压=[(1.6+2.0)-(3.3+1.33)]kPa=-1.03 kPa

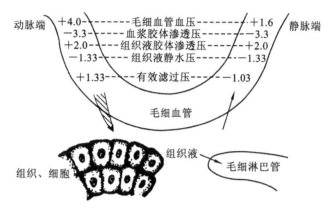

图 1-8-24 组织液生成与回流示意图

因此推断,在毛细血管动脉端有效滤过压为正值,有液体滤出,形成组织液。在毛细血管静脉端有效滤过压为负值,有利于组织液重吸收。

组织液形成后,有90%的组织液通过毛细血管重吸收回血液,未被吸收的组织液约10%,则进入毛细淋巴管形成淋巴。淋巴形成后进入淋巴管通过淋巴循环,最终也回流入血液(图 1-8-25)。

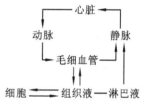

图 1-8-25 血液循环与组织液和淋巴的关系

四、心血管活动调节

(一)神经调节

1. 心脏和血管的神经支配

(1)心脏的神经支配:心脏受心交感神经和心迷走神经的双重支配。心交感神经可使心脏活动加快加强,心迷走神经可使心脏活动减慢减弱。可见两者对心脏活动的支配效应是相拮抗的。但是,在整体生命活动中,两者的作用既相拮抗又协调统一,具有高度的适应性,这些适应性变化主要取决于各级相关中枢之间的高度整合作用。

(2)血管的神经支配:血管的神经支配有缩血管神经纤维和舒血管神经纤维。除了脑血管和心脏的冠状血管以外,机体内几乎所有的血管都受交感缩血管神经纤维支配。其中皮肤血管中缩血管神经纤维分布最密。交感神经节后纤维末梢释放去甲肾上腺素,作用于血管平滑肌引起缩血管作用。舒血管神经纤维很多,如交感神经舒血管纤维节后

纤维,仅支配骨骼肌血管,末梢释放乙酰胆碱作用于血管平滑肌,引起血管产生舒张效应;副交感舒血管纤维,分别来源于面神经(支配脑、唾液腺血管)、迷走神经(支配肝、胃肠及冠状血管)和盆神经(支配盆腔及外生殖器血管),纤维末梢释放乙酰胆碱,作用于血管平滑肌,引起血管舒张。

2. 心血管调节中枢

(1) 延髓心血管中枢:延髓是心血管活动的最基本中枢。中枢位于延髓腹侧,根据功能分为缩血管区、舒血管区、心抑制区和传入神经接替站四个部分。

① 缩血管区:兴奋时引起交感神经产生缩血管效应。

② 舒血管区:兴奋时可抑制缩血管区神经元的活动,导致交感缩血管紧张性降低,血管舒张。

③ 心抑制区:不断发出冲动经迷走神经传到心脏,使心跳减慢减弱,不让血压过高。

④ 传入神经接替站:延髓孤束核接受由颈动脉窦、主动脉弓和心脏感受器传入的信息,然后发出纤维至延髓和中枢神经系统其他部位的神经元,继而影响心血管活动。

(2) 延髓以上的心血管中枢:在延髓以上的脑干部分以及大脑和小脑中,也都存在与心血管活动有关的神经元。它们在心血管活动中起到更加高级的调节作用,并且对心血管活动和机体其他功能之间进行复杂的整合。

3. 心血管反射

(1) 颈动脉窦和主动脉弓的压力感受反射:当动脉血压升高时,动脉管壁被牵张的程度就升高,压力感觉器发放的神经冲动经窦神经和迷走神经传到延髓心血管中枢,反射性地引起心率减慢,外周血管阻力降低,血压回降。

(2) 颈动脉窦和主动脉体的化学感受反射:血液中的某些化学成分变化时(如缺氧、CO_2分压过高、H^+浓度过高等),可经颈动脉窦和主动脉体感受并发放神经冲动,经窦神经和迷走神经传到延髓孤束核,反射性地引起呼吸加深加快。

(二) 体液调节

1. 肾上腺素和去甲肾上腺素

血液中的肾上腺素和去甲肾上腺素对心脏和血管的作用有许多共同点,但并不完全相同。对于心脏,肾上腺素可使心血管活动加强和心输出量增加。对于血管,肾上腺素可使皮肤、肾、胃肠等器官的血管收缩;小剂量的肾上腺可使骨骼肌和肝的血管舒张,大剂量可引起血管收缩。静脉注射去甲肾上腺素,可使全身血管广泛收缩,动脉血压升高;血压升高又使压力感受性反射活动加强,致使心率减慢,心收缩力减弱。因此,在兽医临床中,肾上腺素常作为强心剂,去甲肾上腺素常作为缩血管剂。

2. 肾素-血管紧张素

当肾血流量减少和血浆中 Na^+ 浓度降低时,可引起肾近球细胞合成和分泌肾素增多。在肾素和其他相应酶的作用下,可将血浆中无活性的血管紧张素原相继转变为有活性的血管紧张素Ⅰ、Ⅱ、Ⅲ。血管紧张素Ⅱ可直接使全身微动脉收缩,血压升高;可使静脉收缩,回心血量增多;可使交感缩血管紧张加强;可通过中枢和外周机制,使外周血管阻力增大,血压升高。

3. 其他心血管活性物质

血管升压素（抗利尿素）在生理浓度时出现利尿效应，大剂量时可使血管平滑肌收缩，引起血压升高。激肽具有舒血管效应，对血压和局部组织血流量具有调节作用。心钠素可使血管舒张，外周阻力降低，也可使心率减慢，心输出量减少。组胺是在组织受到损伤或发生炎症和过敏反应时释放的。它有强烈的舒血管作用，并能使毛细血管和微静脉的管壁通透性增加，血浆漏入组织，导致局部组织水肿。

（三）心血管活动的自身调节

心脏和血管在没有神经和体液的作用下，能自我调节其功能活动，以适应机体的需要。例如，当供应某一器官血管的血流量突然升高时，血管内压增大，血管平滑肌受到牵张刺激而引起紧张性收缩活动增强，增大器官的血流阻力，器官的血流量不致因血压升高而增多，器官血流量能因此保持相对稳定。当器官血管的血流量突然降低时，则发生相反的变化。

 总结与复习

家畜的心血管系统包括心脏、血管和血液三大部分。心脏包括左、右心房和左、右心室四个心腔。血管包括动脉血管、毛细血管和静脉血管三大类。血液由血浆和血细胞组成，血细胞包括白细胞、红细胞和血小板。

心血管系统在动物机体内执行着运输功能，将营养物质运送到全身各个组织供其生理活动需要，又将各个组织细胞产生的代谢产物运送到相应的器官排出体外。心脏是动力器官，在神经和体液调节下，推动血液在全身流动。血液是动物机体的重要组成部分，在心脏的推动下循环，运输各种营养物质和代谢产物，维持机体内环境稳定。

 复习题

1. 试述心血管系统的组成及其生理功能。
2. 简述家畜心脏的形态、位置及结构特征。
3. 简述血管的种类、特点及生理功能。
4. 简述血液的组成及生理机能。
5. 简述胎儿血液循环途径与成年动物有何不同。
6. 简述血液的理化特性。
7. 简述血液凝固机理。
8. 简述心肌的生理特性。

单元九　免疫系统

知识目标

熟知免疫、免疫监视、免疫防御、先天性免疫、获得性免疫、淋巴、乳糜池等的概念；掌

握免疫系统的组成、作用和免疫细胞的分类及功能;掌握胸腺、腔上囊、脾脏等的形态、结构和功能;熟知胸腺、腔上囊、脾脏等免疫器官的组织学结构;掌握牛和猪常检的淋巴结的形态和位置;了解淋巴循环的生理意义。

素质目标

免疫系统是动物机体的一个防御性系统,它对预防疾病的发生、保护身体健康有很重要的意义。通过学习明白,只有平时多参加体育锻炼,才能增强体质,提高身体的非特异性免疫能力;在生活中,有选择性地进行某种疫苗的预防接种,能有效提高对于某种疫病的特异性免疫能力。

能力目标

能正确识别淋巴结、胸腺、腔上囊、脾脏等免疫器官的形态、结构和组织学结构;能识别牛和猪常检的主要淋巴结;结合免疫学的知识,能利用免疫系统的功能进行疫病的防疫工作。

免疫系统是动物机体保护自身安全的防御性系统,它是动物在长期进化的过程中与各种致病因子不断斗争中逐渐形成的。免疫系统主要由免疫器官、非免疫器官内的淋巴组织和游离于机体各处的淋巴细胞组成;广义上,免疫系统也包括机体内的抗原呈递细胞、血液中的白细胞、结缔组织中的浆细胞和肥大细胞等。

一、免疫器官

动物机体中的淋巴组织不但分布广泛,而且存在形式也多种多样。当淋巴细胞呈弥散性分布时,与周围其他组织无明显界限,称为弥散性淋巴组织;当淋巴细胞分布较为密集,形成轮廓清晰的卵圆形结构时,称为淋巴小结。单独存在的淋巴小结称为淋巴孤结,淋巴小结成群密集分布时,称为淋巴集结。当淋巴组织被结缔组织包裹后,形成独立的有一定形态结构的器官时,称为免疫器官。免疫器官包括中枢免疫器官和外周免疫器官两种,中枢免疫器官又称初级或一级免疫器官,是各种免疫细胞发生、分化和成熟的场所,包括骨髓、胸腺和禽类的腔上囊。外周免疫器官又称次级或二级免疫器官,是成熟的 T 淋巴细胞和 B 淋巴细胞定居、增殖和对抗原刺激进行免疫应答的场所,主要包括淋巴结、脾、扁桃体、血结、血淋巴结等。

(一)中枢免疫器官

1. 骨髓

(1)骨髓的形态、结构:骨髓位于骨髓腔内,由网状组织构成,分为红髓和黄髓两种,幼畜的骨髓呈红髓,随着年龄的增长,大量的脂肪在骨髓内填充,红髓逐渐转变为黄髓。红髓有免疫功能,黄髓有储存营养的功能,无免疫功能。

(2)骨髓的功能:骨髓是动物体内的重要造血器官。机体内的血细胞均来源于骨髓,同时,骨髓也是各种免疫细胞发生和分化的场所。骨髓中的多能干细胞可以分化成髓样干细胞和淋巴干细胞,髓样干细胞进一步分化成红细胞系、单核细胞系和粒细胞系等,淋巴干细胞则分化成各种淋巴细胞。其中,T 细胞随着血液循环进入胸腺后,继续分化为成熟的 T 淋巴细胞,因此,称为胸腺依赖性淋巴细胞,参与细胞免疫;B 细胞随着血液循环进入哺乳动物的骨髓或禽类的腔上囊,发育为成熟的 B 淋巴细胞,称为非胸腺依赖性淋巴细胞,参与体液免疫。

2. 胸腺

1) 胸腺的形态、结构

胸腺位于胸腔前部纵隔内和颈部的两侧。单蹄类和肉食类动物的胸腺主要位于胸部,呈红色或粉红色;猪的胸腺颈部和胸部都很发达;牛的胸腺颈部和胸部也很发达,呈粉红色的分叶状结构(图 1-9-1);家禽的胸腺呈黄色或灰红色,鸡有 7 对、鸭有 5 对,从颈前部一直延伸到胸腔入口处。畜禽的胸腺在幼畜时发达,到接近性成熟时达到高峰,性成熟后逐渐萎缩,最后被脂肪组织代替。

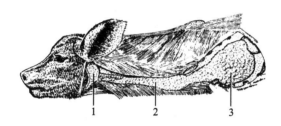

图 1-9-1　犊牛胸腺图

1.腮腺;2.颈部胸腺;3.胸部胸腺

(图片来源:马仲华,家畜解剖与组织胚胎学,中国农业出版社)

2) 胸腺的组织结构

胸腺由被膜和实质两部分组成。

(1)被膜:在胸腺的表面包有一层结缔组织形成的被膜,被膜深入胸腺实质,将胸腺分为许多小叶,这些小叶称为胸腺小叶。小叶的外周部分称为皮质,中央部分称为髓质。

(2)皮质:胸腺皮质主要由胸腺上皮细胞、巨噬细胞和胸腺细胞形成。胸腺上皮细胞包括扁平上皮细胞和星形上皮细胞两种。扁平上皮细胞主要分布于被膜下和小叶间隔,构成胸腺内环境与外环境间的屏障,它的主要功能是分泌胸腺素和胸腺生成素。星形上皮细胞有较多的突起,突起相互连接成网,可诱导胸腺细胞分化发育。胸腺细胞又称为 T 淋巴细胞,它构成了胸腺皮质的主体。

(3)髓质:髓质与皮质分界不明显,染色浅,淋巴细胞排列松散。髓质中的胸腺小体主要由胸腺小体上皮细胞、T 淋巴细胞、交错突细胞和巨噬细胞构成。髓质上皮细胞呈球形或多边形,可分泌胸腺素。

3) 血-胸屏障

血-胸屏障是胸腺皮质的毛细血管与周围组织构成的一个屏障结构,其结构包括连续的毛细管内皮、内皮外完整的基膜、血管周隙和巨噬细胞、上皮网状细胞的完整基膜和上皮网状细胞这五个结构(图 1-9-2)。血-胸屏障可阻止血液中的大分子物质进入胸腺,有利于 T 淋巴细胞在较为稳定的环境下进行分化和发育。

4) 胸腺的功能

胸腺既是一个中枢免疫器官,又是一个内分泌器官,它的功能主要包括以下几个

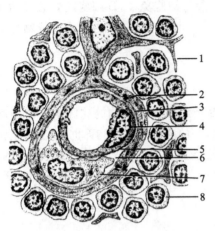

图 1-9-2　血-胸屏障结构模式图

1.上皮细胞突起;2.细胞连接;3.上皮基膜;
4.内皮细胞;5.内皮基膜;6.毛细血管;
7.周隙;8.巨噬细胞;9.淋巴细胞

方面。

（1）T淋巴细胞分化成熟的场所。骨髓中分化形成的淋巴干细胞进一步分化形成 T 淋巴细胞的前体细胞,该前体细胞经血液循环到达胸腺,在胸腺内环境的诱导下发育为成熟的 T 淋巴细胞,最后进入血循环。

（2）分泌激素,诱导淋巴细胞分化。胸腺上皮细胞能产生多种激素,如胸腺素、胸腺生成素和胸腺体液因子等,这些激素可以诱导 T 淋巴细胞的分化、成熟。

（3）调节免疫平衡。胸腺还可促进肥大细胞发育,调节自身的免疫平衡,维持机体的免疫稳定性。

3. 腔上囊

（1）腔上囊的形态、结构:腔上囊又叫法氏囊,是禽类所特有的中枢免疫器官。腔上囊位于泄殖腔背侧,开口于肛道,形态为椭圆形盲囊状。该器官在性成熟前达到最大体积,性成熟后,开始退化。

（2）腔上囊的功能:主要是引起机体的体液免疫应答。它是 B 淋巴细胞分化和成熟的场所。来自骨髓的淋巴干细胞在腔上囊内被诱导分化为成熟的 B 淋巴细胞,成熟的 B 淋巴细胞经血液和淋巴循环到达外周免疫器官,在外周免疫器官内定居、增殖并参与机体的体液免疫应答反应。

（二）外周免疫器官

1. 淋巴结

1）淋巴结的形态、结构

淋巴结在活体呈微红色或微红褐色,在尸体上略呈黄灰白色,大小不一,呈球形、椭圆形或扁平状,一侧凹陷称为淋巴结门,是输出淋巴管和血管、神经出入的地方。淋巴结具有滤过淋巴、产生淋巴细胞、参与免疫反应的功能。动物身体的每一个重要器官都有一个主要的淋巴结或淋巴结群,称为淋巴中心。一个淋巴中心常有一个或一群淋巴结。牛、羊、猪分别有 18 个淋巴中心,马有 19 个淋巴中心,鸡无淋巴结,但有淋巴组织;鹅、鸭等水禽类有两对淋巴结,即颈胸淋巴结和腰淋巴结。

2）淋巴结的组织结构

淋巴结(图 1-9-3)由被膜和实质两部分组成。

（1）被膜:在淋巴结的表面包有一层结缔组织形成的被膜,被膜向实质内生长,形成许多小梁,将淋巴结分成许多小叶。淋巴结的外周部分称为皮质,中央部分称为髓质。

（2）皮质:由淋巴小结、副皮质区和皮质淋巴窦三部分构成。淋巴小结位于皮质的浅层,呈椭圆形,在淋巴小结的中央有一个淡染的区域,称为生发中心。淋巴小结主要由 B 淋巴细胞构成。副皮质区为位于淋巴小结的深层和淋巴小结之间的弥散淋巴组织内,主

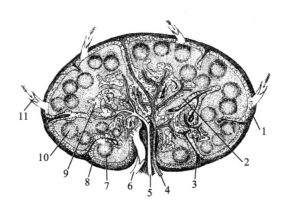

图 1-9-3　淋巴结构造模式图

1.被膜；2.髓索；3.小梁；4.动脉；5.静脉；6.输出淋巴管；

7.淋巴小结；8.皮窦；9.髓窦；10.生发中心；11.输入淋巴管

（图片来源：周其虎，家畜解剖生理，中国农业出版社）

要由 T 淋巴细胞构成。皮质淋巴窦位于被膜、小梁和淋巴组织之间的腔隙内，在窦腔内有大量的淋巴细胞、网状细胞和巨噬细胞。

（3）髓质：髓质由髓索和髓窦两部分组成。B 淋巴细胞、浆细胞和巨噬细胞等呈索状排列，形成髓索，髓索互相吻合成网。髓索与小梁之间的腔隙称为髓窦。

以上是牛、马、犬、禽类淋巴结的组织结构。猪淋巴结的组织结构与以上结构相反，髓质在外，皮质在内。

3）淋巴结的功能

淋巴结是体内数量最多、分布最广泛的免疫器官，其功能可概括为以下几个方面。

（1）滤过并清除异物。侵入机体内的有害物质，随着淋巴循环进入局部的淋巴结内，淋巴结中的巨噬细胞可对入侵的异物发挥吞噬和清除作用，淋巴结内的其他淋巴细胞会快速增殖，并引起机体的应答反应。

（2）免疫应答的主要场所。淋巴结含有多种类型的免疫细胞，这些淋巴细胞具有很强的捕捉抗原、传递抗原信息的能力。淋巴结中的 B 淋巴细胞被活化后，会迅速展开分化增殖，生成大量的浆细胞，浆细胞分泌抗体，引起体液免疫应答反应。T 淋巴细胞也可在淋巴结内分化增殖为致敏 T 淋巴细胞，引起细胞免疫应答反应。

2．脾

各种家畜的脾形态不同，但组织结构相同。

1）脾的形态、结构

脾（图 1-9-4）紧贴于胃的左侧背部，是动物机体内最大的免疫器官，是机体进行免疫应答的主要场所。牛的脾呈长而扁的椭圆形，蓝紫色，质较硬，位于瘤胃背囊的左前方。羊脾呈扁平略钝三角形，紫红色，质较软，位于瘤胃左侧。猪脾狭而长，紫红色，较软，位于胃左侧。马脾呈扁平镰刀形，上宽下窄，蓝红或铁青色，位于胃大弯左侧。鸡脾呈椭圆形，棕红色，位于腺胃与肌胃交界处的右背侧。

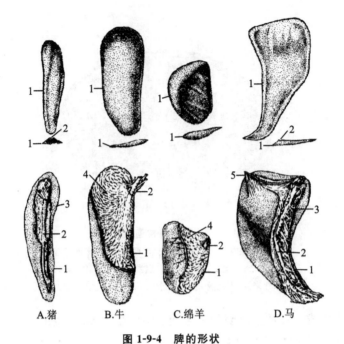

图 1-9-4　脾的形状

A.猪　　B.牛　　C.绵羊　　D.马

上图为壁面,中图为中断横切面,下图为脏面

1.前缘;2.脾门;3.胃脾韧带;4.脾和瘤胃的粘连处;5.脾悬韧带;

7.淋巴小结;8.皮窦;9.髓窦;10.生发中心;11.输入淋巴管

(图片来源:董常生,家畜解剖与组织胚胎学,中国农业出版社)

2)脾的组织结构

脾(图 1-9-5)由被膜和实质两部分组成。

(1)被膜:脾的表面有一层结缔组织形成的被膜,在被膜的表面覆有浆膜,结缔组织向脾实质内生长,形成小梁,小梁相互交汇形成脾的支架。

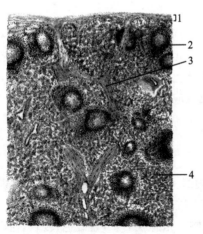

图 1-9-5　脾微细结构(HE 低倍)

1.被膜;2.白髓;3.小梁;4.红髓

(2)实质:又称为脾髓,分为两部分,一部分称为红髓,是机体储存红细胞、捕获抗原和生成红细胞的场所,另一部分称为白髓,是机体发生免疫应答的场所。

白髓由动脉周围淋巴鞘和淋巴小结构成,沿着动脉血管分布,填充在红髓之间。在白髓的中央有一条小动脉,称为中央动脉。动脉周围淋巴鞘是中央动脉周围淋巴组织形成的一个鞘样结构,它是 T 淋巴细胞定居的主要场所。淋巴小结又称脾小结,位于动脉周围淋巴鞘的外侧,其结构与淋巴结内的淋巴小结相似,是 B 淋巴细胞定居的主要场所。

红髓位于白髓四周,由脾索和脾窦两部分构成,因储藏的红细胞较多而呈现红色。脾索是互相吻合成网状的淋巴组织,除了B淋巴细胞外,还含有大量的网状细胞、巨噬细胞、血细胞和浆细胞。脾窦是脾索之间的腔隙,窦壁内衬有特殊的长杆状内皮细胞,细胞之间有窄的裂隙。

边缘区位于白髓和红髓相交汇的部位,淋巴组织排列疏松,主要是B淋巴细胞和巨噬细胞。

脾是机体内重要的造血、滤血和贮血器官,因此,在脾实质内分布有大量的血管。脾动脉从脾门进入脾内,沿着小梁不断分支形成小梁动脉。其分支一部分进入红髓,形成动脉毛细血管,使血液经脾索进入脾窦,然后汇合成静脉进入小梁静脉,最后汇合成脾静脉出脾;小梁动脉的分支还可以进入白髓形成中央动脉。

3)脾的功能

脾可以产生大量的淋巴细胞,它是机体重要的免疫和防御器官,同时,脾又是机体内主要的贮血器官。

脾是动物机体在胚胎阶段的重要造血器官,出生后造血功能停止,但仍然是血细胞尤其是淋巴细胞再循环池的最大储库和强有力的滤过器,其主要功能包括以下几点。

(1)造血功能:脾是动物机体在胚胎阶段的重要造血器官,出生后其造血功能被骨髓替代而变成了淋巴器官,在抗原的刺激下参与免疫应答反应,但当动物处于大失血或某些病理情况下,脾的造血功能仍可恢复。

(2)贮血功能:在正常情况下,脾将血液储存于脾窦和脾索内,当机体循环血量不足时,脾被膜和小梁平滑肌收缩,可将脾窦和脾索内的血液压出,补充机体循环血量。

(3)免疫应答的场所:脾脏内定居着大量淋巴细胞和其他免疫细胞,抗原入侵脾脏后,T淋巴细胞和B淋巴细胞开始活化、增殖,产生致敏T淋巴细胞和浆细胞,展开细胞免疫和体液免疫应答反应。

(4)分泌免疫因子:脾可以合成一些免疫分子,增强机体免疫应答反应的能力。

(5)滤过作用:脾脏中有大量的具有吞噬功能的细胞,如巨噬细胞,这些细胞可吞噬、清除进入血液中的病原体、异物及衰老死亡的机体细胞,实现对血液的滤过功能。

(6)淋巴细胞定居的场所:在脾脏内定居着大量的淋巴细胞和其他免疫细胞,当抗原进入脾脏后,滞留在脾脏内的淋巴细胞增多,增强了机体免疫应答的效果。

3. 扁桃体

(1)扁桃体的形态、结构:扁桃体位于舌、软腭和咽的黏膜下组织内,分为舌扁桃体、腭扁桃体和咽扁桃体,其中,腭扁桃体最发达。扁桃体的形状和大小因动物种类而不同,牛的扁桃体呈卵圆形。扁桃体仅有输出管,注入附近的淋巴结,没有输入管。

(2)扁桃体的组织结构:舌扁桃体、腭扁桃体和咽扁桃体的结构基本相同,内含大量的淋巴组织,是抗原入侵后最容易引起免疫反应的场所。在扁桃体的表面被覆有一层扁平上皮,上皮向固有膜内凹陷,形成许多陷窝,陷窝周围有大量的淋巴小结和弥散淋巴组织。淋巴小结主要由B淋巴细胞密集排列形成,弥散淋巴组织中主要是T淋巴细胞。

(3)扁桃体的功能:扁桃体是机体的第一道防线,极易遭受病原体的侵袭,引起炎症反应。当抗原入侵时,淋巴细胞迅速捕获抗原信息,通过毛细血管后微静脉传递给其他免

疫器官,提高机体的免疫防御能力。

4. 哈德腺

哈德腺位于禽类的眼窝内,能接受抗原刺激,产生特异性抗体,通过泪液带入上呼吸道黏膜内,对口腔和上呼吸道黏膜进行局部免疫保护。

5. 血结

血结多见于反刍类动物,有滤血作用,结构与淋巴结很相似,无淋巴管。

6. 血淋巴结

血淋巴结是介于血结和淋巴结之间的一种结构,既有血管,又有淋巴管,主要位于循环血路上。它呈球状,暗红色。血淋巴结除了具有滤过血液的功能外,也参与机体的免疫反应过程。

二、免疫细胞

能参与机体的免疫应答或与应答过程有关的所有细胞统称为免疫细胞。

1. 淋巴细胞

1) T 淋巴细胞

T 淋巴细胞是骨髓的淋巴干细胞在胸腺分化、成熟后的淋巴细胞,因此称为胸腺依赖性淋巴细胞。T 淋巴细胞是淋巴细胞中数量和分类最多的一种,一般可分为三个亚群。

(1) 辅助性 T 淋巴细胞:简称为 T_H 细胞,占 T 淋巴细胞总数的 65% 左右,它能识别抗原,分泌多种淋巴因子,既能辅助 T 淋巴细胞产生细胞免疫应答,又能辅助 B 淋巴细胞产生体液免疫应答,是提高免疫应答效果的主要成分。

(2) 抑制性 T 淋巴细胞:简称为 T_S 细胞,占 T 淋巴细胞的 10% 左右。T_S 细胞分泌的抑制因子可减弱或抑制免疫应答反应。

(3) 细胞毒性 T 淋巴细胞:简称为 T_C 细胞,占 T 淋巴细胞的 20%～30%。T_C 细胞是细胞免疫应答的主要成分。

2) B 淋巴细胞

B 淋巴细胞是骨髓的淋巴干细胞在骨髓分化、成熟后的淋巴细胞,因此称为骨髓依赖性淋巴细胞或非胸腺依赖性淋巴细胞。B 淋巴细胞表面有许多膜抗体,当抗原刺激后 B 淋巴细胞增殖、分化形成大量的浆细胞,浆细胞分泌抗体,进行体液免疫应答,从而清除相应的抗原。

3) 杀伤性淋巴细胞

杀伤性淋巴细胞简称 K 细胞。在 K 细胞的表面有 IgG 的 Fc 段受体,当靶细胞与IgG 结合后,K 细胞可与结合到靶细胞上的 IgG 的 Fc 段结合,然后释放细胞毒,裂解靶细胞。K 细胞裂解的靶细胞包括肿瘤细胞、病毒感染细胞、异体细胞及较大的病原体(如寄生虫)等,因此,K 细胞在抗肿瘤、免疫移植排斥、清除自身衰老死亡的细胞等方面有重要的意义。

4）自然杀伤性淋巴细胞

自然杀伤性淋巴细胞简称 NK 细胞，是一群不依赖于抗体就能杀伤靶细胞的淋巴细胞。NK 细胞表面有识别靶细胞表面分子的受体，通过该受体与靶细胞结合，导致靶细胞溶解，而发挥杀伤作用。NK 细胞的功能与 K 细胞相似。

2．抗原呈递细胞

抗原呈递细胞有多种类型，包括巨噬细胞、交错突细胞、郎格汉斯细胞、滤泡树突细胞等，这些细胞能将入侵的抗原进行前期的处理，然后将抗原信息呈递给 B 淋巴细胞和 T 淋巴细胞，引起机体的体液免疫和细胞免疫应答，因此，抗原呈递细胞是免疫应答起始阶段的重要辅佐细胞。

3．单核吞噬细胞系统

单核吞噬细胞系统的细胞均来源于血液中单核细胞，单核细胞穿出毛细血管壁进入组织间隙，分化为结缔组织的巨噬细胞、肺的尘细胞、肝的枯否细胞、神经组织的小胶质细胞、淋巴组织内的交错突细胞、骨组织的破骨细胞、表皮的郎格汉斯细胞等。单核吞噬细胞系统的主要功能是吞噬、清除侵入机体内的病原体、异体细胞、肿瘤细胞和自身衰老死亡的细胞。当单核吞噬细胞系统功能失调时，可导致多种疾病的发生。

4．其他免疫细胞

细胞质中含有颗粒的白细胞统称为有粒白细胞，包括中性粒细胞、嗜酸性粒细胞和嗜碱性粒细胞三种。它们均源于骨髓，寿命较短，在外周血中发挥免疫保护功能。

（1）中性粒细胞：血液中的主要吞噬细胞，具有高度的移动性和吞噬能力。它可分泌炎症介质，引发炎症反应，还可把颗粒性抗原提供给巨噬细胞，因此在防御感染中起重要作用。

（2）嗜酸性粒细胞：可杀伤虫体，吞噬抗原抗体复合物，在 I 型过敏反应中发挥调节作用。

（3）嗜碱性粒细胞：主要参与 I 型过敏反应。该细胞表面有 IgE 的 Fc 段受体，能与 IgE 结合，引起过敏反应。

（4）肥大细胞：主要存在于皮肤的结缔组织、周围淋巴组织、脂肪组织和小肠黏膜下组织等部位，参与过敏反应。

（5）红细胞：红细胞也具有识别抗原、清除体内免疫复合物、增强吞噬细胞的吞噬功能、递呈抗原物质等功能。

三、淋巴结的分布

动物机体的每一个较大的器官或局部都有一个主要的淋巴结或淋巴结群，称为淋巴中心（图 1-9-6）。家畜的淋巴结分为浅层淋巴结和深层淋巴结两种。

（一）畜体主要的浅层淋巴结

畜体主要的浅层淋巴结如下。

（1）下颌淋巴结：呈卵圆形，位于下颌间隙。牛的下颌淋巴结在下颌间隙后部，其外侧与颌下腺前端相邻；猪的下颌淋巴结位置较靠后，表面被腮腺覆盖；马的下颌淋巴结与

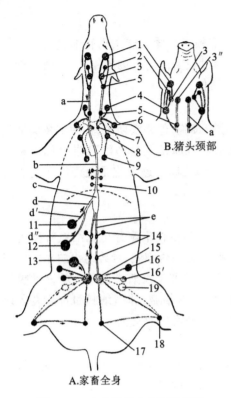

图 1-9-6 全身淋巴中心和淋巴干

a.气管干；b.胸导管；c.乳糜池；d.内脏干；
d′.腹腔干；d″.肠干；e.腰干；1.下颌淋巴中心；
2.腮腺淋巴中心；3.咽后淋巴中心；
3′.咽后外侧淋巴结；3″.咽后内侧淋巴结；
4.颈浅淋巴中心；5.颈深淋巴中心的颈深前淋巴结；
5′.颈深后淋巴结；6.腋淋巴中心；7.胸腹侧淋巴中心；
8.纵隔淋巴中心；9.支气管淋巴中心；
10.胸背侧淋巴中心；11.腹腔淋巴中心；
12.肠系膜前淋巴中心；13.肠系膜后淋巴中心；
14.腰淋巴中心；15.髂荐淋巴中心的髂内淋巴结；
16.腹股沟淋巴中心的髂下淋巴结；
16′.腹股沟浅淋巴结；
17.坐骨淋巴中心；18.腘淋巴中心；
19.马的髂股淋巴中心的腹股沟深淋巴结
（图片来源：董常生，家畜解剖与组织胚胎学，
中国农业出版社）

收集肠部的淋巴。

（7）肠系膜前淋巴结：位于肠系膜前动脉起始部
（8）髂内淋巴结：位于髂外动脉起始部，收集髂部的淋巴。
（9）髂外淋巴结：位于旋髂深动脉前、后支分叉处。

血管切迹相对。下颌淋巴结主要收集头腹侧、口腔前部、鼻腔和唾液腺的淋巴。

（2）腮腺淋巴结：呈卵圆形，位于颞下颌关节后下方，全部或部分被腮腺覆盖。

（3）颈浅淋巴结：又称肩前淋巴结，位于肩前，在肩关节上方，呈卵圆形，被臂头肌和肩胛横突肌（牛）覆盖。猪的颈浅淋巴结分为背侧和腹侧两部分，背侧淋巴结相当于其他家畜的颈浅淋巴结。颈浅淋巴结主要收集颈部、前肢和胸壁的淋巴。

（4）髂下淋巴结：又称股前淋巴结，位于膝关节上方，在股阔筋膜张肌前缘皮下。

（5）腹股沟浅淋巴结：位于腹底壁皮下、大腿内侧、腹股沟皮下环附近。母畜为乳房淋巴结，位于乳房的后上方；公畜的位于阴茎两侧，称为阴茎背侧淋巴结。

（6）腘淋巴结：位于臀股二头肌与半腱肌之间，腓肠肌外侧头的脂肪中，收集小腿部的淋巴。

（二）畜体主要的深层淋巴结

畜体主要的深层淋巴结（图 1-9-7）如下。

（1）咽后淋巴结：位于咽的背侧上，收集咽部的淋巴结。

（2）颈深淋巴结：分为颈前、颈中、颈后三部分。颈前淋巴结位于咽、喉的后方，颈中淋巴结位于颈部气管的中部，颈后淋巴结与颈前淋巴结无明显界限。主要收集颈部的淋巴。

（3）肺淋巴结：位于肺门附近、气管的周围，收集肺部的淋巴。

（4）肝淋巴结：位于肝门附近，收集肝部的淋巴。

（5）脾淋巴结：位于脾门附近，收集脾部的淋巴。

（6）肠淋巴结：位于各段肠管的肠系膜内，收集肠部的淋巴。

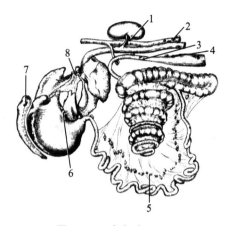

图 1-9-7　猪内脏淋巴结

1.肾淋巴结;2.腰淋巴结;3、4.结肠淋巴结;5.肠系膜淋巴结;6.胃淋巴结;7.脾淋巴结;8.肝淋巴结

四、淋巴

淋巴是免疫系统重要的组成部分,同时又是体内主要的体液之一,它和血液、组织液关系密切。淋巴来源于组织液,组织液来源于血液,而淋巴最后又回到了血液。

(一)淋巴的生成

淋巴是组织液透过毛细淋巴管的管壁进入毛细淋巴管后形成的。毛细淋巴管的管壁比毛细血管的管壁更薄,通透性更强,以盲端起始于组织间隙,组织液中不能进入毛细血管的大分子物质都进入毛细淋巴管内,参与淋巴循环。血液、组织液、淋巴三者之间的循环关系如图 1-9-8 所示。

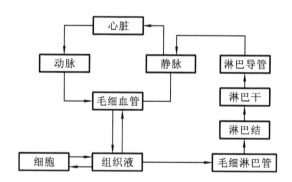

图 1-9-8　血液、组织液、淋巴三者循环模式图

(二)淋巴管

(1)毛细淋巴管:根据淋巴管汇集的顺序、口径大小及管壁厚薄等因素,把淋巴管分为毛细淋巴管、淋巴管、淋巴干和淋巴导管四种。毛细淋巴管是以盲端起始于组织间隙,其通透性比毛细血管更强,毛细淋巴管的分布、结构与毛细血管相似。

(2)淋巴管:淋巴管是呈串珠状的管道,是由毛细淋巴管汇集而成的,其形态结构和

分布与静脉相似。

（3）淋巴干：一个区域内的淋巴管进一步汇集形成淋巴干。动物机体有三个大的淋巴干，分别是气管淋巴干、腰淋巴干和内脏淋巴干，其中气管淋巴干伴随着颈总动脉分布，分别收集左右侧头颈、肩胛和前肢的淋巴，最后注入胸导管和右淋巴导管或前腔静脉、颈静脉；腰淋巴干伴随腹主动脉和后腔静脉前行，收集骨盆壁、部分腹壁、后肢、骨盆内器官及结肠末端的淋巴，最后注入乳糜池；内脏淋巴干包括肠淋巴干和腹腔淋巴干，汇集腹腔内器官汇流的淋巴，注入乳糜池。

（4）淋巴导管：三个淋巴干进一步汇集，形成两个大的淋巴导管，包括胸淋巴导管和右淋巴导管两个。胸淋巴导管起始于乳糜池，然后沿主动脉右侧前行，注入前腔静脉或左颈静脉。乳糜池为长梭形的膨大腔，在最后胸椎到第二至第三腰椎下方、主动脉和右膈脚之间，由一些大的淋巴干汇合而成，主要收集肠部的淋巴，因内部含有大量脂肪而呈乳白色，因此称为乳糜池。乳糜池和胸淋巴导管主要收集后肢、腹腔、腹壁、骨盆腔及骨盆壁、左侧胸壁、左头颈部、左前肢等部位的淋巴。右淋巴导管主要收集右侧头颈部、右前肢、右侧胸壁的淋巴，最后注入右颈静脉或前腔静脉。

（三）淋巴的生理意义

（1）回收组织中的大分子物质：入侵到机体内部的大分子异物、从毛细血管动脉端滤出的血浆蛋白和小肠黏膜上皮细胞吸收的脂肪微粒，都不能通过毛细血管壁进入毛细血管，只能通过毛细淋巴管进入淋巴循环，最终进入血液循环。

（2）免疫保护：淋巴在循环过程中，要经过许多免疫器官，这些免疫器官可有效地杀灭入侵到机体的有害异物，达到免疫保护的作用。

 总结与复习

免疫系统是机体的一个保护性系统，其主要功能是识别并清除进入机体内的异物，维持机体内环境的相对稳定。免疫系统由免疫器官、免疫组织和免疫细胞三部分构成，其中中枢免疫器官是免疫细胞发生、分化和成熟的场所，周围免疫器官是进行免疫反应的重要场所，免疫细胞主要包括 T 淋巴细胞和 B 淋巴细胞两种，T 淋巴细胞主要引起细胞免疫应答，B 淋巴细胞主要进行体液免疫应答。

 复习题

1．简述家畜免疫系统的基本组成。
2．家畜和家禽的免疫器官有哪些？
3．简述常见家畜脾脏的形态、位置和颜色。
4．猪的浅层淋巴结有哪些？
5．说出淋巴结的组织学结构。
6．机体内常见的淋巴细胞有哪些？各有何功能？
7．淋巴细胞再循环的定义是什么？有何生理意义？

单元十 体温

知识目标

掌握各种畜禽的正常体温以及体温的测量方法;了解体温相对恒定对于动物机体的意义;了解畜禽体温变化对于疾病诊断的现实意义。

素质目标

正常体温是动物健康的重要标志,通过对体温调节过程的学习,懂得动物机体对任何事物的耐受都有一个度,如果超过了这个度,就会严重影响动物的身体健康。在学习和生活过程中,应多参加文体活动,学会调节,只有身心健康,我们的学习和生活才能顺利进行。在畜禽体温测定方法的学习过程中,明白做任何事情都要细心,就像给动物测量体温一样,不能出错,培养认真负责的工作态度。

能力目标

熟知各种畜禽的正常体温,并能对畜禽体温进行正确测量;能根据体温的变化对动物的疾病进行初步的诊断。

一、正常体温

正常体温是动物机体进行新陈代谢和生命活动的必要条件。当畜禽处于健康状态时,该机体的体温会恒定在某一个范围内。动物机体各部位的体温并不相同,可分为体表温度和体内温度。体表温度是指皮肤、皮下组织等结构的温度。体表温度易受环境温度或机体散热的影响,因此,波动幅度较大,而且各部位的体温差也较大。体内温度是指机体内部的温度,比体表温度高,且相对恒定。通常,生理学中提到的体温是指身体内部的平均温度。因直肠温度最接近机体深部温度,比较稳定,且测量方便,所以在实践中多以直肠温度代表畜禽实际体温。健康畜禽体温见表 1-10-1。

表 1-10-1 健康畜禽体温表

畜 禽	体温/℃	畜 禽	体温/℃
黄牛	37.5～39.0	猪	38.0～40.0
水牛	37.5～39.5	犬	37.5～39.0
乳牛	38.0～39.3	兔	38.5～39.5
绵羊	38.5～40.5	马	37.5～38.5
山羊	37.6～40.0	骡	38.0～39.0
鸡	40.0～42.0	驴	37.0～38.0
鸭	41.0～43.0	骆驼	36.0～38.5
鹅	40.0～44.0	猫	38.1～39.2

畜禽的体温除了因动物种类有差别外,还受个体、年龄、性别、品种等因素的影响。如

幼畜的体温比成年家畜的体温高;公畜较母畜高;母畜在发情和妊娠时的体温比正常时高;家畜在采食后体温升高;家畜在剧烈运动后,体温显著升高;动物白天比夜间体温高,午后最高,早晨最低。因此,测量体温时应考虑个体的特殊情况对正常体温的影响。

二、产热和散热

畜禽正常体温的相对恒定,是机体产热过程和散热过程相互调节,最终达到动态平衡的结果。在新陈代谢过程中,机体不断地产生热量,同时,所产生的热量又通过辐射、传导和对流以及水分蒸发等方式不断地向体外释放。若产热量大于散热量,则机体的体温升高;若产热量小于散热量,则机体的体温降低;产热量等于散热量时,体温就可恒定在一定的范围内。

(一)产热

在代谢过程中,机体内所有的组织器官都可产生热量。例如,动物在安静状态下,机体的热量主要来源于肝、肠、胃等内脏器官;动物在运动时,骨骼肌又成为机体产生热量的主要器官;对于草食动物而言,胃肠道内的生物发酵是其获取热量的重要来源。

(二)散热

机体在代谢产热的同时,必须不断地向外界散失热量,才能维持体温的相对恒定。当外界环境温度接近或高于皮肤温度时,机体以蒸发方式散热。当环境温度低于体表温度时,可通过皮肤以辐射、传导、对流等方式进行散热。所以皮肤是机体散失热量的重要途径,皮肤主要通过下列四种方式进行散热。

1. 蒸发

当外界环境温度高于皮肤温度时,机体主要以蒸发方式进行散热。在一般气温条件下,机体可通过皮肤和呼吸道黏膜上水分的不断蒸发来散失热量。在气温超过 30℃时,汗腺分泌加强,此时,汗液蒸发成为散热的唯一有效方式。出汗对散热的调节作用有明显的畜种差异:马属动物汗腺发达,出汗多,散热量大;牛有中等程度的出汗能力;绵羊、犬以热喘呼吸为主要的散热方式。

2. 辐射

机体以热射线的形式向外界散失热量的方式,称为辐射散热。动物在安静状态下的辐射散热量取决于皮肤与外界环境之间的温度差,皮肤与环境之间的温度差越大,辐射散热量就越多。若环境温度高于体表温度,机体不但不能通过辐射向外界散热,而且还要吸收环境中的辐射热。另外,辐射散热的效果还与动物机体的散热面积有关。当动物肢体舒展开时,有效辐射面积增加,散热加快,而身体蜷曲时,有效辐射面积减少,散热变慢。

3. 对流

机体通过与体表接触的空气的流动来散失热量的方式,称为对流散热。在正常的气温条件下,动物体将热量传给与体表接触的空气层,然后这一层热空气向上升,周围较冷的空气流过来填补,机体的热量就不断地向外界放散。机体对流散热的强弱受体表与空气之间的温度差和风速的影响。空气越冷,对流散热越强;风速越大,对流散热越多。

4. 传导

传导是指机体把热量传给与它直接接触的较冷物体的一种散热方式。动物机体的传导散热主要是指动物把热量通过皮肤直接传给其他物体。如家畜躺卧在潮湿的地面上散热。传导散热的多少与接触面积、温度差和物体的导热性能等因素有关。水的导热性能比空气好,因此,在夏季可用清水冲洗家畜体表,可达到防暑降温的目的。

三、体温调节

机体主要通过神经和体液两个方面对产热过程和散热过程进行调节,使产热过程和散热过程达到一种动态平衡,维持体温的相对恒定。

(一)神经调节

1. 温度感受器

在动物机体内存在一些外周感受器和中枢感受神经元,可感受内、外环境温度变化的刺激,并把这种刺激传到体温调节中枢,对体温进行调控。体温外周感受器主要位于皮肤、某些黏膜及腹腔内脏等部位,有热感受器和冷感受器两种,它们能感受温度变化的刺激,把这种刺激转变为神经冲动,传向体温调节中枢,对体温进行调控。体温中枢感受神经元主要位于脊髓、延髓、脑干网状结构以及下丘脑等部位,有热敏感神经元和冷敏感神经元两种,可感受血液温度的变化,控制体温调节中枢的兴奋性。

2. 体温调节中枢

体温调节中枢位于下丘脑。在下丘脑的前区和视前区存在着热敏感神经元和冷敏感神经元。当热敏感神经元受到刺激发生兴奋时,机体的散热加强;当冷敏感神经元受到刺激发生兴奋时,机体的产热加强。动物机体的体温之所以能维持在一个恒定的范围内,是因为在下丘脑的体温调节中枢存在着体温调定点,体温调定点的高低决定着体温的高低。视前区-下丘脑前区的热敏感神经元就起体温调定点的作用。热敏感神经元对热的感受有一个阈值,这个阈值就称为该动物的体温恒定调定点。当体温调节中枢的温度升高时,热敏感神经元受到刺激发生兴奋,使机体散热增加,达到调节体温的作用。动物的体温调节中枢的体温调定点不是固定不变的。当机体处于高温环境时,皮肤的温度感受器会感受到这种刺激,并将冲动传入体温调节中枢,使体温调定点下移。

(二)体液调节

动物机体主要通过激素对畜禽的体温进行体液调节。如甲状腺激素、肾上腺素、激肽等。甲状腺激素能加速细胞内的氧化反应过程,促进分解代谢,使产热量增加;肾上腺素能促进糖和脂肪的分解代谢,促使机体的产热增加;当机体发汗散热时,汗腺细胞中的激肽酶原被激活转变为激肽,激肽可使局部血管舒张,血流增加,散热加强。

四、机体对冷和热的体温调节过程

(一)对冷的调节过程

寒冷时皮肤温度降低,刺激皮肤的温度感受器,皮肤感受器兴奋,发出冲动传到下丘

脑前区的热敏感神经元,使之抑制,则产热量开始增加,散热量减少,动物体温开始回升。

(二)对热的调节过程

当体内外温度升高时,皮肤和内脏的温度感受器感受到这种刺激,并把冲动传入丘脑下部的体温调节中枢,使机体产热量减少,散热量增加,动物体温开始回落。

 总结与复习

正常的体温是动物机体维持生命活动的必要条件。畜禽的体温不是恒定不变的,它因动物种类、品种、年龄、性别、昼夜变化、身体状况等因素的影响而存在差异。为了适应外界环境的变化,机体在不断地进行着产热过程和散热过程来维持体温的恒定。

 复习题

1. 家畜和家禽的体温如何进行测定?
2. 家畜的体温影响因素有哪些?
3. 家畜散热的途径有哪几种?
4. 说出猪、奶牛、羊和犬正常的体温范围。
5. 在高温条件下,家畜的体温是如何进行调节的?

单元十一 神经系统及感觉器官

知识目标

熟知神经系统的分类、脑和脊髓膜的结构;掌握脑、脊髓的形态、位置、构造和功能,以及外周神经系统的主要分布及其生理机能;熟知反射、兴奋、突触等概念,神经系统对躯体活动、内脏活动的调节;掌握神经系统调节活动的基本形式、神经纤维的机能、大脑皮质以及皮质下各级中枢的机能;了解条件反射和非条件反射对机体生理活动的意义。

素质目标

通过对中枢神经系统(脑、脊髓)、外周神经系统的形态、构造、位置,以及神经系统对躯体活动、内脏活动的调节的学习,增强对神经系统形态、结构和生理调节机能的认识,树立辩证的认知观,为今后工作打下基础。

能力目标

能识别中枢神经系统(脑、脊髓)、外周神经系统的各部位的形态、构造、位置,培养观察能力;通过对神经系统调节活动的基本形式,大脑皮质以及皮质下各级中枢、外周神经的机能的学习,培养观察与归纳能力;通过讨论、比较等方式学习条件反射和非条件反射对机体生理活动的意义,培养概括、比较分析等思维能力。

第一节　神经系统

一、概述

神经系统是畜体的调节系统,它既能调节畜体内各器官系统的活动,使之协调成为统一整体,又能使畜体适应外界环境的变化,保证畜体与环境间的相对平衡,以维持生命的正常进行。神经系统主要组成如下:

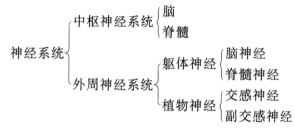

神经系统常见的名词如下。

(1)神经元:构成神经系统的基本结构和功能单位。神经元由突起和胞体两部分构成。

(2)灰质:位于脑和脊髓中,为胞体集中的地方,颜色灰暗。

(3)神经核:中枢内的白质中神经元胞体集中而形成的灰质核团。

(4)皮质(或皮层):被覆于大脑半球表面和小脑表面的灰质层,由神经元胞体构成。

(5)神经节:在外周神经中,神经元胞体集中的地方。

(6)传导束:在中枢神经内,集合成束的神经纤维(神经元突起)称为神经传导束(或路),分为上行传导束和下行传导束。

(7)白质:在中枢神经内,许多神经纤维集合在一起,色泽亮白。

(8)神经(或神经干):在外周神经中,集合成束的神经纤维。

二、中枢神经系统

中枢神经系统主要包括脑、脊髓。

(一)脊髓

脊髓是较低级的中枢神经。

1. 位置与外形

脊髓(图 1-11-1)位于脊椎管内,呈背腹向稍扁的圆柱状,前端经枕骨大孔与延髓相连,后端在荐骨中部。它分为颈髓、胸髓、腰髓和荐髓。有两个膨大:颈、胸交界处形成的颈膨大,由此发出支配前肢的神经;腰、荐交界处的腰膨大,由此发出支配后肢的神经。在脊髓的荐部形成马尾以及终丝。

脊髓背侧有一背正中沟,腹侧有一正中裂。脊髓两侧发出成对的脊神经根,每一脊神经根又分为背侧根和腹侧根。较粗的背侧根上有一膨大部,称为脊神经节,是感觉神经元

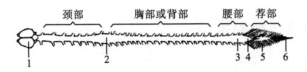

图 1-11-1 脑、脊髓的纵向模式图

1.大脑半球;2.颈膨大;3.腰膨大;4.脊髓圆锥;5.马尾;6.终丝

的胞体所在处,在此发出感觉神经纤维,专管感觉,又称感觉根;腹侧根是由腹角运动神经元发出运动神经纤维,专管运动,称为运动根。背侧根和腹侧根在椎间孔处合并为脊神经出椎间孔。

2.脊髓的横断面结构

在新鲜脊髓横断面上观察,可见脊髓是由中央呈蝴蝶形、颜色较深的灰质和外周颜色较浅的白质构成。在灰质中央有一个脊髓中央导水管。脊髓的横断面结构如图 1-11-2所示。

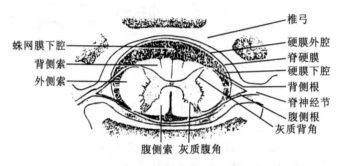

图 1-11-2 脊髓的横断面图

(1)灰质:位于脊髓中央管周围,呈蝶形。脊髓中央管周围连接两侧部的灰质称为灰质连合。颈、胸、腰、荐各段脊髓灰质的大小、形态均不同。从横断面上看,灰质分为一对背角和一对腹角,在胸腰段脊髓灰质还形成一个侧角。从脊髓纵向观,背角形成背侧柱,腹角形成腹侧柱,侧角形成侧柱。灰质主要是由神经元的胞体构成的。背角主要由感觉神经元胞体构成,腹角主要由运动神经元胞体构成,侧角主要由交感神经元胞体构成。

(2)白质:主要由神经纤维构成,被灰质分成背侧索、腹侧索和外侧索共三个索。背侧索位于两个背侧柱及背正中沟之间,主要由感觉神经元发出的上行纤维束构成,有传导本体感觉的作用;腹侧索位于两个腹侧柱及腹正中裂之间,主要由运动神经元发出的下行纤维束构成,腹侧索内的神经束主要是传导运动的;外侧索位于背侧柱和腹侧柱之间,位于浅部的是传导本体感觉的,位于外侧索较深部的神经束是传导运动的,它们均由脊髓背侧柱的联络神经元的上行纤维束和来自大脑与脑干的中间神经元的下行纤维束构成。一般靠近灰质柱的白质都是一些短的纤维,主要联络各段的脊髓。

3.脊髓的功能

脊髓具有以下功能:

(1)传导。全身(除头外)深、浅部的感觉以及大部分内脏器官的感觉,都要通过脊髓白质才能传导到脑,产生感觉。而脑对躯干、四肢横纹肌的运动调节以及部分内脏器官的支配调节,也要通过脊髓白质的传导才能实现。脊髓受损伤时,其上传下达功能便发生障碍,引起一定的感觉障碍和运动失调。

(2)反射。有许多低级反射中枢,如肌肉的牵张反射中枢,排尿、排粪中枢及性功能活动的低级反射中枢,均存在于脊髓。

(二)脑

脑(图 1-11-3、图 1-11-4)是神经系统的高级中枢。脑由灰质和白质构成。它位于颅腔内,大小与颅腔相适应。脑分为大脑、小脑和脑干三部分。大脑位于前方,脑干位于大脑和脊髓之间,小脑位于脑干背侧。

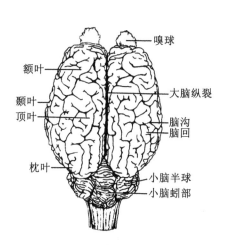

图 1-11-3　牛脑(背侧面图)

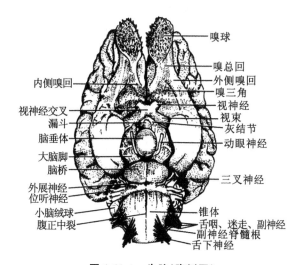

图 1-11-4　牛脑(腹侧图)

1. 脑干

1)脑干的形态

脑干(图 1-11-5)是由延髓、脑桥、中脑形成的一个柱状整体,及其前端的间脑所构成。脑干后连脊髓,前接大脑,是脊髓与大脑、小脑连接的桥梁。

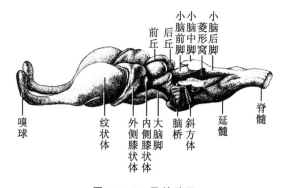

图 1-11-5　马的脑干

(1)延髓:脊髓向前的延续,形似脊髓,腹侧正中线两侧各有一纵行的由运动神经纤维束形成的隆起,称为锥体。锥体的大部分运动神经纤维束在其后部向对侧交叉,称为锥体交叉。延髓背侧面的前部扩展,形成第四脑室底壁后半部分。背侧及两侧各有一股纤维束,连于小脑。延髓的两侧由前向后依次有面神经根、前庭耳蜗神经根、舌咽神经根、迷走神经根和副神经根;锥体前端的两侧有外展神经根,后部两侧有舌下神经根。延髓在机能上是生命中枢所在地,呼吸、心跳等均直接由延髓控制,它还有唾液分泌、吞咽、呕吐等中枢。

(2)脑桥:位于延髓前方,腹侧面为横向隆起,内含横向纤维,是连接中枢神经系统前后各部和小脑的重要通道。背侧面构成第四脑室底壁的前部。

(3)中脑:位于脑桥前方、间脑后方。腹侧面有两条短粗纵行纤维柱,称为大脑脚;背侧面有四个丘形隆起,称为四叠体。前方一对较大,称前丘,是光反射的联络站;后方的一对较小,称为后丘,是声反射的联络站。四叠体和大脑脚之间的正中部有中脑导水管,前接第三脑室,后通第四脑室。

(4)间脑:位于中脑的前方,大部分被两侧的大脑半球所覆盖,其外侧部间脑与大脑半球的界限明显,间脑主要分为丘脑和下丘脑。

① 丘脑:为两个卵圆形的灰质块,其内侧面彼此靠近以中间块相连,在灰质块间的矢状面有一环形间隙,称为第三脑室,其前方经左、右脑室间孔,通入大脑半球内的侧脑室,后方经中脑导水管与第四脑室相通。丘脑后部外侧有两个隆起,分别称为内侧膝状体和外侧膝状体。内侧膝状体是听觉冲动通向大脑皮质的联络站,外侧膝状体是视觉冲动向大脑皮质传递的联络站。在丘脑的背侧后方与中脑的四叠体之间,有一椭圆形小体,称为松果体,属于内分泌腺。

② 下丘脑(丘脑下部):位于丘脑腹侧,包括第三脑室侧壁下部的一些灰质核团,以及视神经交叉、灰结节、漏斗、脑垂体、乳头体等结构(图 1-11-6)。还含有视上核、室旁核,它们分别能释放抗利尿激素和催产素。下丘脑是较高级的调节内脏活动的中枢。

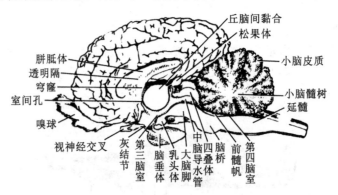

图 1-11-6　牛脑(正中切)

2)脑干内部结构

脑干内部结构组成比脊髓复杂,它由灰质、白质和网状结构等组成。

(1)灰质:被上行、下行的各种纤维分割成许多大小不等的团块,即神经核。含第Ⅲ对至第Ⅻ对脑神经核,与同名脑神经相连,其位置也与神经的顺序相对应。还有一些传导束的中间核,如中脑中有黑质和红核。

（2）白质：由神经纤维组成的上行、下行传导束构成，是大脑、小脑、脊髓之间重要通路。

（3）网状结构：脑干被大量的网状结构所占据，由许多类型不同、大小不等、散在的核团和纵横交错的神经纤维组成，与大脑、脊髓有广泛的联系，功能颇为复杂。

2. 小脑

小脑略呈球形，位于延髓和脑桥背侧，小脑表面有许多凹陷的沟和凸出的回。小脑分为中间较窄且卷曲的蚓部和两侧膨大的小脑半球。小脑灰质主要覆盖于小脑半球的表面；小脑白质在深部，呈树枝状分布。白质中有分散存在神经核。小脑构成第四脑室的顶壁。

3. 大脑

大脑主要由左、右两个完全对称的大脑半球组成。两个大脑半球由巨大的横行纤维束构成的胼胝体相连。两个大脑半球内分别有一个半环形狭窄腔隙，称为侧脑室，两侧脑室分别以室间孔与第三脑室相通。大脑半球由顶部的大脑皮质、内部的白质和基底核以及前底部的嗅脑等组成。

1）皮质

大脑皮质是覆盖在大脑半球表面的灰质层，表面有很多沟状凹陷，称为脑沟，脑沟之间有弯曲的隆起称为脑回，可增加大脑皮质的面积。每个大脑半球根据机能和位置的不同，可分五个叶，即额叶、顶叶、颞叶、枕叶、边缘叶。禽类的大脑灰质薄，无沟回等。

2）白质

大脑半球的白质位于皮质深面，主要由三种纤维组成。

（1）联合纤维：联系左、右半球的横向纤维，主要是胼胝体。

（2）联络纤维：联系同侧半球各部之间的纤维。

（3）投射纤维：大脑皮质与皮质下中枢相联系的纤维，分上行（感觉）和下行（运动）两种，这些纤维都集中通过内囊。

以上这些纤维把脑的各部与脊髓联系起来，再通过外周神经与各个器官联系起来，因而大脑皮质能支配所有的活动。

3）基底核

基底核是大脑白质中基底部的灰质核团，主要有尾状核和豆状核，两核之间有白质（上、下行的投射纤维）构成的囊。基底核、尾状核、内囊和豆状核都有灰、白质相间的条纹，称为纹状体。一般认为，纹状体是锥体外系发放冲动的一个重要联络站。基底核在大脑皮质控制下可调节骨骼肌的运动。禽类的基底核比较发达。

4）嗅脑

嗅脑主要包括位于大脑腹侧前端的嗅球（一对空心的球形囊）、沿大脑腹侧面延续的嗅回以及梨状叶、海马等部分。其中有些结构与嗅觉有关，有些则与嗅觉无关，属于大脑边缘系统，具有更为复杂的功能。

（三）脑、脊髓的被膜，脑脊液和脑、脊髓的血管

1. 被膜

在脑和脊髓表面都包被有三层膜，由内向外依次为软膜、蛛网膜和硬膜。它们有保护

和支持脑、脊髓的作用。

（1）硬膜：为一层较厚而坚韧的致密结缔组织。在脑部，脑硬膜紧贴颅腔壁，无间隙。脊髓部分脊硬膜与椎管内骨膜之间形成的腔隙称为硬膜外腔，腔内充满大量的脂肪和疏松结缔组织。兽医临床上常用硬膜外腔麻醉的方法麻醉脊神经根。硬膜与蛛网膜之间的腔隙称为脑、脊硬膜下腔。

（2）蛛网膜：薄而透明，位于硬膜的深面。蛛网膜与软膜之间的腔隙称为蛛网膜下腔，内有脑脊液。

（3）软膜：薄而富有血管，紧贴脑和脊髓表面，分别称为脑软膜和脊软膜。脑软膜和膜上毛细血管突入各脑室腔内形成脉络丛，可产生脑脊液。

2. 脑脊液

脑脊液是由脉络丛产生的无色透明液体，充满脑室、脊髓中央管及蛛网膜下腔。

脑脊液的主要作用有：①维持脑组织渗透压和颅内压的相对恒定；②保护脑和脊髓，减少或免受外力的振荡；③供给脑组织的营养；④参与代谢产物的运输等。

3. 脑、脊髓的血管

脑的血液主要来自颈动脉及枕动脉，这些血管在脑底部吻合成一动脉环，然后由此分出小动脉分布于脑。脊髓的血液来自椎动脉、肋间动脉和腰动脉等脊髓分支，在脊髓腹侧汇合成一脊髓腹侧动脉，它沿腹正中裂伸延，分布于脊髓。静脉血则汇入颈内静脉和一些节段性的同名静脉。

三、外周神经系统

外周神经系统是神经系统的外周部分，即除脑、脊髓以外，所有神经干、神经结、神经丛及神经末梢的总称。它们一端连于脑或脊髓，另一端同畜体各器官感受器官或效应器相连。将来自感受器的内外环境的刺激冲动，传至中枢神经的神经称为传入（或感觉）神经，把中枢神经冲动传递到各效应器官（肌肉或腺体）的神经，称为传出（或运动）神经。

外周神经因与中枢神经的连接部位和分布范围不同，分为脑神经、脊神经和植物性神经。

（一）脑神经

脑神经共有 12 对，大多数从脑干发出，只有第 I 对（嗅神经）是由嗅脑发出的。脑神经按其所含纤维传递功能不同，分为感觉性、运动性和混合性共三类神经。其中第 I、II、VIII 对脑神经是感觉神经，第 III、IV、VI、XI、XII 对脑神经是运动神经，第 V、VII、IX、X 对脑神经是混合神经。在第 III、VII、IX、X 对脑神经中含有副交感神经纤维。脑神经的顺序、名称、连接脑的部位及分布范围见表 1-11-1。

表 1-11-1　脑神经分布简表

顺序及名称	连脑部位	性质	分 布 范 围	机　　能
Ⅰ 嗅神经	嗅球	感觉	鼻黏膜嗅区	嗅觉
Ⅱ 视神经	间脑	感觉	视网膜	视觉
Ⅲ 动眼神经	中脑	运动	眼球肌	眼球运动
Ⅳ 滑车神经	中脑	运动	眼球肌	眼球运动
Ⅴ 三叉神经	脑桥	混合	头部肌肉、皮肤、泪腺结膜、口腔齿髓、舌、鼻腔等	头部皮肤、口、鼻腔、舌等感觉,咀嚼运动
Ⅵ 外展神经	延髓	运动	眼球肌	眼球运动
Ⅶ 面神经	延髓	混合	鼻唇肌、耳肌、眼睑肌、唾液腺等	面部感觉、运动,唾液的分泌
Ⅷ 位听神经	延髓	感觉	内耳	听觉和平衡感
Ⅸ 舌咽神经	延髓	混合	舌、咽	咽肌运动、味觉、舌部感觉
Ⅹ 迷走神经	延髓	混合	咽、喉、食管、胸腔、腹腔内大部分器官和腺体等	咽、喉和内脏器官的感觉和运动
Ⅺ 副神经	延髓和颈部脊髓	运动	斜方肌、臂头肌、胸头肌	头、颈、肩带部的运动
Ⅻ 舌下神经	延髓	运动	舌肌	舌的运动

脑神经名称的记忆口诀:"一嗅二视三动眼,四滑五叉六外展,七面八听九舌咽,十迷一副舌下全。"

(二) 脊神经

脊神经是由背侧根(感觉根)和腹侧根(运动根)汇合而成。脊神经都是混合神经。按照从脊髓发出的部位,分为颈神经、胸神经、腰神经、荐神经和尾神经。各家畜神经的数目不同,见表 1-11-2。

表 1-11-2　各家畜神经的数目　　　　　　　　(单位:对)

名　　称	牛、羊	马	猪
颈神经	8	8	8
胸神经	13	18	14～15
腰神经	6～7	6	7
荐神经	5	5	4
尾神经	5～7	4	5
合计	37～40	42～43	38～39

脊神经为混合神经,既含有感觉纤维,又含有运动纤维。在椎间孔附近由背侧根(感

觉根)和腹侧根(运动根)合并而成。自椎间孔或椎外侧孔穿出后,分为背侧支和腹侧支。背侧支分布于脊柱背侧的肌肉和皮肤,腹侧支分布于脊柱腹侧和四肢的肌肉和皮肤。分布于肌肉的为肌支,分布于皮肤的为皮支。

1. 颈、胸、腰部的神经

(1)膈神经:由第Ⅴ、Ⅵ、Ⅶ对颈神经腹侧支联合而成,经胸前口入胸腔,沿纵隔后行,分布于膈。

(2)肋间神经:为胸神经腹侧支。在每一肋间沿肋间动脉后缘下行,分布于肋间肌。其中最后一对肋间神经在第一腰椎横突末端前下缘进入腹壁,分布于腹肌和腹部皮肤及阴囊皮肤、包皮或乳房等处。

(3)髂下腹神经(髂腹后神经):为第一腰神经腹侧支。牛的经过第二、三腰椎横突之间(马属动物的则在第二腰椎横突末端的后缘)进入腹壁肌肉,分布于腹肌和腹皮肤。

(4)髂腹股沟神经:为第二腰神经的腹侧支。牛沿第四腰椎横突末端的外侧缘(马属动物的则沿第三腰椎横突末端的后缘)延伸于腹肌之间,分布于腹肌、腹壁和股内侧皮肤。

2. 前肢神经

分布于前肢的神经(图1-11-7)由臂神经丛发出。牛的臂神经丛是由最后三对颈神经腹侧支和第Ⅰ对胸神经腹侧支(马属动物则由第Ⅵ、Ⅶ、Ⅷ对颈神经腹侧支和第Ⅰ、Ⅱ对胸神经腹支)联合而成,位于肩关节内侧。由此丛发出的神经有肩胛上神经、肩胛下神经、腋神经、桡神经、尺神经和正中神经等。其中正中神经是前肢最长的神经,由臂神经丛向下伸延到蹄。

3. 后肢神经

分布于后肢的神经(图1-11-8)由腰荐神经丛发出。腰荐神经丛由后三对腰神经及前两对荐神经的腹侧支构成,位于腰荐部腹侧。由腰荐神经丛发出的神经有股神经、坐骨神

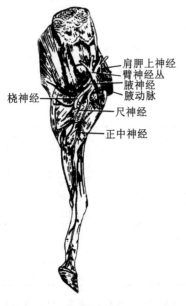
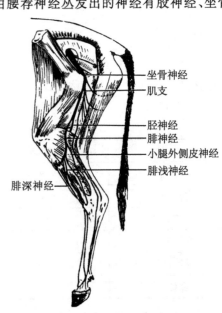

图1-11-7 牛的前肢神经(内侧面)　　图1-11-8 牛的后肢神经(外侧面)

经、胫神经、腓神经、跖内侧神经和跖外侧神经。

(三) 植物性神经

植物性神经(又称内脏神经)是指分布到内脏器官、血管和皮肤的平滑肌以及心肌、腺体等处的神经,有的学者也称其为内脏神经,主要参与调节机体与营养代谢、生长、繁殖、体温调节等有关的生理活动。

植物性神经也由感觉神经(传入神经)和运动神经(传出神经)组成。感觉神经的背侧根入脊髓,或随同相应的脑神经入脑。通常所讲的植物性神经是指其运动神经。植物性神经又可分为交感神经和副交感神经。

1. 植物性神经的特征

植物性神经与躯体神经相比,在机能和结构上有自己的特征。

(1)躯体神经(脑、脊神经)分布于骨骼肌,可发生随意运动;植物性神经分布于平滑肌、心肌和腺体等,可发生"不随意"运动,其主要机能为参与调节机体的营养、呼吸循环、排泄和生殖等机能活动,而影响全身的新陈代谢,故有"自律系统"之称。

(2)躯体神经从中枢发出后直接到达所支配的骨骼肌;植物性神经从中枢发出,不直接到达效应器,需更换一个神经元,第二个神经纤维才能到达所支配的效应器。第一个神经元在中枢,发出的纤维称为节前纤维;第二个神经元在神经节中,发出的纤维称为节后纤维。

(3)植物性神经也分传入(感觉)纤维和传出(运动)纤维,其传入纤维传导内脏来的冲动,对机体内在环境调节起重要作用;躯体传入纤维传导来自体表浅部感觉和躯体深部感觉的刺激,以调节机体运动和平衡。

2. 交感神经

低级中枢位于脊髓胸腰段灰质侧角中,外周部分包括交感神经干、神经节(脊椎两则椎神经节链和椎下神经节)和神经丛等。节后纤维主要分布在内脏器官、血管、汗腺及竖毛肌等处。

(1)交感神经干(交感干)分为颈部交感干、胸部交感干、腰部交感干及荐部交感干等。

(2)交感神经节主要由颈前神经节、星状神经节、腹腔肠系膜前神经节、肠系膜后神经节构成。

① 颈前神经节:呈纺锤形,位于寰枕关节下方。它发出的节后纤维随颈部动脉分布于头部血管、唾液腺、泪腺和瞳孔开大肌。

② 星状(颈胸)神经:形态不规则,位于第一肋骨上端的内侧。其节后纤维分布于胸腔器官,如心、肺、气管、主动脉和食管。

③ 腹腔肠系膜前神经节:位于腹腔动脉和肠系膜前动脉起始部周围。由该神经节发出的节后纤维与迷走神经一起形成许多神经丛,随腹腔动脉和肠系膜前动脉而分布于腹腔器官,如胃、肝、脾、胰、小肠、结肠、肾和肾上腺等。

④ 肠系膜后神经节:位于肠系膜后动脉起始部,其节后纤维分布于结肠后部及生殖器官等处。

3. 副交感神经

低级中枢位于脑干和荐部脊髓。节后神经元位于器官内或器官附近。中脑和延髓发出的节后纤维分布于瞳孔括约肌、睫状肌、颌下腺和舌下腺，并随舌咽神经分布于腮腺和颊腺。

（1）颅部副交感神经：其节前神经纤维位于动眼神经、面神经、舌咽神经和迷走神经。其中迷走神经是脑神经中分布最广、行程最长的混合神经。迷走神经由延髓发出，出颅腔后行，在颈部与交感神经干形成迷走交感干，经胸腔至腹腔，伴随动脉分布于胸腹腔器官上。其节后纤维主要分布于咽、喉、气管、食管、胃、脾、肝、胰、小肠、盲肠及大结肠。

（2）荐部副交感神经：荐部副交感神经节前神经元胞体位于荐部脊髓第1～4节的外侧柱内，节前纤维随第2～4荐神经的腹侧支出椎管，形成一两条盆神经。盆神经沿骨盆侧壁向腹侧伸延到直肠或阴道外侧，与腹下神经一起构成盆神经丛，节前纤维在盆神经丛中的终末神经节（盆神经节）交换神经元，节后纤维分布于结肠末段、直肠、膀胱、前列腺和阴茎（公畜）或子宫和阴道（母畜）。

4. 交感神经与副交感神经的区别

交感神经和副交感神经都是内脏运动神经，并且多数是共同支配一个器官，而交感神经在分布范围上更广泛一些。两者在部位、形态结构、分布范围和生理机能等方面各有特点，主要有以下几点不同：

（1）中枢部位不同；

（2）周围神经节的部位不同；

（3）节前纤维和节后纤维的比例不同；

（4）分布范围不同；

（5）两者的作用是拮抗的。

 ## 第二节　神经生理

神经系统是家畜体内起主导作用的功能调节机构。其活动特点具有高度的整合性，即神经元在活动过程中联系、协调起来，组成一定的机能形式，调节机体、组织、器官的各种复杂的活动，保证内环境的动态平衡，形成统一协调的有机体，并调节动物机体适应多变的外界环境。当神经纤维的某一点受到适宜的刺激而发生兴奋时，兴奋就自动地沿神经纤维传到其他部位。生理学上，把沿着神经纤维传播的兴奋，称为神经冲动。

一、神经纤维生理

（一）神经纤维兴奋的产生

1. 静息电位

细胞、组织兴奋时，不论其外部表现如何不同，它们都有电位的改变，统称为生物电。实验证明，神经细胞和其他细胞一样，在静息状态下，细胞膜表面上的各点之间电位是相等的，而膜内、外有明显的电位差，即内负、外正的电位，这种细胞膜内、外的电位差，称为静息电位(或膜电位)。细胞膜保持外正内负的这种状态,称为极化。这种极化状态是神经纤维实现其特殊传导功能的先决条件,也是它对于刺激产生兴奋或抑制的物质基础。各种因素凡能消除或降低这种极化状态时,就将产生兴奋;反之,就会产生抑制。

静息电位的产生,一般用"离子学说"来解释。静息电位是由于一些离子在细胞膜内、外两侧不均衡的分布而造成的,特别是在静息状态下,内侧的 K^+ 外流,而有机负离子在内,这样形成内负外正的电位差。之所以产生上述电位和变化的电位,是因为细胞膜在不同情况下对不同离子有不同的通透能力。

2. 动作电位

神经细胞或肌肉细胞在兴奋时所产生的可传播的电位变化,称为动作电位。当神经纤维受到刺激而兴奋时,引起细胞膜的通透性改变,此时细胞膜对 Na^+ 的通透性突然发生瞬间的增大。膜外的 Na^+ 就依靠膜内、外原有的 Na^+ 浓度差和外正内负的电位差的推动,而迅速向膜内扩散,在流入过程中,先使膜内、外原有的电位差迅速缩小,直至消除静息时膜两侧的极化状态,这个过程称为去极化;随着更多的 Na^+ 继续流入膜内,去极化进一步发展,从而使膜内为正电位,膜外为负电位,这个过程称为反极化;最后,使细胞膜恢复原来的通透性,又恢复为膜外为正、膜内为负的静息状态电位水平,这个过程称为复极化。神经纤维在受到刺激后而产生由去极化到复极化的过程中,发生这一可传播的特殊电位变化,即动作电位。动作电位发生过程如下:

$$刺激→膜对 Na^+ 通透性增高→Na^+ 内流→去极化→动作电位$$

在生理学上常把动作电位看做细胞兴奋的标志。因而兴奋也成了动作电位的同义词。那么,兴奋性就可理解为在接受刺激时产生动作电位的能力。

3. 兴奋的传导

神经纤维的基本生理特性是具有高度的兴奋性和传导性,其功能是传导兴奋,即传导动作电位。每当神经纤维受到适宜刺激而兴奋时,立即表现出可传播的动作电位。

4. 神经纤维兴奋传导的速度

神经纤维兴奋传导的速度主要受到两方面的影响:一是有无髓鞘,有髓鞘者传导快,无髓鞘者传导慢;二是神经纤维的粗细,直径大者传导快,直径小者传导慢。

(1) 局部电流传递:一般是指无髓神经纤维某一点受到刺激而产生兴奋,即产生了动作电位,这个动作电位就会沿着无髓神经纤维一点一点地连续向下传递,这就是兴奋在无髓神经纤维上的传递过程。

(2) 跳跃式传递:有髓神经纤维的动作电位是沿着神经纤维从一个朗飞氏节跳到另一个邻近朗飞氏节,这种传导方式,其传导兴奋的速度显然比无髓神经纤维或一般细胞的传导速度要快得多。

(二) 神经纤维传递兴奋的一般特征

1. 神经纤维的完整性

神经纤维传导冲动时,首先要求神经纤维在结构和生理功能上是完整的。如果神经纤维被切断,冲动就不能通过切口向下传递;如果神经纤维受到压力、局部低温或麻醉药等作用,冲动也会发生降低或阻滞。

2．神经纤维的绝缘性

一条神经干内含有许多神经纤维,但是任何一条纤维的冲动只能沿本身纤维传导,这样才能保证传递信息的准确性,使动物产生有效的反射活动。

3．神经纤维的传导的双向性

刺激神经纤维的任何一点,所产生的冲动可沿纤维向两端同时传导,这就叫传导的双向性。

4．相对不疲劳性

神经纤维始终保持其传导能力,具有相对的不疲劳性。

5．神经纤维的传递冲动的不衰减性

神经纤维在传导神经冲动时,不论传导距离多远,其冲动的大小、数目和速度自始至终不变。这样能保证机体调节机能及时、迅速和准确。

（三）神经的营养作用

实验发现:切断运动神经,肌肉逐渐萎缩。乙酰胆碱、肾上腺素等物质,被认为对调节局部组织代谢有重要作用。由于这些神经纤维缺少释放递质而不能调节物质代谢,使局部营养代谢缺乏,而出现萎缩现象。

（四）神经肌肉接头（运动终板）

运动神经纤维在接近肌纤维时,先失去髓鞘,以裸露的神经末梢形成爪状分支,贴附在肌纤维膜上,形成一个特殊的结构。

（五）反射中枢生理

反射中枢生理是指中枢神经系统内对某一特定生理机能具有调节作用的神经细胞群。

1．突触与突触传递

（1）突触:广义地说,就是神经元间或神经元与效应器细胞之间传递信息的结构,是细胞间传递信息接触形式之一。神经系统内有数以亿计的神经元。神经系统的功能不可能依靠单个神经元的活动来完成,而是神经元相互联系起来,联合进行活动。一个神经元发出的冲动可以传递给另一个(或很多个)神经元。同样,一个神经元也可以接受许多神经元传来的冲动。一个神经元的轴突末梢与其他神经元的胞体或突起相接触,相接触处所形成的特殊结构成为突触。

（2）突触传递:神经冲动由一个神经元通过突触传递到另一个神经元的过程称为突触传递。在功能上,突触前细胞的活动引起突触细胞活动。突触传递主要包括兴奋性突触的传递和抑制性突触的传递。

2．反射活动

（1）机体在中枢神经系统的参与下,对内、外环境变化发生适应性反应,由五个基本环节组成,即感受器、传入神经、中枢、传出神经和效应器。

（2）中枢兴奋传递(即突触传递)主要有以下几种特征。

① 单向传递:在中枢内兴奋传布只能由传入神经元向传出神经元进行,而不能逆向

传布,称为单向传递。这种单向传递是由突触传递的特性所决定的。

② 兴奋总和:来自单根传入纤维的单一冲动,一般不能引起反射性传出效应。如果若干传入纤维同时传入冲动至同一神经中枢,则这些冲动的作用协同起来发生传入效应,这一过程称为兴奋总和。因为中枢神经元与许多传入纤维发生突触联系,其中任何一个单独传入的冲动往往只引起该神经元的局部阈下兴奋,即产生较小的兴奋性突触后电位,而不发生扩布性兴奋。如果同时或差不多同时有较多的传入纤维兴奋,则各自产生的兴奋性突触后电位就能汇总起来,在神经元的轴突始段形成较强的外向电流,从而爆发扩布性兴奋,发生反射的传出效应。局部阈下兴奋状态是神经元兴奋性提高的状态,此时神经元对原来不易发生传出效应的其他传入冲动就比较敏感,容易发生传出效应,这一现象称为易化。兴奋总和包括空间性总和与时间性总和两类。抑制性过程的特征,也有总和作用。

③ 中枢延搁:兴奋通过中枢部分比较缓慢,称为中枢延搁。这主要是因为兴奋越过突触要耗费比较长的时间,这里包括突触前膜释放递质和递质扩散发挥作用等环节所需的时间。根据测定,兴奋通过一个突触所需时间为 $0.3 \sim 0.5$ ms。因此,反射进行过程通过的突触数越多,中枢延搁的时间就越长。在一些多突触接替的反射,中枢延搁可达 10 ~ 20 ms;而在那些和大脑皮质活动相联系的反射,可达 500 ms。因此,中枢延搁就是突触延搁。

④ 兴奋后作用(后放作用):在一反射活动中,刺激停止后,传出神经仍可在一定时间内继续发放冲动,这种现象称为后放。后放的原因是多方面的,中间神经元的环状联系是产生后放的原因之一。此外,在效应器发生反射反应时,其本身的感受装置(如肌梭)又受到刺激,兴奋冲动又由传入神经传到中枢,这些继发性传入冲动的反馈作用能纠正和维持原先的反射活动,这也是产生后放的原因之一。

⑤ 对内环境变化的敏感性(易疲劳性):在反射活动中,突触部位是反射弧中最易疲劳的环节。同时,突触部位也最易受内环境变化的影响,缺氧、二氧化碳、麻醉剂等因素均可作用于中枢而改变其兴奋性,即改变突触部位的传递活动。

(3) 反射活动主要有以下几种协调方式。

① 交互抑制。在任何反射活动中,中枢内既有兴奋活动又有抑制活动。某一反射进行时,某些其他反射即受抑制,例如吞咽时呼吸停止,屈肌反射进行时伸肌即受抑制。反射活动有一定的次序、一定的强度,并有一定的适应意义,是反射的协调功能的表现。反射活动之所以能协调,是因为中枢内既有兴奋活动又有抑制活动。如果中枢抑制受到破坏,则反射活动就不可能协调。根据中枢抑制产生机制的不同,抑制可分为突触后抑制和突触前抑制两类。

② 扩散与集中。

a. 扩散:中枢神经中一个神经元的轴突可以通过分支与许多神经元建立突触联系。例如在脊髓,传入神经元的纤维进入中枢后,除以分支与本节段脊髓的中间神经元及传出神经元发生突触联系外,还有上升分支和下降分支与相邻节段脊髓的中间神经元发生突触联系。因此,传入神经元与其他神经元的联系方式主要是辐散。这种联系方式可使一个神经元的兴奋引起许多神经元同时兴奋或抑制,形成兴奋或抑制的扩散。

b. 集中:中枢神经中一个神经元的胞体与树突表面可接受许多来自不同神经元的突

触联系。这种联系方式可使许多神经元的兴奋作用集中在一个神经元上,引起后者的兴奋;也可使来自许多不同神经元的兴奋和抑制作用在同一神经元上而发生拮抗,通过集中作用使反射更为协调。

③ 优势现象。在某一时刻动物的中枢神经接到外界环境传递来的许多刺激,它只完成一种最突出的反射活动,其他反射活动都受到了抑制,这种现象就是优势现象。优势现象在反射的协调中具有很重要的意义。

④ 易化作用和抑制作用。

a. 易化作用:中枢内每一神经元兴奋性可受到其他神经元的影响而发生变化。当其兴奋性受到影响而升高时,其兴奋阈值降低,则兴奋的传递易于进行,反射易于发生,这一现象称为中枢兴奋的易化作用。

b. 抑制作用:当某一神经元的兴奋性因受到其他神经元的影响而降低时,则兴奋阈值就升高,使中枢兴奋的传递难以进行,反射也较难发生,这一现象称为中枢兴奋的抑制作用。

(六)中枢神经系统的感觉机能

1. 特异性传入系统

从机体感受器传入的神经冲动进入中枢神经后(除嗅觉)均沿专一特定的传入通路到达丘脑,并在丘脑内更换神经元,再由丘脑发出上行纤维(投射纤维)达到大脑皮质的特定的区域引起特异性传入系统。其生理作用就是产生精确的感觉。

特异性传入系统包括一级神经元(脊神经元)、二级神经元、三级神经元(位于丘脑中)。

2. 非特异性传入系统

在特异性传导系统的第二级神经元的纤维,途径脑干时发出侧支与脑干网状结构内的神经元发生突触联系,传入冲动到网状结构与很多神经元作用后,失去了各种感觉的特异性,然后抵达丘脑,从丘脑再发出纤维弥散地投射于大脑皮质,不能产生特定的感觉,称为非特异传入系统。其生理作用就是激动整个大脑皮质,维持和提高其兴奋性,使大脑处于醒觉状态。

特异性传导系统与非特异性传导系统两者互相影响、互相依存,引起大脑感觉。

3. 中枢神经内脏感觉的特点

对内脏的感觉是比较模糊、弥散、定位不精确的。对内脏疼痛感觉的特点是牵涉痛,牵涉痛就是当某内脏患病时,往往会引起体壁一定部位产生疼痛感觉,而感觉到疼痛的体壁实际上并未发生病变,这种痛觉称为牵涉痛。

(七)中枢神经系统的运动机能

运动神经元接受两方面传来的神经冲动。

(1)发生反射性的收缩,从而维持畜体的正常姿势(感觉冲动传入神经)。

(2)接受大脑皮质运动区发出的冲动,冲动是经锥体系统和锥体外系统向下传达的。大脑皮质区的功能特点:一是大脑皮质运动区控制对侧躯体骨骼肌的运动;二是大脑皮质运动区具有精细的功能定位。

锥体系统发放的运动性调节作用主要是启动随意运动,控制随意运动的精细性,家畜的锥体系统不发达。

锥体外系统发放的运动性调节作用主要是维持骨骼肌的紧张性、动物躯体姿势的平衡,调节运动协调与准确性、完成复杂运动,锥体外系统不能启动随意运动。家畜的锥体外系统较发达。

（八）中枢神经系统对内脏活动的调节

植物性神经是中枢调节内脏活动的传出神经及感觉神经。

1．植物性神经的机能

植物性神经的机能在于调节平滑肌、心肌和腺体(消化腺、汗腺及内分泌腺)的活动。内脏器官一般受交感神经和副交感神经的双重支配,这两种神经对同一内脏器官的调节作用是相反的,互相协调统一。

（1）交感神经:交感神经的机能活动一般比较广泛,主要作用在于促使机体适应环境的急剧变化(如剧烈运动、窒息和大失血等)。使心脏活动加强加快,心率加快,皮肤与腹腔内脏血管收缩,血压上升,血流加快,促进大量的血液流向脑、心及骨骼肌;使肺活动加强、支气管扩张和肺通气量增大;肾上腺素分泌增加,使消化系统及泌尿系统受到抑制。交感神经在应激状态下(即环境急剧变化的条件下),它的主要机能是动员许多器官的潜在力量来应付环境的骤变。

（2）副交感神经:副交感神经的主要机能活动比较局限,主要在于使机体休整,促进消化、储存能量以及加强排泄,提高生殖系统功能。这些活动有利于营养物质的同化,增加能量物质在体内的积累,提高机体的储备力量。

2．植物性神经末梢的兴奋传递

（1）植物性神经的化学递质:植物性神经末梢的兴奋传递与躯体运动神经末梢的兴奋传递一样,都是通过神经末梢释放某些化学递质来实现的。副交感神经节的节后纤维末梢所释放的化学递质是乙酰胆碱。交感神经极少数释放乙酰胆碱,多数释放去甲肾上腺素。

胆碱能纤维就是能释放乙酰胆碱的神经纤维,主要包括副交感神经纤维、躯体运动神经纤维和少数的交感纤维(及所有的交感神经节前纤维末梢)。肾上腺素能纤维就是能释放肾上腺素和去甲肾上腺素的交感神经纤维,主要包括大部分交感神经纤维末梢。

（2）受体:指细胞膜或细胞内能与某些化学物质(如递质、激素等)发生特异性结合并诱发生物学效应的特殊生物分子。凡是能与乙酰胆碱结合的受体称为乙酰胆碱能受体,主要分为毒蕈碱型受体(M)和烟碱型受体(N)。凡是能与去甲肾上腺素或肾上腺素结合的受体均称为肾上腺能受体,主要分为 α 型受体和 β 型受体等。

（3）递质的灭活:在正常情况下,从神经末梢释放的递质一方面作用于受体,另一方面又被各自相应的酶所破坏或移除。例如:乙酰胆碱在几毫秒内,即被组织中的胆碱酯酶所破坏,作用时间十分短促。去甲肾上腺素大部分被重新吸收回轴浆中,小部分被组织中的儿茶酚胺氧位甲基移位酶破坏,被重新吸收和破坏的速度比较缓慢,所以交感神经发挥效应的时间较长。

3．植物性神经的各级中枢

（1）脊髓：脊髓的灰质侧角中有植物性反射中枢的初级中枢，主要进行局部节段性的简单反射活动，如排粪、排尿、性反射和血管运动反射等，反射很不完善，调节能力差。

（2）脑干：脑干网状结构中有调节内脏活动的基本中枢，特别是在延髓内有许多生命活动的基本中枢，如呼吸中枢和心血管活动中枢。另外，还有消化运动和消化腺分泌中枢。

（3）小脑：目前对小脑植物性神经中枢的代表部位还了解得很少。

（4）下丘脑：为调节内脏活动较高级中枢，活动比较复杂，主要影响心血管、呼吸等活动，调节体温、摄食和水平衡等重要生理过程。它受大脑皮质的调节。

（5）大脑边缘系统：为调节内脏活动的高级整合中枢，有"内脏脑"之称。刺激大脑边缘系统的不同部位，会出现不同程度的心血管反应、呼吸运动和胃肠道运动，有时还会出现攻击、逃避和防御等情绪性反应和摄食行为，以及性行为等变化。

（九）皮质下各级中枢机能概述

1．脊髓的机能

（1）传导机能：传导感觉和运动冲动。

（2）反射机能：能完成骨骼肌、内脏的简单的反射活动。如屈肌反射、牵张反射，还有排粪反射、排尿反射等。

2．脑干的机能

（1）延髓：传导机能；反射机能，包括呼吸中枢、心血管运动中枢、吞咽中枢、消化腺分泌反射中枢，有"生命中枢"之称。

（2）脑桥：传导机能；反射机能，包括角膜反射、呼吸调整中枢等。

（3）中脑：传导机能；反射机能，包括协调机体运动、视觉和听觉的低级中枢，如姿势反射（翻正反射）、朝向反射（探究反射）。

（4）脑干网状结构：含有多种调节生命活动的中枢及传导机能。

① 有调节内脏活动中枢，如心血管中枢、呼吸运动中枢。

② 维持大脑皮质的兴奋水平，使大脑皮质保持醒觉状态。

③ 调节肌紧张。含有调节肌紧张的易化区及抑制区，具有调节运动平衡的作用。如运动去大脑僵直。

3．间脑

间脑的机能也颇为复杂。

1）丘脑的机能

丘脑有感觉冲动的第三神经元（除嗅觉外），对传入的冲动有粗略的分析和综合机能，即有一定的感觉机能，并上传到大脑相应区域。

2）下丘脑的机能

下丘脑的结构和生理机能都非常复杂，其机能主要有以下几方面：

① 调节植物性功能，如调节水的代谢、调控体温、调节摄食行为等；

② 在性行为、生殖过程及情绪反应等方面起很重要的作用；

③分泌各种释放因子和激素,从而间接影响内脏活动,是调节内脏活动的中枢。

4．小脑的机能

(1)调节肌紧张,维持躯体平衡(如小脑损伤时出现共济失调)。

(2)使各种随意运动准确和协调。

5．基底神经核的机能

(1)抑制骨骼肌的紧张性。

(2)使全身各肌群之间的运动协调。

(十)大脑皮质的机能

大脑皮质是主宰动物机体一切正常活动的最高级中枢。

1．大脑皮质的主要机能分区

大脑皮质的主要功能分区如下:顶叶,躯体的感觉区;枕叶,视觉区;颞叶,听觉区;额叶,运动区;边缘叶,内脏感觉和运动协调区。

2．条件反射

条件反射是大脑皮质在非条反射基础上所特有的功能。一般把条件反射称为高级神经活动。非条件反射是先天就具有的,它具有固定的反射路径,反射的数量是有限的。如动物生下来就会吸乳汁。条件反射是后天获得的,无固定的反射弧,是反射活动的高级形式。这种反射活动是不稳定的,随外界环境条件的变化而发生改变。

1)条件反射的形成

条件刺激与非条件刺激多次的结合,使大脑皮质两个没有联系的兴奋灶建立起暂时的联系。这样即使没有非条件刺激,在有条件刺激时也会引起反射。条件反射就建立起来了(图1-11-9)。

2)影响条件反射建立的因素

(1)在刺激方面:首先是条件刺激与非条件刺激多次反复紧密地结合;条件刺激必须在非条件刺激之前出现;刺激的强度要适宜;已建立起来的条件反射必须用非条件刺激去强化巩固,否则条件反射会逐渐消退。

(2)在机体方面:首先要求动物是健康的;大脑皮质是清醒的;有病或昏睡状态的动物不易形成条件反射;还应避免其他刺激对动物的干扰。

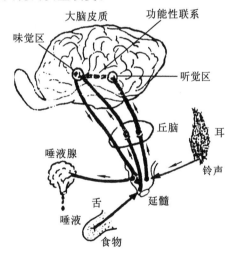

图1-11-9 条件反射的建立

3．条件反射与非条件反射的区别

非条件反射是先天遗传的,不需要训练,生下来就有的,同种动物共有;有固定的反射弧,恒定;大脑皮质以下各级中枢就能完成;非条件刺激的数量有限、适应差;非条件反射是形成条件反射的基础。

条件反射是后天获得的,在一定条件下形成的个体差异;无固定反射弧,易变,不强化就消退;必须经过大脑皮质才能完成;条件刺激引起的数量无限,适应性大;能影响非条件

反射的反射活动。

4. 家畜的行为

动物的"行为"一词,是指动物具有适应性意义的行动或活动状态。即动物的机体对内在的和外部的环境条件的改变,所做的调整性活动。

家畜主要有以下的功能性行为:

(1) 摄食行为,包括采食、放牧和饮水行为;

(2) 性行为,包括雌、雄动物的性行为模式;

(3) 母性行为,包括分娩、哺育、哺乳行为;

(4) 群体行为或社会行为,包括依恋、争斗、优胜等级、领域和通讯等;

(5) 应激状态,包括母子分离、断奶、畜群变动、拥挤、运输、圈禁,以及屠宰条件下的行为特征。

第三节　感觉器官

感觉主要包括触觉、嗅觉、味觉、视觉、听觉。感觉器官能接受特定的刺激,并将刺激转化为冲动,通过感觉神经传导至中枢,经分析、综合而产生感觉。

触觉在皮肤部分、味觉在消化部分、嗅觉在呼吸部分等都讲过了。本节重点讲述视觉器官——视器,听觉器官——听器。

感觉器官简称感官,是感受器及其辅助装置的总称。

一、视觉器官

视觉器官(视器)指眼。

眼是由眼球、眼球的辅助装置构成的。

(一) 眼球

眼球(图 1-11-10)由眼球壁、折光装置构成。

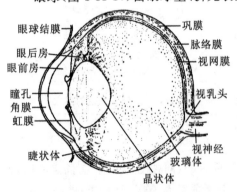

图 1-11-10　眼球纵切面模式图

1. 眼球壁

1) 外膜

外膜(纤维膜)由角膜、巩膜构成。角膜无色透明,坚韧而厚,富含感觉神经末梢,无血管。巩膜白色不透明,具有保护作用。

2) 中膜

中膜(血管膜)富含血管和色素,供给营养吸收散光。它由虹膜、睫状体、脉络膜等构成。

(1) 虹膜:血管膜前膜,开合如圆盘,中央有圆孔,为瞳孔。虹膜内分布有色素细胞、血管和肌肉。各种动物的虹膜颜色不同,马为棕黑色,牛为暗褐色,羊为蓝色,猪为灰色或褐色;猪的瞳孔为圆形,其他家畜的为椭圆形。马瞳孔的游离缘上有颗粒状突出物,称虹膜粒。

(2)睫状体(又称睫状肌):位于中央部,是血管膜增厚的部分,位于巩膜和角膜内侧,由许多平滑肌构成,副交感神经支配。睫状体还可产生房水、调节视力。

(3)脉络膜:紧贴于巩膜内侧,是一层柔软而富含有血管、色素的膜。续连于睫状体后方,含丰富的血管和色素细胞,有营养和遮光作用。同时对动物的视觉系统起保护作用,对整个视觉神经有调节作用。

3)视网膜

视网膜是眼球壁的最内层,可为虹膜部(盲部)、脉络膜部(视部)两部分。

(1)虹膜部:紧贴于巩膜,位于睫状体及虹膜的内表面,无感光能力,外层为色素上皮,内层无神经元,称盲端。

(2)脉络膜部:有感光作用。衬于脉络膜的内表面,且与其紧密相连,薄而柔软。生活时略呈淡红色,死后混浊,变为灰白色,易于从脉络膜上脱落。在视网膜后部有一视乳头,为一卵圆形白斑,表面略凹,是视神经纤维穿出视网膜处,没有感光能力,又称盲点。该部含有视锥细胞,对强光、有色光敏感。还含有视杆细胞,对弱光敏感。在此视神经形成视乳头,形成视神经的起始部。

2.折光装置

折光装置由眼房水、晶状体、玻璃体构成。

(1)眼房水:无色透明,充满眼房,位于晶状体与角膜之间。

(2)晶状体:位于虹膜后方,呈双凸透镜,无色透明,嵌在睫状体上,睫状体能调节晶状体。

(3)玻璃体:无色透明的胶状物质,充满晶状体与视网膜之间。能弯折光线。

(二)眼球的辅助装置

(1)眼睑:形成的皮肤褶,有保护作用,分为上、下眼睑,上、下眼睑边缘有睫毛。

(2)结膜:位于眼球与眼睑之间的一层薄膜,淡红色。分为睑结膜、球结膜、第三眼睑(也叫瞬膜),位于眼内角的结膜褶中,呈半月形,常有色素,内有一片软骨。

(3)泪器:分为泪腺、泪道两部分。泪腺略呈卵圆形,位于眼球的背侧,有十余条泪道开口于结膜囊,分泌的泪液有湿润、清洁结膜和保护作用。多余的泪液经骨质的鼻泪孔而至鼻腔,开口于鼻腔前庭。

(4)眼肌:附着在眼球外面的一小块随意肌,使眼球多方向转动,有丰富的血管、神经,使眼睛运动灵活。

二、听觉器官

听觉器官(听器)是指耳,耳分为内耳、中耳、内耳。外耳和中耳有收纳和传导声波的装置,内耳藏有听觉感受器、位平衡感受器。

(一)外耳

外耳由耳廓、外耳道、鼓膜构成。耳廓位于头部两则,以软骨为基础,被覆皮肤。外耳道为位于耳廓的基部至鼓膜之间的管道。外耳有皮肤腺(即盯聍腺),其分泌物是一种混合分泌物,称为耳蜡。鼓膜是外耳与中耳的分界面。

（二）中耳

中耳由鼓室、听小骨、咽鼓管等构成。鼓室位于颞骨内,为一个含空气的骨室,内表面被覆有黏膜,外侧壁是鼓膜,内侧壁有前庭窗(以镫骨封闭)、耳蜗窗(以薄膜封闭)。听小骨位于骨室内,由锤骨、砧骨、镫骨构成。咽鼓管是连接鼓室与咽的两个管道。

（三）内耳

内耳位于颞骨内,由迷路、位听感受器所构成。

迷路分为骨迷路和膜迷路。迷路是曲折迂回的双层套管结构,外层是骨质迷路,称为骨迷路(充满外淋巴);内层由膜性管构成,称为膜迷路(充满内淋巴)。骨迷路由前庭、三个半规管、耳蜗三部分构成,各部分又彼此相通。三个半规管互相垂直。膜迷路位于骨迷路内。

在迷路内含有位觉器(前听器)、听觉器(螺旋器)。前者为位于前庭内的椭圆囊和球囊,以及三个半规管;后者为蜗管。

 ## 总结与复习

神经系统包括中枢神经系统和外周神经系统。中枢神经系统包括脑和脊髓,分别位于颅腔和椎管内,其中脑由脑干、小脑、大脑等构成;外周神经系统是除中枢神经外的所有神经干、神经丛及神经末梢等的总称,外周神经包括躯体神经、植物性神经,其中躯体神经包括脑神经和脊神经,植物性神经包括交感神经和副交感神经。独立的感觉器官主要有眼和耳。

神经调节是神经兴奋的结果,兴奋又与生物电密切相关;神经的兴奋是通过反射表现的,反射是以反射弧为基础,反射弧是由感受器、传入神经、中枢、传出神经、效应器五部分构成;神经元之间靠突触联结。

叙述了神经系统对躯体、内脏活动的调节,大脑皮质、皮质下各级中枢的机能及兴奋传递的特征,以及神经纤维的机能及兴奋传递的特征。介绍了条件反射和非条件反射对机体生理活动的意义。

 ## 复习题

一、名词解释

神经中枢　灰质　白质　神经核　神经节　神经反射　大脑皮质

二、简述题

1. 简述神经系统的组成和功能。
2. 反射弧由哪几部分构成?各有什么作用?
3. 神经有哪十二对神经?牛有多少对脊神经?
4. 简述交感神经与副交感神经的机能。
5. 什么叫条件反射?它是怎样形成的?有何实践意义?
6. 简述眼的构造。

单元十二　内分泌系统

知识目标

掌握畜禽的脑垂体、甲状腺、甲状旁腺和肾上腺等内分泌器官的位置、形态、构造;掌握激素的作用特点及作用原理;掌握常见激素的生理功能。

素质目标

虽然激素在机体内的含量非常少,但它发挥着非常大的生理调控功能。通过对激素作用特点的学习,明白一个道理:在疾病防治过程中,少量的药品和生物制剂就可以改变疾病的性质。培养认真、细心的工作态度。通过本章的学习,还要意识到:做事应遵循规律,应用科学知识,不可蛮干。

能力目标

能正确识别脑垂体、甲状腺、甲状旁腺和肾上腺等内分泌器官;能正确分析激素对于畜禽新陈代谢的生理调控功能。

第一节　概述

内分泌系统由动物体内的内分泌腺、内分泌组织和散在的内分泌细胞组成,它与神经系统一起调节机体各器官的活动,保证机体正常功能的实现。

一、内分泌的概念

内分泌是指内分泌腺或内分泌细胞合成和分泌的某些化学物质,通过循环或扩散传递到相应的靶细胞,调节靶细胞的生理功能。机体内的主要内分泌腺包括脑垂体、肾上腺、甲状腺、甲状旁腺和松果体等。

二、激素的概念和分类

激素是指由内分泌腺和内分泌细胞所分泌的一种生物活性物质。机体分泌产生的各种激素经过血液循环运送至靶组织和靶细胞,调节其生理功能。

激素按其化学组成可分为含氮类激素和类固醇激素两大类。含氮类激素包括肽类、蛋白激素和胺类激素,如肾上腺素、垂体激素、甲状腺激素等;类固醇激素是指由肾上腺皮质和性腺所分泌的激素,如皮质醇、雌激素、醛固酮等。

三、激素的特点和作用

(一)激素的主要特点

1. 调控性

激素本身不能为机体提供营养,只能是促进或抑制靶器官、靶组织或靶细胞的生理功

能,它发挥完调节作用后被动物机体代谢掉。

2. 高效性

激素是一种高效能的生物活性物质,虽然在体内含量很少,但对机体的生长发育和新陈代谢发挥着重要的调节作用。

3. 特异性

每种激素被合成并释放后,它只能对特定的靶器官、靶组织和靶细胞发挥调控功能,而对其他组织细胞无任何作用。

(二) 激素的主要作用

激素在体内主要发挥生理调控作用,使动物机体适应外界环境变化的需求。

1. 维持内环境的稳定

激素能通过不同的途径对机体的代谢过程进行调节,从而维持机体内环境的稳定。

2. 调控代谢过程

激素能根据机体的需要控制各种物质的代谢过程,使机体适应环境的变化。

3. 促进机体的生长和发育

机体内的多种激素都可对动物的生长和发育进行调控。

4. 促进生殖功能的实现

机体内的各种性激素可对动物的繁殖过程进行调控。

 第二节　脑垂体

一、形态、结构

脑垂体(图 1-12-1)位于脑的底部,红褐色,呈上下稍扁的卵圆形,借着漏斗连接于丘脑下部。脑垂体包括腺垂体和神经垂体。脑垂体分为远侧部、中间部和神经部三部分。

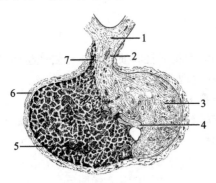

图 1-12-1　脑垂体形态结构图(矢状切面)
1.正中隆起;2.漏斗柄;3.神经部;
4.中间部;5.远侧部;6.被膜;7.结节部

远侧部的细胞(图 1-12-2)排列成团状或索状,包括嗜色细胞和嫌色细胞两大类,嗜色细胞又包括嗜酸性细胞和嗜碱性细胞。嗜酸性细胞胞体较大,细胞质内含有许多圆形的嗜酸性颗粒,核圆,数量多,主要包括生长激素细胞和催乳激素细胞两种。嗜碱性细胞数量少,细胞质内含有嗜碱性颗粒,主要包括促甲状腺激素细胞、促性腺激素细胞和促肾上腺皮质激素细胞三种。嫌色细胞体积小,数量最多,细胞质着色浅淡。

中间部呈狭长带状,主要是促黑色素细胞。

结节部的细胞主要是促性腺激素细胞和促甲状腺激素细胞。

神经部由大量无髓神经纤维、神经胶质细胞和丰富的毛细血管组成。神经垂体的激素都来自于下丘脑的视上核和室旁核,分泌的激素经循环储存在神经垂体内。

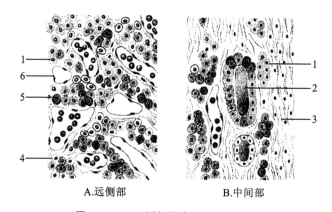

A.远侧部　　　　　　　　B.中间部

图 1-12-2　远侧部及中间部组织学图
1.嗜碱性细胞;2.滤泡;3.神经部;4.嫌色细胞;5.嗜酸性细胞;6.毛细血管

二、作用

1. 腺垂体

腺垂体能分泌促肾上腺皮质激素、促甲状腺激素、促性腺激素(包括卵泡刺激素和黄体生成素)、催乳素、促黑色素细胞激素和生长激素等。其中促肾上腺皮质激素、促甲状腺激素、促性腺激素分别能促进肾上腺皮质、甲状腺和性腺的生长、发育以及激素的分泌;催乳素能促进妊娠期乳房的发育和乳汁分泌;促黑色素细胞激素能调节皮肤内的黑色素细胞合成黑色素的能力,促进黑色素的合成;生长激素能作用于全身细胞,促进蛋白质的合成,促进骨骼的生长、发育,若分泌不足,可导致侏儒症。

2. 神经垂体

神经垂体本身不能合成激素。神经垂体的激素来源于下丘脑的视上核和室旁核(图1-12-3),主要包括升压素(抗利尿激素)和催产素(子宫收缩素)两种。抗利尿激素是由视上核的神经细胞合成和分泌的,该激素能增强肾远曲小管和集合小管对水分的重吸收功能,使尿量减少;催产素能加强子宫的收缩,促进胎儿的排出,还可诱发乳腺导管平滑肌的收缩,促进乳汁的排出。

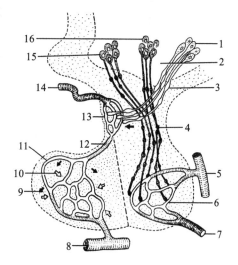

图 1-12-3　脑垂体结构图
1.弓状核;2.第三脑室;3.下丘脑腺垂体系;
4.下丘脑神经垂体系;5.静脉窦;6.毛细血管网;
7.垂体下动脉;8.静脉窦;9.下丘脑激素;
10.腺垂体激素;11.第二级毛细血管网;
12.垂体门微静脉;13.第一级毛细血管网;
14.垂体上动脉;15.视上核;16.室旁核

第三节　甲状腺

一、形态、结构

甲状腺是位于喉后方、气管的两侧和腹面的小器官。牛的甲状腺侧叶较发达,色较浅,呈不规则三角形,腺峡发达。猪的甲状腺位于胸前口处气管的腹侧面,深红色,侧叶和腺峡结合为一个整体。猫的甲状腺位于气管前端两侧,有两侧叶和一狭部。犬的甲状腺位于喉的后方,有两侧叶和一狭部,呈红褐色。

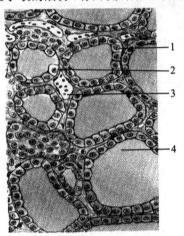

图 1-12-4　甲状腺微细结构
1.滤泡上皮细胞;2.滤泡旁细胞;
3.毛细血管;4.胶质

甲状腺(图 1-12-4)外包有一层结缔组织形成的被膜,被膜深入实质,形成小梁,把实质分成许多小叶。甲状腺实质由大小不等的滤泡和分散在滤泡间的滤泡旁细胞构成。滤泡由单层立方上皮细胞构成,滤泡腔内充满胶体蛋白,该蛋白可合成和分泌甲状腺激素。滤泡旁细胞位于滤泡上皮细胞与基底膜之间,可分泌降钙素,抑制机体对于骨的吸收,降低血钙。

二、作用

甲状腺主要分泌甲状腺激素和降钙素。甲状腺激素是由甲状腺腺泡合成和分泌,它的主要作用是促进机体的新陈代谢及生长发育。降钙素是由甲状腺内滤泡旁细胞分泌,该激素能增强成骨细胞活性,有促进骨组织钙化和血钙降低的作用。

第四节　甲状旁腺

一、形态、结构

甲状旁腺位于甲状腺附近,家畜一般具有两对甲状旁腺,呈球形或椭圆形。牛有内、外两对甲状旁腺。外甲状旁腺通常位于甲状腺的前方,靠近颈总动脉;内甲状旁腺通常位于甲状腺的内侧面。猪的甲状旁腺只有一对,位于颈总动脉分叉处附近。犬的甲状旁腺有一对,粟粒状,位于甲状腺前端或包埋于甲状腺内。猫的甲状旁腺呈黄色,很小,近似球形,位于甲状腺附近背侧。

在甲状旁腺实质外面包有一层结缔组织被膜,实质由主细胞和嗜酸性细胞构成(图1-12-5)。主细胞数量多,体积小,球形或多边形,细胞质均匀透明,可分泌甲状旁腺激素,升高血钙。嗜酸性细胞数量少,主要见于牛、羊。

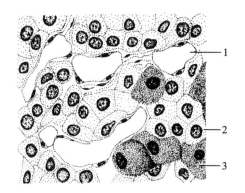

图 1-12-5　甲状旁腺组织学结构图
1.毛细血管；2.主细胞；3.嗜酸性细胞

二、作用

甲状旁腺分泌的甲状旁腺激素,主要作用是调节血钙浓度。甲状旁腺激素通过刺激破骨细胞的活动,使骨骼中磷酸钙溶解并转入血液中,以补充血磷,提高血钙含量;该激素还可促进肾小管对钙的重吸收和磷的排泄,使血钙浓度升高,血磷浓度降低。

第五节　肾上腺

一、形态、结构

家畜的肾上腺位于肾的内前方,有一对。牛的右肾上腺呈星形,位于右肾的前端内侧;左肾上腺呈肾形,位于左肾的前方。猪的肾上腺狭长,位于肾内侧的前方。犬的右肾上腺略呈梭形,左肾上腺稍大。猫的肾上腺呈卵圆形,黄色或淡红色,常被脂肪包埋。

肾上腺实质外面包有一层由致密结缔组织构成的被膜,被膜内含少量平滑肌纤维。实质由皮质和髓质两部分构成,皮质根据细胞形态可分为多形带、束状带和网状带。多形带位于被膜下,约占皮质的 15%,可分泌盐皮质激素(如醛固酮),调节水、盐代谢。束状带最厚,约占皮质的 80%,细胞呈束状平行排列,束间有丰富的毛细血管,细胞呈多边形,较大,细胞质内有大量脂滴,可分泌糖皮质激素(可的松、皮质醇等),可调节机体蛋白质、脂肪、碳水化合物的代谢。网状带位于皮质深层,与髓质相邻,细胞排列呈索状且互相吻合成网,细胞索间有窦状毛细血管,可分泌少量性激素。肾上腺髓质由排列不规则的细胞索和窦状毛细血管组成。细胞有两种:一种是肾上腺素细胞,该细胞大,数量多,可分泌肾上腺素,肾上腺素具有强心作用;另一种是去甲肾上腺素细胞,该细胞小,数量少,可分泌去甲肾上腺素,去甲肾上腺素具有缩血管、升血压作用。

二、作用

1. 肾上腺皮质激素

肾上腺皮质激素包括糖皮质激素、盐皮质激素和性激素。常见的糖皮质激素主要是

氢化可的松和皮质酮。其主要作用是促进糖异生和抑制组织细胞对血糖的利用,因此,糖皮质激素有升高血糖的作用。另外,糖皮质激素还可促进脂肪和组织蛋白的分解,因此,大量使用糖皮质激素,可出现机体消瘦、生长缓慢、骨质疏松等现象。糖皮质激素还有抗过敏、抗炎症、抗毒素的作用。盐皮质激素以醛固酮为代表,可促进肾小管对钠的重吸收和对钾的排泄,有保钠排钾的作用。性激素包括雄性激素和雌性激素,主要是调控动物的生殖功能。

2. 肾上腺髓质激素

肾上腺髓质激素包括肾上腺素和去甲肾上腺素两种,它们的主要作用如下。

(1)强心升压作用:肾上腺素和去甲肾上腺素都具有强心和升压作用。在临床上,肾上腺素主要作为强心药使用。去甲肾上腺素能收缩血管,使血压升高,常作为升压药使用。

(2)舒张平滑肌作用:肾上腺素作用于气管和消化道平滑肌,使胃肠运动减弱;作用于瞳孔,可使瞳孔扩张。

(3)促进糖原分解,升高血糖作用:肾上腺素和去甲肾上腺素均能促进糖原分解为葡萄糖,升高血糖。

(4)兴奋神经作用:肾上腺素和去甲肾上腺素都能提高中枢神经系统的兴奋性,使机体处于警觉状态。

第六节　其他内分泌腺

一、松果体

1. 形态、结构

松果体位于四叠体与丘脑之间,呈褐色,豆状,以柄连于丘脑上部。该器官由松果体细胞、神经胶质细胞和无髓神经纤维组成。松果体细胞含分泌颗粒,可分泌褪黑激素,调节生物钟、情绪、性成熟等活动。在松果体(图1-12-6)表面包着一层结缔组织被膜,被膜伸入实质内,将实质分为若干小叶。松果腺实质主要由松果体细胞和神经胶质细胞构成。松果体细胞占细胞总数的90%以上,细胞核大而圆,染色浅。

2. 作用

松果腺激素有吲哚样类(如褪黑激素)和肽类(如催产素)两种。褪黑激素在哺乳类动物上能抑制腺垂体远侧部的嗜碱性细胞分泌促性腺激素,因而能抑制性腺的发育和活动。催产素的合成与光照有密切关系,光刺激经传导至松果腺,抑制褪黑激素的分泌,使性腺活动增强。

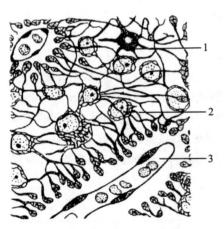

图1-12-6　松果体组织学结构图
1.神经胶质细胞;2.松果体细胞;3.血窦

二、胰岛

1. 形态、结构

在胰岛的表面包有少量的结缔组织，但其不能形成被膜，该结缔组织深入实质内，将实质分成许多小叶。胰腺组织可分为外分泌部和内分泌部两部分。内分泌部又称为胰岛，胰岛可分泌胰岛素和胰高血糖素。胰岛主要由 A、B、D 和 PP 四种细胞构成。A 细胞占 20%，分泌胰高血糖素；B 细胞占 75%，分泌胰岛素；D 细胞分泌生长抑素，抑制 A、B、PP 细胞的分泌；PP 细胞分泌胰多肽，抑制胰液分泌和胃、肠运动。

2. 作用

（1）胰岛素能促进肝糖原合成和葡萄糖分解，并能促进糖转变为脂肪，使血糖降低。因此，当胰岛素分泌不足时，血糖升高，当血糖水平超过肾糖阈时，则血糖从尿中排出，动物出现糖尿病。

（2）胰高血糖素能促进糖原分解，促进糖异生，升高血糖，并能促进脂肪分解，促进脂肪酸氧化，使酮体增多，其作用与胰岛素相反。

（3）胰岛素能促进脂肪的合成，抑制脂肪的分解，使血液中游离脂肪酸减少，因此，胰岛素分泌不足时，脂肪被大量分解，血液中脂肪酸含量增高，在肝脏内不能充分氧化而转化为酮体，出现酮血症和酮尿，严重时可导致动物出现酸中毒和昏迷。

三、性腺

1. 类型

性腺是指雄性动物的睾丸和雌性动物的卵巢。

2. 作用

睾丸可分泌雄性激素，卵巢可分泌雌性激素。性激素对于家畜的生殖和生长发育都起着十分重要的调控作用。

1）雄激素

雄激素是由睾丸间质细胞分泌的，它的主要成分是睾酮，该激素的主要作用是：促进雄性生殖器官的生长发育；促进雄性动物第二性征的出现；刺激公畜产生性欲和性行为；促进精子的发育成熟；促进公畜皮脂腺的分泌。

2）雌激素

雌激素是由卵巢内卵泡细胞合成和分泌的，如雌二醇，其主要作用是：促进母畜生殖器官的生长发育；促进雌性动物第二性征的出现；刺激母畜产生性欲和性行为等。

3）孕激素

孕激素是由妊娠黄体细胞分泌的，又称为孕酮。孕酮的主要作用是：促进子宫内膜的增厚和腺体的分泌，促进受精卵在子宫内的附植和发育；抑制子宫平滑肌的活动，为胎儿发育提供一个安静的环境；刺激乳腺腺泡的发育，为动物的泌乳做准备。

4）松弛素

松弛素是由妊娠末期的黄体细胞分泌的，其主要作用是扩张产道，使子宫和骨盆联合

韧带松弛,便于胎儿产出。

总结与复习

　　内分泌系统是由内分泌腺、内分泌组织和分散的内分泌细胞组成的一个信息传递系统,它与神经系统一起调节着机体的各项功能活动,来维持内环境的相对稳定。在调节过程中发挥主要作用的物质是激素,它与靶细胞上受体结合,调节靶细胞的生理功能。

复习题

　　1. 常见的内分泌器官有哪些?
　　2. 激素按其化学性质可分为哪三种?
　　3. 说出猪甲状腺的位置、形态和颜色。
　　4. 什么叫垂体? 什么叫内分泌? 什么叫激素?
　　5. 简述神经和体液是如何对激素分泌进行调节的。
　　6. 简述性激素的生理功能。
　　7. 简述含氮类激素和类固醇激素在作用机理上有何不同。
　　8. 常见的肾上腺皮质激素有哪些? 请说出其生理功能。
　　9. 垂体的构造和功能比较复杂,根据其发生和结构上的特点,可划分为几部分?

模块二

其他动物的解剖生理

单元一 家禽的解剖

知识目标

掌握家禽骨骼、肌肉的形态结构。掌握家禽消化、呼吸、泌尿、生殖、循环系统的组成、结构特点和生理机能。了解家禽内分泌系统的组成、各器官的位置和作用；了解家禽的生活习性。

素质目标

通过对家禽骨骼、肌肉形态结构的学习,促进对家禽运动系统的了解；通过对家禽各内脏器官的形态、位置和构造特点的学习,增强对家禽消化、呼吸、泌尿、生殖系统的认知程度,为今后的学习和临床、生产实践奠定基础。

能力目标

能够在标本上或活体上识别家禽嗉囊、胃、肠、肝、胰、心、肺、肾、睾丸、卵巢、输卵管等内脏器官的形态、位置和结构,培养观察能力；能够掌握家禽消化、呼吸、泌尿、生殖系统的基本生理机能,培养对知识的分析、归纳和总结等思维能力。

一、运动系统

(一) 骨骼

鸡、鸭、鹅、鸽子和火鸡等家禽在动物分类学上属于脊椎动物中的鸟纲。虽然经过人类的长期饲养和驯化,家禽的飞翔能力已经退化,但在身体结构特征和生理机能上仍然保持其原有特点,反映在运动系统中,禽类骨骼的主要特征是重量轻、强度大。重量轻是由于气囊扩展到许多骨的内部,取代了骨髓,成为含气骨。强度大是由于禽类骨密质非常致密,一些骨相互愈合,形成了牢固的骨架,因而十分致密。但幼禽几乎全部骨都含有骨髓。家禽的全身骨骼(图 2-1-1),按部位可分为头骨、躯干骨、前肢骨和后肢骨。

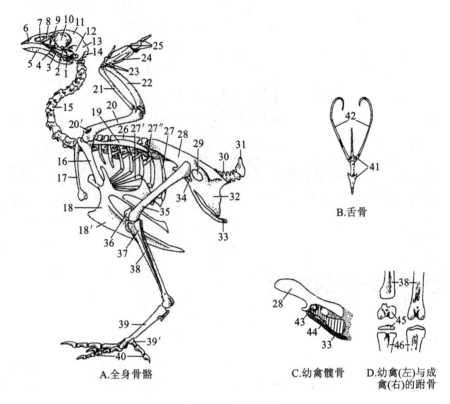

图 2-1-1　鸡的骨骼

1.方骨；2.翼骨；3.颧骨；4.腭骨；5.下颌骨；6.颌前骨；7.上颌骨；8.鼻骨；9.泪骨；10.眶间隔；
11.额骨；12.颞骨；13.顶骨；14.枕骨；15.颈椎；16.乌喙骨；17.锁骨；18.胸骨；18′.胸骨嵴；19.肩胛骨；
20.肱骨；21.桡骨；22.尺骨；23.腕骨；24.掌骨；25.指骨；26.胸椎；27.椎肋骨；27′.胸肋骨；27″.钩突；
28.髂骨；29.髂坐孔；30.尾椎；31.综尾骨；32.坐骨；33.耻骨；34.闭孔；35.股骨；36.髌骨；37.腓骨；
38.胫骨；39.大跖骨；39′.小跖骨；40.趾骨；41.舌骨体；42.舌骨支；43.髋臼；44.坐骨；45.跗骨；46.跖骨。

（图片来源：程会昌，畜禽解剖生理学，第二版，2010）

1. 头骨

家禽头骨呈圆锥形，愈合较早，但仍分为面骨和颅骨，两者之间以大而明显的眼眶为界。颅骨呈球形，大部分愈合，无可见骨缝。颅腔较小，内有脑和视觉器官。面骨位于颅骨前方，因家禽没有齿，面骨一般较轻，其形态和大小因家禽喙的形状不同而有区别，如鸡、鸽呈尖圆锥形，鸭、鹅呈前方钝圆的长方体形。家禽的下颌骨与颞骨之间有一方骨，与颞骨的鳞部形成活动关节，当口腔开张时，可使上喙向上提，上、下喙间开张较大，便于吞食较大的食块。

2. 躯干骨

躯干骨由脊柱骨、肋骨和胸骨构成。

（1）脊柱骨：脊柱骨分为颈椎、胸椎、腰荐椎和尾椎。颈椎的数目较多（鸡14枚，鸭15枚，鹅17～18枚，鸽子12枚），形成S形弯曲，运动灵活。寰椎小，呈狭环状，枢椎棘突明显，第3～14颈椎的形态基本相似。胸、腰、荐椎数目较少，且互相愈合，活动不灵活。胸椎数目较少(鸡、鸽7枚,鸭、鹅9枚)。鸡、鸽第2～5胸椎愈合成1枚背骨,第7胸椎与综荐骨愈合,鸭和鹅则是后2～3枚胸椎与综荐骨愈合。脊柱的胸部和腰部变化较大,第7胸椎与腰椎、荐椎、第1～6尾椎在发育早期相互愈合成为一枚综荐骨。尾椎有11～12枚,前6枚参与综荐骨的形成,后5～6枚不愈合,其中最后一枚最大,为三棱形的综尾骨,为尾羽的支架。

(2)肋骨:肋骨的数目与胸椎数目一致,鸡、鸽7对,鸭、鹅9对。第1～2对为浮肋,不与胸骨相接,其余每一肋分为背侧的椎肋骨和腹侧的胸肋骨,后者相当于哺乳动物的肋软骨。椎肋骨靠近胸椎,上端以肋头和肋结节与相应的胸椎形成关节;胸肋骨靠近胸骨,长度由前向后逐渐增大,除最后1～2对外,下端与胸骨形成关节。两部分肋骨之间形成一定的角度,前部为钝角,向后逐渐减小为锐角。除第一对和最后2(鸡、鸽)～3(鸭、鹅)对肋外,其他肋骨的肋体上有钩状突,与后面的肋骨相接触,起加固胸廓侧壁的作用。

(3)胸骨:胸骨非常发达,为背侧面略凹的骨板,构成胸腔底壁支架。在胸骨腹侧正中有纵行的胸骨嵴,又称龙骨突,飞翔能力强的鸟类龙骨突特别发达,供强大的胸肌附着。胸骨内表面以及侧缘有大小不等的一些气孔,与气囊相通。

3.前肢骨

前肢骨分为肩带部和游离部。

(1)肩带部:包括肩胛骨、乌喙骨和锁骨。肩胛骨狭长,与胸部脊柱平行。乌喙骨强大,斜位于胸廓之前,下端与胸骨形成牢固的关节,上端与肩胛骨连接并一起形成关节盂。锁骨较细,两侧锁骨在下端汇合,因此又合称叉骨。

(2)游离部:又称翼部,分三段,平时折叠成Z形,紧贴在胸廓上。翼部由肱骨、前臂骨和前脚骨组成。第一段是肱骨,十分发达,近端与肩胛骨、乌喙骨形成肩关节,略下方有较大的气孔,通锁骨间气囊。肱骨远端与前臂骨形成肘关节。第2段是前臂骨,由桡骨和尺骨构成,桡骨较细,尺骨发达,两骨间形成较大的间隙。第三段是前脚骨,由腕骨、掌骨和指骨构成,但退化较多。近列腕骨仅保留尺腕骨和桡腕骨两枚,远列腕骨与掌骨愈合,因此又称腕掌骨。掌骨只保留第2、3、4掌骨,并互相愈合。禽有3指:第2指有2枚指节骨(鸽仅有1枚);第3指有2枚指节骨(鸭、鹅有3枚);第4指仅有1枚指节骨。

4.后肢骨

后肢骨发达,包括盆带部和游离部。

(1)盆带部:由髂骨、坐骨和耻骨构成,合称为髋骨。左、右髋骨与综荐骨连接形成开放性骨盆,便于产卵。髂骨最大,呈近似长方形的板状。坐骨位于髂骨后部腹侧,为长三角形的骨板。耻骨狭长,后端游离。

(2)游离部:由股骨、膝盖骨、小腿骨和后脚骨组成,也分为3段。第1段为股骨,为较粗的管状长骨,上端与髋骨形成髋关节,下端与髌骨、小腿骨构成膝关节。髌骨呈卵圆形,位于股骨远端上面。第2段为小腿骨,包括胫骨和腓骨。胫骨发达,远端与近列跗骨愈合,又称胫跗骨。腓骨退化,上端为略大的腓骨头,向下逐渐变细。第3段为后脚骨,包括跗骨、跖骨和趾骨。跗骨已分别与胫骨、跖骨愈合。跖骨分为大跖骨和小跖骨。大跖骨发达,由第2、3、4跖骨及远列跗骨愈合形成,又称跗跖骨。第1跖骨小,以韧带连于大跖骨下端内侧。家禽有4个趾,第1趾向后向内,其余3趾向前,以第3趾最为发达。

（二）肌肉

禽类肌肉的肌纤维较细，肌肉内没有脂肪沉积。肉眼看，肌纤维可分为白肌纤维和红肌纤维，以及中间型的肌纤维。白肌纤维颜色较淡，血液供应较少，肌纤维较粗，含线粒体和肌红蛋白较少而肌糖原较丰富，收缩快，作用短暂。红肌纤维呈暗红色，血液供应丰富，肌纤维较细，含线粒体和肌红蛋白多，收缩缓慢，作用较持久。鸡等飞翔能力差或不能飞翔的家禽，肌肉以白肌为主；鸭、鹅等水禽和善飞翔的禽类，肌肉以红肌为主。

1. 皮肌和头部肌

家禽的皮肌薄而分布广泛。翼部皮肤形成的皮肤褶称为翼膜，有 4 块翼膜肌作用于前翼膜。当翼伸展时，翼膜肌使前翼膜张开；当翼收拢时，前翼膜因所含弹性组织而自行回缩。家禽面部肌肉不发达，但开闭上、下颌的肌肉较发达。

2. 颈部肌和躯干肌

家禽颈部运动灵活，因此颈部肌肉大多分化为多节肌及其复合体。背部和综荐部因椎骨大多愈合，肌肉大大退化。

3. 肩带肌

肩带肌较复杂，主要作用于翼，其中最发达的是两块胸部肌，它们是飞翔的主要肌肉，可占全身肌肉总重量的一半以上。这两块胸部肌是胸肌（也叫胸大肌）和乌喙上肌（胸小肌），胸肌的作用是将翼向下扑动，乌喙上肌则是将翼向上举。

4. 盆带肌和腿肌

家禽的盆带肌因盆骨和综荐骨形成牢固的连接而不发达。腿肌因需要支持体重和完成行走、跳跃、着陆、划水等运动而很发达，是禽体内第 2 群最发达的肌肉。栖肌是家禽特有的肌肉，相当于哺乳动物的耻骨肌，呈纺锤形，起于耻骨突，沿股部内侧向下行，以一薄的扁腱绕过膝关节的外侧和小腿后面，下端并入趾浅屈肌腱内，止于第 2、3 趾，因其腱迂回而行，又称迂回肌。当腿部屈曲时，栖肌收缩，可使趾关节机械性屈曲。所以家禽栖息时，能牢牢地抓住栖架，不会跌落。

二、消化系统

家禽的消化系统（图 2-1-2）由消化管和消化腺两部分组成。消化管包括口咽、食管、嗉囊（鸡）、胃、肠、泄殖腔，消化腺包括唾液腺、胃腺、肠腺、胰和肝。

（一）口咽

禽类没有唇和齿，也没有软腭。颊不明显，上、下颌形成喙。口腔顶壁为硬腭，硬腭后部及咽顶壁的中线上有一鼻后孔，向前延续为腭裂。口咽顶部前壁正中有前狭后宽的鼻后孔，后部正中有咽鼓管漏斗，两咽鼓管开口于漏斗内。咽底壁为喉。口咽部黏膜内有丰富的毛细血管，可使大量血液冷却，有参与散热的作用。家禽的口腔和咽没有明显的界限，故常合称为口咽。

1. 喙

喙是采食器官。家禽喙的形态因食料和采食习性而有很大的差异。鸡、鸽的喙呈尖

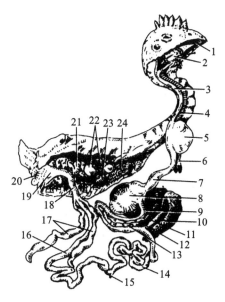

图 2-1-2　鸡的消化系统

1.口腔；2.咽；3.食管；4.气管；5.嗉囊；6.鸣管；7.腺胃；8.肌胃；9.十二指肠；10.胆囊；

11.肝肠管和胆囊肠管；12.胰管；13.胰腺；14.空肠；15.胆黄囊憩室；16.回肠；17.盲肠；

18.直肠；19.泄殖腔；20.肛门；21.输卵管；22.卵巢；23.心；24.肺

（图片来源：马仲华，家畜解剖学及组织胚胎学，第三版，2002）

端向前的圆锥形，被覆有坚硬的角质，适于摄取细小的饲料、撕碎较大的食物；鸭、鹅的喙长而扁，除上喙尖部外，大部分被覆有角质层较柔软、光滑的蜡膜，喙的边缘形成许多横褶，便于在水中采食时，将水滤出。

2. 舌

鸡、鸽的舌为尖锥形，与喙形状相似。舌肌不发达，舌尖乳头高度角质化，舌体与舌根间有一列乳头。鸭、鹅的舌较长、较厚，除舌体后部外，侧缘有角质乳头和丝状乳头。家禽的舌没有味觉乳头，在口腔和咽黏膜里有少量味蕾分布，因而家禽味觉机能较差，但对水的温度敏感。

3. 唾液腺

家禽唾液腺虽不大但很发达，在口腔和咽的黏膜下几乎连成一片，其导管直接开口于黏膜表面，主要分泌黏液，有润滑食物的作用。唾液呈弱酸性反应，含有少量的淀粉酶。

（二）食管和嗉囊

1. 食管

家禽食管较宽，壁薄，易扩张，可分为颈段和胸段。食管颈段与气管一同偏于颈的右侧，直接在皮下。鸡、鸽的食管在胸前口处膨大，形成嗉囊；鸭、鹅没有真正的嗉囊，但食管颈段可扩大成纺锤形，也有储存食物的作用。食管胸段较短，末端略变狭，与腺胃相连接。

食管壁由黏膜层、肌层和外膜构成。黏膜层分布有食管腺，为黏液腺。肌层一般由两层构成。颈部食管后部的黏膜内有淋巴滤泡，有时称为食管扁桃体，鸭较发达。

2. 嗉囊

嗉囊为食管的膨大部分,位于皮下、叉骨之前。嗉囊黏膜内有丰富的黏液腺分泌黏液,使饲料润湿和软化,但黏液不含消化酶,不能直接对饲料起化学分解作用。嗉囊的主要机能是储存、浸泡、软化食物。鸽在育雏期,嗉囊的上皮细胞增生并发生脂肪变性,脱落后与分泌的黏液一起形成嗉囊乳(鸽乳),内含大量的蛋白质、脂肪、无机盐和淀粉酶,用来哺育幼鸽。

(三) 胃

禽胃(图 2-1-3)分为腺胃和肌胃两部分。

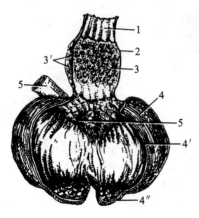

图 2-1-3　鸡的胃(纵剖开)

1. 食管;2. 腺胃;3. 乳头及前胃深腺开口;
3′. 深腺小叶;4. 肌胃的厚肌;
4′. 胃角质层;4″. 肌胃后囊的薄肌;5. 幽门

(图片来源:马仲华,家畜解剖学及组织胚胎学,
第三版,2002)

1. 腺胃

腺胃又称腺部、前胃。它呈短纺锤形,胃壁较厚,位于腹腔左侧,前以贲门与食管的胸段相接,仅黏膜具有较明显的分界,后以峡与肌胃相接,两者间的黏膜形成胃中间区。

腺胃黏膜表面分布有乳头,鸡的较大,鸭、鹅的较小、较多。腺胃黏膜浅层形成许多隐窝,相当于单管状腺,又称前胃浅腺,能分泌黏液。前胃的深腺分布于黏膜的肌层之间,是复管泡状腺,以集合管开口于黏膜乳头上,分泌盐酸和胃蛋白酶。盐酸可活化胃蛋白酶、溶解矿物质,胃蛋白酶可分解蛋白质。禽类的胃液是呈连续性分泌的,饲料对嗉囊和胃壁的机械刺激可引起胃液分泌增多。

需要指出的是,腺胃虽然分泌胃液,但因为容积小,食物停留时间短,它所分泌的胃液随食物流入肌胃,所以胃液的消化作用主要在肌胃内进行。

2. 肌胃

肌胃内含有沙砾,因此又叫砂囊。它位于腹腔的左下部,呈双面凸的圆盘状,壁很厚而较坚实。肌胃可分为较厚的背侧部和腹侧部,以及较薄的前囊和后囊。腺胃的肌层很发达,组成背、腹两块厚肌和前、后两块薄肌,四块肌肉在胃的两侧以腱相连接,形成腱镜。

肌胃黏膜表面被覆有一层厚而坚韧的类角质膜,是其分泌物与脱落的上皮细胞一起,在酸的作用下形成的,对胃壁及黏膜有保护作用,并由于胆汁的返流作用而呈黄色,俗称"肫皮",中药名为"鸡内金"。

肌胃的主要机能是靠胃壁肌肉强有力的收缩磨碎来自嗉囊的粗硬食物,起机械性消化作用。肌胃的收缩强度与饲料性质有关,饲料越坚硬,肌胃的收缩力越强。因此,肌胃内沙砾的作用很重要,如果将肌胃内的沙砾除去,消化率会降低 25%～30%。另外,肌胃的内容物非常干燥,含水量约为 44.4%,适宜来自腺胃的胃蛋白酶进行蛋白质的化学性消化。

（四）肠和泄殖腔

家禽的肠分为小肠和大肠。家禽肠长与躯干长（最后颈椎至最后尾椎）之比值，鸡为7～9，鸭为8.5～11，鹅为10～12，鸽为5～8。

1. 小肠

小肠分为十二指肠、空肠、回肠。

十二指肠位于腹腔右侧，形成U形肠祥，分为降支、升支，两支平行，以胰十二指肠韧带相连接，其折转处可达骨盆腔。升支在胃的幽门处移行为空肠。空肠形成6～12圈肠祥，中部有一小的突起，称为卵黄囊憩室，是胚胎时期卵黄囊柄的遗迹。回肠短而直，以系膜与两盲肠相连。

小肠黏膜表面形成绒毛，黏膜内有小肠腺，但无十二指肠腺。小肠绒毛长，无中央乳糜管，脂肪直接吸收入血。小肠腺分泌弱酸性至弱碱性的小肠液，其中含有蛋白酶、脂肪酶、淀粉酶、多种糖酶和肠激酶。成年鸡小肠液分泌量为1.1 mL/h，机械刺激和促胰液素能引起肠液分泌显著增加。刺激迷走神经可促使肠液变稠，但对分泌率影响很小。

禽类小肠的运动有蠕动和节律性分节运动，也有典型的逆蠕动。

家禽的消化主要在小肠内进行。食糜由十二指肠移送入空肠和回肠后，由于混入胰液、胆汁及肠液，对各种营养物质进行比较全面而强烈的消化作用。

2. 大肠

家禽的大肠包括一对盲肠和一条短的直肠。盲肠可分为盲肠基、体、尖三部分，沿回肠两侧向前伸延。盲肠基部较窄，以盲肠口通直肠。盲肠体较粗。盲肠尖为细的盲端。在盲肠基的黏膜内有丰富的淋巴组织分布，称为盲肠扁桃体，鸡的最明显，是诊断疾病时主要检查的部位。鸽的盲肠很不发达，如芽状。禽类没有明显的结肠，而只有一短的直肠，也称结-直肠，以系膜悬挂于盆腔背侧。

大肠的组织结构与小肠相似，但绒毛短而宽。

饲料经小肠消化后，进入盲肠继续消化。盲肠的容积大，能容纳大量的粗纤维饲料，并对其进行微生物的发酵分解，产生挥发性脂肪酸。盲肠内容物含丰富的营养成分，pH值为6.5～7.5，为严格的厌氧环境，适宜微生物的生长繁殖。食糜在盲肠内存留的时间较长，6～8 h才能排出，适宜微生物进行消化。

3. 泄殖腔

泄殖腔（图2-1-4）是直肠末端膨大形成的腔道，位于盆腔的后端，是消化、泌尿、生殖三个系统的共同通道。泄殖腔内以两个环行的黏膜褶分为粪道、泄殖道、肛道三部分。

粪道是直肠的末端，较膨大，与直肠相延续，黏膜上有短的绒毛。

泄殖道最短，前以环行褶与粪道为界，后以半

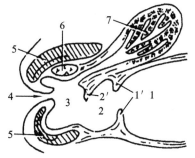

图2-1-4 幼禽泄殖腔正中矢面示意图

1. 粪道；1′. 粪道泄殖腔壁；2. 泄殖道；
2′. 泄殖道肛道壁；3. 肛道；4. 肛门；
5. 括约肌；6. 肛道背侧腺；7. 腔上囊腺

（图片来源：马仲华，家畜解剖学及组织胚胎学，第三版，2002）

月褶与肛道为界。背侧面有一对输尿管口。在输尿管口的外侧略后方,公禽有一对输精管乳头,是输精管的开口;母禽只左侧有一个输卵管的开口。

肛道的背侧在幼禽有腔上囊的开口,向后通过泄殖孔与外界相通。腔上囊呈椭圆形,幼禽发达,性成熟后开始退化。在肛道的背侧壁有肛道背侧腺,侧壁内有分散的肛道侧腺,能分泌黏液。

泄殖孔是泄殖腔对外的开口,也称肛门,由背侧唇和腹侧唇围成,具有发达的括约肌。

(五) 肝和胰

1. 肝

肝较大,是家禽体内最大的消化腺,位于腹腔前下部,分为左、右两叶,右叶略大。肝两叶之间夹有心脏、腺胃、肌胃。肝的颜色因年龄和肥育状况不同而不同,成禽的肝一般呈红褐色,肥育禽因肝内储存脂肪而为黄褐色或土黄色,刚出壳的雏禽由于吸收卵黄素而呈鲜黄色,约两周后颜色转深。

除鸽外,家禽肝脏右叶都有胆囊,肝右叶分泌的胆汁,先储存于胆囊,再经胆囊管运至十二指肠;肝左叶分泌的胆汁,不经胆囊,由肝管直接排入十二指肠。胆汁的分泌是连续的,进食时分泌增加。胆汁呈酸性(鸡胆汁 pH 值为 5.88,鸭胆汁 pH 值为 6.14),含有胆酸盐、淀粉酶和胆色素。

2. 胰

胰位于十二指肠袢内,淡黄色或淡红色,长条形;可分为背叶、腹叶和很小的脾叶。鸡一般有 2～3 条胰管,鸭、鹅有 2 条,与胆管一起开口于十二指肠的终部。

胰液由胰腺分泌,呈弱碱性,含有胰蛋白分解酶、胰脂肪酶、胰淀粉酶和其他糖类分解酶,作用与家畜的相似。鸡的胰液分泌是低水平连续的。

(六) 营养物质的吸收

家禽对营养物质的吸收与哺乳动物并无多大区别,主要在小肠进行。糖类主要以单糖,蛋白质主要以氨基酸形式在小肠内吸收入血。由于禽类小肠绒毛中没有中央乳糜管,因此脂肪吸收不通过淋巴途径,由黏膜上皮直接进入血液。嗉囊、盲肠只能吸收少量的水、无机盐和挥发性脂肪酸,直肠和泄殖腔只能吸收较少量的水和无机盐,腺胃、肌胃的吸收能力很差。

三、呼吸系统

家禽的呼吸系统由呼吸道和肺两部分构成。呼吸道包括鼻腔、咽、喉、气管、鸣管、支气管及其分支、气囊及某些骨骼中的气腔。鸣管和气囊是家禽的特有器官。

(一) 鼻腔

家禽的鼻腔较窄。一对鼻孔位于上喙的基部。鸡的鼻孔有膜质性鼻瓣,内有软骨支架,其周围有小羽毛,可防止小虫、灰尘等异物进入。鸭、鹅的鼻孔有柔软的蜡膜。鸽的上喙基部在两鼻孔之间形成发达的蜡膜。

鼻中隔大部分为软骨。每侧鼻腔有 3 个软骨为支架的鼻甲。鼻腔黏膜有黏液腺和丰富的血管,对吸入气体有加温和湿润作用。黏膜上有嗅神经分布,但禽类嗅觉不发达。

在眼球的前下方有一个眶下窦,略呈三角形,鸡的较小,鸭、鹅的较大。外侧壁为皮肤等软组织。眶下窦有两个开口,分别通鼻腔和后鼻甲腔。家禽在患呼吸道疾病时,眶下窦往往发生病变。

在眼眶顶壁和鼻腔侧壁有一特殊的腺体,称为鼻腺,有分泌氯化钠调节渗透压的作用,常又称盐腺。鸡的不发达,长而细,鸭、鹅等水禽的较发达,呈半月形,能分泌大量的氯化钠,作为肾脏排盐功能的补充,从而维持体内盐和渗透压的平衡。

(二)喉

喉位于咽的底部,在舌根后方,与鼻后孔开口处相对,由环状软骨和一对杓状软骨构成。喉软骨上有扩张和闭合喉口的肌肉分布,吞咽时喉口肌收缩,可关闭喉口,防止食物误入喉中。喉腔内不形成声带,喉口呈裂缝状,由两个发达的黏膜褶形成。

(三)气管、鸣管和支气管

1. 气管

家禽的气管较粗较大,与食管伴行,在颈的下半部偏至右侧,入胸腔前又转至颈腹侧。气管入胸腔后,在心基的上方分叉,形成两条支气管,分叉处形成鸣管。气管是由许多软骨环构成的,骨化较早,相邻的软骨环相互套叠,可以伸缩,以适应头部的灵活运动。

2. 鸣管

鸣管(图 2-1-5)是禽类特有的发音器官,也叫后喉。其支架由气管和支气管的几个环以及一枚楔形的鸣骨构成。鸣骨位于气管杈的顶部,在鸣管腔的分叉处。在鸣管的内侧壁、外侧壁,有两对弹性薄膜,分别叫内侧鸣膜和外侧鸣膜。两鸣膜之间形成一对夹缝,当呼气时,空气振动鸣膜而发声。鸭的鸣管主要由支气管构成,公鸭的鸣管在左侧形成一个膨大的骨质性鸣管泡,无鸣膜,所以发出的声音嘶哑。

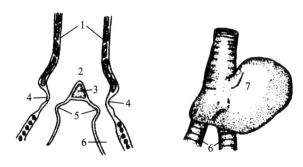

图 2-1-5 禽鸣管模式图

1.气管;2.鸣腔;3.鸣骨;4.外鸣膜;5.内鸣膜;6.支气管;7.鸣泡

(图片来源:山东省畜牧兽医学校,家畜解剖生理,第三版,2000)

3. 支气管

禽类气管进入胸腔后,分成左、右支气管,经心基背侧入肺。支气管软骨环不完整,为 C 形软骨环,缺口面向内侧,故支气管内侧壁是膜壁。

(四) 肺

1. 肺的形态、构造

禽类的肺不大,略呈扁平的四边形,鲜红色,质地柔软,不分叶。肺位于胸腔背侧部,第1、6肋之间。背侧面嵌入肋骨间,形成肋沟。腹侧面有肺门,是肺血管出入的门户。

支气管在肺门处进入肺后纵贯全肺,并逐渐变细,称为初级支气管,其后端出肺,连接腹气囊。从初级支气管上分出背内侧、腹内侧、背外侧、腹外侧四群次级支气管。次级支气管再分出众多的祥状三级支气管,又叫旁支气管,呈祥状连于每两群支气管之间。因此,禽的肺内的支气管分支不形成支气管树,而是相互连通的管道。三级支气管分出许多辐射状的肺房。肺房底壁又分出若干个漏斗,漏斗的后部形成丰富的肺毛细管,相当于家畜的肺泡,是气体交换的场所。在禽类,一条三级支气管及其相联系的气体交换区(包括分出的肺房、漏斗、肺毛细管),构成一个肺小叶,呈六面棱柱状。

2. 呼吸运动

禽类没有哺乳动物那样的膈肌,家禽的膈为不发达的质膜,基本没有收缩机能。肺弹性较差,相对固定地嵌于肋骨之间,只能随着肋骨做相应的吸气和呼气运动,打开胸腔后并不萎缩。呼吸主要通过呼气肌和吸气肌的收缩来实现。当吸气肌收缩时引起胸骨、胸骨肋向前下方移动,胸腔容积增大,气囊容积也随之增大,肺受牵拉而稍微扩张,气囊内压降低,空气经呼吸道进入肺,再进入气囊,产生吸气动作。呼气肌收缩时,则发生相反的过程。

3. 呼吸频率

家禽的呼吸频率变化较大,它取决于种别、年龄、性别、环境温度、生理状态及其他因素。通常体格越小,呼吸频率越高。几种成年家禽的呼吸频率见表2-1-1。

表 2-1-1　几种成年家禽的呼吸频率　　　　　　(单位:次/min)

	鸡	鸭	鹅	鸽	火鸡
公	12～20	42	20	25～30	28
母	20～36	110	40	25～30	49

(五) 气囊

气囊(图2-1-6)是禽类所特有的器官,是肺的衍生物、由初级支气管或次级支气管出肺后形成的黏膜囊,容积比肺大5～7倍。气囊外面仅被覆浆膜,因此壁很薄而没有什么血管。气囊在胚胎发生时原有5对,但在孵出的前后,一部分气囊合并,因而大部分家禽有9个气囊,可分为前、后两群,前群有5个气囊,即1对颈气囊(鸡是1个)、1个锁骨间气囊和1对胸前气囊,后群有4个气囊,即1对胸后气囊和1对腹气囊。腹气囊最大,位于腹腔内脏两旁。气囊所形成的憩室可伸入许多骨内和器官之间。

气囊具有减少体重,平衡体位,加强发音,发散体热以调节体温,并因大的腹气囊紧靠睾丸,而使睾丸能维持较低温度,以保证精子的正常生成等多种生理功能,但重要的还是作为贮气装置而参与肺的呼吸作用。当吸气时,新鲜空气进入初级支气管,一部分到达肺毛细管,与其周围的毛细血管直接进行气体交换,大部分绕过收缩着的肺,进入后群气囊;

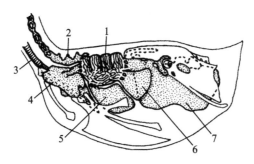

图 2-1-6 禽气囊分布模式图

1.肺；2.颈气囊；3.气管；4.锁骨间气囊；5.前胸气囊；6.后胸气囊；7.腹气囊

（图片来源：马仲华，家畜解剖学及组织胚胎学，第三版，2002）

呼气时，后群气囊的空气流入肺内，到达肺毛细管，再一次与毛细血管进行气体交换并使肺扩大。第二次吸气时，空气再次充满后群气囊，而前一次吸入的空气由于肺的收缩而进入前群气囊。同时，前群气囊的空气进入支气管而排出体外，第二次吸入的空气再次进入肺进行气体交换。由此可见，不论吸气或呼气，肺内均要进行气体交换，使肺换气效率增高，以适应强烈的新陈代谢的需要。

四、泌尿系统

家禽的泌尿系统由肾、输尿管组成，没有膀胱和尿道。因此尿在肾脏内生成后经输尿管直接排入泄殖腔，在泄殖腔与粪便一起排出体外。

（一）肾

家禽的肾位于综荐骨和髂骨的内侧，前端可达最后肋骨，向后几乎达综荐骨的后端。肾较发达，呈红褐色、长条豆荚状。肾质软而脆，剥离时易碎。每侧肾分为前、中、后三叶。没有肾门，血管、神经、输尿管在不同部位直接进出肾脏。输尿管在肾内不形成肾盂或肾盏，而是分支为初级分支和次级分支。肾无脂肪囊，有气囊形成的肾周憩室将肾与其背侧的骨隔开。如图 2-1-7 所示。

肾的实质由许多肾小叶形成，轮廓从肾的表面即可看出。每个肾小叶也分为皮质区和髓质区，但由于肾小叶的分布有浅有深，因此整个肾没有皮质和髓质的明显分界。禽肾单位的肾小球不发达，构造简单，仅有 2～3 条血管祥。

禽类肾小球有效滤过压比哺乳动物低，为 $1～2$ kPa，因此，滤过作用不如哺乳动物重要。经肾小球滤过生成的原尿，在经过肾小管时，其中 99% 的水分，全

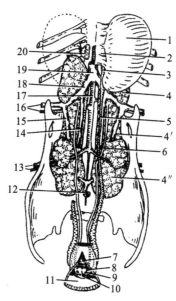

图 2-1-7 公鸡泌尿及生殖器官

1.睾丸；2.睾丸系膜；3.附睾；

4、4′、4″.肾前部、中部、后部；5.输精管；

6.输尿管；7.粪道；8.输尿管口；9.输精管乳头；

10.泄殖道；11.肛道；12.肠系膜后静脉；

13.坐骨动脉、静脉；14.肾后静脉；

15.肾门后静脉；16.股动静脉；17.主动脉；

18.髂总静脉；19.后腔静脉；20.肾上腺

（图片来源：程会昌，畜禽解剖生理学，第二版，2010）

部葡萄糖,部分氯、钠、碳酸氢盐等成分可被重吸收。

禽类肾小管的分泌与排泄作用在尿生成过程中较为重要。禽类蛋白质代谢的主要终产物是尿酸,而不是尿素。尿酸氮可占尿中总氮量的60%～80%,这些尿酸90%左右是由肾小管分泌和排泄的。除此之外,还分泌和排泄马尿酸、鸟氨酸、对乙氨基苯甲酸和硫酸酚酯等。

(二)输尿管

输尿管是一对输送尿液的肌质性管道,分别从肾的中部发出,沿肾的腹面向后伸延,末端开口于泄殖道顶壁的两侧。输尿管管壁薄,有时可看到管腔中有白色尿酸盐晶体。家禽没有膀胱,生成的尿液直接通过输尿管排泄到泄殖腔中与粪混合,形成浓稠、灰白色的粪便并一起排出体外。

五、生殖系统

家禽生殖的最大特点是卵生,其生殖系统可分为雄性生殖系统和雌性生殖系统,主要作用是产生成熟的生殖细胞和分泌性激素。

(一)公禽的生殖系统

公禽的生殖系统由睾丸、附睾、输精管和交配器官组成。

1. 睾丸和附睾

睾丸是左右对称的实质性器官,位于腹腔内,以短的系膜悬吊在肾前部的腹侧,与胸、腹气囊相接触。禽睾丸的大小、色泽因年龄和季节而有变化。幼禽的睾丸很小,只有米粒大,淡黄色;成禽的明显增大,在性成熟后的繁殖季节睾丸体积最大,如鸽蛋大小,呈黄白色或白色,在非生殖季节则萎缩变小。睾丸外面包有浆膜和一层薄的白膜。间质不发达,小梁也很少,不形成睾丸小叶和睾丸纵隔;实质主要为曲细精管,在生殖季节加长、增粗。

公鸡的曲细精管在12周龄开始生成精子,但直到22～26周龄才产生受精率较高的精液。家禽的精液呈弱碱性,pH值为7.0～7.6,每次的射精量较少,但精子浓度较高。1～2岁的公禽,精液的质量最佳。精液的质量可受年龄、机体状态、营养、交配次数、环境、气候、光照、内分泌等因素的影响。

禽的附睾小,位于睾丸的背内侧缘,由睾丸输出管和短的附睾管构成。附睾有储存、浓缩、运输精子,分泌精清等功能。

2. 输精管

输精管是一对极为弯曲的细的管道,与输尿管并行,向后因管壁平滑肌增厚而逐渐变粗,其末端略扩大,形成射精管,呈乳头状突入泄殖道中。输精管在繁殖季节加长增粗,弯曲密度也变大,此时常因储存精子而呈白色。输精管有分泌精清、储存精子、运输精液的机能。

3. 交配器官

公鸡的交配器官是3个并列的小突起,称为阴茎体,位于肛门腹侧唇的内侧。刚孵出的小鸡的阴茎体明显,可以此鉴别雌雄。公鸭和公鹅有发达的阴茎,长达6～9 cm,平时位于肛道壁外的囊中,交配时充满淋巴则勃起并伸出。

（二）母禽的生殖系统

母禽的生殖器官（图 2-1-8）由卵巢和输卵管构成，仅左侧发育正常，右侧在胚胎发生过程中即停止发育并逐渐退化。但也有报道，有些禽类双侧卵巢和输卵管均有功能。

1. 卵巢

卵巢以短的系膜悬挂在左肾前叶的腹侧。卵巢的体积和外形随年龄的增长有较大变化。幼禽的较小，呈扁平的椭圆形，灰白色或白色，表面略呈颗粒状。随着雌禽年龄的增长和性活动期的出现，卵泡不断发育生长，卵泡内的卵细胞逐渐贮积大量卵黄，突出卵巢表面，至排卵前 7～9 天仅以细的卵泡蒂与卵巢相连，如一串葡萄状。在产蛋期，卵巢经常保持 4～5 个较大的卵泡。排卵时，卵泡膜在薄而无血管的卵泡斑处破裂，将卵子排出。禽卵泡没有卵泡腔和卵泡液，排出后不形成黄体，卵泡膜于两周内退化消失。在非繁殖季节、孵化季节及换羽期，卵泡停止排卵和成熟，卵巢萎缩。

左侧卵巢功能衰退时，偶然可见右侧生殖腺继续发育，发生性逆转现象，成为卵睾体或睾丸。

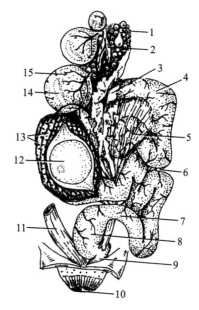

图 2-1-8 母鸡生殖器官

1.卵巢；2.排卵后的卵泡膜；3.漏斗；4.膨大部；
5.输卵管腹侧韧带；6.背侧韧带；7.峡；8.子宫；
9.阴道；10.肛道；11.直肠；12.在膨大部中的卵；
13.黏膜褶；14.卵泡斑；15.成熟卵泡
（图片来源：程会昌，畜禽解剖生理学，
第二版，2010）

2. 输卵管

家禽左侧输卵管在幼禽时是一条细而直的小管，到产蛋期发育为一条长而弯曲的管道，以输卵管背侧韧带悬挂在腹腔背侧偏左处。在产蛋期，输卵管长达 60～70 cm，为体长的 1 倍。在孵卵期回缩至 30 cm，在换羽期只有 18 cm。

根据输卵管的构造和机能的不同，可将输卵管由前向后顺次分为漏斗部、蛋白分泌部（膨大部）、峡部、子宫和阴道五部分。

（1）漏斗部：位于卵巢的后方，由输卵管的前端扩展而成，漏斗的前部形成输卵管伞，朝向卵巢，中央有输卵管的腹腔口。漏斗部有摄取卵子的作用，也是受精的场所。

（2）蛋白分泌部：最长，管腔大，管壁厚，黏膜形成螺旋形的纵襞，在繁殖期呈乳白色，内有发达的腺体，有分泌蛋白的作用。

（3）峡部：较细而短，位于蛋白分泌部与子宫之间，管壁薄而坚实。黏膜内有腺体，能分泌角质蛋白，形成蛋壳膜。

（4）子宫：为输卵管的膨大部，最宽，管壁较厚，常呈扩张状态，肌层发达，黏膜为灰色或灰红色。黏膜内有壳腺，能分泌碳酸钙、硫酸镁和色素，形成蛋壳。

（5）阴道：为输卵管的末端，平时曲折呈 S 形，开口于泄殖道的左侧，是雌禽的交配器官。阴道部的黏膜呈白色，形成细而低的褶，在与子宫相连接的一段含有管状的阴道腺，

常叫精小窝,能储存精子,可在交配后的一定时期内陆续释放,使受精作用得以持续进行。黏膜内有腺体,分泌物在卵壳表面形成一薄层致密的角质膜。

3. 蛋的形成和产蛋

家禽蛋的形成是卵巢和输卵管各部共同作用的结果。

在雌激素的作用下,肝脏合成卵黄蛋白和脂蛋白,经血液循环运输到卵巢并沉积于正在发育的卵泡上。雏禽生长到 2 月龄时,初级卵母细胞开始沉积卵黄。性成熟时,有些卵泡迅速沉积卵黄。

卵泡迅速生长时,在将会破裂的部位出现一条肉眼可见的带状结构,称为卵带。邻近排卵时,卵带附近的毛细血管循环受到卵泡内部的压力而阻断,使卵带变亮。排卵时,卵泡膜首先在卵带一端发生破裂,接着伸延到另一端,使卵细胞迅速排出。

卵子从卵巢排出后,输卵管漏斗部将其卷入,然后输卵管伞收缩,再加上漏斗壁的活动,迫使在旋转中的卵进入输卵管的腹腔口,顺次经过漏斗部、蛋白分泌部、峡部、子宫和阴道。

漏斗部是运送卵细胞的部位。卵子在漏斗部停留 15~25 min,并在此受精,一般认为不参与蛋的形成。

蛋白分泌部的功能是分泌和储存蛋白。当卵细胞通过蛋白分泌部时,它释放出蛋白,约经 3 h,在蛋黄的表面形成系带、内浓蛋白层、内稀蛋白层、外浓蛋白层和外稀蛋白层。

借助于蛋白分泌部的蠕动,卵由蛋白分泌部进入峡部。在峡部,形成柔韧的卵壳膜。首先形成内壳膜,然后在外面形成外壳膜。在蛋的钝端,内外壳膜有部分分开形成气室。壳膜形成后,蛋基本定形。

子宫的分泌物形成蛋壳及其色素。软蛋在子宫肌层的作用下旋转,经 20 h 左右,使卵壳膜表面均匀地沉积钙质和色素,经硬化形成蛋壳。

在阴道部,蛋壳的外表面又覆着一薄层致密的角质膜,有防止蛋水分蒸发、润滑阴道、阻止微生物侵入等作用。

蛋完全形成后,在输卵管的强烈收缩作用下很快产出。蛋在停留的绝大部分时间内,始终是尖端指向尾部的位置,当蛋将产出过程中,它通常旋转 180°,以钝端朝向尾部的方向通过阴道产出。驱使蛋产出的主要动力是子宫平滑肌的强烈收缩。

4. 母禽的生殖周期

家禽产蛋大多数是连续性的。鸡的排卵周期为 25~26 h,这种周期能持续几天,然后停一天或几天,再重新开始排卵,如此循环,称为产蛋周期。产蛋率高的母鸡,排卵周期可缩短到 24 h 或不足 24 h。排卵和产蛋有较高相关性,但并非绝对相关。有高达 11%~20%的卵排入腹腔而不能进入输卵管。这种卵不能生成蛋,最后在腹腔内被吸收。

在自然光照情况下,排卵常在早晨进行,15 h 以后很少排卵,卵在输卵管内形成蛋需要 25~26 h。在产蛋周期中,前一个蛋产后,经 30~60 min 下一个卵泡发生排卵。这样,因为排卵并非是每 24 h 有规律地发生,所以每天产蛋时间将越来越推迟,最终产蛋推迟到 14 h 或 15 h,蛋产出后就不再排卵。于是连产就中断一天或几天。再从早晨开始下一个连续周期。

5. 就巢性

就巢俗称"抱窝"，是指母禽特有的孵卵行为。它表现为愿意坐窝、孵卵和育雏。抱窝期间雌禽食欲缺乏，体温升高，羽毛蓬松，发出"咯咯"声，很少离卵运动寻觅食物。就巢期间停止产蛋。就巢性受激素的调控，是由催乳素引起的，注射雌激素可使其停止。

六、心血管系统

家禽的心血管系统由心脏、血管和血液构成。

(一) 心脏

家禽的心脏占身体的比例较大，为圆锥形的肌质性器官，位于胸腔前下部的心包内。其构造与哺乳动物的相似，也分为两心房和两心室。

心脏的传导系统除窦房结、房室结、房室束和左右脚外，房室束还发出返支，环绕主动脉口，与房室结发出并绕过右房室口的分支相连，形成右房室环。另外，禽的房室束及其分支无结缔组织鞘包裹，兴奋易扩布到心肌，这可能与禽的心率（表 2-1-2）较高有关。

同种家禽的心率因年龄、性别和其他生理状态而有明显差异，如幼禽较成禽快。

表 2-1-2　几种家禽的心率

种类	心率/(次/min)	种类	心率/(次/min)
鸡	350～370	鹅	200
火鸡	200～280	鸽	221
鸭	212～217	鹌鹑	500～600

(二) 血管

1. 动脉

由右心室发出肺动脉干，分出左、右两支肺动脉，分别进入左、右两肺。由左心室发出主动脉，先形成右主动脉弓，延续为主动脉；而哺乳动物的为左主动脉弓。

右主动脉弓分支为左、右臂头动脉。每一臂头动脉又分出颈总动脉和锁骨下动脉。左、右颈总动脉分布到头颈部，左、右锁骨下动脉延续到翼部为臂动脉。

主动脉沿体腔背侧正中后行，分出壁支和脏支。壁支有肋间动脉、腰动脉和荐动脉，脏支有腹腔动脉、肠系膜前动脉、肠系膜后动脉和一对肾前动脉。主动脉在分出壁支和脏支后继续后行，在肾前部与肾中部的交界处分出一对髂外动脉到后肢，在肾中部与肾后部的交界处又分出一对较粗的坐骨动脉到后肢。坐骨动脉又发出到肾中部的肾中动脉、到肾后部的肾后动脉。主动脉在最后分出一对细的髂内动脉后，延续为尾动脉。

2. 静脉

肺静脉有左、右两支，注入左心房。全身的静脉汇集形成两条前腔静脉和一条后腔静脉，开口于右心房的静脉窦（鸡的左前腔静脉直接开口于右心房）。前腔静脉是由同侧的颈静脉、椎静脉和锁骨下静脉汇集形成。两侧颈静脉在皮下沿气管两侧而行，右颈静脉较粗。两颈静脉在颅底有颈静脉间吻合，称为桥静脉。后腔静脉是由左、右髂总静脉汇合形成。肝门静脉有左、右两干，入肝的两叶，右干较粗。

（三）血液

家禽的血液也呈红色，动脉血含氧较多，呈鲜红色；静脉血含氧较少，呈暗红色。血液由血细胞和血浆组成。血细胞有红细胞、白细胞、凝血细胞三种。红细胞为有核的卵圆形细胞，体积比家畜的大，但数量比家畜的少。白细胞有异嗜性粒细胞、嗜酸性粒细胞、嗜碱性粒细胞、淋巴细胞、单核细胞。白细胞中淋巴细胞的比例最高。禽类无血小板，其凝血细胞相当于哺乳动物的血小板，参与凝血。

七、内分泌系统

（一）甲状腺

禽类的甲状腺呈椭圆形，暗红色，位于胸腔前口附近气管的两侧，紧靠颈总动脉及颈静脉。甲状腺的大小因禽的品种、年龄、季节和饲料中碘的含量而有变化，一般呈黄豆粒大小。甲状腺的主要机能是分泌甲状腺激素。

甲状腺激素的分泌率除受年龄、性别和营养等因素影响外，主要受环境的影响，如光照周期及昼夜变化会影响甲状腺激素的分泌。

（二）甲状旁腺

甲状旁腺有 2 对（有的鸡有 3 对），很小，如芝麻粒大，呈黄色或淡褐色，紧位于甲状腺之后。每侧的两个腺体常被结缔组织包在一起，并与甲状腺后端或颈总动脉的外膜相连接，但位置变化较大。

甲状旁腺所分泌的甲状旁腺素，其化学结构、生物合成和分泌基本上与哺乳动物相同。甲状旁腺素的主要机能是维持钙在体内的平衡，它对于蛋壳形成、肌肉收缩、血液凝固、酶系统、组织的钙化和神经肌肉的调节是必需的。切除甲状旁腺后会引起血钙下降、神经肌肉的兴奋性增加，出现抽搐。

（三）垂体

垂体包括腺垂体和神经垂体两部分，呈扁平长卵圆形，位于脑的腹侧，以垂体柄与间脑相连。腺垂体分泌的激素有黄体生成素、卵泡刺激素、促甲状腺激素、生长激素、促肾上腺皮质激素和催乳素等。神经垂体释放的激素主要有 8-精催产素和少量的 8-异亮催产素。

（四）肾上腺

肾上腺是一对，呈不正的卵圆形或三角形，不大，多为乳白色、黄色或橙色，位于两肾前端。实质也由皮质和髓质构成，但分界不明显，呈镶嵌状分布。肾上腺的体积因禽的品种、年龄、性别、健康状况、环境因素的不同有很大的差别。皮质分泌糖皮质激素和盐皮质激素，髓质主要分泌肾上腺素和去甲肾上腺素，激素的作用与家畜的激素相似。

（五）腮后腺

腮后腺也叫腮后体，是一对较小的腺体，淡红色，形状不规则，无被膜。它位于甲状腺和甲状旁腺后方，紧靠颈总动脉与锁骨下动脉分叉处，但右侧腮后腺位置变化较大。腮后腺在胚胎发生过程中加入甲状腺内而成为分散的滤泡旁细胞，又称 C 细胞，通常呈索状或线状排列,这种 C 细胞分泌降钙素(CT)。降钙素的作用主要是降低血钙水平。

(六) 胰岛

胰岛是分散在胰腺中的内分泌细胞群。胰岛的 B 细胞分泌胰岛素,A 细胞分泌胰高血糖素,D 细胞分泌生长抑素,PP 细胞分泌禽胰多肽。胰岛素能降低血糖浓度,胰高血糖素能升高血糖浓度。两者协调作用,调节家禽体内糖的代谢,维持血糖的平衡。

(七) 性腺

1. 母禽

卵巢能分泌雌激素和孕激素,胚胎时期肾上腺是这些激素的重要来源。母鸡成年后,卵巢是这些激素的主要来源,这些类固醇激素对母鸡的形态和生理上有广泛而持久的效应。如鸡冠的生长、距的生长发育、叫声、行为、脂肪沉积、羽毛的形状、色素及其繁殖活动等。

2. 公禽

睾丸分泌的雄激素主要是睾酮,它主要由睾丸间质细胞分泌,曲细精管中的支持细胞也能分泌少量睾酮。睾酮能维持公禽的正常性活动,促进雄禽的第二性征发育。

 总结与复习

家禽在身体结构特征和生理机能上既与哺乳动物有共同之处,又具有其自身特点。家禽的骨骼强度大、重量轻;具有储存和软化食料的嗉囊;为适应飞翔时强烈新陈代谢的需要,家禽具有气囊;禽类没有膀胱,输尿管直接开口于泄殖道两侧;禽类生殖最大的特点是卵生,母禽生殖器官有卵巢和输卵管,但仅有左侧发育正常。

 复习题

1. 家禽的骨骼与家畜的相比有何不同点?
2. 禽类的消化器官有哪些? 说明鸡嗉囊、胃、肠的形态、位置、作用。
3. 禽的呼吸器官有哪些? 为什么较小的肺能适应较强的新陈代谢?
4. 结合蛋的形成,说明输卵管各部形态和生理机能。

单元二　犬、猫、狐的解剖

知识目标

掌握犬、猫、狐的消化、呼吸、泌尿、生殖系统的组成、结构特点和生理机能;熟知犬、猫、狐的主要内脏器官的形态、构造和机能。

素质目标

通过对犬、猫、狐的消化、呼吸、泌尿、生殖系统的学习,促进对犬、猫、狐的主要内脏器官的形态、位置和构造特点的认知,为今后的学习奠定基础。了解犬、猫、狐的生理常数和生活习性。

能力目标

能够在标本上或活体上识别犬、猫、狐的内脏器官的形态、位置和结构,培养观察能力;能较熟练地指出犬、猫、狐的消化系统和生殖系统的解剖生理特征,培养分析、归纳和总结等思维能力。

犬、猫、狐虽不同属,但三者的解剖结构差异不大,特别是狐与犬同为食肉目犬科动物,两者内脏的解剖生理特征基本相同,其形态、大小稍有差别,因此本单元以犬为主,对猫、狐的不同特点在有关章节作比较性描述。

一、消化系统

犬、猫、狐的消化系统可分为消化管和消化腺两部分(图2-2-1、图2-2-2)。消化管为食物通过的管道,包括口腔、咽、食管、胃、小肠、大肠和肛门。消化腺为分泌消化液的腺体,主要包括肝和胰,消化腺分泌的消化液中含有多种酶,在消化过程中起催化作用。

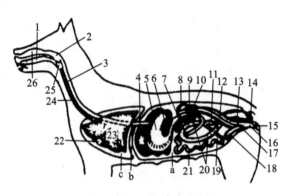

图2-2-1 犬内脏模式图

1. 口腔;2. 咽;3. 食管;4. 肝;5. 胃;6. 胆总管和胆囊;
7. 十二指肠;8. 肾;9. 胰和胰管;10. 卵巢;11. 盲肠;12. 子宫;
13. 直肠;14. 肛门;15. 阴门;16. 阴道前庭;17. 阴道;
18. 膀胱;19. 回肠;20. 结肠;21. 空肠;22. 心脏;
23. 肺;24. 气管;25. 喉;26. 鼻腔;a. 腹腔;b. 膈;c. 胸腔

(图片来源:董常生,家畜解剖学,2001)

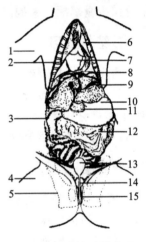

图2-2-2 猫内脏模式图

1. 前肢;2. 肋骨;3. 升结肠;4. 后肢;
5. 盆骨;6. 肺;7. 心脏;8. 膈;9. 肝;
10. 胃;11. 胆囊;12. 空肠;13. 膀胱;
14. 输尿管;15. 阴茎

(图片来源:鲁子惠,猫的解剖,1979)

(一) 口腔

1. 犬的口腔

犬口裂很大,下唇短小且薄而灵活,上唇与鼻端间形成光滑、湿润的暗褐色无毛区,称为鼻唇镜。口角约与第3或第4白齿相对。颊部松弛(狐颊部紧凑),颊黏膜光滑并常有色素沉着。硬腭前部有切齿乳头,软腭较厚。舌呈长条状,淡红色,前部薄而灵活,后部厚,有明显的舌背正中沟。

恒齿齿式为

$$长头犬\ 2\left(\frac{3\cdot1\cdot4\cdot2}{3\cdot1\cdot4\cdot3}\right)=42 \qquad 短头犬\ 2\left(\frac{3\cdot1\cdot4\cdot1}{3\cdot1\cdot4\cdot2}\right)=38$$

犬的齿十分尖锐。第 4 上臼齿与第 1 下臼齿特别发达,称为裂齿,具有强有力的撕裂食物的能力。犬齿大而尖锐并弯曲成圆锥形,上犬齿与隅齿间有明显的间隙,正好容受闭嘴时的下犬齿。犬的臼齿数目常因品种的不同而有变动。

唾液腺发达,包括腮腺、颌下腺、舌下腺和眶腺。眶腺又称颧腺,位于翼腭窝前部,有 4~5 条眶腺管开口于最后上白齿附近。

2. 猫的口腔

猫的口腔较窄,颊部薄,颊前庭较小。上唇形成正中沟(上唇沟),将上唇分成左、右两半,两侧有长的触毛,是猫特殊的感觉器官,其长度与身体宽度一致。上唇内侧中线处有一系带连着上颌,下唇中央也有一系带连着下颌。

猫舌长而扁平,灵活,中间有一条纵向浅沟。背面的黏膜隆起形成各种类型的乳头。猫舌的乳头可分为丝状乳头、菌状乳头和轮廓乳头,非常坚固,似锉刀,可舔食附着在骨上的肌肉。

恒齿齿式为

$$2\left(\frac{3\cdot1\cdot3\cdot1}{3\cdot1\cdot2\cdot1}\right)=30$$

乳齿齿式为

$$2\left(\frac{3\cdot1\cdot3\cdot0}{3\cdot1\cdot2\cdot0}\right)=26$$

猫齿齿冠很尖锐。上、下颌的前臼齿,其齿磨面上均有 4 个齿尖,中央的 1 个齿尖较大,且尖锐,有撕裂食物的作用。猫的犬齿较长,强大而尖锐,在上颌骨和下颌骨埋藏很深。猫的牙齿没有磨碎功能,因此对付骨类食物较困难,它只能将食物切割成小碎块。

猫唾液腺特别发达,有 5 对,包括腮腺、颌下腺、舌下腺、臼齿腺和眶下腺。

(二)咽和食管

犬咽有 7 个孔与邻近器官相通,咽腔狭窄,咽壁黏膜向咽腔凸出,称为咽鼓管隆凸。食管起始端较细,称为食管峡,该部黏膜隆起,内有黏液腺。颈后段食管偏于气管左侧。食管肌层全部为横纹肌。

猫咽分为口咽部、鼻咽部和喉咽部三部分。食管为一肌性直管,位于气管的背侧。猫食管可反向蠕动,能将囵囵吞下的大块骨头和有害物呕吐出来。

(三)胃

犬胃容积较大,呈长而弯曲的梨形。左侧胃底部和贲门部大,为圆囊形;右侧幽门部比较细,为圆管形。犬胃为单室有腺胃,胃的贲门腺区小,呈环带状,位于贲门稍后的内壁;胃底腺区占胃黏膜面积的 2/3,黏膜很厚;幽门腺区黏膜较薄。大网膜特别发达,从腹面完全覆盖肠管。

猫胃呈梨形,左端大,右端窄。它位于腹前部,几乎全部偏于体中线左侧,在肝和膈之后。胃以贲门与食管相接,以幽门与十二指肠相通。贲门端宽大,幽门端狭窄。幽门处黏

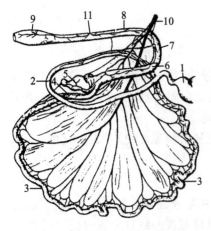

图 2-2-3　犬的肠模式图

1.胃；2.十二指肠；3.空肠；4.回肠；5.盲肠；
6.升结肠；7.横结肠；8.降结肠；9.直肠；
10.肠系膜前动脉；11.肠系膜后动脉
（图片来源：董常生，家畜解剖学，2001）

膜突入肠腔形成幽门瓣，它是由消化管较厚的环行肌纤维所组成，环行肌纤维形成括约肌，致使黏膜凸向管径。猫胃腺十分发达，能分泌盐酸和胃蛋白酶，消化吞食的肉和骨头。

（四）肠

犬肠（图 2-2-3）比较短，为体长的 5～6 倍，由总肠系膜悬吊于腰、荐椎腹面。小肠长 3～4 m，占腹腔容积的大部分。十二指肠腺仅位于幽门附近，距幽门 5～8 cm（犬）和 3～5 cm 处，有胆管和胰腺大管的开口。空肠形成 6～8 个肠袢，位于腹腔左后下方。回肠短，末端有较小的回盲瓣。大肠长 60～75 cm，其管径与小肠相似，但肠壁无纵肌带和肠袋。盲肠退化，呈 S 形，位于右髂部，盲尖向后。结肠呈 U 形袢，可分为升结肠、横结肠和降结肠。升结肠位于右髂部，横结肠接近胃幽门部，降结肠位于左髂部和左腹股沟部。整个结肠的直径都是等粗的。直肠壶腹宽大，肛管两侧有肛门旁窦，内有肛门腺，分泌物有难闻的异味。

猫小肠较短，总长度约为体长的 3 倍。小肠分为十二指肠、空肠和回肠。十二指肠全长 14～16 cm，形成 U 形肠袢，中间夹有胰腺。空肠和十二指肠没有明显的分界。回肠被系膜悬挂于腹腔后顶壁。大肠分为盲肠、结肠和直肠，长度是体长的一半。猫盲肠不发达，长 1.5～1.8 cm，突出于结肠前端，上有一锥形的突出，是阑尾的遗迹。结肠可分为升结肠、横结肠和降结肠，后端接直肠，之间无明显的分界。直肠长约 5 cm，由短的系膜悬挂。肛门两边各有一个大的肛门腺，开口于肛门。如图 2-2-4 所示。

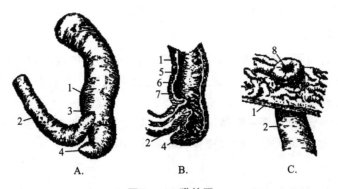

A.　　　　　B.　　　　　C.

图 2-2-4　猫的肠

1.回肠；2.结肠；3.回盲瓣的位置；4.盲肠；5.纵肌层；6.环肌层；7.黏膜；8.瓣膜孔
（图片来源：包玉清、韩行敏，宠物解剖及组织胚胎，2008）

（五）肝和胰

犬的肝体积较大，明显分为 6 叶，即左外叶、左内叶、右内叶、右外叶、方叶和尾叶，尾叶除尾状突外，有明显的乳头突。胆囊隐藏在脏面的左外叶和右内叶之间的胆囊窝中。

胰位于十二指肠、胃和横结肠之间,呈 V 形,通常有大、小两个腺管,分别开口于十二指肠。

猫的肝较大,呈红棕色,分为左、右两叶,左叶分为左内叶和左外叶,右叶分为右内叶、右外叶和尾叶。猫肝位于腹腔的前部,紧贴于膈的后方。胆囊呈长梨形,位于肝右内叶的裂隙内。猫的胰腺位于十二指肠袢内,是扁平、不规则分叶的腺体,浅粉色。胰管和胆总管一起开口于十二指肠乳头,副胰管在前者后方约 2 cm 处开口于十二指肠。

消化系统的功能是摄取食物,通过对其进行物理的、化学的以及微生物的消化作用,使食物中一些大分子的营养物质分解成小分子物质,同时消化系统还可以将这些小分子物质吸收到血管或淋巴管中,最后将消化后的残渣排出体外,从而保证新陈代谢的正常进行。

犬消化道中没有消化纤维素的微生物,所以犬对植物性饲料的消化能力弱,尤其对粗纤维饲料几乎不能消化。犬的呕吐中枢比较发达,当吃进去变质的食物或毒物时,能引起强烈的呕吐,对自身产生保护性反射。

猫同犬一样,具有肉食动物的消化特征。猫具有定时、定点排粪的习性,其排粪次数及粪便形状、数量、气味、色泽都是很稳定的。

二、呼吸系统

(一) 鼻腔

犬鼻孔呈逗点状,鼻腔宽广部接近鼻中隔,狭窄部向后外侧弯曲。鼻唇镜部无腺体,为低温、湿润的黑色无毛区,其分泌物来源于鼻腔内的鼻外侧腺。鼻腔后部由一横行板隔成上、下两部,上部为嗅觉部,下部为呼吸部。嗅区黏膜富含大量嗅细胞,嗅觉极灵敏。

猫的鼻腔由鼻中隔分成左、右两部分,两侧鼻腔被上、下鼻甲分为上、中、下三个鼻道。中鼻道很窄。鼻甲和筛骨迷路充满了鼻腔。鼻中隔的前端有一条沟,将上唇分为两半。

(二) 咽和喉

犬的喉头较短,喉口较大,声带大而隆凸。喉侧室较大,喉小囊较广阔,喉肌较发达。喉软骨中甲状软骨短而高,喉结发达,环状软骨宽广,杓状软骨小。左、右杓状软骨间有小的杓间软骨。会厌软骨呈四边形,下部狭窄。

猫喉腔的前上部为喉前庭,它的尾缘为假声带。空气进出时振动假声带,使猫不断地发出低沉的"呼噜呼噜"的声音。假声带的后方有黏膜褶形成的真声带,与声韧带、声带肌共同构成猫的发音器官。

(三) 气管和支气管

犬的气管前端呈圆形,中央段的背侧稍扁平。由 40～45 个不闭合的气管软骨环连成圆筒状。在气管背侧,软骨环的两端互不相接,由一侧横行平滑肌相连。气管在颈部位于食管腹侧,进入胸腔很快分支,其分支部位与第 5 肋骨相对。在入肺之前,每一支气管干先分成两支。在右肺,前支气管进入尖叶,从支气管干另外分出两支,一支到心叶,另一支到中间叶;在左肺,前支气管先分成两支,一支到尖叶,另一支到心叶。

猫的气管共有 38～43 个软骨环,软骨环的缺口朝向背侧。第 1 软骨环比其他软骨环

宽些。气管从喉伸至第 6 肋骨处分叉成为左、右两根支气管。右侧支气管进入肺后再分为两个分支：位于肺动脉前面的称为动脉上支气管，它直接再分为许多小支气管；位于肺动脉后面的另一分支称为动脉下支气管，它先分出三个分支，然后分为许多小支气管。因此，可以认为右侧支气管有四个分支，而左侧支气管则为三个分支，然后直接分成许多小支气管。

（四）肺

犬肺很发达，分为 7 叶。左肺分为 3 叶，即尖叶、心叶和膈叶。尖叶的尖端小而钝，位于胸骨柄的上面。心叶上的心压迹浅。在肺根的背侧有明显的主动脉压迹，在肺根的后方有一浅的食管沟。右肺比左肺大 1/4，分为 4 叶，即尖叶、心叶、膈叶和中间叶。尖叶位于心包的前方，并越过体正中面至左侧。中间叶呈不规则的三角锥形，其基底接膈的胸腔面，外侧面有一深沟，容纳后腔静脉和右膈神经。右肺的心压迹较左肺的深。犬在夏季炎热的天气或运动后，伸舌流涎，张口呼吸，以加快散热。

猫右肺略大，分为 4 叶。左肺较小，分为 3 叶，其中尖叶和心叶基部部分地连在一起，所以左肺只有完全分开的两叶。猫肺体积较小，故猫不适宜长时间剧烈运动。

三、泌尿系统

（一）肾

犬肾属于平滑单乳头肾，呈豆形，较大。右肾位于前 3 个腰椎横突的下方，比较固定；左肾系膜松弛，受胃充满程度的影响其位置常有变动。

猫肾呈豆状，位于腰椎横突下方，在第 3～5 腰椎腹侧，右肾靠前，左肾靠后。肾被膜上有丰富的被膜静脉，这是猫肾所独有的特点。猫肾为平滑单乳头肾，肾乳头顶端有许多收集管的开口。猫一昼夜排尿量为 100～200 mL。

（二）输尿管、膀胱和尿道

1. 输尿管

犬、猫的 2 根输尿管分别连接于同侧肾和膀胱之间。输尿管前端由肾门走出，沿腹腔顶壁向后伸延，后端在膀胱颈的背面穿入膀胱腔。犬右输尿管略长于左输尿管。

2. 膀胱

犬的膀胱较大，尿充盈时顶端可达脐部，空虚时全部退入骨盆腔内。公犬膀胱的上方是直肠。母犬膀胱的上方是子宫和阴道。

猫的膀胱除体积较小外，在构造、位置与机能方面与犬的基本相同。

3. 尿道

公犬、母犬的尿道在构造和机能方面有较大差别。公犬的尿道较长，兼有排尿、排精液两种功能，因而也可称为尿生殖道；母犬的尿道较短，仅将尿液导入尿生殖前庭，再由尿生殖前庭和阴门将尿排出。

猫的尿道在构造和机能上与犬的基本相似。

四、生殖系统

犬、猫、狐的生殖,依靠两性生殖器官产生性细胞(精子与卵子)以及性细胞在雌体内结合和孕育而实现。鉴于生殖系统在实际生产应用中的重要性及犬、猫、狐的生殖系统的差异性,下面将分别对犬、猫、狐的生殖系统进行讲述。

(一)犬的生殖系统

1.公犬生殖器官

公犬的生殖器官(图 2-2-5)由睾丸、附睾、输精管、精索、副性腺、尿生殖道、阴茎、包皮和阴囊组成。

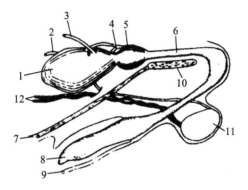

图 2-2-5　公犬的生殖器官

1.膀胱;2.右输尿管;3.左输尿管;4.输精管;5.前列腺;6.尿道;7.腹壁;

8.阴茎头;9.包皮;10.耻骨;11.睾丸;12.精索内动脉

(图片来源:董常生,家畜解剖学,2001)

(1)睾丸:体积较小,呈卵圆形,分为头、体、尾三部分。睾丸纵隔很发达。

(2)附睾:较大,紧附于睾丸背外侧。

(3)输精管:起始端在附睾外侧下方,先沿附睾体伸至附睾头部,又穿行于精索中。进入腹腔后形成较细的壶腹,末端开口于尿道起始部背侧。

(4)精索:较长,呈扁圆锥形,斜行于阴茎两侧,精索上端无鞘膜环。

(5)副性腺:犬无精囊腺和尿道球腺,有发达的前列腺。前列腺位于耻骨前缘,呈黄色的坚实球状,环绕在膀胱颈及尿道起始部,分为腺体部和扩散部,有多条输出管开口于尿道骨盆部。老龄犬的前列腺常增大。

(6)尿生殖道:骨盆部比较长,其前部包藏于前列腺中(当前列腺膨大时会影响排尿)。坐骨弓处的尿生殖道特别发达,称为尿道球。该部有发达的尿道海绵体和尿道肌。

(7)阴茎:阴茎后部有 2 个阴茎海绵体,正中由阴茎中隔隔开,中隔前方有棒状的阴茎骨(由海绵体骨化而成),骨长约 10 cm。阴茎头很长,包在整个阴茎骨的表面,其前端有龟头球(两个圆形膨大部)和龟头突,两者均为勃起组织。龟头球在交配时迅速勃起,但交配后需很长时间才能萎缩。

(8)包皮:呈圆筒状,内有淋巴小结。

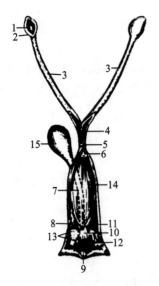

图 2-2-6　母犬的生殖器官

1. 卵巢；2. 卵巢囊；3. 子宫角；4. 子宫体；
5. 子宫颈；6. 子宫颈阴道部；7. 尿道；
8. 阴瓣；9. 阴蒂；10. 阴道前庭；11. 尿道外口；
12、13. 前庭小腺开口；14. 阴道；15. 膀胱
（图片来源：董常生，家畜解剖学，2001）

（9）阴囊：位于两股间的后部，常有色素沉着并生有细毛，阴囊缝不甚明显。

2. 母犬生殖器官

母犬的生殖器官（图 2-2-6）由卵巢、输卵管、子宫、阴道、尿生殖前庭和阴门组成。

（1）卵巢：较小，呈扁平的长卵圆形，平均长度为 2 cm，位于距同侧肾脏后端 1～2 cm 处的卵巢囊内。在非发情期，卵巢隐藏于发达的卵巢囊中。性成熟后的卵巢表面常有突出的卵泡。

（2）输卵管：细小，长 5～8 cm，伞端大部分在卵巢囊内。其腹腔口较大，子宫口很小。

（3）子宫：属双角子宫，子宫体很短，子宫角细而长，无弯曲，近似直线，未孕时管径均匀，有孕时呈串珠状。两宫角分歧处呈 V 形。子宫颈位于腹腔内，很短，长约 1 cm，后端有圆柱状微突伸入阴道前端的凹陷内。

（4）阴道：全部位于骨盆腔内，较长，前端稍细，无明显的穹窿。肌层很厚。黏膜表面有纵行皱襞。

（5）尿生殖前庭：前庭较宽，前腹壁有尿道外口。侧壁黏膜有前庭小腺。尿生殖前庭有交配、产道和排尿功能。

母犬 8 月龄成熟，一般每年发情两次，属季节性一次发情动物。多在春、秋两季发情，持续时间一般为 3～10 d。妊娠期 59～65 d，平均 62 d，产仔 1～5 只。

犬的正常生理值：体温 37.5～39.5℃，心率 80～120 次/min，呼吸频率 15～30 次/min。

（二）猫的生殖系统

1. 公猫生殖器官

公猫生殖器官包括睾丸、附睾、副性腺、输精管、尿道、阴囊和阴茎。

猫的副性腺由发达的前列腺和不发达的尿道球腺构成，无精囊腺，在机能上基本与犬相似。猫的尿道球腺位于坐骨弓处的尿道球旁，呈豌豆状。

猫的阴囊位于肛门的腹面，中间有一条沟，为阴囊中隔的位置。

猫的阴茎呈圆柱形，远端有一块阴茎骨，阴茎头皮肤有角化刺，阴茎骨在幼猫体上仅为软骨。

2. 母猫生殖器官

母猫生殖器官包括卵巢、输卵管、子宫和阴道。卵巢平均长度为 2 cm，左、右卵巢紧贴两肾的后端。子宫属双角子宫，呈 Y 形，子宫体长约 4 cm。

猫是著名的多产动物，在最适条件下，母猫在 6～8 个月就能达到性成熟。母猫的发情表现为发出连续不断的叫声，声大而粗。猫一般一年四季均可发情，但在我国的大部分

地区,较热季节发情少或不发情。猫的性周期一般是 14 d,发情期可持续 3～7 d。母猫妊娠期 55～60 d,平均 58 d,产仔 3～5 只。

猫的正常生理值:体温 38.0～39.5℃,心率 120～140 次/min,呼吸频率 24～42 次/min。

(三) 狐的生殖系统

1. 公狐的生殖器官及生理特点

公狐的生殖器官包括睾丸、输精管、副性腺和阴茎。

睾丸呈卵圆形,位于腹股沟与肛门之间的阴囊内。它的发育具有明显的季节性变化。夏季(6—8 月)成年公狐睾丸非常小,仅 1.2～2 g,无精子生成。8 月末至 9 月初,睾丸开始发育,11 月份发育明显加快,重量和大小都有所增加,至次年 1 月份重达 3.7～4.3 g,最大达 5 g,触摸时具有一定的弹性。输精管和前列腺也随睾丸呈季节性变化。

狐的阴茎形态结构与犬的相似,细长,呈不规则的圆柱状,有球状体和阴茎骨。

2. 母狐的生殖器官及生理特点

卵巢呈扁平状,灰红色。发情期变大。卵巢和输卵管被脂肪组织所覆盖。子宫为双角子宫,子宫角和子宫体以子宫阔韧带悬吊在腰下部骨盆两侧壁上,有子宫颈阴道部。尿生殖前庭有两个比较发达的突起。交配时,前庭受刺激而剧烈收缩,两突起膨大,与公狐阴茎球状体共同作用,出现连裆(连锁)现象。母狐的阴门上圆下尖,非繁殖期被阴毛覆盖而不显露,繁殖期(发情期)有明显的形态变化。

狐是季节性发情动物,发情季节在春季。母狐的生殖器官在夏季(6—8 月)处于静止状态,卵巢、子宫、阴道的体积最小。9—10 月卵巢体积逐渐增大,卵泡开始发育,黄体开始退化。到 11 月份黄体消失,卵泡迅速增长,翌年春季发情排卵。输卵管、子宫及阴道也相应地随着卵巢的发育而发生变化。狐是自发性排卵动物,两个卵巢可交替排卵。狐的妊娠期为 49～58 d。

狐的正常生理值:体温 38.7～41℃,心率 80～140 次/min,呼吸频率 15～45 次/min。

 总结与复习

犬、猫、狐虽不同属,但三者的内脏解剖生理特征基本相同。消化系统分为消化管和消化腺两部分;呼吸系统包括鼻、咽、喉、气管、支气管和肺;三者的肾均为平滑单乳头肾,构造和机能大致相似;生殖系统根据其性别不同,其结构特点和生理机能有一定的差异。

 复习题

1. 简述犬、猫、狐雄性生殖器官的构造特点。
2. 犬、猫、狐的消化系统有哪些区别?

单元三　兔的解剖

知识目标

掌握兔消化、呼吸、泌尿、生殖系统的组成、结构特点和生理机能,熟知兔的主要内脏器官的形态构造和机能。

素质目标

通过对兔的消化、呼吸、泌尿、生殖系统的学习,促进对兔的主要内脏器官的形态、位置和构造特点的认知;了解兔的生理常数和生活习性。

能力目标

能够在标本上或活体上识别兔的内脏器官的形态、位置和结构,培养观察能力;能较熟练地指出兔的消化系统和生殖系统的解剖生理特征,培养分析、归纳和总结等思维能力。

一、消化系统

兔的内脏如图 2-3-1 所示。

(一) 口腔

兔的上唇正中线上有纵裂,俗称"兔裂",将唇完全分成左、右两部。裂唇与上端圆厚的鼻端构成三瓣鼻唇。硬腭有 16 或 17 个横向腭褶。

舌短而厚,分为舌根、舌体和舌尖三部分。舌体背面有明显的舌隆起。

兔的齿式如下:

$$恒齿齿式\ 2\left(\frac{2\cdot 0\cdot 3\cdot 3}{1\cdot 0\cdot 2\cdot 3}\right)=28 \qquad 乳齿齿式\ 2\left(\frac{2\cdot 0\cdot 3\cdot 0}{1\cdot 0\cdot 2\cdot 0}\right)=16$$

兔有 2 对上颌切齿,1 对大切齿在前方,1 对小切齿在大切齿后方,组成两排。切齿生长较快,常有啃咬、磨牙习性。切齿和前臼齿间有较大的齿槽间缘。

唾液腺较发达,有 4 对,即腮腺、颌下腺、舌下腺和眶下腺。唾液中含消化酶。

(二) 咽和软腭

软腭较长,与舌之间的舌腭弓内有扁桃体窝。

咽由软腭分为鼻咽部、口咽部和喉咽部。鼻咽部较大,口咽部较小,软腭后缘与会厌软骨汇合。

(三) 食管

食管为细长的扩张性管道,在颈部位于气管的背侧,在胸腔位于纵隔内,穿过膈的食管裂孔至腹腔,与胃相接。食管前段管壁肌层为横纹肌,中后段肌层为平滑肌。

(四) 胃

兔胃属单室胃,呈椭圆囊状,横位于腹腔前部。贲门与幽门很接近,因而大弯很长,小

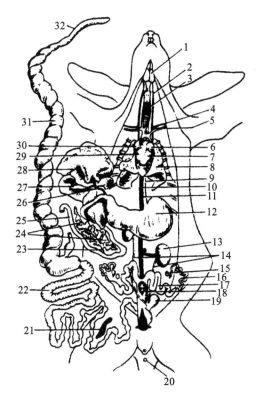

图 2-3-1 兔的内脏

1. 颌下腺；2.左颈静脉；3.气管；4.左锁骨下静脉；5.左锁骨下动脉；6.左心房；7.左心室；8.左肺；

9.食管；10.后腔静脉；11.主动脉；12.胃；13.肾；14.输尿管；15.卵巢；16.输卵管；17.子宫；

18.阴道；19.膀胱；20.肛门；21.脾；22.结肠；23.胰管；24.胰；25.小肠；26.胆管；27.胆囊；

28.肝；29.右心室；30.右心房；31.盲肠；32.蚓突

（图片来源：郭和以，家畜解剖学，2000）

弯很短。胃黏膜的贲门区最小，为无腺部。胃底腺区较大。幽门腺区稍小于胃底腺区。
胃液酸度较高，消化力很强。

（五）肠

肠管较长，总长度约 539 cm，为体长的 10 倍，容积较大，具较强的消化吸收功能。

（1）小肠：包括十二指肠、空肠和回肠，总长达 3 m 以上。十二指肠长约 50 cm，呈 U
形弯曲，可分为三段，有胆总管和胰腺管的开口。空肠长约 2 m，由较长的空肠系膜悬吊
于腹腔的左侧前半部，形成很多弯曲的肠袢。回肠较短，约 40 cm，以回盲褶连于盲肠。
回肠与盲肠相接处肠壁增厚膨大，称为圆小囊。圆小囊为兔特有的淋巴器官，长约 3 cm，
宽约 2 cm，囊壁色较浅，呈灰白色，从表面可隐约透见囊内壁的蜂窝状隐窝，黏膜上皮下
充满淋巴组织。

（2）大肠：包括盲肠、结肠和直肠，总长度约 1.9 m。盲肠特别发达，为卷曲的锥形
体，可分为基部、体部和尖部。基部粗大，黏膜中有盲肠扁桃体。盲肠尖部有狭窄的、灰白
色的蚓突，蚓突壁内有丰富的淋巴滤泡。结肠管径由粗变细，起始部粗大，外表有 3 条纵

肌带和 3 列肠袋,又由梭形部将结肠分为近盲端和远盲端,分别与兔排泄软、硬两种不同的粪便有关。盲肠和结肠均位于腹腔右后下部,两者无明显界限,两者间形成 S 形弯曲(图 2-3-2)。在直肠末端的侧壁有一对暗灰色的直肠腺,可分泌油脂,带有特殊臭味。

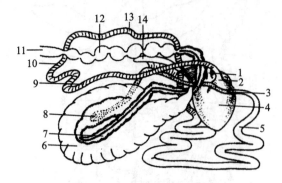

图 2-3-2　兔肠管走向模式图

1. 食管;2. 幽门;3. 回肠;4. 胃;5. 空肠;6. 盲肠;7. 结肠;8. 圆小囊;
9. 十二指肠降支;10. 十二指肠横支;11. 肛门;12. 直肠;13. 十二指肠升支;14. 蚓突

(图片来源:范作良,家畜解剖,2001)

(六) 肝和胰

肝位于腹前部偏右侧,暗紫色。肝分 6 叶,即左外叶、左内叶、右外叶、右内叶、方叶和尾叶。右内叶处有胆囊。尾叶发达,形成尾状突,方叶最小。

胰较小,位于十二指肠袢间的系膜内,其叶间结缔组织比较发达,使胰呈松散的枝叶状。胰呈灰黄色。

兔的口腔的特异构造,使切齿易显露,以便于啃食短草和较硬的物体;发达的盲肠和结肠内有大量的微生物,具有较强的粗纤维消化能力。兔对饲料中粗纤维的消化率为60%～80%,仅次于牛、羊。

兔有摄食粪便的习性。兔排软、硬两种不同的粪便。据测定,软粪中含较多的优质粗蛋白和水溶性维生素。正常情况下,兔排出软粪时,会自然地弓腰用嘴从肛门采食,稍加咀嚼便吞咽至胃。摄食的软粪与其他饲料混合后,重入小肠消化。

二、呼吸系统

(1)鼻腔:中央有鼻中隔,分为左、右两半。鼻孔与唇裂相连,鼻端随呼吸而活动。鼻腔内有上鼻甲、下鼻甲和筛鼻甲作为支架,鼻道构造较复杂。嗅区黏膜分布有大量嗅觉细胞,对气味有较强的分辨力。

(2)咽和喉:咽呈漏斗状,为消化管和呼吸道的交叉要道。喉较小,呈短管状,由甲状软骨、杓状软骨、会厌软骨和环状软骨构成。声带不发达,发音单调。

(3)气管和支气管:气管由 48～50 个不闭合的软骨环构成,气管末端分为左、右支气管,经肺门进入左、右肺。

(4)肺:兔的肺不发达,左肺较小,分为左尖叶、左心叶、左膈叶,右肺稍大,分为右尖叶、右心叶、右膈叶和副叶。

呼吸是兔体蒸发水分和散发体热的主要途径。

三、泌尿系统

（1）肾：兔肾为平滑单乳头肾，左、右各一，呈卵圆形，色暗红，质脆。兔肾位于胸腰椎交界处的腹侧，右肾靠前，左肾稍后。肾的被膜容易剥离，脂肪囊不明显。肾的实质可分为皮质和髓质，髓质上有一肾乳头，乳头上有很多小孔，为乳头管的开口。

（2）输尿管：起始于漏斗状的肾盂，左、右各一，呈白色，经腰肌与腹膜之间向后伸延至盆腔，在膀胱颈背侧开口于膀胱。

（3）膀胱：呈盲囊状，无尿时位于骨盆腔内，充盈尿液时突入腹腔。公兔的膀胱位于直肠腹侧，母兔的则在子宫腹侧。

（4）尿道：公兔尿道细长，起始于膀胱颈，开口于阴茎头端。母兔尿道宽短，起始于膀胱颈，开口于尿生殖前庭。

四、生殖系统

（一）公兔生殖器官

公兔生殖器官如图 2-3-3 所示。

1. 睾丸和附睾

睾丸呈卵圆形，长约 2.5 cm，宽约 1.2 cm。胚胎时期，睾丸位于腹腔内，出生后 1～2 个月移行到腹股沟管。性成熟后，在生殖期间睾丸临时下降至阴囊。因兔腹股沟管宽短，加上鞘膜仍与腹腔保持联系及管口终生不封闭，故睾丸可自由地下降到阴囊或缩回腹腔。附睾发达，呈长条状，位于睾丸的背外侧面，附睾头和尾均超出睾丸的头尾，附睾尾部折转向上移行为输精管。

2. 输精管和精索

输精管起于附睾尾，经腹股沟管进入腹腔，末端开口于尿生殖道。兔精索较短，呈圆索状，内有输精管和血管、神经。

3. 副性腺

副性腺包括精囊腺、前列腺、尿道球腺和前尿道球腺。有精囊腺 1 对，其分泌物可稀释精液，在交配后于阴道中凝固形成阴道栓，防止精液外流。前列腺呈半球状，分泌物呈碱性，可中和阴道酸性物质。尿道球腺呈暗红色，分泌物在性冲动时先流入尿道，起冲洗和润滑作用。前尿道球腺腺体小，结构类似尿道球腺。

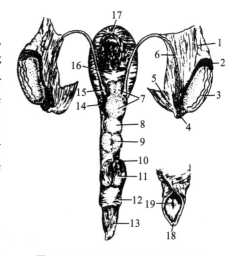

图 2-3-3　公兔生殖器官（背侧面）

1. 静脉丛；2. 附睾头；3. 睾丸；4. 附睾尾；5. 提睾肌；
6. 输精管；7. 雄性子宫；8. 精囊腺；9. 前列腺；
10. 尿道球腺；11. 球海绵体肌；12. 包皮；13. 阴茎；
14. 前尿道球腺；15. 输卵管壶腹；16. 生殖褶；
17. 膀胱；18. 尿道外口；19. 尿道

（图片来源：郭和以，家畜解剖学，2000）

4．阴茎

阴茎静息时长约 25 mm，向后伸向肛门腹侧。勃起时全长可达 40～50 mm，呈圆锥状，伸向前下方。阴茎前端细而稍弯曲，没有膨大的阴茎头。

5．尿生殖道

尿生殖道起于膀胱颈，止于阴茎头的尿道外口，分为骨盆部和阴茎部，兼有排尿和输送精液的功能。

（二）母兔生殖器官

母兔生殖器官如图 2-3-4 所示。

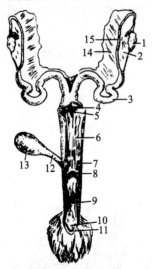

图 2-3-4　母兔生殖器官（背侧面）

1.卵巢；2.卵巢囊；3.子宫；4.子宫颈；
5.子宫颈间膜；6.阴道；7.阴瓣；8.尿道口；
9.前庭；10.阴蒂；11.外阴；12.尿道；
13.膀胱；14.子宫阔韧带；15.输卵管
（图片来源：郭和以，家畜解剖学，2000）

1．卵巢

卵巢呈卵圆形，色淡红，长约 1 cm，宽约 0.3 cm。以卵巢系膜悬于第 5 腰椎横突附近的体壁上。幼兔卵巢表面光滑，成年兔卵巢表面有突出的透明小圆形卵泡。

2．输卵管

输卵管左、右各一条，输卵管前端有输卵管伞和漏斗，稍后处增粗为壶腹，后端以峡与子宫角相通。输卵管兼有输送卵子和受精的功能。

3．子宫

兔子宫属双子宫，左、右子宫完全分离。两侧的子宫前接输卵管，后端各以单独的外口开口于阴道。

4．阴道

阴道在直肠的腹侧，紧接于子宫后面，其前端有两个子宫颈管外口，口间有峡，后端有阴瓣。

5．尿生殖前庭和阴门

阴瓣与阴门之间为尿生殖前庭，尿道外口位于前庭的腹侧壁。阴门裂的腹侧联合呈圆形，背侧联合呈尖形。腹侧联合处有阴蒂，为一个小突起。

一般性成熟母兔为 3.5～4 月龄，公兔为 4～4.5 月龄。刚达性成熟的公兔、母兔不宜立即配种，初配龄应再推后 1～3 个月。兔为诱发性排卵动物，排卵发生于交配刺激后 10～12 h，排卵数为 5～20 个。妊娠期 30～31 d。孕兔一般在产前 5 d 左右开始衔草做窝，临近分娩时用嘴将胸腹部毛拔下垫窝。分娩多在凌晨，有边分娩边吃胎衣的习性。

兔的正常生理值：体温 38.5～39.5℃，心率 120～140 次/min，呼吸频率 32～60 次/min。

 ## 总结与复习

兔无犬齿，切齿发达，上颌有切齿 2 对，前大后小，而下颌只有 1 对切齿。消化管长，肠管总长为体长的 10 倍。胸腔较小，肺不发达。公兔的腹股沟管短而宽，睾丸可自由地缩回腹腔。母兔子宫为双子宫,阴道长。

 复习题

1. 简述兔生殖器官的构造特点。
2. 简述兔的消化系统的结构和生理特点。

单元四　鹿的解剖

知识目标

掌握鹿消化、呼吸、泌尿、生殖系统的组成、结构特点和生理机能,熟知鹿的主要内脏器官的形态、构造和机能。

素质目标

通过对鹿的消化、呼吸、泌尿、生殖系统的学习,促进对鹿的主要内脏器官的形态、位置和构造特点的认知;了解鹿的生理常数和生活习性。

能力目标

能够在标本上或活体上识别鹿的内脏器官的形态、位置和结构,培养观察能力;能较熟练地指出鹿的消化系统和生殖系统的解剖生理特征,培养分析、归纳和总结等思维能力。

一、消化系统

鹿是反刍动物,其消化系统的解剖构造和生理特征与牛、羊相似。

(一) 口腔

鹿唇灵活,采食动作很快。唇部皮肤除有被毛外,还生有长的触毛。下唇比较短小。上唇与鼻孔间有暗褐色、光滑、湿润的鼻唇镜。

颊黏膜呈淡红色或暗褐色,在靠近口角处有许多呈倒刺状的锥状乳头。软腭较长。

舌狭长,舌体背面有明显的舌圆枕,常带有色素。

上颌无切齿,下颌每侧各有 4 个切齿。犬齿多位于上颌齿槽间缘的前部,公鹿较发达,母鹿仅露出齿龈。下颌无犬齿。

恒齿齿式为

$$2\left(\frac{0 \cdot 1 \cdot 3 \cdot 3}{4 \cdot 0 \cdot 3 \cdot 3}\right) = 34$$

(二) 咽

鹿咽较宽短,与其相通的鼻后孔较小,食管口较大。

(三) 食管

鹿的食管在颈前部位于气管背侧,到颈后部则稍偏于气管左侧。胸部食管位于纵隔内,沿气管背侧伸延,向后通过膈的食管裂孔入腹腔,连于胃的贲门。

(四)胃

鹿胃属于多室胃,分为瘤胃、网胃、瓣胃和皱胃。前3个胃为无腺胃,而皱胃黏膜含有消化腺,为有腺胃。

(1)瘤胃:体积庞大,占据整个腹腔的左半部及右半部的一部分。瘤胃呈前后隆突、左右稍扁的椭圆形囊状,结构与牛瘤胃相似,只多一个后腹副囊。

(2)网胃:呈长椭圆形,在膈后面,瘤胃前下方,由左背侧斜向右腹侧,占左、右季肋部各一部分,约与第6、7肋骨中下部相对。瘤胃贲门起有一螺旋状扭转的食管沟沿瘤胃前庭及网胃右后侧壁向下伸延到网瓣口。食管沟幼鹿很发达,可闭合成管,成年鹿则闭合不严。

(3)瓣胃:呈椭圆形,体积最小,位于右季肋部,约与第8、9肋骨中下部相对。

(4)皱胃:呈前粗后细的弯曲囊状,位于瘤胃前部右侧,其腹侧紧贴剑状软骨部的腹底壁。平滑的黏膜形成13或14道前后纵走的螺旋状黏膜褶,内含丰富的胃腺。

(五)肠

鹿肠管较长,分为小肠和大肠。

(1)小肠:分为十二指肠、空肠和回肠。十二指肠长约40 cm,距幽门13 cm处有肝管和胰管的开口。空肠长约13 m,位于右季肋部、右髂部和右腹股沟部,有较短的系膜连于结肠袢的周边。回肠很短,以回盲韧带与盲肠相连,末端有回盲瓣突入盲肠。

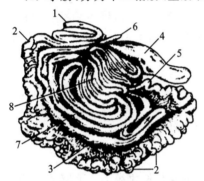

图 2-4-1　鹿肠模式图

1. 十二指肠;2.空肠;3.空肠系膜;
4.盲肠;5.回肠;6.结肠旋袢;8.结肠圆锥
(图片来源:何春林、张文才,畜禽解剖学,1988)

(2)大肠:分为盲肠、结肠和直肠。盲肠长约15 cm,盲端向后,较粗大。盲肠体位于右髂部,盲肠尖向后可伸达右腹股沟部。结肠位于右季肋部和右髂部,长约5 m,分为初袢、旋袢和终袢。旋袢盘曲成结肠圆锥,锥顶向内后方突出,锥底向外侧,位于右肾下方。直肠长约30 cm,位于子宫、阴道(母鹿)或膀胱(公鹿)的背侧,直肠末段形成直肠壶腹。如图 2-4-1 所示。

(六)肝和胰

鹿肝位于右季肋部,其膈面隆凸,脏面凹陷,分叶不明显,没有胆囊。

鹿胰位于右季肋部,呈灰黄色。

二、呼吸系统

(1)鼻腔:鹿的鼻腔较长,占头长的2/3。鼻孔呈裂缝状长孔。鼻前庭腹侧与影膜之间有鼻泪管口。左、右鼻腔在后部互通,鼻后孔较细小。

(2)咽和喉:咽是呼吸道与消化管的交叉道。喉呈长筒状,纵径较大,横径较小,会厌软骨游离缘呈半圆形。声门裂较狭窄,鸣叫时音频较高。

（3）气管和支气管：气管由 50～70 个不完整的软骨环串联而成,管径较细,其末端在心基后上方分为左、右支气管。右支气管在进入肺前又分出一支较大的尖叶支气管,进入右肺的尖叶。

（4）肺：右肺较大,分为尖叶、心叶、膈叶和副叶；左肺较小,分为尖叶、心叶和膈叶。其中左尖叶很小,右尖叶特别发达,除与右侧胸壁接触外,还自心的前方转向左侧,与左侧胸壁接触。

三、泌尿系统

（1）肾：为平滑单乳头肾。右肾呈蚕豆形,位于右侧最后两肋间上端至第 2 腰椎横突腹面,前端与肝相接。左肾呈长椭圆形,后部稍宽,位于第 2～4 腰椎横突腹面,但较游离。受瘤胃的影响,左、右两肾均偏于体中线的右侧。肾总乳头渗出的尿液由扩展的肾盂收集后流入输尿管。鹿无肾盏。

（2）输尿管：起于肾盂,末端进入膀胱体后背侧,开口在膀胱颈黏膜面上。

（3）膀胱：公鹿的膀胱位于直肠腹侧,母鹿则位于子宫、阴道腹侧。膀胱顶可前后移动。

（4）尿道：公鹿尿道细长,尿道内口的后上方有 1 对精阜突入,因而兼有排尿和排精的双重功能。尿道外口在阴茎尿道突上。母鹿尿道宽短,尿道外口隐藏在尿生殖前庭内的前下方底壁,其后下部有一尿道憩室。

四、生殖系统

（一）公鹿生殖器官

公鹿生殖器官如图 2-4-2 所示。

（1）睾丸和附睾：睾丸呈长椭圆形,头向上,尾向下,游离缘前凸。膨大的附睾头附着在睾丸头上部。附睾体狭窄,附睾尾向下由睾丸韧带与睾丸尾相连。附睾韧带由附睾尾伸延到总鞘膜,形成阴囊韧带。公鹿在发情季节,睾丸显著增大。

（2）输精管和精索：输精管是附睾尾到尿生殖道的肌质管道,起始部与附睾体并行,然后沿精索上升进入腹腔,在骨盆腔内的膀胱颈背侧形成输精管壶腹,末端与精囊腺的排出管共同合并成射精管,开口于尿生殖道起始端背侧的精阜。精索位于阴囊和腹股沟管内,呈上窄下宽的扁圆锥形,内有输精管和血管、神经穿行。

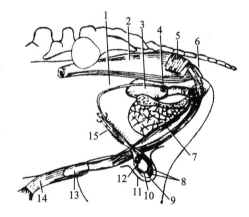

图 2-4-2 公鹿生殖器官

1.输精管；2.直肠；3.膀胱；4.精囊腺；5.肛门提肌；6.肛门括约肌；7.阴茎；8.附睾体和附睾尾；9.鞘膜；10.睾丸；11.阴囊皮肤；12.附睾头；13.阴茎头；14.包皮；15.腹股沟管

（图片来源：何春林、张文才,畜禽解剖学,1988）

　　(3) 副性腺:精囊腺位于膀胱颈背侧和输精管壶腹外侧,精囊腺管与输精管壶腹末端汇合成射精管,左、右射精管口相邻,中间隔有黏膜褶,形成精阜。前列腺体横位于膀胱颈背侧,扩散部存在于尿生殖道骨盆部壁内。尿道球腺位于尿生殖道骨盆部后部背侧,其大小可随生殖季节发生变化。

　　(4) 阴茎:呈扁的圆柱状,阴茎体无 S 形弯曲,阴茎头呈钝圆锥状,头窝内有尿道突和尿道外口。阴茎属纤维型,海绵体较少。

　　(5) 尿生殖道:比较细长,以坐骨弓折转处的尿道峡为界,分为骨盆部和阴茎部,是排尿、排精的共用管道。

　　(6) 阴囊:位于两股之间,为紧凑结构的长形肉袋,阴囊颈不明显。

(二) 母鹿生殖器官

　　母鹿生殖器官如图 2-4-3 所示。

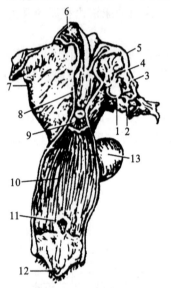

图 2-4-3　母鹿生殖器官

1. 卵巢;2.输卵管伞;3.输卵管;
4.卵巢固有韧带;5.子宫角;6.子宫阜;
7. 子宫宽韧带;8.子宫体;9.子宫颈;
10.阴道;11.尿道前口;12.阴蒂;13.膀胱
(图片来源:何春林、张文才,畜禽解剖学,1988)

卵巢:左右各一,呈菜豆形,光滑色淡,表面常见有卵泡。卵巢囊较深,老龄母鹿卵巢缩小。卵巢位于骨盆腔前口处。

输卵管:位于卵巢系膜中,细而弯曲。靠近输卵管漏斗部的管径稍粗,称为输卵管壶腹。输卵管后端与子宫角之间无明显的界限。

子宫:属双角子宫,子宫角弯曲成螺旋形。子宫体较短,子宫伪体较长。子宫颈管径很小,有明显的阴道部突入阴道内腔。在子宫角和子宫体的黏膜面上,每侧各有 4～6 个子宫绒毛叶阜。

阴道:整个阴道黏膜被中央的环行沟分为前、后两部,前部有子宫颈的阴道部、环形穹窿和较高的纵行黏膜皱褶,后部有明显的阴瓣,阴道壁较薄。

尿生殖前庭:较短,介于阴瓣和阴门之间,其前端底壁有尿道外口和尿道憩室。

梅花鹿、马鹿 15～18 月龄开始性成熟,为季节性多次发情,在北方秋冬季节的 9—11 月是鹿发情配种时期。发情周期平均为 12 d 左右,每次发情持续 12～36 h。发情期的雄鹿有排尿和稀泥浴行为,先靠近湿地,然后排尿,再趴卧,并在湿土地上来回摩擦其阴部,同时在地面上来回滚动,使混有尿液的土沾满全身,有利于保持气味。雌鹿也有泥浴行为,但一般不排尿,只泥浴。妊娠期梅花鹿为 235～245 d,马鹿为 250 d。分娩期在次年 4—6 月,多数产 1 仔,少数产双仔,初生梅花鹿重 5.8～6.5 kg。

　　鹿的正常生理常数:体温,成年鹿为 38.2～39.0℃,仔鹿为 38.5～39.0℃;心率,成年鹿为 40～78 次/min,仔鹿为 70～120 次/min;呼吸频率,成年鹿为 15～25 次/min,仔鹿为 12～17 次/min。

总结与复习

鹿为复胃动物,共有瘤胃、网胃、瓣胃和皱胃四个胃,但仅有皱胃黏膜含有消化腺。由于鹿的声门裂狭窄,鸣叫时音频较高。公鹿睾丸呈长椭圆形,发情季节睾丸显著增大;母鹿子宫属双角子宫,子宫角弯曲呈螺旋形。

 复习题

1. 简述鹿生殖器官的构造特点。
2. 简述鹿的消化系统的结构和生理特点。

单元五 水貂的解剖

知识目标

掌握水貂的消化、呼吸、泌尿、生殖系统的组成、结构特点和生理机能,熟知水貂的主要内脏器官的形态、构造和机能。

素质目标

通过对水貂的消化、呼吸、泌尿、生殖系统的学习,促进对水貂的主要内脏器官的形态、位置和构造特点的认知;了解水貂的生理常数和生活习性。

能力目标

能够在标本上或活体上识别水貂的内脏器官的形态、位置和结构,培养观察能力;能较熟练地指出水貂的消化和生殖系统的解剖生理特征,培养分析、归纳和总结等思维能力。

一、消化系统

(一) 口腔

上唇前端与鼻孔间形成暗褐色、光滑、湿润的鼻唇镜。上唇正中有浅沟。唇薄但不灵活。颊黏膜光滑,常有色素。

硬腭坚硬,前部有切齿乳头。舌呈长条状,黏膜表面具有 4 种乳头,即丝状乳头、菌状乳头、轮廓乳头和叶状乳头,味蕾丰富。

水貂的牙齿特别发达。门齿排列紧密,体积极小,自内向外逐渐增大,犬齿极为发达。唾液腺也较为发达。

恒齿齿式为

$$2\left(\frac{3 \cdot 1 \cdot 3 \cdot 1}{3 \cdot 1 \cdot 3 \cdot 2}\right) = 34$$

(二) 咽和食管

无特殊结构。

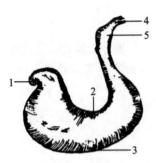

图 2-5-1　水貂胃

1.贲门；2.胃小弯；3.胃大弯；

4.幽门；5.十二指肠

（图片来源:邹兴淮,毛皮兽饲养,1986）

（三）胃

水貂胃（图 2-5-1）大部分位于左季肋部,呈长而弯曲的囊状。胃黏膜有许多纵向皱褶,有腺区含丰富的胃腺,胃液含较多胃蛋白酶。胃黏膜肌和肌层较发达。胃幽门口内有较小的幽门瓣。胃排空迅速。

（四）肠

小肠分为十二指肠、空肠和回肠,总长度是体长的4 倍。空肠形成许多肠袢,位于左髂部、左腹股沟部和腹腔底部。大肠前段为结肠,后段为直肠,盲肠退化。回肠末端以回结口通结肠,回结瓣极小。结肠有许多肠袢,盘绕在腹腔右髂部上方。直肠较短,不形成壶腹。

肛门两侧有发达的肛门腺,又称臊腺,遇到敌害或人工捕捉时就分泌臊液,以逃避捕猎。

（五）肝和胰

肝很大,呈棕红色。肝位于腹前部略偏右侧,其脏面有较大的胆囊。肝分为 6 叶,即左外叶、左内叶、右外叶、右内叶、方叶和尾叶。

胰形状不规则,位于十二指肠与胃小弯之间,胰液经较细的胰腺管排入十二指肠中。

二、呼吸系统

（一）鼻腔

水貂鼻孔呈逗点状,鼻腔狭窄,具有筛鼻甲骨、背鼻甲骨和腹鼻甲骨,并构成迂回的鼻道。嗅黏膜肥厚并有很多皱褶,可灵敏地感受气味刺激。

（二）喉、气管和支气管

喉较短小,声门裂较狭窄。

气管呈细长管状,由一系列软骨环串联而成,末端在心基后上方分为左、右支气管,分别经肺门进入左、右两肺。

（三）肺

肺呈粉红色,右肺大于左肺。肺分为 6 叶,其左心叶与左膈叶合并为左心膈叶。各肺叶中,左、右尖叶均薄锐狭长,副叶较小,其余肺叶钝而肥厚。左肺两叶间的心切迹较大,心包左壁露于肺外,是临床心区听诊部位。

三、泌尿系统

水貂为平滑单乳头肾,左、右两肾均呈蚕豆形。右肾稍前,位于第 13、14 肋上端至第1 腰椎横突下方。左肾稍后,位于第 14 肋上端至第 3 腰椎横突下方。右肾位置较固定,左肾移位的现象时常发生,其后位可达第 5、6 腰椎腹侧。水貂无肾盏。

输尿管细而长,前 1/3 段平行向后伸延,后 2/3 段弯成弧形穿行于含脂肪的腹膜褶中,末端在盆腔内通膀胱。

膀胱空虚时为一分硬币大的扁梨状盲囊;充盈时略膨大,呈卵圆形,膀胱顶伸至腹后部耻骨区。水貂的尿呈弱酸性,透明,浅黄色。

公水貂尿道细长而弯曲,母水貂尿道短而直。

四、生殖系统

(一) 公水貂生殖器官

公水貂生殖器官如图 2-5-2 所示。

1. 睾丸和附睾

睾丸呈长卵圆形,体积有明显的季节性变化,配种期比平时增大 4~5 倍。睾丸纵隔较发达。附睾是睾丸输出管和附睾管构成的管道系统,附着于睾丸外侧。睾丸与附睾间借附睾韧带相联系。

2. 输精管

输精管起始于附睾尾部,伸延中形成许多弯曲,向上变直后穿行在精索中。进入腹腔后变粗形成壶腹,末端开口于尿生殖道起始部背侧。

3. 尿生殖道

尿生殖道无特殊构造,有排尿和输送精液的双重功能。

4. 副性腺

水貂仅有前列腺而无精囊腺和尿道球腺。前列腺位于尿生殖道骨盆部起始端背外侧,分为左、右两叶,每叶又分前、后两部。前列腺产生精清,并由许多小孔直接排入尿生殖道中。

5. 阴茎

阴茎包括阴茎海绵体部和阴茎骨部。阴茎骨部有一块阴茎骨,长约 5 cm,表面包有白膜,前端有弯向背侧的阴茎小钩。

6. 阴囊

阴囊位于两股部之间的后上方,外观不甚明显。水貂阴囊壁的肉膜不发达,但填充有脂肪层。

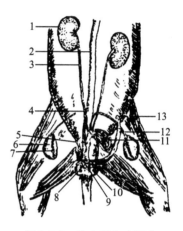

图 2-5-2 公水貂生殖器官

1. 肾;2. 直肠;3. 输尿管;4. 输精管;
5. 前列腺;6. 睾丸;7. 附睾;
8. 坐骨海绵体肌;9. 肛门;
10. 肛腺;11. 膀胱;12. 包皮;13. 阴茎头
(图片来源:邹兴淮,毛皮兽饲养,1986)

(二) 母水貂生殖器官

母水貂生殖器官如图 2-5-3 所示。

(1) 卵巢:埋于腹脂中,呈扁平的长椭圆形,其体积和重量因繁殖季节而变化,非发情期较小、较轻。

(2) 输卵管:长约 3 cm,呈花环状包绕于卵巢囊中,末端以输卵管子宫口连通子宫角。

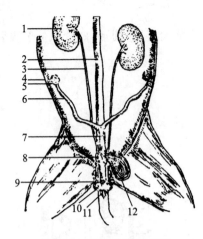

图 2-5-3　母水貂生殖器官

1. 肾；2. 直肠；3. 输尿管；4. 卵巢；
5. 输卵管；6. 子宫角；7. 子宫体；
8. 尿生殖前庭；9. 尿道口；
10. 阴门；11. 肛门；12. 膀胱

（图片来源：邹兴淮，毛皮兽饲养，1986）

（3）子宫：呈 Y 形，为双角子宫。子宫角内壁有纵行皱褶，子宫体前部为子宫伪体。子宫颈较狭窄，后端突入阴道中。

（4）阴道：为背腹压扁的肌质管道，长约 2.4 cm，中段有阴道狭窄部。阴道黏膜面有纵向皱褶，具有一定的扩张性。

（5）尿生殖前庭：较宽短，是排尿和生殖的共用通道。侧壁黏膜中有前庭小腺，交配时可分泌黏液以润滑交配器官。

水貂 9～10 月龄性成熟，一般繁殖利用 3～4 年。每年 2—3 月发情配种，在发情季节有 2～4 个发情期，每个发情期为 6～9 d，持续发情时间为 1～3 d。貂为刺激排卵，排卵多发生在交配后 36～42 h。

水貂的正常生理常数：体温 39.5～40.5℃，呼吸频率 26～36 次/min，心率 140～150 次/min。

 总结与复习

水貂为单胃动物，胃液含较多的胃蛋白酶；肺分为 6 叶，且右肺略大；肾为平滑单乳头肾，呈蚕豆形；公水貂睾丸呈长卵圆形，母水貂子宫为双角子宫。

 复习题

1. 简述水貂生殖器官的构造特点。
2. 简述水貂的消化系统的结构和生理特点。

单元六　鸵鸟的解剖

知识目标

掌握鸵鸟的消化、呼吸、泌尿、生殖系统的组成、结构特点和生理机能，熟知鸵鸟的主要内脏器官的形态、构造和机能。

素质目标

通过对鸵鸟的消化、呼吸、泌尿、生殖系统的学习，促进对鸵鸟的主要内脏器官的形态、位置和构造特点的认知；了解鸵鸟的生理常数和生活习性。

能力目标

能够在标本上或活体上识别鸵鸟的内脏器官的形态、位置和结构，培养观察能力；能较熟练地指出鸵鸟的消化系统和生殖系统的解剖生理特征,培养分析、归纳和总结等思维能力。

鸵鸟的内脏器官解剖构造与家禽的基本相同,但在某些局部也有其自身的一些特征。

一、消化系统

(一) 口咽

口咽部构造简单,缺唇和齿,颊部极短。硬腭正中有一纵向裂缝,是鼻后孔的开口,稍后方为咽鼓管咽口。无软腭,口腔与咽的分界不清,两者合为一腔,前部为口部,后部为咽部。

舌光滑,呈钝三角形,舌尖极短,舌体很发达,舌黏膜分布有少量的味蕾,但味觉较灵敏。唾液腺直接开口于口咽黏膜,唾液中无消化酶。

喙为上下略扁的短圆锥状,前端钝圆,后部很宽,便于啄食和扯断植物。

(二) 食管

食管很长,前接咽部,后通腺胃。食管有很强的扩张能力。颈下段食管偏于右侧,不形成嗉囊。胸段食管穿行于两肺之间,末端在腹腔左侧与腺胃贲门连通。

(三) 胃

胃包括腺胃和肌胃(图 2-6-1),两胃室间有较粗的通道。

腺胃向上弯曲成壶腹状,内腔很大。位置在肌胃上方并偏于左侧腹腔。其黏膜的大部分是无腺区,表面形成坚韧的衬里,健康时容易剥离。有腺区仅位于腹侧内壁,呈两端宽、中间窄的长条状,含有约 300 个细小的消化腺团,可分泌胃蛋白酶原和盐酸。腺胃的主要机能是储存食物,对食物进行机械性消化和发酵。

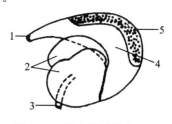

图 2-6-1 鸵鸟的腺胃和肌胃
1. 食管;2.肌胃;3.十二指肠;
4.腺胃;5.腺胃有腺区
(图片来源:范作良,家畜解剖,2001)

肌胃为侧扁的圆形肌质器官,内常有沙砾,又称为砂囊。它位于腺胃腹面、肝的后方。肌胃的肌层很厚,呈暗紫红色,两侧外壁有坚韧的外膜。内腔黏膜表面衬有坚韧的类角质膜。肌胃主要有磨碎食物的机械消化作用。

(四) 肠

肠分为小肠和大肠。

1. 小肠

小肠包括十二指肠、空肠和回肠。十二指肠起于肌胃右侧面的幽门,形成 U 形肠祥,肠祥内夹有胰脏。空肠形成许多半环形肠祥,由肠系膜悬挂于腹腔左外侧后部,中部有卵黄囊柄退化的遗迹。回肠短而直,与空肠无明显界限。

2. 大肠

大肠包括两条盲肠和结肠(结-直肠)。盲肠特别发达,有左、右两条。盲肠分为盲肠

基、盲肠体和盲肠尖。盲肠基部较细,起始端壁内有盲肠扁桃体。盲肠体膨大,呈较粗的管囊状,壁外有斜向的肠袋。盲肠尖渐细,呈圆锥状。结-直肠较长,分为近端、中端和远端。近端较粗,壁薄,有明显结肠袋;中端和远端较细,肠壁厚,无结肠袋;远端后部略膨大,在接泄殖腔之前形成一个直肠囊。

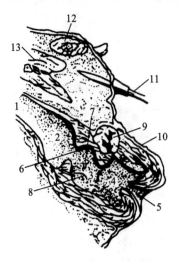

图 2-6-2 小鸵鸟泄殖腔模式图
（泄殖腔中切半模式）

1.结肠;2.泄殖道;3.泄殖道皱襞;
4.排粪道;5.开口;6.输尿管口;
7.输精管乳突;8.输卵管开口处(仅左侧);
9.腔上囊;10.皮肤;11.尾部羽毛;
12.尾臀腺;13.尾椎骨周围肌肉
（图片来源：崔保维,鸵鸟养殖技术,1999）

3. 泄殖腔

泄殖腔（图 2-6-2）汇合肠管、输尿管和生殖道三者的末端为一腔,向后共同开口于体外,兼有排粪、排尿和生殖的综合功能。

泄殖腔由前向后分为排粪道、泄殖道和肛道三部分。排粪道腔体最大,呈圆囊状,偏于右上方,前端以增厚的环形肌与直肠囊分界,是结肠后端的直接延续;泄殖道腔体较小,偏于左上方,其背侧壁有一对输尿管的开口和一对输精管的开口（母鸵鸟为一个左输卵管的开口）;肛道腔体最小,其背侧有腔上囊的开口,腹侧有公鸵鸟的阴茎。泄殖腔最后端为横行的泄殖孔。

（五）肝和胰

肝呈蓝棕色,位于胸骨的上方,质地较硬,由左、右两叶构成,每叶的脏面有一肝门,肝动脉、门静脉由此进出。鸵鸟无胆囊,但右肝叶的肝管略粗,有储存鲜绿色的胆汁的作用。

胰呈长条状,位于十二指肠的上行段与下行段之间。胰管开口于十二指肠的末端。

鸵鸟的消化吸收主要在小肠进行。大肠中几乎不含消化酶。但在盲肠和结-直肠近端具有很强的生物学消化作用,粗纤维在此进行发酵和分解,产生挥发性脂肪酸,可直接被肠黏膜上皮吸收。此外,盲肠还可吸收水分和含氮物质,并合成 B 族维生素。结-直肠的主要作用是吸收部分水和盐,形成粪便经泄殖腔与尿混合后一同排出。

二、呼吸系统

（一）鼻腔和眶下窦

鸵鸟鼻腔比较狭短,鼻孔较大,位于上喙后部两侧。孔缘有膜质鼻瓣,无羽毛覆盖。鼻腔内有鼻腺,参与调节渗透压。眼下窦位于上颌外侧、眼球前下方,与鼻腔相通,窦壁为膜质。发生某些呼吸道传染病时,眶下窦常有异常变化。

（二）喉、气管和主气管

喉位于咽底和舌根后下方。喉门无会厌,声门呈洞状,两侧壁有移动性较大的黏膜褶,吞咽时喉肌收缩而关闭喉门。喉软骨仅有环状软骨和杓状软骨。喉部无声带,不能发音。

气管很长,管径不易闭合,气管末端在心基上方分叉,形成鸣管和左、右两条支气管。鸣管为发音器官。鸵鸟大声吼叫时,颈部增粗 4～5 倍。

(三)肺

肺呈粉红色,位于胸腔背侧部,背面嵌入肋间,形成数条较深的肋沟。肺腹面稍前方有肺门,是支气管和血管出入肺的门户。左、右支气管分别通入肺门后纵贯全肺。

(四)气囊

鸵鸟具有成对的腹气囊、后胸气囊、前胸气囊、锁骨胸内外气囊和颈气囊,如图 2-6-3 所示。其中,锁骨胸内外气囊连通股骨气腔(股骨以下的后肢和整个前肢均无气囊)。气囊有贮气、散热等多种功能。

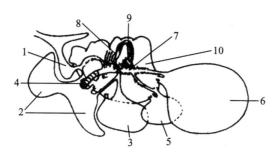

图 2-6-3 鸵鸟右肺和气囊

1.颈气囊;2.锁骨胸内外气囊;3.前胸气囊;4.右支气管;5.后胸气囊;
6.腹气囊;7.初级支气管;8.次级支气管;9.三级支气管;10.毛细小管和肺房

(图片来源:范作良,家畜解剖,2001)

鸵鸟有一横向的肌质隔膜将胸腔和腹腔分开,但能否像哺乳动物的膈一样收缩还不清楚。

鸵鸟的呼吸生理与家禽的相似。

三、泌尿系统

(一)肾

肾呈巧克力色,位于腰荐椎腹侧凹陷内,体积较大,形体狭长,分为前叶、中叶和后叶。肾无肾门和肾盂,输尿管和血管直接入肾。表面可见清晰的肾小叶轮廓。

(二)输尿管

输尿管由肾中叶前端伸出,沿肾腹面后行。末端开由于泄殖道顶壁两侧。鸵鸟无膀胱。

鸵鸟泌尿生理的主要特点是肾小管分泌和重吸收作用很强,进入输尿管的尿液含较浓的尿酸盐。干旱条件下,尿少、浓稠呈白垩样。鸵鸟排粪和排尿是两种独立活动,先排尿后排粪。

四、生殖系统

(一) 雄鸵鸟生殖器官

雄鸵鸟生殖器官如图 2-6-4 所示。

1. 睾丸和附睾

睾丸 1 对,位于腹腔内,以较短的系膜悬挂在肾前叶的腹面。性成熟前,睾丸体积较小,如米粒大或蚕豆大,呈黄色;性成熟后,在繁殖季节,体积增大到鸡蛋大,灰白色,非繁殖季节又显著变小。

附睾细小,呈纺锤形,紧附于睾丸内侧。内部为弯曲迂回的附睾管,外包被膜。

2. 输精管

输精管是两条有细小弯曲的细长管道,末端形成扩大部和射精管,以乳头状的射精突通入泄殖道内。输精管扩大部是储藏精子和精子成熟的地方。鸵鸟无副性腺,精清产生于输精管上皮细胞、附睾管和睾丸曲细精管的支持细胞。精清与精子在输精管混合便成为精液。正常精液为白色、不透明的混悬液体。

3. 阴茎

未达性成熟时阴茎细小,性成熟后阴茎体积很大,呈长舌状。阴茎头向左稍弯,阴茎体腹面有螺旋状输精沟,当阴茎勃起时,输精沟闭合成管,可将射精突射出的精液输导到母鸵鸟泄殖腔中。交配结束后,阴茎回缩到泄殖腔底壁上。

雄鸵鸟性成熟期约在 4 岁。性成熟后的雄鸵鸟进入繁殖期时,睾丸间质细胞分泌较多的睾丸素,睾丸素除了促进雄鸵鸟产生性欲外,还促使喙、脚等处的皮肤转为猩红色,这是雄鸵鸟生殖能力强的外在标志。雄鸵鸟向雌鸵鸟求爱时,会做出非常优美的动作,炫耀双翅羽毛。常憋足气,膨胀脖子,发出狮子样吼叫,以展示雄威。

(二) 雌鸵鸟生殖器官

雌鸵鸟生殖器官(图 2-6-5)由卵巢和输卵管构成,左侧发育完全,右侧退化。

1. 卵巢

卵巢以较短的系膜悬挂于肾前叶下方偏左侧。雏鸟的卵巢呈扁平的椭圆形,表面呈颗粒状,有很小的卵泡。成年鸵鸟卵巢由大小不等的卵泡构成葡萄串状。成熟卵泡体积较大,突出于卵巢表面,有细长的卵泡柄与卵巢相连。

2. 输卵管

输卵管是一条粗细不匀、长而弯曲的管道,以韧带悬挂于腹腔左上方。输卵管由前向后依次分为漏斗部、蛋白分泌部、峡部、子宫部和阴道部。

雌鸵鸟从 18～24 月龄起便可出现零星产蛋现象,但直到 3 岁产蛋量才会正常。因此,一般把 3 岁定为雌鸵鸟性成熟期。

鸵鸟有筑巢和抱窝行为,由雄、雌鸵鸟共同承担。筑巢以雄鸵鸟为主,雌鸵鸟协助。抱窝以雌鸵鸟为主,雄鸵鸟承担翻蛋和警戒任务。

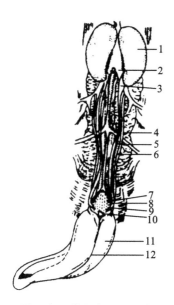

图 2-6-4　雄鸵鸟生殖器官

1.睾丸;2.睾丸系膜;3.附睾;

4.肾;5.输精管;6.输尿管;

7.输尿管口;8.输精管;9.膨大部;

10.射精乳突;11.阴茎;12.射精沟

(图片来源:崔保维,鸵鸟养殖技术,1999)

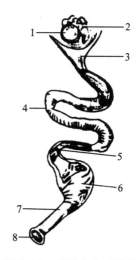

图 2-6-5　雌鸵鸟生殖器官

1. 成熟卵泡;2.未成熟卵泡;

3.输卵管漏斗部;4.蛋白分泌部;

5.峡部;6.子宫部;7.阴道部;

8.输卵管末端在泄殖腔内的开口

(图片来源:崔保维,鸵鸟养殖技术,1999)

 总结与复习

　　鸵鸟的消化吸收主要在小肠进行;呼吸系统的解剖生理特征与家禽的基本相似,共有10 个气囊;鸵鸟无膀胱;雄鸵鸟无副性腺,雌鸵鸟的生殖器官包括卵巢和输卵管。

 复习题

　　1. 简述鸵鸟生殖器官的构造特点。

　　2. 鸵鸟和家禽的内脏器官有何不同?

279

模块三

实验实训

 实验实训概述

一、实验实训的目的与任务

本实验实训的内容是根据畜牧兽医等专业的教学计划,结合本课程专业特点而确定的,目的和任务在于使学生掌握动物的基本解剖构造、生理机能及组织细胞构成,并进一步掌握必要的解剖基本技术和技能,同时培养学生的动手能力。

二、实验实训要求

(一) 巩固理论知识,突出实践能力

通过实验实训,使学生掌握动物的形态构造及其发生、发展规律,在教学实训中要按实验实训内容进行,注意学生的能力培养和实用性,切实把培养学生的实践能力放在突出位置。

(二) 培养兴趣、强化素质

要注意学生的态度、兴趣、习惯、意志等非智力因素的培养,通过实验实训使学生逐步提高对实验实训中各种现象的观察能力、分析能力和独立思考、独立解决问题的能力。

(三) 理论联系实际,提高教学质量

教师在进行实验实训准备时要紧密结合生产实际的应用,对实验实训的目标、用品、方法和组织过程进行认真设计和准备。在实验实训过程中,逐步培养学生在科学工作中严肃的态度、严格的方法和严谨的工作作风。

(四) 实验实训结束后必须进行技能考核

提高实验实训课的质量,需要教师和学生的共同努力。因此,在实验实训结束后必须进行技能考核。

三、实验实训学时分配

根据动物解剖及生理的实验实训内容,合理安排实验实训学时,实验实训学时分配见表 3-0-1。

表 3-0-1　实验实训学时分配表

序号	实验实训内容	学时
1	显微镜的基本结构及使用和保养方法、细胞的观察	2
2	上皮组织、结缔组织的观察	2
3	肌肉组织、神经组织的观察	2
4	方位术语	2
5	骨骼及骨标本的观察	2
6	被皮系统各器官形态结构的观察	2
7	消化系统各器官形态结构的观察	4
8	小肠的蠕动及吸收观察	2
9	呼吸系统各器官形态结构的观察	2
10	呼吸运动的调节及胸内压测定	2
11	泌尿系统各器官形态结构的观察	2
12	尿的分泌及其影响因素	2
13	生殖系统各器官形态结构的观察	2
14	循环系统各器官形态结构的观察	2
15	免疫系统各器官形态结构的观察	2
16	家畜常用生理常数的测定	2
17	神经系统各器官形态结构的观察	2
18	去小脑动物的观察	2
19	感觉器官形态结构的观察	2
20	内分泌系统各器官形态结构的观察	2
21	胰岛素、肾上腺素对血糖的影响	2
22	家禽的解剖	4
总计		48

四、实验实训技能考核

根据实验实训的内容,结合各学院的实际情况,选其中任何一项的一个内容和完成时间进行考核,未列入实验实训技能考核中的实验实训内容,在理论考试内容中予以考试或考查。

实验实训技能考核要求见表 3-0-2。

表 3-0-2　实验实训技能考核表

考核内容	分值	评分标准	考核方法	熟练程度	时限
细胞认识	5	可在光镜下认识细胞基本结构,每缺1项扣1分,最多扣5分	单人操作考核	熟练掌握	60 min
基本组织	20	准确识别四大组织的结构和主要成分,每种组织中抽取5项进行考察,每缺1项扣1分,最多扣20分			
系统解剖	30	准确识别被皮、消化、呼吸、泌尿、生殖、循环、免疫、神经、感官、内分泌各器官系统的解剖形态,每系统中抽取5项进行考察,每缺1项扣1分,最多扣30分			
生理机能	25	掌握家畜消化、呼吸、泌尿、生殖系统的生理机能,每缺1项扣5分,最多扣25分			
生理常数	20	准确测量家畜体温、呼吸频率、心音、脉搏数等正常生理常数,每缺1项扣5分,最多扣20分			

 实验实训一　显微镜的基本结构及使用和保养方法、细胞的观察

【实验目的】

掌握显微镜的构造和使用方法。通过观察组织标本了解:细胞在显微镜下的基本结构;不同种类的细胞具有不同的形态(细胞的多样性)。

【实验器械与材料】

显微镜、神经节切片、卵巢切片、神经细胞切片。

【实验内容】

一、显微镜的构造

显微镜由机械部分和光学部分组成。

1. 机械部分

(1)镜座:一般呈蹄形或方形,镜座上常装有照明装置,直接与实验台接触。

(2)镜臂:镜座与镜筒的连接部分。

(3)载物台:放置组织切片的平台,正中有一透光孔,后侧有一对压片夹或推进器。

(4)镜筒:连接目镜和物镜的金属筒,上端装入目镜,下端装有转换器。

(5)转换器:位于镜筒下部,连接于镜筒前下部,可旋入各种倍数的物镜。

(6)粗调节器:旋转它可使物镜和标本之间的距离改变。

（7）细调螺旋：每旋转一周可使镜筒升或降 0.1 mm。

（8）压夹：可固定组织标本。

2. 光学部分

（1）物镜：分为低倍、高倍和油镜 3 种。低倍是 4× 和 10×，高倍是 40×，油镜是 100×，油镜的镜头上一般有红色、黄色、黑色横线作为标志。

（2）目镜：目镜安装在镜筒的上端，目镜的放大倍数有 5×、10×、15×、16× 和 25× 等。

显微镜的放大倍数等于目镜的放大倍数乘以物镜的放大倍数。例如目镜是 10 倍，物镜是 40 倍，则显微镜的放大倍数为 10×40＝400 倍。

（3）聚光器：位于载物台下面，升高时光度转强，下降时光度减弱。

（4）光阑：在聚光器下面，由一组金属叶片组成，开大或缩小光阑，可以调节进入镜头的光线。

（5）反光镜：安装在镜座上，有的无反光镜而直接安装灯泡作光源。

二、显微镜的使用方法

（1）显微镜的取放。取放显微镜时，必须右手握镜臂，左手托镜座，靠在胸前，轻轻地将其放在实验台上，并避免阳光直射。

（2）对光：旋转物镜旋转器，先把低倍物镜对准载物台中央的透光孔，升高聚光器，打开光阑，至视野完全照明、亮度均匀，光线适宜。

（3）置组织切片于载物台上，将欲观察的组织切片中的组织块对准通光孔的中央，用压片夹固定。注意有盖玻片的组织切片，盖玻片朝上。

（4）旋动粗调节器，使显微镜筒徐徐下降，此时应将头偏向一侧，用眼睛注视显微镜的下降程度（原则上物镜与组织切片之间的距离缩到最小），防止压碎组织切片，当转换高倍镜或油镜时更要注意。

（5）观察切片：观察切片前，先用肉眼分辨正、反面，并大致观察标本的外形和着色。将盖玻片朝上的切片放在载物台上，固定好并使切片内的材料对准透光孔。观察时，先用低倍镜，坐时身要端正，胸部挺直，用左眼自目镜观察，右眼睁开，同时转动粗调节器，物镜上升到一定的程度，就会出现物像，再慢慢转动细调节器进行调节，直到物像清晰为止。观察完切片的一般结构后，需要进一步观察某一部分结构时，应将此部位移至视野中央，转换高倍镜观察，然后稍微调节一下细调螺旋就可看到清楚的物像。在高倍镜下看清标本之后，如需进一步放大观察，可用油镜。这时把聚光器的光阑充分打开，在标本上滴一滴香柏油，旋转油镜至光轴上，从侧面看着将镜头浸入油中，然后从目镜中边观察边转动细调螺旋，即可看到高度放大的清晰物像。

（6）在调节光线时，可扩大或缩小光圈的开孔；也可调节聚光器的螺旋，使聚光器上升和下降；有的还可以直接调节灯光的强度。

三、显微镜的保养方法

（1）观察结束后，应将低倍物镜头对准透光孔，接着取出标本，旋动转换器，使物镜叉

开呈八字形,转动粗调节器,使载物台下移,然后用绸布包好,放入显微镜箱内。

（2）应用显微镜观察标本,必须按低倍镜→高倍镜→油镜的顺序进行,这样可使我们对观察物有一个比较完整的概念。

（3）用完油镜后,应立即用擦镜纸蘸少量的二甲苯擦去镜头、标本上的油液,再用干的擦镜纸擦。对无盖玻片的标本片,可采用"拉纸法",即把一小张擦镜纸盖在玻片上的香柏油处,加数滴二甲苯,趁湿向外拉擦镜纸,拉去后丢掉,如此 3～4 次,即可把标本上的油擦净。

（4）不要擅自拆卸显微镜各个部件,以免安装不当而影响观察效果。不论目镜或物镜,若有灰尘,严禁用口吹或手抹,应用擦镜纸擦拭。

（5）显微镜应经常保持整洁,严防潮湿,要防止水滴、溶剂及染液等沾上显微镜的任何部分。

（6）切勿粗暴转动粗、细调节器,要保持该部的清洁。切勿将显微镜置于日光下或靠近热源处。不要随意弯曲显微镜的活动关节,防止机件因磨损而失灵。

（7）在使用过程中,切勿用酒精或其他药品污染显微镜。一定将显微镜保存在干燥处,不能使其受潮,否则会使光学部分发霉,机械部分生锈,尤其是在多雨季节或多雨地区更应特别注意。最好放入显微镜橱保存。

（8）取用、放回或搬动显微镜时应该右手握住镜臂,左手托镜座,平贴胸前,以防碰撞,不可用一只手倾斜提携,前后摇摆。

四、细胞的观察

（1）神经细胞:神经节切片,HE 染色。

先用低倍镜观察神经节的结构,在视野中可以看到许多呈球形的神经元的胞体,选出一个具有清晰细胞核的胞体,并将其移到视野的中间。转换高倍物镜,稍微旋动一下细调螺旋把视野内的组织结构调清晰,观察细胞的基本结构。细胞核位于细胞的中央,可以看到 1～2 个染色较深的核仁,细胞核周围包着一层染色较深的核膜。在核内可见少量的染成蓝紫色的团块(为染色质)。细胞质位于核膜的外围,被染成淡的粉红色。

（2）卵细胞:卵巢切片,HE 染色。

先用低倍镜把卵巢的结构调清晰,在卵巢的边缘区域(即卵巢的皮质区域)寻找能看到细胞核和核仁的体积较大的卵细胞,并将该细胞移到视野的中央,将物镜转换到高倍镜的位置进行观察。细胞核位于细胞的中央或稍偏位置,染成紫蓝色,内含 1～2 个染色深的核仁,细胞核周围包有染色较深的核膜,细胞核内有一些蓝紫色的染色质团块。细胞质染成均质状的粉红色。在细胞的边缘可以看见一明显的粉红色的带状结构,称为透明带,其内侧的边缘可以理解为细胞膜的位置。

【技能考核】

（1）掌握显微镜各部构造及作用。

（2）在规定时间内调出清晰的图像。

实验实训二 上皮组织、结缔组织的观察

【实验目的】

了解和掌握上皮组织的结构特点。了解和掌握结缔组织的结构特点,掌握各种血细胞的形态特征。

【实验器械与材料】

显微镜,兔甲状腺切片、蛙小肠切片、猫或犬气管切片、蛙皮肤切片、膀胱上皮切片、小肠腺切片、蛙皮肤腺切片、猫肠腺切片,疏松结缔组织铺片、马血涂片、透明软骨、脂肪组织。

【实验内容】

一、上皮组织

(一) 单层立方上皮

兔甲状腺切片,HE 染色。

(1) 低倍镜观察:表面有结缔组织被膜。腺实质内有许多大小不等的球形、椭圆形或不规则形的滤泡,滤泡内充满粉红色的胶质。

(2) 高倍镜观察:滤泡上皮为单层立方上皮,细胞分界不明显。细胞质弱嗜酸性,细胞核球形,着紫蓝色,位于细胞中央。

(二) 单层柱状上皮

蛙小肠切片,HE 染色。

小肠的内表面由整齐排列的高棱柱状细胞构成。细胞核呈椭圆形,靠近细胞的基部。各细胞的核也同样排列在同一水平(由于切面关系常常可看到细胞核有重叠现象)。细胞的游离面具有染色深的纹状缘。

(三) 假复层纤毛柱状上皮(示范)

猫或犬气管切片,HE 染色。

高倍镜观察气管的内表面。

注意:

(1) 细胞似复层。但细胞都和基膜相连,实为单层。

(2) 底层细胞梭形。

(四) 复层扁平上皮

蛙皮肤切片,HE 染色。

蛙皮肤由紧密相连的 5～7 层组成,表面一层染色浅,是扁平的角化细胞,在它的下面有 3～5 层的多角形细胞,细胞核呈球形或椭圆形,最后一层是柱状细胞,与基膜紧密相连。

(五) 变移上皮

膀胱上皮切片,收缩状态,HE 染色。

用中倍镜观察收缩状态的膀胱上皮,有4～5层的密集细胞。换高倍镜观察,表层细胞体积较大,呈宽立方形,常有1～2核,核大、椭圆形,并且细胞质浓缩、染色较红,细胞下面内凹和下方的细胞相嵌,中间几层为多角形细胞,基部为低柱状细胞。

(六) 变移上皮

膀胱上皮切片,膨胀状态(示范),HE染色。

随着机能状态的改变,膀胱上皮的细胞也有所变化。在高倍镜下观察。

注意:细胞层次;细胞形状。

(七) 腺上皮(示范)

1. 单细胞腺体(杯状细胞)

小肠腺切片,小肠马氏三色(Mallory法)染色。

在高倍镜下观察小肠内表面的上皮。在柱形上皮细胞之间夹杂有一些细胞,顶部宽大充满淡蓝色的黏液,下部狭细,细胞核位于细胞基部。

2. 多细胞腺体

(1) 单泡状腺:蛙皮肤腺切片,HE染色。

高倍镜观察蛙皮肤的纵切面,在皮肤上的皮层下可见单泡状腺,腺体分泌部呈泡状,由单层上皮细胞围成,以直管开口于表皮。

(2) 单管状腺:猫肠腺切片,HE染色。

中倍镜观察小肠的横切面,内表面的单层柱状上皮凹陷形成的肠腺即单管状腺。

二、结缔组织

(一) 疏松结缔组织

疏松结缔组织铺片,HE染色。

先用低倍镜观察,寻找铺得较薄、纤维分布均匀、细胞不重叠,并且轮廓较清楚的部分,再用高倍镜观察。胶原纤维为红色粗细不等的索状结构,数量甚多,交叉排列,有的较直,也有的呈波浪形。有细的紫蓝色纤维混杂在胶原纤维之间,仔细观察可见其有分支,彼此交叉,在纤维之间可辨认以下几种细胞。

(1) 成纤维细胞:数目最多,胞体大而多突的扁平细胞,细胞质染色很浅,因此细胞轮廓不清,细胞核大并呈椭圆形。可见1个或多个核仁,胞体界限不清。

(2) 巨噬细胞:形状不一,注意与成纤维细胞的区别,细胞质染色较深,细胞轮廓较明显,细胞核较小、球形或卵圆形,染色较深。

(3) 肥大细胞:常分布于血管附近。细胞呈球形或卵圆形,细胞质中充满大小一致、染成蓝紫色的颗粒。颗粒均匀分布在核周围,细胞核小、呈球形或椭圆形,染色浅、位于细胞中央。

(4) 浆细胞:呈椭圆形,核在细胞的一端,核内含有丰富的染色质,聚集在核周,向核中心呈辐射状排列。近核处有一着色浅而透明的区域,细胞质嗜碱性,染成蓝色。

(5) 胶原纤维:被染成粉红色,呈粗细不等的带状,交织成网,有时呈波浪状。

（6）弹性纤维：染成棕褐色或深蓝色，纤维细，有分支，并交织成网。

（二）血细胞

马血涂片，瑞氏染色。

1. 低倍镜观察

选择涂得较薄的部分，可见淡红色的点状细胞，均匀分布，其中散在分布的一些蓝色点为白细胞。

2. 高倍镜观察

（1）红细胞。较小、球形、无核，染成橘红色。

（2）白细胞。数量少，体积大，球形，细胞核明显。

① 中性粒细胞：细胞质含有淡紫色的细小颗粒。核紫红色，形态多样，以 2～5 叶的核居多。

② 嗜酸性粒细胞：数量少，体积稍大，细胞核多分两叶、染成蓝紫色，细胞质内含有鲜红色、大而圆的颗粒。

③ 嗜碱性粒细胞：数量极少，细胞质内含大小不一、染成紫蓝色或深蓝色的颗粒。核呈 S 形或双叶状，且染色浅。

④ 淋巴细胞：数量稍多，分为大、中、小三型，血液中主要为小淋巴细胞和一定数量的中淋巴细胞。小淋巴细胞的细胞核大而细胞质少。核呈球形，一侧常有一缺痕，染成深蓝紫色。中淋巴细胞较大，核球形或卵圆形，染成深蓝紫色。细胞质较多，染成天蓝色。

⑤ 单核细胞：体积大，细胞核为卵圆形、肾形或马蹄形，染色稍淡。细胞质较多，呈均匀一致的蓝灰色。

（3）血小板。血小板是形状不规则的小体，染成淡蓝色，内有紫色颗粒聚集，常成堆分布在细胞之间。

（三）透明软骨（HE 染色）

先在低倍镜下找到气管的透明软骨环的部分，它在气管壁的中央染成粉红色。在它的两边各有一条染成红色的薄层结缔组织，即软骨膜，换高倍镜从软骨膜逐渐往深处仔细观察。

（1）软骨膜：由致密的胶原纤维和梭形的成纤维细胞所组成。软骨膜以胶原纤维直接通入软骨基层，与软骨紧密连接。

（2）软骨细胞：近软骨膜的软骨细胞还保留着梭形，单个分布，平行软骨膜排列，与成纤维细胞的区别是细胞较大、核清楚，由软骨边缘至中部可以看到软骨细胞的形态逐渐由梭形变为椭圆或球形。核也是椭圆形或球形，细胞由 2～4 个成群分布。这些细胞称为同族细胞群。细胞存在的地方称为陷窝。

（3）基质：为嗜酸性、均质，但靠近细胞周围染色深蓝，称为软骨囊。另外，基质内有许多胶原纤维，但与粘在一起的软骨基质有相同的折光率，所以分辨不出。

（四）脂肪组织（苏丹Ⅲ染色，示范）

脂肪细胞呈球形，细胞中充满染成橘红色的脂肪滴。细胞质只剩下一薄层。细胞核在细胞质中也被压成扁形，靠近细胞膜。

二、神经组织

（一）多极神经元

脊髓横切片，HE 染色。

（1）低倍镜观察：脊髓腹角中有多突起的运动神经元。

（2）高倍镜观察：多极神经元的胞体形态不规则，细胞核大，球形，位于胞体的中央，染色质细粒状，核仁明显。突起多个，它们多数是树突，不易见到轴突。胞体及树突内有染成紫蓝色、呈块状或粒状分布的尼氏体。

（二）多极神经元

脊髓横切片，镀银染色。

（1）低倍镜观察：标本周围为白质，中央为呈蝴蝶状的灰质。中心为中央管，在蝴蝶形的灰质中，比较狭窄的为后角，比较宽的为前角，在前角内有许多较大的呈深红色的多角形细胞，即多极运动神经元。

（2）高倍镜观察：运动神经元的突起虽然很多，但不在一个平面上，所以在切片上仅见到少量突起，细胞核大而圆，居细胞中央，核内有染色较深的核仁。神经元纤维：细胞质内有棕色粗细不等的神经元纤维，它们在胞体中交织成网状，在树突及轴突中平行排列。

（三）有髓神经纤维

有髓神经纤维纵、横切片，HE 染色。

低倍镜下观察神经纤维平行排列成束。选择一清楚的部分以高倍镜观察单条的神经纤维。在神经纤维的中央有染色较深的轴突，外面有呈网状的髓鞘。在髓鞘的外面是薄层的雪旺氏鞘，紧靠膜的内方有杆状的神经细胞核，即雪旺氏细胞核。在髓鞘上可以找到环状缩细的部分，即郎飞氏结。纤维间可看到椭圆形的细胞核，是结缔组织的成纤维细胞核。

横切面上神经纤维中的轴索呈圆点状，周围染色浅的为髓鞘，最外一层染色深的为雪旺氏鞘。

（四）运动终板

有髓神经纤维，氯化金染色法。

低倍镜下可见横纹肌为粉红色，平行排列成束。在其中分布有染深紫色的传出神经纤维。以高倍镜仔细观察，有髓神经纤维接近肌肉时即分支，伸向肌纤维形成末端粗大、爪状的分支，与肌纤维共同形成运动终板，即看到的一团团的黑色斑块。

【作业要求】

（1）绘骨骼肌纤维纵、横切面结构图（高倍镜）各一幅。

（2）绘多极神经元结构图（高倍镜）。

实验实训四　方位术语

【实验目的】

掌握家畜有关定位用的方位术语。

【实验器械与材料】

牛、羊、马、猪全身模型。

【实验内容】

观察牛、羊、马、猪全身模型整体形态。

靠近畜体头端的称前侧或头侧,靠近尾端的称后侧或尾侧,靠近脊柱的一侧称为背侧(也就是上面),靠近腹部的一侧称为腹侧(也就是下面),靠近正中矢状面的一侧称为内侧,远离正中矢状面的一侧称为外侧。

确定四肢的方位常用近端和远端。靠近去躯干的一端称为近端,远离躯干的一端称为远端。前肢和后肢的前面称为背侧,前肢的后面称为掌侧,后肢的后面称为跖侧。

【技能考核】

能在牛、羊、马、猪标本或全身模型上正确识别方位术语。

实验实训五　骨骼及骨标本的观察

【实验目的】

掌握骨的一般构造和全身骨的名称、结构特征,以及主要关节的组成和运动形式。

【实验器械与材料】

牛、羊、马、猪全身骨标本,关节标本和模型。

【实验内容】

一、观察骨的构造

在长骨纵切标本上,观察下列各部分。

(1)骨膜:淡红色的致密的结缔组织膜,覆盖于骨的表面。

(2)骨质:分为骨松质和骨密质,骨松质分布在骨的内部,骨密质分布在骨的外层。

(3)骨髓:存在于骨髓腔和松质骨小梁之间。

二、头骨及其连接

(1)观察头骨总体的形态特点,并区分颅骨和面骨。

①颅骨:依次观察枕骨、蝶骨、顶骨、顶间骨、额骨、颞骨、筛骨各骨的位置、毗邻和主要形态特征。

②面骨:依次观察鼻骨、切齿骨、上颌骨、泪骨、顶骨、鼻甲骨、腭骨、翼骨、犁骨、下颌骨和舌骨的位置、毗邻和主要形态特征。

③ 鼻旁窦:观察额窦和上颌窦的位置和表面投影。

（2）比较马（牛）、猪、羊头骨的主要特征,联系不同家畜的生活方式,着重比较额骨的形态、大小及有无角突,头骨项面的大小及组成以及下颌支的发达程度等突出的特征。

（3）观察头骨的连接。

① 观察由各种形式的缝（直缝、锯状缝、鳞缝）构成的各骨间的不动连接。

② 观察下颌关节的组成及运动形式。

三、躯干骨及其连接

躯干骨包括脊柱、肋和胸骨,并连接构成脊柱和胸廓。

（1）在整体骨架上观察脊柱和胸廓的各组成部分。

（2）观察典型椎骨（胸椎）的各组成部分:椎体（椎头、椎窝）、椎弓（关节前突、关节后突）和突起（棘突、横突）。

（3）以典型椎骨结构为基础,联系躯干各部的功能观察:颈椎（寰椎,枢椎,第 3、4、5、6、7 颈椎）、胸椎、腰椎、荐骨和尾椎的主要形态特征及构造特点。

（4）区分肋骨和肋软骨,观察肋椎关节和肋胸关节。

（5）观察胸骨柄、胸骨体和剑状软骨的形态。

（6）观察脊柱的连接:椎间盘、共同韧带（棘上韧带（包括项韧带）、背纵韧带、腹纵韧带）、寰枕关节和寰枢关节。

四、前肢骨及其连接

观察前肢骨骼形态及关节的组成和运动形式。

（1）前肢骨骼。观察肩胛骨、肱骨、前臂骨、腕骨、掌骨、指骨和籽骨各骨的自然位置、形态、特点。注意区分各骨的近端、远端。

（2）前肢关节。依次观察肩关节、肘关节、腕关节、系关节、冠关节和蹄关节,注意各关节的组成、关节角度及关节角顶方向。

（3）比较牛、羊、马、猪前肢各关节的构造特点。

五、后肢骨及其连接

观察后肢骨骼形态及关节的组成和运动形式。

（1）后肢骨骼。观察髋骨（髂骨、坐骨、耻骨）、股骨、髌骨、小腿骨（胫骨和腓骨）、跗骨、跖骨、趾骨和籽骨的自然位置、形态特点。注意区分各骨的近端、远端。

（2）后肢关节。依次观察荐髂关节、髋关节、髌关节、跗关节、系关节、冠关节和蹄关节的构造特点（关节面、关节囊和韧带）及运动形式。

（3）比较牛、羊、马、猪后肢各关节的构造特点。

【技能考核】

（1）能在牛、羊、马、猪全身模型上正确识别头骨、躯干骨、四肢骨的名称,并能区分四肢骨的左右。

（2）能在牛、羊、马、猪全身模型上正确识别躯干、四肢关节。

 实验实训六　被皮系统各器官形态结构的观察

【实验目的】

掌握皮肤、蹄的形态和构造。

【实验器械与材料】

牛的皮肤，马蹄的标本或模型，牛（羊）蹄的标本或模型，皮肤切片，显微镜。

【实验内容】

（1）在皮肤模型上，识别表皮、真皮、皮下组织和毛、皮肤腺。

（2）用低倍镜观察，分辨出表皮、真皮、皮下组织的一般构造。

（3）用高倍镜观察。

① 表皮：由复层扁平上皮构成，一般可分为角质层、透明层、颗粒层和基底层。

② 真皮：由致密结缔组织构成，可分为乳头层和网状层。

③ 皮下组织：由疏松结缔组织构成。

（4）观察马蹄的构造。

① 在蹄匣标本上观察蹄壁、蹄冠、蹄缘、蹄底、蹄叉的形态和构造。

② 在肉蹄标本和蹄的纵切面标本上观察肉缘、肉冠、肉壁、肉底、肉叉，注意各部真皮乳头的形态及与蹄匣的关系。观察蹄冠及蹄叉部分的皮下组织。

（5）观察牛蹄的构造。

牛是偶蹄动物。每肢的指（趾）端有2个主蹄和2个悬蹄。主蹄分为蹄匣和肉蹄两部分。

【技能考核】

在皮肤、蹄的标本或模型上，识别皮肤、蹄的上述构造。

 实验实训七　消化系统各器官形态结构的观察

【实验目的】

掌握消化系统的组成，各消化器官的形态、位置和结构。

【实验器械与材料】

牛、马、猪头部正中矢面标本，显示颈部食管和胸、腹腔脏器的标本，舌、齿、胃、肠、肝、胰的离体标本和模型，剪刀、镊子、瓷盘。

【实验内容】

1. 口腔

在牛、马、猪头部正中矢面标本上观察，口腔的前壁为唇，侧壁为颊，顶壁为硬腭，底壁为口腔底和舌。口腔前由口裂与外界相通，后以咽峡与咽腔相通。

（1）口腔前庭：唇、颊。

① 牛唇：较宽厚，不灵活。上唇中部和两鼻孔之间形成鼻唇镜。

② 马唇：运动灵活，是采食的主要器官。在唇的皮肤上有粗长的触毛，在唇的黏膜内，常有黑色素沉着。

③ 猪唇：上唇厚，与鼻端一起形成吻突，以吻骨为基础。下唇小而尖，运动不灵活。

（2）固有口腔：齿（注意牛、马齿的种类、构造、排列及年龄鉴别的依据）。

（3）硬腭、软腭、舌（注意舌乳头）和口腔底。马舌较长，舌尖扁平，舌体较大；猪的舌乳头与马的相似。牛舌的舌尖灵活，是采食的主要器官，舌根和舌体较宽厚，舌背后部有一椭圆形隆起，称为舌圆枕。

2. 咽

区分鼻咽部、口咽部和喉咽部，识别咽的 7 个开口及与周围器官的关系。

3. 唾液腺

观察三对大唾液腺（腮腺、颌下腺和舌下腺）的形态位置及导管的走向和开口。

4. 食管

观察食管颈段、胸段和腹段的位置及与气管的关系。

5. 胃

观察反刍动物瘤胃、网胃、瓣胃和皱胃的形态和位置，各胃黏膜的形态特点，区分皱胃黏膜的贲门腺区、胃底腺区和幽门腺区；观察贲门、瘤网口、食管沟、网瓣口、瓣皱口和幽门。

观察马和猪胃的形态和位置，胃黏膜无腺部、腺部（贲门腺区、胃底腺区和幽门腺区）的区分和形态特点。

6. 肠

（1）小肠。观察十二指肠、空肠和回肠的形态、位置及与胃和大肠的关系。

（2）大肠。观察反刍动物盲肠、结肠（近袢、旋袢和远袢）和直肠的形态、位置；观察马属动物盲肠底、盲肠体和盲肠尖的形态、位置及肠壁纵肌带和肠袋的分布，大结肠四段三弯曲走向、形态和位置，各段口径变化及肠壁纵肌带和肠袋的分布，小结肠和直肠的形态位置；观察猪的大肠盲肠、结肠圆锥和直肠的形态和位置。

7. 肝

观察肝的形态、位置和分叶，肝门（门静脉、肝动脉和胆管），胆囊（马无胆囊）的形态、位置，肝膈面上肝静脉开口于后腔静脉的情况。

8. 胰

观察胰的形态、位置及导管的开口。

【注意事项】

确定消化管位置时，注意观察与相接器官的位置关系。

【技能考核】

在牛、马、猪消化系统各器官标本上识别胃、肠、肝、胰的形态、结构和位置。

 实验实训八　小肠的蠕动及吸收观察

【实验目的】

观察小肠的蠕动形式;理解压力、渗透压对吸收的影响,并理解小肠对物质吸收的选择性。

【实验原理】

小肠运动是靠肠壁平滑肌的舒缩来实现的,有蠕动、分节运动和摆动三种形式。这些形式的运动都受神经和体液支配。肠内容物的渗透压是影响肠吸收的重要因素。在一定范围内,同一种物质的浓度越大,吸收越慢;浓度过高时,有时甚至会出现倒渗现象。

【实验器械与材料】

家兔、兔手术台、乙醚、手术器械,生理盐水、注射用水、5％葡萄糖溶液、10％葡萄糖溶液、10％盐水、25％硫酸镁溶液各 20 mL,棉线。

【实验内容】

(1) 将家兔固定,用乙醚麻醉,仰卧保定于兔手术台上。

(2) 腹部剪毛,从腹中线处剖开腹腔,暴露内脏,拉出肠管。

(3) 观察小肠的正常运动情况。

(4) 将空肠分数段结扎,每段长 5 cm 左右,在各段肠管中分别注入等量的生理盐水、注射用水、5％葡萄糖溶液、10％葡萄糖溶液、10％盐水、25％硫酸镁溶液,在 10～20 min 内观察其吸收状况,并做好记录,作比较、分析。

【注意事项】

(1) 实验前 2 h 左右将兔喂饱。

(2) 整个实验过程中,注意动物的保温。

(3) 每项实验完成后,要间隔 3～5 min 再进行下一项实验。

(4) 在结扎肠段时,注意避开肠系膜血管,防止把肠系膜血管结扎。

【作业要求】

记录实验结果,并说明其机理。

 实验实训九　呼吸系统各器官形态结构的观察

【实验目的】

掌握呼吸系统各器官的形态、结构和位置关系。

【实验器械与材料】

牛、羊、马、猪头部正中矢面标本,鼻腔横断面标本,头颈部、胸部显示呼吸器官的标本,喉、气管、肺离体标本及模型,肺的支气管树、血管铸形标本,镊子、瓷盘。

【实验内容】

(1) 在呼吸系统整体标本上观察鼻腔、咽、喉、气管、支气管和肺等器官的位置。

(2) 鼻:在鼻腔横断面标本上观察鼻孔、鼻盲囊(马)、鼻中隔,上、中、下鼻道和总鼻道,注意各鼻道的通路,及鼻旁窦与鼻腔的关系。

(3)喉:辨认会厌软骨、甲状软骨、环状软骨、杓状软骨、会厌。注意观察喉腔、声带、声门裂、喉前庭、喉后腔和喉肌等结构。

(4)气管和支气管:观察气管和支气管软骨环的结构特点,气管颈段、胸段的走向及与周围器官的关系。

(5)肺:辨认肋面、纵隔面、膈面,背侧缘、腹侧缘、底缘、肺门、心压迹、心切迹。区分牛、羊、马、猪肺的分叶(牛、猪右尖叶分为第一尖叶和第二尖叶。马属动物右肺无中叶)。在铸形标本上观察支气管树、动脉和静脉血管的关系。

(6)胸膜和纵隔:观察胸腔、胸膜壁层、胸膜脏层,纵隔及夹在其间的器官。

【技能考核】

在牛、羊、马、猪呼吸系统各器官标本上识别上述呼吸器官。

实验实训十　呼吸运动的调节及胸内压测定

【实验目的】

(1)了解呼吸运动的影响因素及其作用机制。

(2)了解胸内压的产生原理及其影响因素,验证胸内压的存在。

【实验原理】

(1)呼吸运动具有节律性,这种节律性主要来自延髓和脑桥,也受体内外各种刺激的影响。呼吸中枢接受各种感受器的传入冲动,通过化学感受性反射、肺牵张反射或呼吸肌本体感受性反射等,影响呼吸运动,记录肺内压的变化,可以反映呼吸运动的变化。

(2)胸内压是指胸膜腔内压力,因其始终低于大气压,故也称胸内负压。它是由肺的弹性回缩力和肺泡表面张力产生的,并随呼吸运动而变化。吸气时负压增大,呼气时负压减小。负压的存在是呼吸运动正常进行的必要条件。如刺破胸腔使之与大气相通,则胸内压消失,肺组织塌陷,呼吸运动停止。

【实验器械与材料】

兔、兔手术台、手术器械、穿刺针头、气管套管、气针、橡皮管、水检压计、生理药理多用仪、保护电极、钠石灰瓶、电磁标、二道生理记录仪、机械电换能器、3%戊巴比妥钠溶液、2%乳酸,普鲁卡因。

【实验内容】

一、呼吸运动的调节

以戊巴比妥钠耳缘静脉注射麻醉(20 mg/kg 体重),将兔麻醉后仰卧固定于兔手术台。颈部剪毛。沿颈部中线纵行紧张切开皮肤 3～4 cm,用止血钳作气管钝性分离。在第 3 气管软骨环处,做丁字形切口插入气管套管,并结扎固定。在气管两侧分离迷走神经,其下各穿一线,扎一松结备用。再在胸骨剑状软骨和最后肋骨相连接处的深部组织注射普鲁卡因作局部麻醉。用弯成钩状的大头针刺穿腹壁,将钩钩在靠近软骨一侧的最后的肋骨上。

将机械电换能器和生理药理多用仪分别与二道生理记录仪接通,二道生理记录仪的有关参数分别调至:灵敏度 5 mm/s;滤波 10 Hz;时间标记 10 s;走纸速度 1～2 mm/s。然后开始下列实验。

(1)描记一段正常呼吸曲线。注意其与呼吸运动的关系。识别曲线中的吸气和呼气过程。

(2)通过气管套管的一个侧支,吸入少量 CO_2,观察兔的呼吸变化。

(3)将气管套管一个侧支与一大空瓶(内装钠石灰)相连接,夹闭另一侧支,给兔造成乏氧环境,观察呼吸运动变化。

(4)呼吸流量换能器套管通空气侧接一长约 50 cm 的橡皮管,以增大无效腔,观察呼吸变化,并与第(2)(3)项比较。

(5)用不带针头的注射器向鼻腔内注入少量冷水,观察呼吸曲线的变化。

(6)于吸气之末用注射器向气管套管通空气侧迅速注入 20 mL 空气;反之,于呼气之末迅速抽取 20 mL 空气,观察各有何现象。

(7)经耳缘静脉较快地注入 2‰乳酸 2 mL,使血液酸性物质增多,观察呼吸变化。

(8)剪断右侧迷走神经,观察呼吸运动的变化,再结扎并切断左侧迷走神经(用两线结扎,从结间剪断),观察呼吸运动的变化。

(9)切断两侧迷走神经后重复第(5)项实验,并与之相比较。

二、胸内压的测定

将兔右胸部剪毛,将连接水检压计的穿刺针头插入胸膜腔。

(1)胸内压的观察。穿刺针头插入胸膜腔后,检压计通胸膜腔侧水面上升,通空气侧水面下降。这表明胸膜腔内压力低于大气压,即为负差。

(2)胸内压随呼吸运动的变化。仔细观察呼气和吸气时胸内压的变化。

(3)气管套管开口端一侧连接一长约 60 cm 的橡皮管,另一侧堵塞,以增大无效腔,引起呼吸运动加强,观察其对胸内压的影响。

(4)用一粗套管针穿透胸膜腔,使之与大气相通,或向胸膜腔内注入适量空气,形成气胸。观察胸内压和呼吸运动的变化。

(5)关闭创口,抽出胸膜腔内的空气。观察胸内压和呼吸运动的变化。

【注意事项】
用穿刺针时不可插得过猛、过深,以免刺破肺组织和血管,造成气胸和出血过多。

【作业要求】
(1)正常情况下,兔的节律性呼吸运动是通过哪些途径维持的?
(2)什么叫做胸内压?胸内压随呼吸运动的变化如何?
(3)胸内压有何生理意义?

实验实训十一　泌尿系统各器官形态结构的观察

【实验目的】

掌握泌尿器官的形态、位置和结构。

【实验器械与材料】

牛、羊、马、猪泌尿系统离体器官标本,肾剖面标本,显示泌尿系统各器官位置关系的标本和模型,镊子、瓷盘。

【实验内容】

(1) 在泌尿系统整体标本上观察肾、输尿管、膀胱、尿道等器官的位置关系。

① 肾:观察肾脂肪囊、纤维膜、肾门、肾窦、肾动脉、肾静脉。在肾剖面标本上观察肾皮质、髓质,髓放线,肾锥体,肾盏、集收管(牛)、肾盂、肾乳头。

② 输尿管:观察输尿管起止、径路及在膀胱壁上的开口部位。

③ 膀胱:观察膀胱的形态、位置和结构及雌、雄性膀胱与尿道的关系。

④ 尿道:家畜真正尿道较短,公畜尿道起自膀胱颈内口,止于精阜。母畜尿道止于尿生殖前庭。

(2) 观察牛、羊、马、猪的肾,注意区别。

① 牛肾:属于表面有沟的多乳头肾。肾叶大部分融合在一起,肾的表面有沟,肾乳头单个存在。右肾呈上下稍压扁的长椭圆形,左肾呈厚三棱形,前端较小,后端大而钝圆。

② 羊肾:均属平滑单乳头肾。两肾均呈豆形。

③ 马肾:属平滑单乳头肾。肾乳头融合成嵴状,称为肾嵴。从切面上观察,在皮质和髓质之间,可见血管断面,血管之间的肾组织的髓质部分称为肾锥体。皮质部肾组织伸入肾锥体之间,形成肾柱。肾盂呈漏斗状,中部稍宽,肾盂两端接裂隙状终隐窝。肾盂延接输尿管。马左、右肾分别位于体中线两侧,但位置不对称,形态也不同。右肾略大呈钝角三角形,左肾呈扁蚕豆形。

④ 猪肾:属于表面平滑的多乳头肾。肾叶的皮质部完全合并,但肾乳头仍单独存在。左、右两肾位置对称,形态一致,均呈蚕豆形,背腹压扁,两端略尖。

【技能考核】

在牛、羊、马、猪泌尿系统各器官标本上识别上述泌尿器官。

 ## 实验实训十二　尿的分泌及其影响因素

【实验目的】

了解尿的生成过程、影响因素及其调节机制。

【实验原理】

尿的生成过程包括肾小球的滤过作用、肾小管的重吸收和分泌作用。因此,凡能影响滤过和重吸收的因素都能影响尿的生成。正常情况下机体通过神经和体液调节尿量和尿质,使其适应外界环境的变化,从而保证机体的正常生命活动。

【实验器械与材料】

兔,注射器,兔手术台,手术器械,膀胱套管(或输尿管插管),塑料管,棉线,棉花,纱布,烧杯,3%戊巴比妥钠溶液,生理盐水,肾上腺素,尿素,20%葡萄糖溶液,垂体后叶激素,电炉。

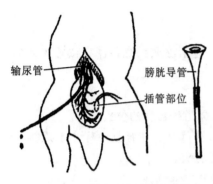

输尿管
膀胱导管
插管部位

图 3-12-1　兔输尿管及膀胱套管法

【实验内容】

1. 手术准备

(1)实验前给兔喂多汁饲料或饮足够的水,以3%戊巴比妥钠溶液进行耳缘静脉注射(20 mg/kg 体重)将兔麻醉。仰卧保定于兔手术台。按常规在术部剪毛和清理。

(2)腹部剪毛,在腹后部靠近耻骨联合前缘,沿腹正中线切开腹壁皮肤 7~8 cm,膀胱即露出,轻轻将膀胱拉出腹腔结扎尿道。插入充满生理盐水、大小适当的一根塑料管,结扎固定(图 3-12-1)。

2. 实验项目

(1)计数 5 min 内尿的正常分泌滴数。

(2)静脉注入生理盐水 20~30 mL,计数每分钟尿分泌的滴数,尿量有何变化? 为什么? 待尿分泌恢复正常后,再进行下一项实验(以下同)。

(3)静脉注入 20%葡萄糖溶液 5 mL,计数每分钟尿分泌的滴数,尿量有何变化? 为什么?

(4)静脉注入 0.1%肾上腺素溶液 0.1~0.2 mL,计数每分钟尿分泌的滴数,尿量有何变化? 为什么?

(5)静脉注入 12%尿素溶液 5 mL,计数每分钟尿分泌的滴数,尿量有何变化? 为什么?

(6)静脉注入垂体后叶激素 1~2 IU,计数每分钟尿分泌的滴数,尿量有何变化? 为什么?

【注意事项】

(1)兔耳缘静脉注射,其部位应自耳尖逐次移向耳根。

(2)注意保温,尤其是冬季,并以浸润 37℃生理盐水纱布覆盖于手术部位。

(3)上述各项实验,须待前项实验恢复正常后,再做下一项,以免影响实验效果。

实验实训十三　生殖系统各器官形态结构的观察

【实验目的】

掌握公、母畜生殖器官的形态、构造及相互位置关系。

【实验器械与材料】

公、母畜生殖器官的离体标本,睾丸纵切面标本,阴茎横断面标本,子宫、阴道、尿生殖前庭从背侧剖开标本,显示公、母畜生殖器官关系的解剖标本和模型,镊子、瓷盘。

【实验内容】

一、公畜生殖器官

（1）在公畜生殖器官标本和模型上观察公畜生殖系统的组成、器官位置及相互关系。

（2）睾丸：观察其形态和内部结构。马的睾丸呈椭圆形，长轴与地面平行，位于两股部之间的阴囊内。牛、羊的睾丸呈长椭圆形，长轴与地面垂直，位置与马的相近似。猪的睾丸长轴斜向后上方，位于股部后方。

（3）附睾：观察其形态和内部结构。牛的附睾位于睾丸的后面；马的附睾位于睾丸的背侧；猪的附睾很发达，位于睾丸的后上端。

（4）精索和输精管：观察精索的组成、输精管的位置和起止部位。牛、羊的输精管壶腹较小。猪无输精管壶腹。马属动物的输精管壶腹最大。

（5）尿生殖道和副性腺：观察尿生殖道的分部、结构和副性腺的位置。

（6）阴茎和阴囊：观察阴茎的形态、构造及阴囊各层结构，睾丸和附睾的关系。马的阴茎头端膨大，头上有阴茎头窝，尿道外口开口于此。马的阴茎粗大、平直。牛、羊的阴茎呈圆柱状，细而长。阴茎体在阴囊后方，呈乙状弯曲，勃起时伸直。阴茎头长而尖，游离端形成阴茎头帽。

二、母畜生殖器官

（1）在母畜生殖器官标本和模型上观察母畜生殖系统的组成、器官位置及相互关系。

（2）卵巢：观察位置、形态和结构。牛的卵巢呈稍扁的椭圆形，没有怀孕的母牛，卵巢多位于骨盆腔内，耻骨前缘两侧稍后；经产的母牛位于腹腔内，耻骨前缘的前下方。马的卵巢呈豆形，表面平滑。卵巢门位于内上缘。卵巢游离缘有一凹陷，称为排卵窝，卵细胞由此排出。

（3）输卵管：观察其形态结构及周围的系膜和韧带。输卵管前端膨大呈漏斗状，称为输卵管漏斗部；漏斗边缘为不规则的皱褶，称为输卵管伞；漏斗中央的深处有一口通腹腔，为输卵管腹腔口；输卵管后端开口于子宫角的前端，为输卵管的子宫口。

（4）子宫：观察其形态位置和结构。牛、羊子宫角较长；左、右两角的后部有伪子宫体，子宫角的前部是分开的，每侧子宫角向前下方偏外侧盘旋蜷曲，并逐渐变细。子宫体很短；子宫颈外口有明显的环状及辐射状黏膜褶。子宫颈管窄细，呈螺旋状。马子宫呈 Y形，子宫角稍弯曲呈弓形，子宫体与子宫角等长；子宫颈阴道部的黏膜褶形成花冠状，子宫颈外口位于中央。猪的子宫体极短，子宫角特别长，外形弯曲似小肠，但壁较厚，子宫角黏膜褶大而多。不形成子宫颈阴道部，子宫颈管呈螺旋形。

（5）阴道。尿生殖前庭和阴门：观察其形态结构及与周围器官的位置关系。马和牛的阴道宽阔，周壁较厚。马的阴道穹窿呈环状，牛的呈半环状。猪的阴道腔直径很大，无阴道穹窿。

【技能考核】

在公、母畜生殖器官标本上识别上述生殖器官。

 实验实训十四　循环系统各器官形态结构的观察

【实验目的】

掌握心脏的形态、结构和全身动、静脉血管主干的名称、分支和分布。

【实验器械与材料】

牛、羊、马、猪的离体心脏标本，心脏各种切面标本，心脏传导系统标本，心脏模型，全身血管标本，头颈部、胸腹部、前肢、骨盆尾部及后肢等局部血管标本，剪刀、镊子、瓷盘。

【实验内容】

一、心脏

1. 心脏的外形

观察冠状沟、锥旁室间沟、窦下室间沟、后沟(牛)、心房、心室。心脏是中空的圆锥形，心基朝上，心尖朝下，前缘稍凸，后缘较短而直。靠近心基外有环形冠状沟，将心脏分为上、下两部分，上部称为心房，下部称为心室。

2. 心腔的构造

观察心腔内的梳状肌，静脉间结节、冠状窦，卵圆窝、瓣膜、腱索、乳头肌、隔缘肉柱。

3. 心壁的构造

观察心外膜、心内膜及心房肌和心室肌。心壁以心肌为基础，外面被覆心外膜，内面被覆心内膜。

4. 心脏的血管

在离体心脏标本上观察左、右冠状动脉和心大静脉、心中静脉。

5. 心脏的传导系统

观察窦房结、房室结、房室束和浦肯野纤维的位置、形态。

6. 心包

心包由双层的囊膜组成，包裹着心脏和大血管的基部，下部附着在胸骨上，内含少量的心包液。

二、动脉

1. 胸腔内的动脉

主动脉从左心室发出，依次延续为升主动脉、主动脉弓、胸主动脉。升主动脉起始部发出左、右冠状动脉分布于心脏，主动脉弓向前分出臂头动脉总干，向后延续成胸主动脉。胸主动脉分出支气管食管动脉和成对的肋间动脉。

2. 腹腔内的动脉

腹主动脉是主干，由前向后依次发出腹腔动脉、肠系膜前动脉、肾动脉、肠系膜后动脉、睾丸动脉(卵巢动脉)，观察其分支和分布部位。腹主动脉还发出成对的腰动脉。

3. 髂内动脉

髂内动脉是腹主动脉伸延到骨盆部的主动脉主干,观察其分支和分布情况。

4. 头颈部的动脉

由臂头动脉分出的双颈动脉干是头颈部的动脉主干,至胸前口处分为左、右颈总动脉。沿颈静脉沟向前伸延,至寰枕关节处分为枕动脉、颈内动脉和颈外动脉。观察其分布。

5. 前肢的动脉

主干是左、右锁骨下动脉的直接延续,称为左、右腋动脉,观察腋动脉延续形成的前肢动脉主干、分支和分布情况。

6. 后肢的动脉

由腹主动脉分出一对大的分支——左、右髂外动脉。观察髂外动脉延续形成的后肢动脉主干及其分支和分布情况。

三、静脉

1. 前腔静脉

在胸前口处由左、右颈内、外静脉(马为颈静脉)和腋静脉汇合而成,在心前纵隔内沿臂头动脉总干的右腹侧向后伸延,注入右心房。观察分布于头颈和前肢的静脉。

2. 后腔静脉

在骨盆前口由左、右髂总静脉汇合而成,髂总静脉由同侧的髂内静脉和髂外静脉汇合而成,观察分布于骨盆和后肢的静脉。

3. 门静脉

门静脉是一大静脉干,由胃、肠、脾、胰的静脉汇集而成,经肝门入肝,在肝内分支汇入窦状隙,再汇集成数支肝静脉,进入后腔静脉。观察门静脉的属支。

4. 奇静脉

牛为左奇静脉,马为右奇静脉,观察奇静脉的属支。

【技能考核】

在牛、羊、马、猪的离体心脏标本上正确识别心脏的外形,心房、心室的主要结构特征,以及连接在心脏上的各类血管。

 实验实训十五　免疫系统各器官形态结构的观察

【实验目的】
掌握主要淋巴结的位置及脾、胸腺的形态和位置。

【实验器械与材料】
显示主要淋巴结分布的标本,脾、胸腺标本。

【实验内容】

一、淋巴结

1. 头颈部淋巴结

观察下颌淋巴结、颈浅淋巴结,注意淋巴结的位置、大小、色泽、收集范围和引流方向。下颌淋巴结位于下颌间隙中。颈浅淋巴结位于肩关节的前方、臂头肌和肩胛横突肌深面。

2. 胸部淋巴结

观察纵隔淋巴结、气管支气管淋巴结,注意淋巴结的位置、大小、色泽。纵隔淋巴结位于纵隔中。气管支气管淋巴结位于气管叉的周围。

3. 腹腔内脏淋巴结

观察胃淋巴结、肝门淋巴结、肠系膜淋巴结,注意淋巴结的位置、大小、色泽。胃淋巴结数目很多,沿胃表面的血管分布。肝门淋巴结位于肝门附近。肠系膜淋巴结位于肠系膜前、后动脉附近和肠系膜中。

4. 腹壁和骨盆壁淋巴结

观察髂内侧淋巴结、腹股沟浅淋巴结、髂下淋巴结,注意淋巴结的位置、大小、色泽。髂内侧淋巴结位于旋髂深动脉的起始部。母畜的腹股沟髂淋巴结位于乳房基部后上方,公畜的腹股沟髂淋巴结位于阴茎背侧。髂下淋巴结位于阔筋膜张肌的前缘。

5. 前肢淋巴结

观察腋固有淋巴结、第一肋腋淋巴结,注意淋巴结的位置、大小、色泽。腋固有淋巴结位于肩关节后方、大圆肌内侧。第一肋腋淋巴结位于胸深肌和第一肋之间。

6. 后肢淋巴结

观察腘淋巴结,注意淋巴结的位置、大小、色泽。腘淋巴结位于臀股二头肌和半腱肌之间。

二、脾

脾位于腹前部,在胃的左侧。注意色泽和形态。牛脾为蓝紫色,呈长而扁的椭圆形。羊脾为紫红色,略呈三角形。马脾为铁青色,呈扁平镰刀状。猪脾为紫红色,形状狭而长。

三、胸腺

观察牛、马、猪胸腺位置、形态。牛、猪胸腺位于胸腔前部纵隔内及颈部气管两侧。马属动物主要在胸腔的纵隔内。

 # 实验实训十六 家畜常用生理常数的测定

【实验目的】

能准确地在活体上找到牛心脏的体表投影位置和静脉注射、脉搏检查部位,正确地听诊心音和检查脉搏。掌握牛体温的测定方法。

【实验器械与材料】

牛、保定设备、采血针、体温计、听诊器。

【实验内容】

(1)将牛驻立保定。

(2)将体温计中的水银柱甩至35℃刻线以下,并在外面涂以少量的润滑油,用左手提起尾根,右手持体温计旋转插入直肠中,并用铁夹固定体温计,3～5 min后取出、读数,记录该动物的体温。

(3)心脏体表投影的确定:左侧,肩关节水平线下,第2～6肋间的肘窝处。用听诊器听诊心音,并分辨第一、第二心音。

(4)牛采血与静脉注射部位的确定:确定牛颈静脉沟的位置,在教师指导下,用采血针采血,确认常用的采血、静脉注射部位。

(5)脉搏的检查:距尾根10 cm处找到尾中动脉,在教师指导下,检查脉搏。

【技能考核】

在牛活体上,准确计量体温,指出心脏的体表投影、静脉注射和检查脉搏的部位,能正确地听诊心音、检查脉搏。

 # 实验实训十七 神经系统各器官形态结构的观察

【实验目的】

掌握脑和脊髓的形态、结构及脑神经、脊神经、植物性神经的发出部位、分支和分布。

【实验器械与材料】

脊髓标本,脑标本和模型,显示各脑神经的脑标本,显示一侧脊神经的整体标本。前肢神经标本、后肢神经标本,显示交感神经和副交感神经的解剖标本,镊子、瓷盘。

【实验内容】

一、脊髓

(1)在脊髓外形标本上观察脊髓的形状:颈膨大、腰膨大、脊髓圆锥、终丝、马尾。脊髓呈背腹扁平的圆柱形,位于椎管中。

(2)在脊髓横断面标本上观察脊髓内部结构:灰质、白质、脊髓中央管、背侧柱、腹侧柱、外侧柱,背侧索、腹侧索和外侧索。并观察三层脊膜及脊膜间形成的腔隙。

二、脑

1. 脑的外形

(1)背侧面:在整脑标本上观察两大脑半球表面的沟和回,额叶、顶叶、枕叶和颞叶。小脑表面的沟和回,小脑半球、蚓部。以大脑纵裂将大脑分为左、右大脑半球,大脑半球与小脑之间的沟称为大脑横沟,小脑分为两侧的小脑半球和中间的小脑蚓部。在大脑表面

有许多深浅不一的沟,沟与沟之间的隆起称为脑回。

(2)腹侧面:观察嗅球、嗅回、梨状叶,视神经交叉、灰结节、漏斗、脑垂体和乳头体,大脑脚、脑桥和延髓等。

2.脑的内部结构

(1)大脑半球。观察胼胝体、侧脑室、灰质、白质,基底神经节内的尾状核、豆状核和夹于其间的内囊。左、右大脑半球借神经纤维构成的胼胝体相连,在大脑半球横断面可看到表面的灰质和深层的白质。

(2)小脑。小脑的表层为灰质,内部白质呈树枝状,称为髓树。观察小脑三对脚与中脑、脑桥和延髓的联系。

(3)间脑。区分丘脑(外侧膝状体、内侧膝状体、丘脑中间块、第三脑室、松果体)和丘脑下部(视神经交叉、灰结节、漏斗、脑垂体和乳头体)。

(4)脑干。取脑干标本观察各部外形结构,脑干由后向前分为延髓、脑桥、中脑。

① 延髓:观察延髓腹侧的腹正中裂、锥体、锥体交叉、橄榄体,延髓前端的斜方体,Ⅵ~Ⅻ对脑神经根,背侧的绳状体、菱形窝。

② 脑桥:观察腹侧面的第Ⅴ对脑神经根,背侧面的菱形窝、脑桥臂。

③ 中脑:识别四叠体、中脑导水管、大脑脚和第Ⅲ、Ⅳ对脑神经根。

(5)脑室。在脑正中矢面标本上观察侧脑室、第三脑室、中脑导水管、第四脑室结构和脑室内的脉络丛。

三、脑神经

在显示各脑神经的脑标本和头部标本上,观察进入脑或从脑发出的12对脑神经的分支和分布。重点观察三叉神经和面神经。三叉神经出颅腔后分为眼神经、上颌神经和下颌神经三支。

四、脊神经

脊神经为由背根和腹根结合而成的混合神经,脊神经由前向后分为颈神经、胸神经、腰神经、荐神经、尾神经。

(1)颈神经:分布于颈部的肌肉和皮肤,有8对,第Ⅴ、Ⅵ、Ⅶ颈神经腹侧支形成膈神经,分布于膈。

(2)胸神经:背侧支分布于胸背部的肌肉和皮肤,腹侧支主要形成肋间神经。

(3)腰神经:共6对,重点观察髂下腹神经、髂腹股沟神经的分布。

(4)臂神经丛:取前肢神经标本,观察肩胛上神经、肩胛下神经、胸肌神经、腋神经、桡神经、尺神经、肌皮神经、正中神经的分支和分布。

(5)腰荐神经丛:取后肢神经标本,观察臀前神经、臀后神经、股神经、闭孔神经、坐骨神经的分支和分布。

五、植物性神经

1. 交感神经

（1）交感神经干：交感神经从胸、腰段脊髓发出，在脊柱的两侧形成两条交感神经干，按所在部位分为颈部、胸部、腰部和荐尾部。

（2）交感神经节：观察颈前神经节、星状神经节、腹腔肠系膜前神经节、肠系膜后神经节。

2. 副交感神经

（1）观察迷走神经的行程、分支和分布。

（2）观察荐部副交感神经形成的盆神经及盆神经丛节后纤维分布。

【技能考核】

在脑、脊髓标本或模型上，指出脑、脊髓的上述结构。

实验实训十八　去小脑动物的观察

【实验目的】

观察动物的小脑损伤后对其肌紧张和身体平衡等躯体运动的影响。

【实验原理】

小脑是调节机体姿势和躯体运动的重要中枢，它接受来自运动器官、平衡器官和大脑皮质运动区的信息，与大脑皮质运动区、脑干网状结构、脊髓和前庭器官等有广泛联系，对大脑皮质发动的随意运动起协调作用，还可调节肌紧张和维持躯体平衡。小脑损伤后会发生躯体运动障碍，主要表现为躯体平衡失调、肌张力增强或减退及共济失调。

【实验器械与材料】

小白鼠、蛙或蟾蜍、乙醚、手术器械一套、鼠手术台、注射针头、棉球、烧杯。

【实验内容】

1. 实验准备

1）麻醉

麻醉之前要注意观察小白鼠的姿势、肌张力以及运动的表现。然后将小白鼠罩于烧杯内，放入一块浸有乙醚的棉球将其麻醉，待动物呼吸变为深、慢且不再有随意活动时，将其取出，俯卧位缚于鼠手术台上。

2）手术

（1）破坏小白鼠的一侧小脑：剪除头顶部的毛，用左手将头部固定，自头顶部至耳后沿正中线切开皮肤。用刀背向两侧剥离颈部肌肉及骨膜，暴露颅骨，透过透明的颅骨可见到小脑，用大头针垂直刺入一侧小脑，进针深度约 3 mm，然后左右前后搅动，以破坏该侧小脑。取出大头针，用棉球压迫止血。注意捣毁小脑时不可刺入过深，以免伤及中脑、延髓或对侧小脑。

（2）破坏蛙的一侧小脑：用湿纱布包裹蛙的身体，露出头部。以左手抓住蛙的身体，

从鼻孔上部至枕骨大孔前缘(即鼓膜的后缘)沿眼球内缘用剪刀将额顶皮肤划出两条平行裂口,用镊子掀起该条皮肤,剪去,暴露颅骨,细心剪去额顶骨,使脑组织暴露出来,直至延髓为止。蛙的小脑不发达,位于延髓前,呈一条横的皱褶,紧贴在视叶的后方。用玻璃分针将一侧的小脑捣毁,用小棉球轻轻堵塞止血,5～10 min后即可开始实验。

2. 实验项目

(1) 将小白鼠放在实验台上,待其清醒后观察其姿势、肢体肌肉紧张度的变化,行走时是否有不平衡现象以及动物是否向一侧旋转或翻滚。

(2) 观察蛙静止体位和姿势的改变,以及蛙在跳跃或游泳时有何异常。

【注意事项】

(1) 麻醉时间不宜过长,并要密切注意动物的呼吸变化,避免麻醉过深导致动物死亡。

(2) 手术过程中如动物苏醒或挣扎,可随时用乙醚棉球追加麻醉。

 实验实训十九　感觉器官形态结构的观察

【实验目的】
掌握各感觉器官的形态结构。

【实验器械与材料】
眼模型、牛或马的眼标本,耳的模型、耳的透明标本或铸型标本,听小骨标本。

【实验内容】

一、视觉器官——眼

(1) 在标本和模型上观察眼球的构造及折光体的基本结构。

眼球壁:由外向内依次观察纤维膜(角膜、巩膜)、血管膜(脉络膜、睫状体、虹膜)和视网膜。

眼球内的折光体有眼房水、晶状体和玻璃体,观察它们的形态、位置及其与眼球壁的关系。

(2) 观察眼的辅助器官:眼睑、结膜、泪腺、眼球肌。

二、听觉器官——耳

(1) 在耳的模型上分别观察外耳、中耳和内耳的构造。

① 外耳:观察耳廓、外耳道和鼓膜。

② 中耳:观察鼓室和听小骨形成的听骨链,注意与外耳的鼓膜和内耳的前庭窗、蜗窗的关系。观察咽鼓管的开口。

③ 内耳:联系听觉和平衡觉,观察前庭、半规管和耳蜗,区分骨迷路和膜迷路。

(2) 观察耳的标本,了解耳各部的实际大小和形态。

【技能考核】

在眼标本或模型上,准确指出眼球壁和内容物的形态构造。

 实验实训二十 内分泌系统各器官形态结构的观察

【实验目的】

在新鲜标本上,识别甲状腺、肾上腺。

【实验器械与材料】

牛或羊的尸体标本、解剖器械。

【实验内容】

在牛或羊的尸体标本上找到气管,在前 3~4 个气管环的两侧和腹侧找到甲状腺,在肾的内侧前缘找到肾上腺。

【技能考核】

在牛或羊的标本上,准确找到甲状腺和肾上腺。

 实验实训二十一 胰岛素、肾上腺素对血糖的影响

【实验目的】

了解胰岛素和肾上腺素对血糖的影响。

【实验原理】

胰岛素是机体调节血糖的重要激素之一。它能促进外周组织对葡萄糖的利用,激活肝细胞葡萄糖磷酸激酶,并提高糖原合成酶的浓度,使葡萄糖分解和肝糖原合成增多,从而血糖降低。当机体内胰岛素含量过高时,由于血糖剧降,可引起动物休克。

肾上腺素能使 cAMP 增加,从而提高葡萄糖磷酸激酶的活性,使糖原分解增多,从而血糖升高。

【实验器械与材料】

兔、胰岛素、0.1%肾上腺素溶液、20%葡萄糖溶液、注射器、恒温水浴锅等。

【实验内容】

取预先禁食 24 h 以上的兔 2 只,称重。耳缘静脉注射胰岛素 10~20 IU/kg 体重,记下开始注射的时间。观察动物在什么时候开始出现不安、呼吸急促、痉挛及休克等症状。一旦出现惊厥,给一只兔静脉注射温热的 20%葡萄糖溶液 20 mL,给另一只兔注射 0.1%肾上腺素溶液(0.4 mL/kg),观察并记录症状开始缓解的时间及注射后动物的表现。

用小白鼠实验时选择体重约 20 g 的小白鼠 6 只,禁食 24 h。实验前 1 h,给 3 只小白鼠各皮下注射胰岛素 1~2 IU,另 3 只以同样药量在实验前 30 min 分别进行皮下注射。记录两组小白鼠出现低血糖症状的时间。待出现惊厥时,在两组中各留出 1 只作为对照,其余两只分别腹腔注射 20%葡萄糖溶液 1 mL 和皮下注射 0.1%肾上腺素溶液 0.1 mL。记录症状开始缓解的时间和动物的表现。继续观察对照组的 2 只小白鼠的惊厥发展情况及最后的结局。

【注意事项】

实验动物需在实验前禁食 24 h 以上。

 实验实训二十二　家禽的解剖

【实验目的】

掌握家禽消化器官、呼吸器官、泌尿器官、生殖器官的形态、位置和结构。

【实验器械与材料】

活鸡、手术刀、剪刀、镊子、瓷盘、水盆。

【实验内容】

一、解剖

(1) 颈部放血将鸡致死,用开水除羽毛后,洗净放入瓷盘中。

(2) 分离颈部,剪断气管,向肺端插入玻璃管并吹气,使气囊充满气体,然后用止血钳夹住气管。

(3) 自胸骨后端至泄殖腔剪开腹壁,再由此切口沿胸骨两侧缘及肋骨中部向前剪至锁骨。剪断心脏、肝脏与胸骨的联系,把胸骨翻向前方。

二、内脏器官的观察

(一) 消化器官

分离食管、嗉囊,摘出全部消化器官,观察嗉囊、腺胃、肌胃、小肠(十二指肠、空肠、回肠)、大肠(盲肠、直肠)、肝和胰的形态、结构和相互关系。

食管的管壁薄,管腔宽阔。在胸前口处有食管膨大部,称为嗉囊。胃分为腺胃和肌胃。腺胃较小,呈纺锤状。肌胃又称砂囊,呈扁球形,外面有白色的腱质,胃黏膜表面有一层黄色、坚硬的角质层,称为鸡内金。肝呈深棕色,分为两叶。胰呈黄色,长叶状,位于十二指肠袢内。肠分为小肠和大肠。

(二) 呼吸器官

观察喉的结构,气管、支气管软骨环的形态,鸣管的结构,肺的形态、结构、色泽,气囊的形态、位置。

喉位于咽腔底壁,在舌根的后方,与鼻后孔相对。咽软骨仅有环状软骨和杓状软骨。气管较长、较粗,在皮肤下伴随食管向下行,并一起偏于颈的右侧,入腹腔后转入食管胸段腹侧,至心肌上方分为两条支气管,分叉处形成鸣管。家禽的肺紧贴于胸腔的背侧面,嵌入肋骨之间,内侧缘厚,外侧缘和后缘薄,一般不分叶。

(三) 泌尿器官

观察肾的位置、表面形态、色泽和分叶,输尿管的径路及开口部位。

禽类的肾脏发达,比例较大,位于腰荐骨两旁髂骨的腹面,狭长,无肾门,分为前、中、后三叶,呈淡红或红褐色。

(四)生殖器官

(1)公禽生殖器官:观察睾丸和附睾的形态位置,输精管的结构、径路及开口部位。睾丸光滑、卵圆形,位于腹腔内,肾的前下方、最后两肋骨上端。输精管沿脊柱两侧、肾腹侧面与输尿管并行开口于泄殖道。

(2)母禽生殖器官:观察卵巢的形态位置;输卵管依次分为五部分,即漏斗部、膨大部、峡部、子宫和阴道,注意观察其位置、形态。左卵巢位于左肾前半部,以较长的系膜和结缔组织悬吊于左肾前部和肾上腺腹侧。

(五)心脏

观察心脏的形态、结构。

心脏比例较大,心外包以心包;位于胸部的后下方。心基向前向上,心尖向后向下至胸骨。构造与哺乳动物相似,也分为两心房和两心室。

(六)淋巴系统

(1)胸腺:位于颈部两侧皮下,每侧有 3～8 叶,成串状,鸡每侧有 7 叶,鸭、鹅每侧有 5 叶,呈黄色或灰红色。

(2)腔上囊:又称泄殖腔囊或法氏囊,为禽特有的淋巴器官。它位于泄殖腔背侧,开口于肛道;呈球形(鸡)或长椭圆形(鸭、鹅),白色。

(3)脾:位于腺胃和肌胃交界处的右腹侧。不大,球形或三角形,鸽为长形;质软而呈红褐色。

【技能考核】

按照解剖步骤,进行鸡的解剖,在禽体上识别消化器官、呼吸器官、泌尿器官、生殖器官以及心脏和淋巴系统。

主要参考文献

[1] 蒋春茂,孙裕光.畜禽解剖生理[M].修订版.北京:高等教育出版社,2003.

[2] 董常生.家畜解剖学[M].3版.北京:中国农业出版社,2007.

[3] 马仲华.家畜解剖学及组织胚胎学[M].3版.北京:中国农业出版社,2007.

[4] 董常生.家畜组织学与胚胎学实验指导[M].2版.北京:中国农业出版社,2008.

[5] 滕可导.家畜解剖学与组织胚胎学[M].北京:高等教育出版社,2006.

[6] 陈耀星.畜禽解剖学[M].北京:中国农业出版社,2005.

[7] 陈杰.家畜生理学[M].北京:中国农业出版社,2010.

[8] 周定刚,马恒东.家畜解剖生理学[M].北京:中国农业出版社,2010.

[9] 周其虎.畜禽解剖生理[M].北京:中国农业出版社,2001.